AF340722

LES

TOXINES

MICROBIENNES ET ANIMALES

PAR

Armand GAUTIER

MEMBRE DE L'INSTITUT

PROFESSEUR DE CHIMIE A LA FACULTÉ DE MÉDECINE DE PARIS

MEMBRE DE L'ACADÉMIE DE MÉDECINE

AVEC 20 FIGURES DANS LE TEXTE

PARIS

SOCIÉTÉ D'ÉDITIONS SCIENTIFIQUES

PLACE DE L'ÉCOLE DE MÉDECINE

4, Rue Antoine-Dubois, 4

1896

LES TOXINES

MICROBIENNES ET ANIMALES

LES
TOXINES
MICROBIENNES ET ANIMALES

PAR

ARMAND GAUTIER

MEMBRE DE L'INSTITUT

PROFESSEUR DE CHIMIE A LA FACULTÉ DE MÉDECINE DE PARIS

MEMBRE DE L'ACADÉMIE DE MÉDECINE

AVEC 20 FIGURES DANS LE TEXTE

PARIS

SOCIÉTÉ D'ÉDITIONS SCIENTIFIQUES

PLACE DE L'ÉCOLE DE MÉDECINE

4, Rue Antoine-Dubois, 4

1896

INTRODUCTION

————

La médecine moderne est redevable de ses étonnants progrès à deux découvertes capitales : celle de la nature vivante des virus et celle des toxines par lesquelles agissent les microbes. A ces deux conceptions principales est venue s'ajouter, comme une conséquence presque nécessaire, la notion fondamentale de l'intervention des tissus et des organes dans les phénomènes généraux de la vie grâce aux poisons qui s'y forment et aux antitoxines et ferments qu'ils sécrètent.

Ces vérités nouvelles n'ont pas surgi de l'examen direct du malade; aux études cliniques et anatomiques nous devons d'autres enseignements et d'autres services, non ceux-là. D'Hippocrate jusqu'à nous, la médecine pratique est restée impuissante devant les grands problèmes de la nature des virus et des miasmes, la genèse de la maladie, de la fièvre, le mécanisme du retour à la santé. Pendant des milliers d'années, ces questions majeures sont restées enveloppées de voiles impénétrables. Ils ont été levés, au moins en partie, de notre temps dans les laboratoires des chimistes, des physiologistes, des micrographes, qui se nommaient Pasteur, Selmi, Brown-Séquard, Behring, Metchnikoff. J'ai été moi-même, depuis vingt-trois ans, mêlé à ces découvertes, et je crois y avoir contribué.

De cette œuvre fondamentale, c'est la partie relative aux poisons et sécrétions spécifiques formés par les microbes ou dans nos organes, et les multiples conséquences et applications qui découlent de ces données majeures que j'expose dans cet Ouvrage.

Je le publie avec confiance. J'y ai résumé consciencieusement et sincèrement l'ensemble des travaux des autres et les miens. J'y donne beaucoup de documents inédits : méthodes personnelles, description de ptomaïnes et leucomaïnes nouvelles; tentatives de culture des ferments solubles, etc., etc. J'expose au courant du texte des idées que je crois fondées mais dont je n'ai encore qu'une démonstration partielle. Elles fructifieront dans les esprits si elles sont vraies et vivantes.

L'une de ces conceptions c'est que l'organisation propre à la vie ne paraît pas comporter nécessairement des organismes figurés, cellules, microbes ou protoplasmas granuleux. Les ferments dits solubles, eux-mêmes, (et la plupart des toxines proprement dites entrent dans cette classe), me semblent doués d'organisation, et je crois que c'est en vain qu'on cherchera, comme facteurs premiers de certaines maladies infectieuses, le microbe initial qui les aurait fait naître.

Au moment où l'on vient d'établir que les causes directes de la maladie et du retour à la santé résident dans l'action des poisons, ferments et contrepoisons sécrétés par les êtres inférieurs ou par l'organisme lui-même, il est naturel de se demander ce que sont ces TOXINES, *ces* ANTITOXINES *et ces* FERMENTS, *et de s'efforcer de découvrir le secret de leur nature intime. C'est ce que j'ai tenté dans ce Livre.*

Qu'on en approuve ou critique la forme ou le fond, les grandes questions que j'y traite ne peuvent laisser indifférent quiconque a essayé de sonder du regard le profond abîme de la vie.

Armand GAUTIER.

Paris, Mai 1896.

LES TOXINES

MICROBIENNES ET ANIMALES

Cet Ouvrage est consacré à l'étude des poisons produits par les microbes ou secrétés par les cellules animales. Il est divisé en trois parties :

1re PARTIE : Les **Ptomaïnes** ou toxines définies, d'origine microbienne, à fonction alcaloïdique.

2e PARTIE : Les **Leucomaïnes**, alcaloïdes normalement produits dans les organes de l'animal vivant.

3e PARTIE : Les **Toxines proprement dites**, poisons protéiques, diastasiques ou à fonctions mal définies, dus aux microbes pathogènes.

Le nom général de *toxines* doit s'appliquer aujourd'hui à l'ensemble de ces produits nuisibles, parce qu'une dénomination commune est nécessaire pour indiquer toutes les substances d'origine animale ou microbienne aptes à provoquer dans l'économie les désordres de nutrition et la maladie. Il est toutefois très important, au point de vue physiologique et pathogénique, de séparer et de distinguer ces trois ordres de toxines, qui peuvent, il est vrai, se produire et agir simultanément dans un même organisme, mais dont les effets, comme la nature chimique, restent distincts et méritent un examen particulier.

J'aurais pu décrire les toxines alcaloïdiques ou ptomaïnes à côté des toxines proprement dites qui, le plus généralement, les accompagnent dans les sécrétions microbiennes, mais j'ai pensé qu'au point de vue où je dois me placer dans cet Ouvrage, il était préférable de décrire d'abord les toxines à composition définie, *ptomaïnes* et *leucomaïnes*, puis celles à composition et à fonctions indéterminées, les *toxines ordinaires*, dont le rôle, le plus souvent diastasique, ne me paraît pas devoir se confondre avec celui des ptomaïnes et leucomaïnes, qui sont des poisons chimiques proprement dits et non des ferments de maladie ou des modificateurs de la nutrition dont les effets persistent longtemps après que ces ferments semblent avoir disparu.

PREMIÈRE PARTIE

LES PTOMAÏNES

CHAPITRE PREMIER

Comment ont été découvertes les Ptomaïnes et les Leucomaïnes.

Il est, je crois, peu de découvertes qui aient été plus imprévues que celles des bases toxiques produites par les microbes ou formées au sein des organes de l'animal vivant. Avant 1872, époque où je commençais l'étude méthodique des principes dérivés de l'action des bactéries sur les matières d'origine animale, quelques observations isolées, faites comme au hasard, avaient permis, il est vrai, de retirer des tissus ou liquides animaux plus ou moins altérés un certain nombre de matières alcalines ; mais en vertu des théories erronées alors régnantes, on avait pris ces substances pour de l'ammoniaque, ou de la triméthylamine, mélangées d'impuretés, pour des corps amidés, ou bien l'on avait attribué leur formation à l'action des réactifs sur les matériaux albuminoïdes complexes, essentiellement instables fournis par les animaux. Jusques aux recherches de François Selmi et aux miennes, personne n'avait attaché la moindre importance à ces observations faites sans suite, et sans but. Mal interprétées, mises en doute, elles étaient tombées dans l'oubli.

C'est qu'un parti pris théorique subjuguait alors les esprits : de même qu'au commencement de ce Siècle, les premiers alcaloïdes extraits des végétaux par Fourcroy, Derosne, Séguin, Sertuerner, etc., passèrent longtemps pour des bases minérales[1] ou des produits artificiels que les réactifs avaient fait naître aux dépens des matières issues des plantes, de même, cinquante années après la brillante découverte des bases végétales, les premières observations d'alcaloïdes formés aux dépens des matières animales, au cours de leur fermentation, ou dans les tissus fonctionnant de leur vie normale, parurent tout à fait paradoxales. C'est que, depuis la célèbre découverte de la morphine, définitivement faite par Sertuerner en 1817, tous les alcaloïdes successivement obtenus avaient été, sans exception, extraits des plantes; les végétaux paraissaient donc être seuls aptes à produire des corps basiques. Ainsi s'était établi le cours des idées d'alors, appuyé sur l'observation des faits connus, et — particulièrement — sur ces découvertes répétées d'alca-

---

1. Fourcroy, en versant de l'eau de chaux dans la macération de quinquina, avait obtenu un précipité *qui lui sembla verdir le papier de tournesol*, et qui n'était autre que la quinine impure ; Bertholet répéta cette observation, la confirma, mais déclara que le précipité obtenu par Fourcroy ne pouvait être que de la magnésie provenant des sels de l'écorce mélangée à quelques impuretés.

loïdes, qui tous étaient fournis par le règne végétal. Quant
aux animaux, ils ne pouvaient former, pensait-on, que
des corps neutres ou acides, comme les principes albuminoïdes ou l'acide urique, tout au plus des composés amidés,
tels que l'urée, la tyrosine ou la leucine.

Les premières remarques contraires à ces hypothèses
avaient été trop incomplètes pour s'imposer aux esprits :
chose inattendue, elles avaient surgi d'observations cliniques. Les phénomènes toxiques de la septicémie, des fièvres
putrides, du typhus, etc., avaient frappé les médecins.
Bonnet les attribuait à la production et à la résorption
de sulfhydrate d'ammoniaque dans les plaies ; Persoz,
J.-B. Dumas, pensaient qu'il y naissait des cyanhydrates
éminemment toxiques; d'Arcet, des ferments ; Gueterbrock
(1838), une sorte de poison alcaloïdique; Stick et Tiersch,
des *produits extractifs vénéneux* indéterminés. Dès 1822, on
connaissait par Gaspard et Stick la toxicité des extraits
cadavériques. Plusieurs années après, un physiologiste
danois, Panum, revenant en 1855 sur cette question, lui
faisait faire un progrès sensible en démontrant que la cause
des accidents de la septicémie est bien réellement un *poison
chimique* et non un virus ou un miasme. Il établit que les
matières animales, surtout au début de la putréfaction,
contiennent des substances douées d'une si grande activité
que 12 à 15 milligrammes suffisent à tuer un petit chien.
Ce poison, dit Panum, n'est ni volatil, *ni destructible par la
chaleur de 100°. Il est soluble dans l'eau et dans l'alcool*
et vraisemblablement composé de plusieurs matières vénéneuses [1].

---

1. Le premier travail de Panum a paru en langue danoise en 1856
(*Bibliotek for Laeger*, 1856), puis dans les *Archives de Virchow* en 1863 et

A la suite du travail de Panum, plusieurs Universités allemandes, Marburg, Munich, etc., mirent au concours l'étude de la cause de l'infection putride, et, de 1856 à 1869, parurent différents mémoires de Hemmer, Schweninger, L. Müller, de Raison, Weidenbaum, A. Schmitz, Bergmann et Schmiedeberg, Zuelzer et Sonnenschein, etc., sur cet important sujet. Ces savants confirmèrent l'observation principale de Panum, à savoir que le *poison putride* se conduit comme un corps de *nature chimique ;* le nitrate de mercure, le tannin, etc., permettent de le précipiter et de le séparer partiellement, sans altérer son activité [1]; mais aucun de ces auteurs ne parvint à isoler le principe vénéneux lui-même. Quant à sa nature, c'était, pour les uns, une substance albuminoïde ; pour d'autres, une matière extractive indéterminée, un corps de la nature des ferments qui, suivant la conception de Liebig, dérivaient des substances protéiques en train de se décomposer, et *étaient aptes à transmettre aux tissus vivants le mouvement de destruction dont ils étaient eux-mêmes le siège.*

En 1856, Bence Jones et Dupré remarquèrent que le foie, les tissus nerveux et divers organes donnent avec l'alcool des extraits qui, traités par l'acide sulfurique en léger excès, développent une fluorescence bleue verdâtre. Ils comparèrent ce phénomène à celui que produit le quinine dans les

1864. L'auteur lui a donné sa dernière forme en le publiant en français dans les *Annales de chimie et de physique* (5ᵉ série), t. IX, p. 350. Ce dernier mémoire est de 1876. Il est traduit des *Virchow's Arch. Bd,* LX, p. 301, et, par conséquent, il est postérieur de deux ans, comme on va le voir, à mes premières publications.

1. Ces caractères sont ceux des albuminoïdes et propeptones vénéneuses qu'on a découvertes depuis, en effet, dans les cultures des bactéries putrides. (Voir *IIIᵉ Partie.*) Le poison septique de Panum n'était donc pas une ptomaïne, on n'en contenait que des traces. Il était essentiellement formé de toxines proprement dites.

mêmes conditions, et donnèrent à la substance hypothétique à laquelle ils l'attribuaient le nom de *chinoïdine animale*. Ils reconnurent plus tard eux-mêmes, et divers auteurs avec eux, que cette substance ne préexiste pas dans les tissus et qu'elle dérive de l'action des réactifs acides sur les lécithines et autres composés complexes analogues.

En 1859, Fordos parvenait à extraire du pus bleu une matière cristallisée vénéneuse, à tendance *faiblement basique*, la *pyocyanine* ; découverte intéressante, mais dont ni Fordos ni personne à cette époque, ne comprit la signification. Quelques années après, Bergmann seul d'abord, puis associé à Schmiedeberg[1], retirait de la levure de bière putréfiée une petite quantité d'une substance azotée cristallisable, la *sepsine*. Il supposa gratuitement qu'elle constituait le poison chimique des extraits de Panum ; Bergmann et Schmiedeberg cherchèrent cette substance dans le sang septicémique et n'arrivèrent qu'à des résultats contradictoires. La sepsine, moins active que l'extrait dont elle provenait et que le poison de Panum, fut bientôt mise en doute et perdue de vue.

En 1869, Zuelzer et Sonnenschein parvinrent à extraire de la chair putréfiée un principe azoté vénéneux, dilatant la pupille, propriété qui leur fit comparer ce corps à l'atropine[2]. Cette substance donnait un précipité jaune floconeux par l'acide phosphomolybdique ; un précipité brun jaunâtre par

---

1. BERGMANN, *Deutsche Zeitschrift f. Chirürgie von Hüter u. Lücke*. t. I ; — *Journal allemand de chirurgie*, t. I, p. 376 ; — BERGMANN et SCHMIEDEBERG, *Medical Centralblatt*, 1868, p. 497 ; — ZUELZER et SONNENSCHEIN, *Berlin. Klin. Woch.*, 1869 ; — A. SCHMIDT, Dissertation inaugurale. Dorpat, 1869.

2. *Berlin. Klin. Woch.*, 1869, p. 121.

le chlorure de platine; jaunâtre et cristallin avec le chlorure d'or; elle précipitait le tannin et le chlorure mercurique, etc.; en un mot, elle répondait bien aux caractères généraux des alcaloïdes. Mais ces auteurs ne surent pas purifier ce corps, ni l'obtenir en quantité suffisante pour en faire l'analyse. Leur travail resta sans suite et sans portée. Il en fut de même des observations analogues faites par Rörsch et Fassbender, en 1871, au cours d'une analyse médico-légale.

A peu près à la même époque, Schwanert retirait par le procédé de Stas des organes d'un enfant mort subitement une matière huileuse, présentant les propriétés des bases organiques et que sa volatilité, son goût caustique et amer, aussi bien que son odeur, lui firent prendre pour de la propylamine. Peu après, Hager isolait des matières corrompues un autre corps basique auquel il donna le nom de *septicine,* substance qu'il supposa être un mélange d'amylamine et de caprilamine[1].

Tels sont, exhumés de l'oubli où ils étaient tombés, tous les travaux publiés au sujet des poisons septiques avant 1872. Ainsi groupés et rapprochés les uns des autres, ils peuvent faire quelque illusion et paraître avoir jeté, dès cette époque, un peu de clarté sur la nature de ces substances, auxquelles nous attribuons aujourd'hui un rôle immédiat dans la genèse des maladies. Mais de ces observations isolées, douteuses, publiées au cours d'un demi-siècle (1822-1872), dans des journaux de médecine et de chirurgie, ou dans quelques thèses inaugurales enfouies

---

1. Voir, pour l'indication des sources relatives aux divers travaux dont je viens de parler, le Mémoire de Panum aux *Annales de chimie et physique* ci-dessus cité, p. 353 et 354.

dans les bibliothèques des Universités, personne n'avait su tirer une conclusion, une généralisation, encore moins une doctrine. Çà et là quelques faits bien observés, tels que l'existence du poison septique de Panum, avaient laissé toutefois leur trace dans les esprits. Quant à la nature des corps toxiques ainsi entrevus, on l'ignorait entièrement. Il est vrai que quelques observateurs avaient nettement signalé l'alcalinité de certains produits extraits des chairs putréfiées, mais on contestait la préexistence de ces bases dans les matières analysées; on en attribuait la formation à l'action des réactifs employés; on les confondait avec les bases banales, la triméthylamine, la propylamine, etc. Plus généralement on niait l'exactitude de ces observations isolées, souvent contradictoires, que rien ne venait confirmer, expliquer ou étendre. De fait, jusqu'en 1870, toute substance alcaloïdique toxique extraite des organes, par les méthodes classiques, au cours d'une analyse médico-légale, était réputée avoir été introduite criminellement durant la vie[1]. Nul ne saura ce que cette fausse doctrine a fait de victimes !

1. C'est ce qui résulte de toutes les publications médico-légales de cette époque. Du reste, Panum lui-même, qui écrit, *en 1876*, son mémoire des *Annales de chimie et de physique*, plus haut cité, dit en note, p. 336 :

« Je ne puis m'empêcher d'émettre l'opinion que *les expériences faites « jusqu'ici dans le but de déterminer la nature chimique du virus putride « n'ont encore abouti à aucun résultat satisfaisant*, et que l'on s'est peut-« être trop hâté de proclamer comme matière chimiquement pure la « sepsine obtenue de la levure de bière putréfiée, et qu'elle constitue le « principe essentiel, le seul actif, de mon virus putride impur... D'ailleurs, « les effets physiologiques de la sepsine ne sont nullement identiques « à ceux que produit le virus putride de la chair putréfiée, du sang, du « pus à l'état d'extrait aqueux non albumineux (privés d'albumine par « coagulation à chaud, mais non d'albumoses).... En pesant toutes ces « données, je crois provisoirement que ce qu'il y a de plus vraisem-« blable, c'est que le virus putride, à l'état d'extrait, se compose de « substances vénéneuses différant les unes des autres, et qu'elles sont

C'est de 1872 que date la nouvelle série de travaux que je vais relater, travaux qui poursuivis depuis par divers savants, ont jeté un jour définitif sur ces obscures questions. A cette époque, au cours de mes recherches sur les matières protéiques, et en particulier sur la transformation de la fibrine en une substance albuminoïde soluble et coagulable[1], je remarquai que la fibrine du sang, lavée et abandonnée durant les mois d'été sous une couche d'eau dans un flacon fermé, donnait en se liquéfiant, outre de nombreux produits amidés déjà connus (leucine, tyrosine, etc.), une grande quantité d'ammoniaque et d'acide carbonique. Je supposai, *à priori,* que sous l'influence des bactéries, la matière albuminoïde se dédouble par hydration, et qu'il se produit ainsi des corps amidés. Mais ayant constaté qu'il se fait une proportion d'acide carbonique supérieure à celle qui sature l'ammoniaque apparue, je pensai que le résidu devait contenir des alcaloïdes organiques, tels que ceux qui se forment, lorsqu'on enlève aux amides, à la leucine par exemple, une molécule d'acide carbonique CO^2 :

$$C^6H^{13}AzO^2 = CO^2 + C^5H^{11}AzH^2$$
Leucine   Amylamine

« combinées, dans différents liquides putréfiés, suivant des proportions
« diverses aux différentes autres substances, etc. »

Tel était l'état de la question, résumé en 1876 par celui qui la connaissait le mieux, quatre ans après le commencement de mes propres recherches.

D'ailleurs, même après les principales publications de Selmi et les miennes, on contestait encore la nature alcaloïdique des *prétendues bases cadavériques ;* on les supposait être des acides amidés (Voir le mémoire de A. CASALI, *Sugli acidi e sali biliari nelle ricerche chimico-tossicologiche e sulla natura chimica delle ptomaïne del Selmi.* Ferrara, 1881, p. 13, 23 et 25 : « Consegue, dit A. Casali, da questa lunga digres-
« sione, creduta da me necessaria per istabilire importanti raffronti,
« come d'ora innanzi non s'abbia a parlare di *ptomaïne* nel senso di
« *alcaloïdi,* sibbene di *derivati cadaverici di natura amidica, ben differenti dai veri alcaloidi e dalle amine.* » Et Casali propose d'appeler les ptomaïnes, *corps amidés d'origine putréfactive : amidi cadaverici.*

1. Voir *Comptes rendus Acad. Sciences,* t. LXXIX, p. 227.

Mes premières recherches confirmèrent ce point de vue théorique. Je parvins à retirer du liquide albumineux putréfié, coagulé par la chaleur après saturation, puis traité par la magnésie, outre de nombreux produits déjà signalés avant moi (phénol, pyrrol, leucine, acides lactique et butyrique, etc), une petite quantité d'alcaloïdes, les uns fixes, les autres volatils. La première mention de la formation constante de ces alcaloïdes au cours de la fermentation bactérienne des substances albuminoïdes, fut insérée dans le *Traité de chimie appliquée à la physiologie*, t. I, p. 253, que j'écrivais à cette époque[1].

Pendant que ces recherches se poursuivaient à Paris, le professeur italien de médecine légale de Bologne, François Selmi, faisait, en partant d'un point de départ tout différent du mien, des observations qui finirent par le conduire indirectement aux mêmes conclusions.

En 1870, au cours d'une expertise médico-légale, Selmi retirait, par la méthode de Stas, des *viscères d'un homme qu'on croyait avoir été empoisonné*, un alcaloïde qu'il ne parvint à identifier avec aucun de ceux qui étaient alors connus. En 1871, nouvelle expertise de Selmi qui l'amenait aux mêmes conclusions. C'est alors que vint à sa pensée le soupçon que ces alcaloïdes pouvaient bien ne pas avoir été introduits criminellement durant la vie, qu'ils préexistaient peut-être dans les matières absorbées, ou qu'ils pouvaient s'être formés dans le cadavre.

Sous l'influence des théories alors régnantes qui attribuaient à tout alcaloïde naturel une origine végétale, Selmi

---

1. Ce volume a paru fin octobre 1873, quoique l'éditeur l'ait daté de 1874, pour ne pas lui donner le millésime d'une année déjà presque écoulée. J'y relatais le résultat d'expériences faites en 1871 et 1872.

pensa d'abord que les matières végétales alimentaires introduites durant la vie avaient apporté avec elles ces substances basiques; il examina les estomacs d'animaux tués en pleine digestion d'aliments divers, et trouva dans ces viscères, *avant comme après leur putréfaction*, des traces d'alcaloïdes. Comme conclusion de ces premières recherches, le 25 janvier et le 1er février 1872, Selmi lut à l'Académie de Bologne un mémoire ayant pour titre : *Sur l'existence de principes alcaloïdiques dans les viscères frais et putréfiés*. Dans ce mémoire le savant italien conclut :

1° Que *l'estomac* des personnes ayant succombé à une mort naturelle contient des substances qui se comportent avec les réactifs comme le font certains alcaloïdes végétaux;

2° Que ces produits ne sont ni de la créatine, ni de la créatinine, ni de la tyrosine;

3° Que l'on retrouve des produits analogues dans l'alcool ayant servi à la conservation des pièces anatomiques.

Mais quelle est la véritable origine de ces substances? *Ma realmente*, dit-il, *l'alcaloïde riscontrato negli stomachi lasciati a putrefare, era prodotto della putrefazione o vi sussiteva in precedenza del processo putrefattive?* En un mot, ces produits alcaloïdiques préexistent-ils ou non dans les organes ou dans les matières alimentaires, et, en particulier, dans les matières végétales? Préoccupé de cette dernière solution qui lui parut la plus probable, Selmi parvint à retirer de la farine et du pain une petite quantité de principes alcaloïdiques que leurs réactions générales rapprochaient des alcaloïdes classiques alors connus.

Ce n'est qu'en 1874 que, reprenant ses expériences en grand sur les cadavres exhumés, Selmi annonçait enfin définitivement qu'il se *produit durant la putréfaction de véri-*

tables alcaloïdes organiques toxiques analogues aux alcaloïdes végétaux.

On voit donc que si les premières observations de Selmi sur la formation d'alcaloïdes putréfactifs ont été contemporaines des miennes, la différence de nos deux points de départ m'avait donné sur le savant italien cet avantage que, m'adressant directement et dès le début, aux matières albuminoïdes animales *pures de tout mélange,* je ne pouvais hésiter, et n'hésitai pas, à attribuer à la décomposition de ces matières l'origine des alcaloïdes que j'en extrayais après putréfaction dès 1872. Au contraire, la complexité du problème abordé par Selmi, la putréfaction des viscères humains, tout en lui permettant d'établir nettement l'existence dans les cadavres d'alcaloïdes véritables et vénéneux, lui laissait, encore en 1874, des doutes sur l'origine de ces alcaloïdes qu'il rechercha et retrouva dans le pain, la farine et d'autres substances alimentaires.

Aussi les objections ne manquèrent-elles pas à ces premières observations de Selmi : les alcaloïdes qu'il avait extrait des cadavres et de divers aliments provenaient, sans doute, comme il l'avait d'abord pensé lui-même, des matières végétales restées dans le tube digestif. Ils avaient pu être introduits sous forme de médicaments durant la vie. L'analyse élémentaire n'en avait pas été faite : n'étaient-ce pas plutôt quelques-uns de ces pseudo-alcaloïdes analogues à la créatine, à la leucine, etc., corps amidés plutôt qu'alcalis véritables, que Selmi n'avait pas su identifier avec des produits amidés déjà connus ? Les alcaloïdes qu'il signalait n'étaient-ils point simplement de la nevrine ou de la choline dérivées des lecithines ou d'autres composés azotés complexes analogues, grâce à la décomposition facile que subissent ces principes sous l'action des bases et acides minéraux ? Ne pouvait-on supposer, comme pour le poison putride de Panum et la sepsine, que quelques-unes de ces substances, de ces *matières extractives* actives, imprégnées de triméthylamine ou d'amylamine, avaient pu être prises pour de vrais alcaloïdes ? etc., etc. Ce n'est que dans un Mémoire adressé à l'Académie de Bologne le 6 décembre 1877 que, répondant par des expériences définitives à ces diverses objections, Selmi annonçait enfin qu'il avait obtenu deux alcaloïdes, l'un fixe, l'autre volatil, en *soumettant à la putréfaction de l'ALBUMINE PURE mise à l'abri de l'air*.

On voit donc que ce n'est qu'en 1877 que Selmi reconnut définitivement que c'est bien la décomposition bactérienne des matières albuminoïdes qui est la véritable origine de ces alcaloïdes cadavériques qu'il avait entrevus d'abord au cours de ses expertises et recherches antérieures. Mais cette démonstration, et la méthode qui lui permettait d'établir cette origine, je les avais données moi-même plusieurs années auparavant. Le terrain d'où j'étais parti était solide et mes conclusions formelles et indiscutables : La fibrine de sang bien lavée, ou l'albumine d'œuf coagulée, pures de toute matière végétale ou extractive, mises à putréfier dans l'eau à l'abri de l'air, m'avaient fourni, dès 1872, des alcaloïdes fixes et volatils à sels cristallisables, bien certainement dérivés des matières albuminoïdes, car, dans mes expériences, *seules ces substances albuminoïdes avaient été soumises à l'action des bactéries*.

Aussi, tout en reconnaissant que les travaux ininterrompus de Selmi ont donné à la partie de la toxicologie moderne relative aux alcaloïdes d'origine cadavérique une extension remarquable et des développements incontestés, on ne saurait méconnaître que plusieurs années avant lui, je n'aie observé et annoncé que toute matière albuminoïde soumise à l'action des ferments bactériens produit une série d'alcaloïdes nouveaux qui en dérivent par hydratation et perte d'acide carbonique.

L'un et l'autre, nous étudiâmes longtemps ces *ptomaïnes* : Selmi pour en connaître l'origine ; moi-même pour en saisir la composition et les relations avec les autres produits de décomposition des corps albuminoïdes, car, dès le début, la méthode que j'avais suivie rendait leur origine albuminoïde évidente. Du reste, Selmi a toujours reconnu l'antériorité de mes observations. En 1875, il m'écrivait pour me demander comment j'avais été amené à annoncer dans mon *Traité de chimie appliquée,* que des alcaloïdes nouveaux se forment dans la fermentation bactérienne des matières protéiques. Je lui répondais en lui faisant part de mes résultats d'alors. Dans le mémoire qu'il publiait à l'Académie de Bologne (Séance du 12 décembre 1878), sur la *genèse des alcaloïdes vénéneux qui se produisent dans les cadavres,* après avoir insisté sur ce fait que c'est bien aux matières protéiques elles-mêmes que les ptomaïnes doivent leur origine, Selmi ajoute : « Sur ce point je dois rappeler que Armand Gautier, dans sa *Chimie appliquée à la physiologie,* avait déjà noté que les matières protéiques en se putréfiant fournissent, outre divers produits, une petite quantité d'alcalis organiques mal déterminés, en combinaison avec divers acides gras qui se forment contemporainement. » Et dans une lettre envoyée au *Journal d'hygiène* (30 juin 1881, vol. VI, p. 305), à la demande du Directeur de ce journal qui le consultait au sujet de cette découverte, Selmi, plus explicite encore, s'exprime ainsi (p. 306) :

*« La première constatation d'alcaloïdes se formant par la
putréfaction de l'albumine a été faite par M. A. Gautier,
qui, à ce moment, n'a pas semblé cependant y attacher une
grande importance. »*

Je n'ai, en effet, attaché à ces recherches qu'une importance secondaire tant que je n'y ai vu que des applications
purement toxicologiques, et jusques au jour où je constatai
que des alcaloïdes semblables se produisent dans les
cellules de nos tissus au cours de la vie normale. Alors
seulement, c'est-à-dire neuf ans après le début de mes
recherches, j'ai compris que la formation de composés alcaloïdiques dans les organes de l'animal constituait une fonction générale jusque-là méconnue de la vie cellulaire ; j'ai
vu les rapports des ptomaïnes et des leucomaïnes ; j'ai saisi
comment l'économie pouvait, par fermentation anaérobie et
perte d'acide carbonique, donner naissance à des corps de
réduction, et je me suis attaché définitivement et avec
confiance à cette conception qui venait éclairer d'un jour
nouveau la physiologie et la médecine tout entière[1].

Si je soulève ce point d'histoire, si je cherche à
éclairer les origines de ces découvertes, ce n'est certes
pas pour contester les droits et la valeur des travaux de
F. Selmi. Ses recherches ont appelé définitivement l'attention du monde savant sur cette question alors nouvelle
de la production des alcaloïdes cadavériques, question qu'il
eut le mérite d'étudier et d'éclaircir dans ses nombreux et
consciencieux mémoires. Ses découvertes sont la preuve

---

1. Toutefois, déjà en 1874, dans ma *Chimie appliquée à la physiologie,*
t. I, p. 264, je remarquais que l'*économie est apte à produire normalement des substances alcaloïdiques,* véritables bases saturant les acides
énergiques, telles que la créatinine ou la choline : « *Ce sont là, ajoutais-
je, des matières représentant dans le règne animal les alcaloïdes végétaux.* »

d'une rare sagacité, étant donnée la complexité du problème qui s'était posé, comme de lui-même, devant le célèbre toxicologiste de Bologne. Et quoique Selmi ne s'expliquât pas au début d'où provenaient les alcaloïdes qu'il retirait des cadavres, il n'en reconnut pas moins qu'ils étaient nouveaux, et cela sans connaître, pas plus que je ne les connaissais moi-même alors, les observations plus ou moins incertaines déjà faites à ce sujet. Grâce à ses remarquables et nombreux travaux, le nom de François Selmi restera donc à bon droit attaché à ce chapitre des ptomaïnes introduit par lui dans la toxicologie moderne [1].

Les recherches de Selmi et les miennes avaient donc établi, vers 1878, qu'il se fait des alcaloïdes spécifiques, des *ptomaïnes*, durant la fermentation bactérienne des albuminoïdes. Mais de ces corps mystérieux, entrevus plutôt qu'étudiés jusque-là, personne n'avait publié que des réactions qualitatives, s'appliquant le plus souvent à des mélanges, et, par conséquent, restant un peu incertaines. De leur his-

---

1. Voici les titres des principaux mémoires publiés à cette époque sur les ptomaïnes par François SELMI, par ses élèves et ses compatriotes. Quand il y aura lieu, je citerai les autres au cours de cet ouvrage. — De F. SELMI : *Sulla esistenza di principii alcaloïdici naturali nei visceri freschi et putrefatti.* Acad. del. scienze Bologna, 1872. — *Nuovo processo generale per la ricerca delle sostanze venefice e studii di tossicologia,* Bologna, 1875. — *Sulle ptomaïne od alcaloïdi cadaverici,* 1878, et Mem. Acad. di Bologna, 1877. — *Sulla genesi degli alcaloïdi venefici nei cadaveri,* Mem. Acad. di Bologna, 1878. — *Sulle ptomaïne e loro importanza* 1878. — *Memorie sopra argomenti tossicologici.* 1878. — *Ptomaïne od alcaloïdi cadaverici.* — *Ptomaïne e prodotti analoghi di certe maladie in correlatione colla medicina legale,* 1881. — ALBERTONI E LUSSANA, Atti della R. Acad. dei Lincei, 1876. — MORRIGIA E BATTISTINI, Acad. dei Lincei, 1874. — Gaz. chim. ital., 1875; p. 472, et 1876; p. 319. — PATERNÒ, Gaz. chim. ital., 1875, p. 350. — SPICA, (id.) 1880. — PATERNO E SPICA, Acad. dei Lincei, 1882. — GUARESCHI E MOSSO, *Ricerche sulle sostanze estratte da organi animali freschi e putrefatti,* Acad. delle scienze. Torino, 1882. — GUARESCHI, *Sulle basi che si trovano fra i prodotti della putrefazione,* Milano, 1887. — GIANETTI E CORONA, Mem. dell' Acad. dell scienze Bologna, 1880.

toire, ce que l'on connaissait le mieux, c'était leur vénénosité et leur mode d'action sur l'économie étudiée surtout
par Selmi.

En 1879, je me résolus, en collaboration avec mon chef
de laboratoire d'alors, M. Étard, à reprendre ces recherches
pénibles et à faire un examen d'ensemble des produits de la
putréfaction prolongée. De 1880 à 1883 nous étudiâmes ce
problème en opérant, cette fois, sur des centaines de kilogrammes de chair de bœuf, de cheval, de poissons, de crustacés. On les plaçait dans des tonneaux de bois étanches,
ou dans des bonbonnes de verre closes, portant des tubes à
dégagement pour les gaz, et on laissait la putréfaction se continuer durant les mois d'été. On analysait
les gaz successivement dégagés ; on tenait compte de
l'alcalinité des liqueurs ; enfin, lorsque le phénomène de
fermentation s'arrêtait, on traitait les matières résiduelles
dont on extrayait, par les méthodes que l'on indiquera plus
loin, les principaux produits et particulièrement les
substances alcaloïdiques. C'est ainsi que nous arrivâmes
à obtenir plusieurs grammes de chaque ptomaïne, à les
analyser[1], à les classer dans des séries connues. Une
hydrocollidine $C^8H^{13}Az$ bouillant vers 210° et une *parvoline*
$C^9H^{13}Az$, dont nous publiâmes la composition en 1882, furent
les premières ptomaïnes analysées, chimiquement connues
et définies[2].

---

1. *Compt. Rend. Acad. Sciences*, t. XCIV, p. 1600.

2. En 1876, Nencki avait extrait du produit de la digestion de la
gélatine en présence du pancréas, une base répondant à la formule
de la collidine $C^8H^{11}Az$. Mais cette intéressante observation, quoique
faite par un auteur compétent, ne tranchait pas la question de la
nature des ptomaïnes ou bases putréfactives. Une digestion, même
pancréatique, n'est pas une putréfaction, et Brieger a depuis démontré,
d'ailleurs, en 1884, que par la putréfaction banale de la gélatine, il se
fait de la neuridine $C^5H^{14}Az^2$ et non de la collidine.

Depuis, divers auteurs ont repris cette étude : les uns,
comme MM. Brouardel et Boutmy, Otto, Morrigia et Battistini,... au point de vue de la médecine légale; d'autres,
comme Nencki, E. et H. Salkowsky, Guareschi et Mosso,
G. Pouchet, Œchsner de Coninck et surtout Brieger, au
point de vue des diverses conditions de temps, de température, de ferments, etc. qui interviennent dans ces dédoublements des matières protéiques. Brieger, dans des
recherches commencées vers 1885, et poursuivies avec toute
la rigueur scientifique désirable, s'est surtout attaché à
distinguer les alcaloïdes dus aux divers microbes pathogènes,
et a fait connaître un grand nombre de ptomaïnes nouvelles.
Je suis moi-même revenu sur ces bases au point de vue
de leur classification, de leur séparation, de leurs origines
diverses. J'ai étudié celles qui se forment dans certaines cir-
constances très spéciales, dans les foies de morue, par exemple,
dont j'ai retiré de nombreuses ptomaïnes inconnues jusque-là,
dans l'arome des fleurs, les venins de quelques serpents,
les secrétions et excrétions animales. De tous ces efforts
est résulté non seulement un ensemble de connaissances
nouvelles, mais des conceptions imprévues relatives à la
physiologie des êtres unicellulaires ou supérieurs et à la
pathogénie générale. La découverte d'un chapitre nouveau,
celui des alcaloïdes d'origine bactérienne, s'est ajouté à
l'histoire des alcaloïdes végétaux déjà connus. Chose inattendue, ces recherches ont ouvert aux efforts des chimistes
purs eux-mêmes, des voies inexplorées. C'est ainsi que
l'*hydrocollidine* que je retirais des matières putréfiées, a
été la première base hydropyridique naturelle connue et
classée à une époque où l'on ne savait pas encore préparer
ces bases ; c'est ainsi encore que la *cadavérine* de Brieger

fut reconnue comme étant de la pentaméthylènediamine, base théoriquement prévue, mais que l'on n'avait pas su encore préparer.

Ce n'est pas tout : comme je l'ai dit plus haut, j'ai montré, en 1882, que la production d'alcaloïdes par les bactéries vivant aux dépens des albuminoïdes n'était qu'un des côtés d'une vérité plus importante et plus générale, à savoir, la formation constante des matières alcaloïdiques dans les cellules et les tissus des animaux en plein fonctionnement physiologique[1]. J'ai nommé *leucomaïnes* (de λεύκωμα, blanc d'œuf), les bases qui se produisent au cours de la vie normale.

Cette formation d'alcaloïdes dans les tissus de l'animal vivant paraissait à cette époque si invraisemblable, que depuis longtemps plusieurs composés alcalins ayant cette origine étaient entre les mains des chimistes sans que personne sût interpréter ou généraliser ces premières observations. En 1849 déjà, Liebig avait découvert la créatinine dans les urines de l'homme et du chien. Mais il se laissa égarer par des idées préconçues. Il savait que la créatine qu'il avait le premier extraite du muscle à l'état normal produit la créatinine en perdant une molécule d'eau sous les moindres influences, et il crut suffisant de s'expliquer la présence dans les urines et humeurs de cette dernière substance en admettant qu'elle résulte de l'action des réactifs ou des sels des urines sur la créatine musculaire. Liebig déclare d'ailleurs que la créatine *ne possède aucune des propriétés qui caractérisent les bases organiques*[2]. Cette substance n'est pour lui qu'un corps amidé.

1. Voir la note, p. 9.
2. *Annales de Chimie et de Physique,* 3ᵉ série, t. XXIII, p. 145.

Après le savant allemand, on rencontra d'autres bases animales, sans qu'on osât conclure à la généralité du mécanisme qui leur donne naissance. En 1852, Cloèz signale nettement un alcaloïde dans le venin de crapaud ; quatorze ans plus tard, Zalewsky extrait une base très vénéneuse, la *samandarine*, du venin de la salamandre. En 1869, Weidel découvre la carnine dans l'extrait de viande. La même année, Liebreich observe la bétaïne dans les urines normales. En 1874, Miescher, puis Picard, retirent de la matière spermatique du saumon et du taureau des substances alcaloïdiques. En 1880, M. G. Pouchet trouve dans les urines normales la carnine et l'allantoïne, ainsi qu'une substance qu'il caractérise nettement comme alcaline. Tous ces faits auraient dû frapper les esprits ; mais on ne comprend bien que ce qu'on cherche avec méthode, et la formation d'alcaloïdes dans les tissus normaux de l'animal choquait trop les idées régnantes. On niait que la créatinine fut une vraie base. La carnine elle-même préexistait-elle bien dans les muscles ? N'était-elle pas plutôt un produit résultant de la préparation de *l'extrait de viande?* Pour les mêmes raisons, on doutait de la préexistence de la bétaïne dans les urines; la névrine, la choline dérivaient notoirement du dédoublement des lécithines par les réactifs; quant aux observations très curieuses de Clöez et de Zalewsky, il s'agissait bien ici de véritables alcaloïdes, mais, objectait-on, ils avaient été extraits non des tissus, mais des venins, excrétions toutes spéciales, de constitution mystérieuse et d'origine bien exceptionnelle.

C'est en 1882 seulement, c'est-à-dire dix ans après la découverte des ptomaïnes, que faisant enfin abstraction des idées reçues, j'essayai de soumettre au contrôle de l'expérience l'importante question de savoir si les tissus des animaux ne seraient point aussi le lieu de production de véritables bases. Je m'adressai, en premier lieu, aux produits de sécrétion; j'observai que l'alcaloïde extrait des urines normales par M. G. Pouchet avait bien toutes les propriétés générales des ptomaïnes; je retirai des substances analogues de la salive et des venins de serpents, en particulier de ceux du *naja tripudians* de l'Inde et du trigonocéphale. Je fis les mêmes observations pour la sécrétion principale, la soie grège, du ver à soie. Enfin, en 1884 j'abordai l'étude des extraits musculaires et j'y découvris de nombreuses bases cristallisées que je pus séparer et décrire. La production normale d'alcaloïdes par les tissus normaux et vivants ainsi définitivement établie, je donnai à ces bases le nom de *leucomaïnes*.

On voit par ce qui précède qu'on connaissait avant moi un certain nombre de composés basiques d'origine animale; mais jusqu'en 1882, leur vraie fonction était restée méconnue; ils étaient pris pour des amides, ou regardés comme des produits artificiels dérivés de l'action des réactifs[1]. Personne du moins n'avait conclu que les animaux

---

1. En 1883, deux savants professeurs italiens, dont tout le monde reconnaît la solide compétence, MM. Guareschi et Mosso, s'étaient demandé s'il existe réellement des produits alcaloïdiques dans les tissus normaux de l'animal. Ils avaient spécialement examiné la chair musculaire. Dans leur consciencieux travail, ils annoncent avoir extrait de la chair de veau la méthylhydantoïne $C^4H^0Az^2O^2$, corps appartenant à la famille des ureïdes, mais n'avoir pas trouvé d'alcaloïdes. « Il paraît, concluent-ils, que les matières animales fraîches ne donnent point, ou fort peu, de bases alcalines *et celles qu'elles donnent proviennent probablement de l'altération que subissent les substances albumineuses, surtout pendant l'évaporation au bain-marie des grandes quantités de liquide qu'on est obligé d'employer en opérant sur des masses considérables de viande* (Annales ital. de biologie pour 1883, p. 49). Cette citation montre bien quel était l'état des esprits à ce sujet, alors que j'avais depuis deux ans déjà commencé la publication de mes premières recherches sur les leucomaïnes.

produisent nécessairement, régulièrement, des alcaloïdes dans leurs tissus, par le simple jeu de la vie et du fonctionnement normal. C'est de cette conclusion générale et des preuves que j'en ai données, aussi bien que des conséquences que j'en ai déduites et vérifiées par l'expérience, que résulte la découverte des leucomaïnes.

Mais comment s'expliquer la formation de ces bases dans l'économie? Enveloppés de sang de toute part, nos tissus paraissent vivre au sein d'un excès d'oxygène qui leur est sans cesse abondamment transmis. Les microbes vivant sans air ou ceux qui en consomment des quantités insuffisantes produisent seuls des ptomaïnes. Y aurait-il dans les tissus de l'animal des cellules spéciales vivant, comme les microbes anaérobies, tandis que d'autres cellules recevraient, au contraire, l'oxygène en excès et brûleraient les matières réduites que produiraient les premières? Cette hypothèse me parut d'abord la plus probable. En effet, d'une part, l'économie rejette un certain nombre de matières entièrement oxydées; de l'autre, elle réduit des corps très riches en oxygène (iodates, bromates, etc.), et en hydrogénise d'autres (bilirubine, indigo...). Certaines cellules, certains tissus, loin de disposer d'un excès d'oxygène, paraissent donc en manquer et l'emprunter aux corps plus oxygénés qui viennent à leur contact et qu'elles réduisent. Elles se comporteraient, en un mot, à la façon des êtres anaérobies.

D'un autre côté, calculant d'une part la quantité d'oxygène absorbé par la respiration et les aliments solides, de l'autre la quantité qui en est rejetée par le poumon et par le tube digestif à l'état d'excrétions gazeuses ou organiques diverses, je fis remarquer que la totalité de l'oxygène de nos excrétions (acide carbonique de l'expiration et de la perspiration,

urée et autres matières organiques des urines et des fecès)
dépasse de près de un cinquième la quantité d'oxygène
emprunté à l'air inspiré[1]. D'où il suit que le cinquième
environ des produits excrétés par l'animal sous forme de
matériaux oxygénés divers, et en particulier d'acide carbonique, s'est produit au sein de nos organes par simple
dédoublement, sans emprunt direct d'oxygène à l'air
inspiré. L'excrétion de ces corps oxygénés résulte donc
d'une sorte de fermentation de l'aliment, comparable à celle
qui, au contact de la levure, du ferment butyrique ou de
la bactérie putréfactive, dissocie la molécule de sucre ou
d'albumine et en dégage de l'acide carbonique, de l'alcool,
de l'ammoniaque ou des corps amidés, sans intervention
de l'oxygène libre[2].

L'organisme animal produit des corps pauvres en oxygène, des corps réduits, et, parmi ceux-ci, des composés
basiques généralement très oxydables. Ils semblent résulter
de phénomènes purement fermentatifs, et j'ai longtemps
pensé que certaines cellules étaient le siège des phénomènes

---

1. Voir *Les alcaloïdes dérivés des matières protéiques et de la vie des tissus*,
par A. GAUTIER, en *Journal de l'anat. et de la physiol.*, de Ch. ROBIN,
septembre-octobre 1881, p. 360.

2. Voir, à ce sujet, ma lettre à la *Gazette hebdomadaire*, 1er juillet 1881,
et mon *Mémoire sur le fonctionnement anaérobie des tissus animaux*. Arch.
de physiolog. de Brown-Séquard, 5e série, t. IV, p. 1. On m'a fait
l'objection que lorsqu'on brûle de la graisse ou de l'alcool dans une
lampe, une partie de l'oxygène provient aussi de celui qui existait
primitivement combiné dans la substance combustible, sans qu'on
puisse dire qu'il y ait ici destruction anaérobie. Mais chez l'animal, il
est possible de démontrer qu'à certains moments, du moins, et dans
certaines cellules, l'eau et surtout l'acide carbonique se dégagent
directement, fermentativement, sans intervention aucune de l'oxygène
extérieur. C'est à ce phénomène entièrement anaérobie qu'est due en
particulier la production des graisses en partant des hydrates de
carbone et d'une partie, tout au moins, de l'urée qui se forme aux dépens
des albuminoïdes.

de réduction qui donnent naissance aux alcaloïdes, aux diastases, aux matières extractives très oxydables, tandis que d'autres seraient chargées d'oxyder ces corps. Je crois aujourd'hui que cette conception ne répond qu'en partie à la réalité. Je me suis peu à peu convaincu que dans presque toutes les cellules de l'économie *le protoplasma vivant est réducteur*; que l'oxygène n'y pénètre pour ainsi dire jamais à l'état libre; que chaque cellule, grâce aux matériaux albuminoïdes dont elle dispose, sécrète ses produits spécifiques à l'abri de toute intervention de l'oxygène, libre ou dissous; en un mot, que le fonctionnement de la partie vraiment vivante et agissante de la cellule est presque toujours, sinon toujours, anaérobie et que les albuminoïdes dont elle est essentiellement composée s'y dédoublent par hydratation, en vertu d'un simple phénomène fermentatif. Ce ne serait que consécutivement, dans les parties périphériques et pour ainsi dire extérieures de la cellule, que les *produits* dus à la phase primitive, anaérobie et fermentative, seraient soumis à l'action de l'oxygène qui les brûle définitivement. Alors seulement est mise à la disposition de la cellule et de l'économie tout entière l'énergie (chaleur, électricité ou travail chimique) qui résulte de cette seconde phase, ou phase de combustion. J'ai donné les preuves sur lesquelles j'appuie cette conception de la vie des tissus animaux, dans mon petit Ouvrage : *La chimie de la cellule vivante* [1].

Telle est la succession des faits relatifs à la découverte des ptomaïnes et des leucomaïnes et les idées que ces faits m'ont suggérées. J'ai entrevu d'abord, comme d'autres avant

1. *La Chimie de la cellule vivante.* Encyclopédie scientifique Léauté. In-12. Masson, éditeur, Paris, 1894.

moi, les bases d'origine bactérienne ou cadavérique. J'ai établi (ce qui n'avait pas été fait jusque-là) que ce phénomène est général et que ces ptomaïnes dérivent des matières albuminoïdes par l'entremise des êtres anaérobies, grâce à un dégagement corrélatif et surabondant d'acide carbonique. Près de dix ans après, je me suis demandé si les microbes seuls étaient aptes à produire des alcaloïdes ; j'ai montré qu'il existait des bases analogues dans nos sécrétions. J'ai essayé d'établir qu'il n'est pas de tissu animal qui fonctionne physiologiquement sans produire des leucomaïnes ; j'ai fait observer que, contrairement aux ptomaïnes qui sont souvent dénuées d'oxygène et très venéneuses, les leucomaïnes, toujours oxygénées, sont généralement peu toxiques. J'ai insisté sur le rôle antitoxique et antiseptique de l'oxygène dans l'économie. J'ai admis que suivant que l'oxygène est plus ou moins abondamment fourni aux tissus et absorbé par eux, suivant aussi que les reins fonctionnent plus ou moins activement, les leucomaïnes s'oxydent, disparaissent ou s'accumulent dans les organes et deviennent, par l'intermédiaire des centres nerveux, les agents indirects de désordres qui peuvent amener ou généraliser la maladie [1]. C'est ainsi que j'ai été conduit, le premier je pense, à attribuer à des agents purement chimiques et plus ou moins définis, la cause prochaine des désordres pathologiques. Je reviendrai dans ma IIIᵉ Partie sur cette importante considération. Quant à la question de savoir si les bases animales se produisent plus particulièrement dans certaines cellules spécifiques, à la façon des alcaloïdes du quinquina ou du pavot, je suis resté convaincu qu'à peu près

---

1. Voyez : *Sur les alcaloïdes dérivés de la destruction bactérienne des albuminoïdes,* p. 59 et 60. Masson, éditeur. Paris, 1886.

tous les tissus, toutes les cellules les produisent ; que, contrairement à l'opinion encore généralement admise, tout protoplasma cellulaire fonctionne anaérobiquement, à l'abri de l'oxygène, lorsque, dans la première phase de son activité, il transforme par hydratation ses albuminoïdes dans ces dérivés, dont les leucomaïnes, les toxines, les diastases solubles, les peptônes, le glycogène et l'acide carbonique sont les principaux termes.

C'est ainsi que l'étude de la fermentation bactérienne et de ses produits spéciaux m'a petit à petit conduit à examiner toute une série de problèmes qui intéressent à un haut degré la pathologie et la physiologie générales [1].

1. Voici les principales notes ou mémoires que j'ai publiés sur ces sujets : Premières indications sur l'existence des alcaloïdes cadavériques, voir ma *Chimie appliquée à la physiologie*, t. I, p. 253 (1873) et *Comptes rendus du Congrès d'hygiène* de Paris pour 1878, t. II, p. 266. — *Peut-on distinguer les alcaloïdes cadavériques des autres alcaloïdes naturels ?* en *Bull. Acad. de Méd.*, 2ᵉ série, t. X, p. 620, et *Ibid*, p. 599 et suivantes. — *Les alcaloïdes dérivés de la désassimilation des matières albuminoïdes sous l'influence de la vie des ferments et des tissus* (*Journ. d'anat. et de physiolog.*, de CH. ROBIN, septembre 1881). — *Communication sur les bases d'origine putréfactive* (*Bul. Soc. chim.*, t. XXXVII ; p. 305). — *Sur la découverte des alcaloïdes dérivés de la putréfaction des albuminoïdes* (*Comptes rendus Académie sciences*, t. XCIX ; p. 1119). — *Sur le mécanisme de la fermentation putride des matières protéiques* (*Comptes rendus Acad. Sciences*, t. XCIV, p. 1357). — En collaboration avec M. ETARD, ainsi que les trois mémoires qui suivent : *Sur la fermentation putride et les alcaloïdes qui en résultent* (*Comptes rendus Acad. sc.*, t. XCIV, p. 1598). — *Sur les produits dérivés de la fermentation bactérienne des albuminoïdes* (*Ibid.*, t. XCVII, p. 263). — *Sur les acides qui se forment durant la fermentation bactérienne des albuminoïdes* (*Ibid.*, t. XCVII, p. 325). — *Sur les leucomaïnes ; Nouveaux alcaloïdes dérivés de la transformation des substances protéiques des tissus vivants* (*Bul. Soc. chim.*, 2ᵉ série. t. XLIII, p. 158). — *Sur les alcaloïdes qui dérivent de la destruction bactérienne ou physiologique des tissus animaux. Ptomaïnes et leucomaïnes* (*Bul. Acad. de méd.*, 2ᵉ série, t. XV, p. 65 et 115. Voir aussi *Ibid.*, p. 219, 425, 691, 696). — *Sur les alcaloïdes bactériens et physiologiques* (*Bul. Soc. chim.*, 2ᵉ série, t. XLVIII, p. 6). — En collaboration avec M. L. MOURGUES : *Sur les alcaloïdes de l'huile de foie de morue* (*Comptes rendus Acad. sciences*, t. CVII, p. 110 ; 254 ; 626 et 740; et *Bul. Soc. chim.*, 3ᵉ série, t. II ; p. 213). — *Remarques sur la vie anaerobie des grands animaux et la*

S'il est vrai que d'autres avaient entrevu avant moi quelques faits analogues à ceux dont je suis parti, on remarquera sans doute qu'ils n'en avaient tiré à peu près aucun parti, et que les preuves définitives, les généralisations et les conséquences que j'en ai déduites m'appartiennent.

Ce sont ces généralisations, c'est la découverte de la formation des ptomaïnes dans toutes les cellules bactériennes anaérobies et des leucomaïnes dans tout tissu qui fonctionne, c'est enfin le principe de la vie partiellement anaérobie de tissus animaux que je revendique. Que les observations de Selmi aient été contemporaines, ou presque contemporaines des miennes, que nous ayons eu quelques précurseurs, nul ne le conteste; mais Selmi n'a vu dans les ptomaïnes qu'un problème toxicologique, et il n'a donné que cinq ans après moi l'explication de l'origine de ces bases. Quant à ma conception du fonctionnement anaérobie des tissus animaux dont la formation des leucomaïnes est la

production des graisses (*Comptes rendus Acad. sciences*, t. CXIV, p. 374). — En collaboration avec M. L. LANDI : *Sur la vie résiduelle et les produits du fonctionnement des tissus séparés de l'être vivant* (*Comptes rendus Acad. sciences*, t. CXIV, p. 1048 ; 1154 ; 1312 et 1449).— *Méthode générale d'extraction et de séparation des alcaloïdes animaux* (*Bul. Soc. chim.*, 3ᵉ série, t. VII, p. 466, et *Comptes rendus, Acad. Sciences*, t. CXIV, p. 1155). — En collaboration avec M. L. LANDI : *Sur les produits du fonctionnement du muscle séparé de l'être vivant et sur la vie anaérobie des tissus* (*Annales de chimie et de physique*, 6ᵉ série, t. XXVIII, p. 28. — *Sur le fonctionnement anaérobie des tissus animaux* (*Archives de physiologie norm. et path. de Brown-Séquard*, 3ᵉ série, t. IV, p. 1). — *Remarques préliminaires sur le mécanisme de la désassimilation des albuminoïdes et sur la production de l'urée* (*Comptes rendus de l'Acad. Sciences*, t. CXVIII, p. 902). — *La nutrition de la cellule Revue scientifique*, 18 avril 1894). — Voir enfin mon Ouvrage déjà cité : *La chimie de la cellule vivante* (Masson, éditeur. Paris, 1894) et la suite du Traité actuel sur les *Toxines microbiennes et animales*, qui contient de nombreux faits inédits sur les ptomaïnes et les leucomaïnes ainsi que la description d'un grand nombre d'alcaloïdes nouveaux que je n'ai pas encore publiés.

conséquence, cette sorte de paradoxe apparent n'entre encore aujourd'hui que difficilement dans les esprits.

Il n'y a pas eu de découverte sans enfantement ; une vérité nouvelle a toujours été vaguement sentie, préparée, avant d'être clairement exprimée, conçue dans ses rapports avec les vérités antérieurement acquises. Les exemples abondent.

Tout le monde s'accorde à reconnaître que les alcaloïdes organiques artificiels sont une création de A. Würtz [1]. Il les découvrit en 1849 lorsque, faisant réagir la potasse sur les éthers cyaniques, il observa, sépara et analysa les gaz alcalins qu'il obtenait ainsi, et parvint à démontrer qu'ils se rattachaient, par leur constitution et par leurs propriétés, d'une part à l'ammoniaque, de l'autre aux alcaloïdes végétaux alors connus. Cependant, avant Würtz, plusieurs savants, et non des moins illustres, avaient déjà reconnu et décrit divers alcaloïdes artificiellement formés : La *cristalline* ou *kyanol* avait été produite par Unverdorben en 1826, puis par Runge, puis enfin par Laurent en distillant l'indigo avec de la potasse. C'était notre *aniline* actuelle. En 1834, le *leucol*, la *quinoléïne* moderne, avait été extraite par Runge du goudron de houille. L'année même où Würtz découvrait les alcaloïdes artificiels, Anderson avait obtenu la *pétinine* (devenue notre butylamine actuelle). Bien plus, on avait préparé avant lui plusieurs de ces bases mêmes qu'il venait ainsi de produire, la méthylamine et la propylamine produites l'une par Rochleder, l'autre par Wertheim, en distillant la caféïne et la narcotine avec des alcalis. Mais l'analogie de tous ces corps, la conception de

---

1. Voir *Comptes rendus Acad., sciences*, t. XXVIII, p. 223 (12 février 1849).

leurs communes fonctions et constitution, leurs rapports avec l'ammoniaque, restaient méconnus : *Les ammoniaques organiques* n'avaient pas été découvertes avant que Würtz n'eut dit : *ce sont des ammoniaques composées* où l'hydrogène est partiellement remplacé par des radicaux organiques positifs.

Avant Pasteur, divers savants avaient supposé, et presque établi, l'existence dans l'air d'êtres vivants auxquels ils attribuaient les phénomènes de fermentation et les maladies épidémiques[1]. C'est ce qu'avait déjà admis Linné au XVIIe siècle, et après lui en partie démontré Reddi, puis Spalanzani, lorsqu'ils observèrent qu'il suffit de couvrir d'une gaze un peu serrée le vase contenant un morceau de viande fraîche directement prise sur l'animal, ou une infusion bouillie, pour les préserver des larves et quelquefois de la fermentation putride. Les poussières de l'air et les insectes arrêtés par la gaze étaient donc, comme le pensa Spalanzani, les agents qui apportent les germes de la vie nouvelle. En 1832, Gaultier de Claubry montrait que l'air contient, en effet, des spores qu'on peut arrêter sur des toiles métalliques glycérinées, ou détruire en faisant circuler l'air à travers des tubes au rouge. Schrœder, en 1819, établissait que cet air, filtré sur du coton, perdait la propriété d'exciter les fermentations. Cagnard de Latour, Turpin, Schwann avaient examiné au microscope la levure de bière et démontré qu'elle se compose de cellules spécifiques se reproduisant par bourgeonnement, etc. Les organismes de l'air et des fermentations avaient donc été

----

1. Voir sur les précurseurs de Pasteur le mémoire même de l'illustre savant dans les *Annales de chimie et de phys.*, 3e série, t. LXIV, p. 5. SUR LES CORPUSCULES ORGANISÉS QUI EXISTENT DANS L'ATMOSPHÈRE.

entrevus avant Pasteur ; on avait même indiqué avant lui plusieurs des méthodes de stérilisation qu'il retrouva plus tard. Mais seul, Pasteur sut imposer à tous les esprits la preuve définitive de l'existence des microbes de l'air et des eaux ; donner la démonstration irrécusable de leur intervention dans les fermentations et dévoiler leur rôle nécessaire dans la propagation des maladies virulentes ou épidémiques. Il montra que, dans aucun cas de prétendue génération spontanée, ces germes de vie ne se produisent en dehors de la présence de germes antérieurs semblables à eux, et cela, même dans le corps des animaux. Il sut manier ses méthodes avec assez d'habileté, pour en tirer ces procédés de culture qui permettent aujourd'hui de séparer les diverses espèces de microbes, de les sélectionner, de les cultiver, de les transformer en vaccins. Il est l'inventeur de ces vérités, parce que seul il a su les transformer définitivement en certitudes, les généraliser, les rendre utilisables, et montrer comment elles se relient naturellement les unes aux autres, ainsi qu'aux vérités établies avant lui. Il ne s'est pas borné à les entrevoir, à les affirmer, à en acquérir la conviction pour lui-même : il en a convaincu ses contemporains et l'humanité tout entière en bénéficie désormais [1].

1. Pressentir, entrevoir, n'est ni découvrir ni démontrer. Ce n'est pas le père Kircker, ou Raspail, qui ont découvert la nature des miasmes, ni même les *animalcules de l'air,* quoique l'un et l'autre aient insisté beaucoup sur leur rôle dans la propagation des maladies. Je n'ai jamais réclamé cette découverte de Pasteur, que l'air et les eaux sont le véhicule d'un grand nombre d'êtres vivants qui transmettent les maladies épidémiques. Et cependant, en 1862, alors que cette vérité était encore méconnue de tout le monde, j'écrivais dans ma Thèse de doctorat, Montpellier 1862, les lignes suivantes (p. 169) :

« C'est particulièrement dans les eaux croupissantes et marécageuses que l'été surtout et dans les contrées chaudes paraissent s'élaborer les germes des fièvres paludéennes et peut-être des grandes épidémies. Dans nos marais des pays tempérés l'infection se borne, en général, à

John Mayow avait bien entrevu, juste un siècle avant
Lavoisier, la composition complexe de l'air, l'existence du
gaz nitroaérien (notre oxygène actuel), et ses relations
avec le nitre ou salpêtre. Il avait presque conçu le mécanisme de la combustion et les rapports de ce brillant
phénomène avec la respiration des animaux[1]. Mais Lavoisier seul montra clairement et définitivement que l'air est
un *mélange* de gaz irréductibles entre eux, dont l'un entretient le feu, la combustion, la respiration des animaux,
provoque l'oxydation des métaux, dont il augmente le poids
en se fixant sur eux, et produit, aussi bien avec les
métaux qu'il oxyde, que chez les animaux qui le respirent,
des dégagements de chaleur comparables et sensiblement
proportionnels au poids d'oxygène dépensé. C'est l'ensemble
de ces preuves et contre-épreuves, ces rapprochements
inattendus venant expliquer l'un par l'autre deux phénomènes aussi éloignés en apparence que la respiration et

produire les miasmes des fièvres intermittentes et rémittentes ; mais
dans les pays chauds, la fermentation et la vie s'activent sous les flots de
chaleur, de lumière et d'électricité. Les eaux croupissantes du Nil
débordé lancent alors dans les airs les germes de la peste ; sur les rives
du Gange et du Volga s'élaborent ceux du choléra, et sur celles du Mis-
sissipi se développent les semences de la fièvre jaune. Et qu'on ne pense
pas que ce soit comme au hasard que nous employons ici les mots de
germes, de *semences*. Si nous avions à développer l'étiologie de ces
tristes affections, nous pourrions peut-être démontrer que parmi les
germes innombrables que l'air charrie, ou qui fourmillent dans les eaux
dormantes, il en est qui peuvent passer dans le sang, s'y développer en
l'altérant, y vivre à nos dépens, et par leurs générations successives,
sans doute, produire les intermittences et les exacerbations qui caractérisent ces maladies. Nous pourrions démontrer peut-être qu'il est
impossible d'expliquer ces faits singuliers par des empoisonnements
produits par des gaz, quelques délètères qu'on puisse les supposer, et
qu'il n'y a qu'un MIASME VIVANT qui puisse sous son imperceptible
volume devenir le *germe spécifique* de ces terribles affections. »

1. Voir son célèbre *Tractatus quinque medico-physici, quorum primus agit
de sale nitro et spiritus nitro-aereo; secundus de respiratione... etc.* Studio
JOHN MAYOW. Oxonii, 1674.

l'oxydation des métaux ; c'est l'analyse et l'explication de ces faits, jusque-là mystérieux, vérifiée par la méthode précise des pesées et par la preuve expérimentale qui entraîna toutes les convictions et qui constitua l'œuvre, la découverte, la vérité désormais acceptée et conquise, telle que l'ont conçue depuis Lavoisier les générations qui l'ont suivi. C'est bien de lui, c'est de Lavoisier que nous tenons définitivement ces vérités sur lesquelles s'appuie fermement la chimie et la physiologie modernes.

CHAPITRE DEUXIÈME

Distinction entre les ptomaïnes et les leucomaïnes.
Caractères généraux. Toxicité des ptomaïnes.
Ptomaïnes connues.

Les bases animales, ou produites aux dépens des matières animales, ont deux principales origines :

Les unes dérivent de l'action qu'exercent directement les microbes, et en particulier les microbes anaérobies, sur les substances albuminoïdes : ce sont les *ptomaïnes*.

Les autres se forment dans nos tissus, par le jeu normal de la vie du protoplasma ; on les trouve dans les muscles, le cerveau, les glandes, les sécrétions de toute espèce : ce sont les *leucomaïnes*.

Cette distinction que j'ai faite en 1883, entre ces deux ordres d'alcaloïdes, s'appuie sur un ensemble de considérations importantes qui l'a fait adopter définitivement.

Et d'abord l'*origine* de ces bases : les *ptomaïnes* (de πτῶμα, corps mort) sont les alcaloïdes qui se produisent, en dehors de l'organisme, grâce au dédoublement des matières albuminoïdes, animales ou végétales, sous l'action des ferments bactériens. Ces alcaloïdes résultent d'une fermentation anaérobie. Au contraire, les *leucomaïnes* se produisent dans nos tissus, normalement, à l'abri de tout microbe.

Leur *composition :* les ptomaïnes sont le plus généralement chargées d'hydrogène en excès, dénuées d'oxygène
ou très pauvres en cet élément, réductrices, oxydables,
souvent très vénéneuses. Les leucomaïnes sont presque
toujours oxygénées[1], peu réductrices, peu oxydables, peu
vénéneuses.

La formation des produits corollaires : la production des
ptomaïnes est généralement accompagnée de la formation
de gaz, hydrogène, azote libre, et surtout acide carbonique et ammoniaque. En même temps apparaissent des
composés d'odeur putride, indol, scatol, hydrogènes sulfurés
et phosphorés ; il se fait en même temps des toxines, corps
intermédiaires, comme on le verra, entre les albuminoïdes
et les alcaloïdes, et doués d'une très grande activité. La formation des leucomaïnes n'est généralement pas accompagnée
de dégagement d'hydrogène et d'azote libre (ou qu'en très
faible proportion). Elle n'a pas pour corollaire la formation
de produits putrides ou de toxines. Elle ne s'accompagne
pas de la mise en liberté d'une quantité sensible d'ammoniaque, qui, dans le cas des ptomaïnes, est la forme sous
laquelle se dégage la majeure partie de l'azote organique.

Les vrais alcaloïdes putréfactifs sont volatils, d'une odeur
vireuse, et plus souvent encore d'une odeur de fleurs ;
ils appartiennent généralement aux séries pyridique et
hydropyridique, ou à la série quinoléïque ; quelquefois, ce
sont des diamines ou des monamines à radicaux gras[2]. Au

---

1. L'adénine, la spermine et la plasmaïne font exception.
2. La choline, les névrine et oxynévrine, la neuridine et la triméthylamine elle-même, qu'on a signalées parmi les ptomaïnes, ne sont
pas en réalité de vrais produits de dédoublement des albuminoïdes par
les microbes ; ces bases dérivent non des albuminoïdes, mais de la
dissociation directe des lécithines. Ce sont des pseudo-ptomaïnes.

contraire, les leucomaïnes se rapprochent des composés uriques ; elles appartiennent, comme on le verra, aux séries xanthique, créatinique, névrinique ; elles sont fixes et presque sans odeur.

Nous montrerons plus loin que les leucomaïnes résultent surtout de la vie anaérobie du protoplasma des cellules de l'organisme. Il serait donc bien surprenant que parmi ces bases il n'en fût pas qui se rapprochent singulièrement des ptomaïnes et même qui se confondent avec elles : en fait, les animaux produisent en petite quantité de l'ammoniaque, de la triméthylamine, peut-être de l'amylamine, de la choline, de la neuridine par dédoublement des lécithines. Les amines acides : butalanine, leucine, acide amidovalérique, etc., apparaissent aussi à la fois dans les putréfactions des albuminoïdes et dans les tissus normaux de l'animal. Enfin, on a trouvé dans les urines et autres sécrétions des *traces* de ptomaïnes putréfactives; mais il est probable que ces dernières substances sont formées et absorbées dans l'intestin où elles naissent grâce à la fermentation bactérienne des résidus alimentaires.

Il serait même possible (et j'ai bien souvent appelé l'attention sur ce point) que lorsque, dans l'état pathologique, ou pour toute autre cause, l'organisme animal manque d'une partie de l'oxygène nécessaire à son fonctionnement normal, les bases qui se forment dans l'économie, même à l'abri de tout microbe, se rapprochent plus des ptomaïnes qu'à l'état de santé ; mais pour que l'identité de l'ensemble des produits formés fût atteinte, il faudrait que la cellule animale pût continuer à vivre sans air, ce qui est incompatible avec le fonctionnement des tissus.

Caractères des Ptomaïnes.

En comparant les ptomaïnes aux leucomaïnes, nous venons d'indiquer déjà leurs principaux caractères. Les ptomaïnes sont des produits doués de toutes les propriétés fonctionnelles des alcaloïdes organiques : elles s'unissent toutes aux acides pour former des sels cristallisables ; aux chlorures des métaux lourds pour donner des chloroplatinates souvent insolubles, des chloroaurates peu solubles, généralement très altérables, des chloropalladites et des chloromercurates, dont plusieurs sont insolubles et cristallins. En solution fortement acide, elles précipitent toutes par l'acide phosphomolybdique ou l'acide phosphotungstique en excès ou par les sels alcalins de ces acides[1] ; elles précipitent par l'iodure de potassium ioduré et presque toutes par l'iodomercurate de potassium[2]. Les ptomaïnes non oxygénées attirent souvent avec avidité l'acide carbonique de l'air et se comportent comme des bases alcalines puissantes.

Beaucoup de ptomaïnes non oxygénées et volatiles, en particulier celles des séries pyridique et hydropyridique, sont douées d'une odeur tenace et légèrement fécale d'aubépine, de lilas, de seringa, de musc ; quelquefois, elles ont une odeur vireuse, nicotianique, ammoniacale ou spermatique, surtout s'il s'agit des alcaloïdes névriniques, ou des polyméthylèneamines.

Elles sont solubles dans l'éther et l'alcool, surtout dans l'alcool amylique et quelquefois dans le chloroforme.

---

1. Il faut éviter dans ces réactions la présence de l'acide chlorhydrique et d'un excès d'acide nitrique.

2. La neuridine fait exception.

Toutes les bases issues des processus putréfactifs ne sont certainement pas spécifiques : c'est ainsi que l'on trouve à côté des ptomaïnes proprement dites l'ammoniaque, la méthylamine, la triméthylamine, la butylamine, les amylamines et caprilamines, la diéthylamine et triéthylamine, l'hexylamine, l'éthylidènediamine, les triméthylènediamine, les tétraméthylènediamine et pentaméthylènediamine, etc., substances très alcalines que l'on peut rencontrer dans les produits d'origine les plus diverses n'ayant pas subi la fermentation bactérienne.

Réactions supposées spécifiques des ptomaïnes. — Il n'existe pas, et ne peut exister, de réactions spécifiques tout à fait caractéristiques des ptomaïnes. F. Selmi avait observé, et Brouardel et Boutmy remarquèrent après lui, que les ptomaïnes, sous forme d'extraits sirupeux (on ne les avait pas obtenues jusque-là tout à fait pures), jouissaient de la propriété de réduire les sels ferriques qui donnent dès lors du bleu de Prusse sous l'influence du ferrocyanure de potassium. Quoique cette réaction soit loin d'être spécifique, comme je vais le montrer, je la décrirai avec détails, parce qu'elle peut servir d'indice précieux dans beaucoup de cas. On se procure du perchlorure de fer bien exempt de protochlorure et on l'étend de beaucoup d'eau jusqu'à coloration jaune faible ; on prend, d'autre part, une solution très étendue de ferrocyanure de potassium pur. Les deux liqueurs mélangées d'une goutte d'acide acétique réunies dans un verre de montre doivent rester incolores ou à peine teintées de jaune verdâtre. Si l'on ajoute alors la substance alcaline que l'on suppose être une ptomaïne, il se produit soit immédiatement, soit après quatre à cinq minutes, une coloration bleue intense, le plus souvent même un précipité de bleu de Prusse. Cette réaction très sensible n'est malheureusement pas caractéristique. Elle se produit avec la plupart des matières extractives réductrices, par exemple avec l'extrait urinaire normal. M. Tanret l'a signalée pour la digitaline. J'ai observé que la *pilocarpine*, la *peltierine*, l'*hyoscyamine*, l'*igasurine*, la *vératrine*, la *colchicine*, la *nicotine*, l'*ergotine*, l'*éserine* donnent *lentement* du bleu, ou un précipité bleu, dans les mêmes conditions. La plupart des alcaloïdes naturels ne donnent du bleu de Prusse qu'au bout de plusieurs jours ou du moins plusieurs heures. La lenteur de la réaction qu'ils provoquent empêche donc de les confondre avec les ptomaïnes. Mais la morphine et l'apomorphine donnent immédiatement la réaction de Selmi. J'ajoute qu'un grand nombre d'alcaloïdes artificiels vénéneux se comportent au point de vue de la réaction précédente à la façon des ptomaïnes. Dans la série des bases phényliques, j'ai obtenu le bleu de Prusse avec l'*aniline* et ses dérivés la *méthylaniline* et l'*éthylaniline* ; avec la *paratoluidine*, la *diphénylamine*, la *naphthylamine*, la *pyridine*, la *collidine*, l'*hydropyridine* et l'*hydrocollidine* ; enfin avec la *diallylènediamine* et l'*acétonamine*. Les peptones donnent la même réaction. On voit que si le caractère indiqué par Selmi permet de distinguer, sauf de très rares exceptions, les ptomaïnes des alcaloïdes naturels, il ne les sépare pas des alcaloïdes artificiels aromatiques, des peptones et des matières extractives [1].

1. J'en dirai de même de la réaction de Wefers Bettink et Van Dissel, qui consiste à ajouter au mélange de ferrocyanure et de sel ferrique une trace d'acide chromique, puis la ptomaïne supposée. Il se ferait encore dans ce cas du bleu de Prusse ; Brieger a même montré que les ptomaïnes qu'il a obtenues ne répondent pas, en général, à cette réaction.

J'ajoute enfin que, d'après Brieger, la choline, la névrine, la putrescine, la cadavérine et la neuridine, qui sont des bases cadavériques, ne donnent pas la réaction de Selmi.

D'après MM. Brouardel et Boutmy, si avec une plume d'oie trempée dans la solution, même assez étendue, d'une ptomaïne, on trace dans l'obscurité un trait sur le papier préparé au bromure d'argent dont se servent les photographes, qu'on lave ensuite, au bout d'une demi-heure, à l'hyposulfite de soude, puis à l'eau, ce papier conservé à l'abri de la lumière, le trait fait à la plume restera marqué en noir par suite de la réduction du bromure d'argent. Il est probable, mais nous ne l'avons pas vérifié, que les bases réductrices, la morphine par exemple, et les autres bases citées plus haut, si on leur faisait subir cette épreuve, se confondraient encore avec les ptomaïnes.

Il n'existe donc pas de réaction tout à fait caractéristique des ptomaïnes, et par conséquent, dans les recherches médico-légales, on pourrait craindre que l'expert toxicologiste pût confondre les bases d'origine cadavérique et les alcaloïdes toxiques qu'il cherche à caractériser dans les cas présumés d'empoisonnement. Mais l'on doit se rappeler que, sauf la morphine, aucun des alcaloïdes vénéneux fournis par les plantes ne donne immédiatement la réaction du bleu de Prusse. Une seule base végétale, la muscarine, a été trouvée jusqu'ici parmi les ptomaïnes, et quoiqu'on ait cru, lors de la découverte de ces poisons, reconnaître parmi les ptomaïnes l'existence de la conicine, de la nicotine, de l'atropine, de la colchicine, etc., des observations plus précises sont venues infirmer ces hypothèses. La muscarine a été trouvée, il est vrai, parmi les ptomaïnes; mais cet alcaloïde très vénéneux n'existe heureusement pas dans le commerce et n'est pas employé en médecine.

Lors donc que l'expert devra se prononcer, et surtout dans les cas délicats où la petite quantité de bases extraites des matières suspectes peut lui laisser des doutes, il ne concluera à l'existence de tel ou tel alcaloïde *qu'après avoir vérifié que toutes les réactions chimiques et physiologiques de l'alcaloïde végétal présumé coïncident avec les propriétés de celui qu'il a extrait des matières suspectes.* Ces réactions devront se faire parallèlement sur un échantillon authentique de l'alcaloïde qu'il veut caractériser, surtout si la base extraite, ou ses sels, n'ont pas été obtenus cristallisés et si leurs formes ne peuvent être comparées à des types. Dans aucun cas, une *réaction unique,* fût-elle donnée comme tout à fait démonstrative et caractéristique, ne peut suffire à faire reconnaître et affirmer la présence de telle ou telle base. On n'aura jamais assez de preuves, et le doute peut subsister si toutes les réactions ne sont pas concordantes [1].

Action physiologique des ptomaïnes. — L'action physiologique de ces bases ne permet pas davantage de les séparer d'une manière nette et caractéristique des autres alcaloïdes. Parmi les ptomaïnes, il en est de très toxiques, comme la névrine, la muscarine ou l'hydrocollidine; il en est aussi d'inoffensives, ou de fort peu actives, comme la neuridine, la cadavérine, la putrescine, etc. Toutefois, on peut dire que les vraies ptomaïnes, celles qui dérivent de la

---

1. Voir à ce sujet *Relazione delle esperienze fatte nel Laboratorio della R. Università di Roma, nelle cosidette ptomaïne in riguardo delle perizie tossicologie.* Roma, 1885. — KOBERT, *Compendium der praktische Toxicologie,* 1887. — SPICA, *Atti dell' Inst. Veneto,* 1890.

décomposition des albuminoïdes et qui résistent à la putréfaction, sont généralement très vénéneuses.

La difficulté de se procurer des ptomaïnes pures en quantité suffisante et d'étudier, pour chacune d'elles, leurs effets physiologiques, a fait généralement employer, pour cet usage, leurs extraits éthérés, chloroformiques, amyliques, qui, transformés en sels par agitation avec l'eau acidulée, ont donné des produits qu'on a injectés aux animaux le plus souvent dans un état de pureté imparfaite, ce qui laisse un léger doute sur quelques-uns des résultats suivants.

Les ptomaïnes vraies, celles qu'on retire du cadavre après putréfaction prolongée, sont généralement plus vénéneuses que celles qui apparaissent au commencement de la putréfaction. Celles-ci se forment sans doute aux dépens du dédoublement des lécithines, et non par digestion bactérienne des albuminoïdes proprement dits; elles disparaissent ensuite en se transformant en ammoniaque, triméthylamine, acides lactiques, etc. Toutefois, parmi ces ptomaïnes du début, la choline $C^8H^{15}AzO^2$ et surtout la névrine $C^5H^{13}AzO$ et la muscarine $C^5H^{15}AzO^3$ sont très vénéneuses. Nous reviendrons, à propos de chacune d'elles, sur leurs effets physiologiques spécifiques.

Pour le moment, nous nous bornerons à indiquer le mode d'action des ptomaïnes cadavériques vraies, de celles que le médecin légiste est exposé à rencontrer et à confondre avec les alcaloïdes végétaux.

Nous empruntons les renseignements suivants aux mémoires successifs de Selmi, déjà cités, à nos observations personnelles, aux publications de Gianetti et Corona[1], etc.

1. *Sugli alcaloïdi cadaverici o Ptomaïne del Selmi.* Bologna, 1880. C'est un travail fait avec soin. Les ptomaïnes qu'ils ont examinées provenaient

Ces derniers auteurs, après avoir soumis les matières cadavériques ordinaires à la méthode de Stas, que nous décrirons plus loin, ont obtenu des extraits très alcalins de saveur piquante et amère, engourdissant la langue, donnant à la gorge un sentiment de strangulation lorsque la quantité d'alcaloïde est un peu forte. Par des traitements successifs à l'éther, au chloroforme et à l'alcool amylique, ces extraits ont été divisés en trois groupes, chacun imparfaitement défini il est vrai, dont ils ont examiné séparément l'action sur les animaux. On peut se faire, d'après le résumé suivant, une idée suffisante des réactions physiologiques générales que l'expert est en droit d'attribuer aux ptomaïnes lorsqu'il cherche à caractériser les alcaloïdes ordinaires dans un but toxicologique.

(*a*) *Ptomaïnes extraites par l'éther.* — La partie dissoute par l'éther forme un liquide alcalin dont l'odeur rappelle à la fois celle de la méthylamine et du sperme ; après saturation des bases par l'acide chlorhydrique, et filtration, un gramme de la solution aqueuse ainsi obtenue injecté à un chien de moyenne taille, produit, au bout de vingt-cinq minutes les phénomènes suivants :

Pupille irrégulière de forme oblique ; tremblements convulsifs ; fréquents battements du cœur ; température augmentée de deux degrés ; injection remarquable des capillaires du pavillon de l'oreille. L'animal devient indolent, stupéfié ; sa pupille est rétrécie. Quarante minutes après l'injection, contraction spasmodique des muscles de la face et des membres ; respiration ralentie (28 à la minute) ; mort quarante-

du cadavre d'un homme exhumé après 96 jours. Voir aussi sous le *même titre*, le travail du professeur VOLENTI ; ptomaïnes d'un cadavre de un mois (Modène, 1886).

cinq minutes après le début de l'expérience. A l'autopsie immédiate, immobilité des oreillettes du cœur ; contraction irrégulière du ventricule gauche ; cœur droit plein de sang non coagulé ; cœur gauche affaissé et vide.

Mêmes observations à peu près sur les grenouilles. Chez celles-ci, le ventricule du cœur est rempli d'un sang noir veineux au lieu d'un sang rutilant. Les battements du cœur sont de plus en plus rares et réduits à mesure que l'empoisonnement se continue. Les reflexes diminuent et disparaissent presque.

(*b*) *Ptomaïnes extraites par le chloroforme*. — Les bases extraites au moyen du chloroforme, après l'épuisement par l'éther, lorsqu'on les sature comme les précédentes par de l'eau acidulée d'acide chlorhydrique, présentent les réactions chimiques générales des alcaloïdes enlevés par le dissolvant précédent ; elles en diffèrent toutefois en ce que leurs sels précipitent le bichromate de potasse, ainsi que le cyanure de potassium et d'argent.

La solution des chlorhydrates de ce nouveau groupe de bases fut injectée à un chien de moyenne taille. Presque aussitôt les mouvements respiratoires passèrent de cent à cent trente-quatre à la minute ; légère augmentation du nombre des battements cardiaques ; injection vive des vaisseaux de la conque de l'oreille : après cinquante minutes environ, tout rentra dans l'état normal.

Le même produit injecté sous la peau d'une grenouille fit tomber les battements du cœur, au bout de douze minutes, de quatre-vingt à soixante-quatre. L'animal n'avait plus que des mouvements difficiles, il était paresseux, traînant, il ne réagissait plus aux excitations. La sensibilité galvanique était conservée, *mais la contractilité musculaire au contact des deux pôles de la pile placés sur les muscles eux-mêmes était abolie.*

(c) *Ptomaïnes extraites par l'alcool amylique.* — Le résidu alcalin des bases cadavériques ainsi successivement épuisé par l'éther et par le chloroforme étant mis en digestion avec de l'alcool amylique, donne une solution qui, reprise par l'eau acidulée, présente encore les réactions de ces bases, mais ne réduit plus le chlorure d'or à froid.

Injecté à une grenouille, ce sel engourdit les mouvements de l'animal, dilate considérablement ses pupilles, fait disparaître toute sensibilité cutanée, *diminue de moitié le nombre des battements cardiaques, et produit de l'arythmie.* L'animal meurt dans un relâchement général de tous les muscles. Les nerfs restent excitables par l'électricité, mais le courant appliqué sur les muscles les laisse complètement inertes.

De ces expériences et d'autres encore qu'il serait trop long de décrire ici, on peut conclure que les ptomaïnes vraies ou leurs sels produisent les phénomènes qui suivent :

1° Dilatation des pupilles suivie de rétrécissement ;

2° Convulsion tétanique, puis flaccidité musculaire ; affaiblissement et quelquefois excitations des centres moteurs ;

3° Ralentissement des battements cardiaques, qui peut être précédé d'un peu d'accélération ;

4° Perte de la sensibilité cutanée ;

5° Perte de la contractilité musculaire.

Sur les chiens, les phénomènes principalement notés sont les suivants :

1° Pupille irrégulière, finissant par se rétrécir ;

2° Injection remarquable des vaisseaux de la conque de l'oreille par paralysie des vasomoteurs ;

3° Élévation de la température ;

4° Respiration ralentie ;

5° Perte de la contractilité musculaire ;

6° Somnolence, à laquelle succèdent les convulsions et la mort.

Dans ces expériences, la perte de la contractilité musculaire, même lorsqu'on se sert des excitants électriques, est très remarquable. Elle rapproche ces ptomaïnes des alcaloïdes vénéneux des champignons et spécialement de la muscarine, analogie que j'avais indiquée avant les expériences de Selmi, de Corona et de Brieger[1]. Au contraire, les observations de Corona éloignent les ptomaïnes proprement dites des autres alcaloïdes végétaux, ainsi que du curare qui laisse au muscle sa contractilité propre sous l'influence de l'excitation électrique; elles les éloignent enfin du sulfocyanure de potassium, qui fait disparaître, il est vrai, la propriété du muscle de se contracter par l'électricité, mais qui le laisse en tétanos et non en flaccidité.

Le ralentissement des battements cardiaques, souvent avec arythmie, est encore très important à noter. Nous verrons, en effet, que presque tous les microbes pathogènes produisent des toxines présentant cette propriété qui appartient aussi aux venins. A d'autres égards, l'action de ces derniers est différente de celle des principales ptomaïnes cadavériques : Comme elles, les venins paralysent les muscles, surtout ceux des membres postérieurs qu'ils immobilisent; mais avec les venins, on remarque souvent

---

1. En 1878, au Congrès international d'hygiène de Paris, je disais : « Il se forme aussi, durant la putréfaction, des alcaloïdes fixes qui ont des analogies avec la morphine et l'atropine, *et mieux encore avec quelques composés alcalins retirés des champignons.* » (*Comptes rendus du Congrès d'hygiène*, t. II, p. 266.)

de l'essoufflement avec période d'agitation vive, et après la mort, le cœur, au lieu d'être flasque et rempli de sang, reste en systole et exsangue.

Je donnerai plus loin les observations qui ont été faites sur l'action physiologique de chaque ptomaïne en particulier.

Ptomaïnes connues. — Avant de décrire les méthodes qui ont servi à les découvrir ou à les séparer, je donne ici, sous forme de tableau, la liste par ordre alphabétique, des bases d'origine putréfactive connues jusqu'à ce jour, avec l'indication de leur nocivité et de leurs origines.

Les six acides qui sont en tête de ce tableau présentent à la fois des propriétés acides et des propriétés basiques. En s'unissant aux acides minéraux, ils forment avec eux des sels définis.

L'action physiologique de chacune de ces ptomaïnes n'est indiquée que très sommairement par les mots : *toxique, peu ou pas toxique, non toxique.* Cette dernière mention indique seulement que la ptomaïne à laquelle elle se rapporte n'est pas toxique à faible dose, un centigramme, par exemple, pour un lapin de poids ordinaire.

TABLEAU DES PRINCIPALES PTOMAÏNES OU BASES D'ORIGINE PUTRÉFACTIVE

Noms des Ptomaïnes.	Formules.	Origine.	Action physiologique.	Auteurs.
Acide ε-amidovalérianique ou homopipéridinique	$C^5H^{11}AzO^2$	Albumine putréfiée	Non toxique.	E. et H. Salkowsky.
Acide amidostéarique	$C^{18}H^{35}(AzH^2)O^2$	Chairs putréfiées	Non toxique.	A. Gautier.
Acide morhuique	$C^9H^{13}AzO^3$	Huile de foie de morue	Id.	A. Gautier et Mourgues.
Acide oxyamidobutyrique ?)	$C^4H^9AzO^3$	Foie de morue	Toxique.	A. Gautier.
Acide oxyphénylamidopropionique	$C^8H^8(AzH^2)CO^2H$	Putréfaction de l'albumine		Nencki.
Acide scatolamidoacétique	$C^{11}H^{12}Az^2O^2$	Putréfaction de l'albumine		Nencki.
Amylamine	$C^5H^{13}Az$	Huile de foie de morue	Toxique.	A. Gautier et Mourgues.
Aselline	$C^{25}H^{32}Az^4$	Huile de foie de morue	Non toxique.	A. Gautier et Mourgues.
Bétaïne	$C^5H^{13}AzO^3$	Poissons putréfiés	Non toxique.	Brieger.
Butylamine	$C^4H^{11}Az$	Huile de foie de morue	Peu toxique.	A. Gautier et Mourgues.
Butalanine	$C^5H^{11}AzO^2$	Putréfaction des albuminoïdes	Non vénéneuse.	—
Cadavérine	$C^5H^{14}Az^2$	Chairs (Putréfaction peu avancée)	Peu ou pas toxique.	Brieger.
Collidine	$C^8H^{11}Az$	Poulpes putréfiés	Toxique.	Œchsner de Coninck.
Choline	$C^5H^{15}AzO^2$	Chairs (Putréfaction peu avancée)	Toxique.	Brieger.
Corindine	$C^{10}H^{15}Az$	Fibrine putréfiée	Toxique.	Guareschi et Mosso.
Corindine (ou isomère)	$C^{10}H^{15}Az$	Poulpes putréfiés	Toxique.	Œchsner de Coninck.
Cystine	$C^3H^7AzSO^2$	Urines cystinuriques	—	Wollaston.
Diéthylamine	$C^4H^{11}Az$	Charcuteries devenues vénéneuses.	Toxique.	Bocklish.
Dihydrolutidine	$C^7H^{11}Az$	Huile de foie de morue	Toxique.	A. Gautier et Mourgues.

TABLEAU DES PRINCIPALES PTOMAÏNES OU BASES D'ORIGINE PUTRÉFACTIVE (*Suite*)

Noms des Ptomaïnes.	Formules.	Origine.	Action physiologique.	Auteurs.
Dihydrocorindine	$C^{10}H^{17}Az$	Cultures du *bacterium allii*	Toxique.	Griffiths.
Diméthylamine	C^2H^7Az	Gélatine putréfiée	Non toxique.	Brieger.
Diphtérine	$C^{14}H^{16}Az^2O^6$ (?)	Urines des diphtériques	—	Griffiths.
Éthylamine	C^2H^7Az	Levure de bière putréfiée	Non vénéneuse.	Hesse.
Ethylidènediamine (?)	$C^2H^8Az^2$	Poissons putréfiés	Toxique.	Brieger.
Érysypeline	$C^{11}H^{13}AzO^3$	Urines des érysypélateux	Toxique.	Griffiths.
Eczémine	$C^7H^{15}AzO$	Urines des eczémateux	Toxique.	Griffiths.
Gadinine	$C^7H^{17}AzO^2$	Poissons putréfiés	Toxique.	Brieger.
Glycocolle	$C^2H^3(AzH^2)O^2$	Fermentations bactériennes diverses	Non toxique.	—
Glycocyanidine ou rubéoline	$C^3H^5Az^3O$	Urines des rubéoleux	Toxique.	Griffiths.
Héxylamine	$C^6H^{15}Az$	Huile de foie de morue ; Levure putréfiée	Toxique.	A. Gautier. Hesse.
Homonoruoxycollidine	C^7H^9AzO	Foie de morue	Peu toxique.	A. Gautier.
Hydrocollidine	$C^8H^{13}Az$	Poissons putréfiés	Toxique.	A. Gautier et Etard.
Isoamylamine	$C^5H^{13}Az$	Levure de bière putréfiée	Toxique.	Hesse.
Innommées (Bases)	$C^7H^{10}Az^2$	Alcools de grains	Non toxique.	Morin.
—	$C^8H^{12}Az^2$	Huile de pomme de terre	?	Schrœter.
—	$C^{16}H^{16}Az^2$	Id.	?	Id.
—	$C^{13}H^{20}Az^4$	Vin	?	Oser.
—	$C^5H^6AzO^2$	Culture du *micrococcus tetragenus* (Phtisie)	—	Griffiths.

TABLEAU DES PRINCIPALES PTOMAÏNES OU BASES D'ORIGINE PUTRÉFACTIVE (*Suite*)

NOMS DES PTOMAÏNES.	FORMULES.	ORIGINE.	ACTION PHYSIOLOGIQUE.	AUTEURS.
Innommées (Bases)	$C^5 H^{11} Az O^4 (?)$	Urines des scarlatineux	Toxique.	Griffiths.
—	$C^5 H^{19} Az O^2 (?)$	Urines des coquelucheux	Toxique.	Griffiths.
—	$C^7 H^{14} Az^4 O^2$	Urines normales	Toxique.	G. Pouchet.
—	$C^7 H^{12} Az^4 O^2$	Urines normales	—	Pouchet.
—	$C^6 H^{13} Az O^2$	Culture du tétanos	Non toxique.	Brieger.
—	$C^7 H^{17} Az O^2$	Chair de cheval putréfiée	Toxique.	Brieger.
—	$C^8 H^{20} Az^2 O^3$	Chairs longtemps putréfiées	—	A. Gautier.
—	$C^{20} H^{26} Az^2 O^3$	Urines des pneumoniques	Toxique.	Griffiths.
—	$C^5 H^{10} Az^2 O^4$	Chairs putrides	Toxique.	G. Pouchet.
—	$C^9 H^9 Az O^4$	Urines de l'influenza	—	Griffiths et Ladels.
—	$C^{14} H^{20} Az^2 O^4$	Fibrine putréfiée	Toxique.	Guareschi.
—	$C^7 H^{18} Az^2 O^6 (?)$	Urines de la diphtérie	Toxique.	Griffiths.
—	$C^{11} H^{26} Az^2 O^6$	Matières albuminoïdes putréfiées	—	A. Gautier.
—	$C^{15} H^{10} Az^2 O^6 (?)$	Urines de la morve	Toxique.	Griffiths.
—	$C^{12} H^{15} Az^5 O^7 (?)$	Urines des épileptiques	?	Griffiths.
Leucine	$C^6 H^{13} Az O^2$	Putréfaction des albuminoïdes	Non toxique.	—
Lysine	$C^6 H^{14} Az^2 O^2$	Fermentations pancréatiques	Non toxique.	Drechsel.
Méthylamine	$C H^5 Az$	Saumure ; Huile de foie de morue.	Non toxique.	—
Méthylguanidine	$C^2 H^7 Az^3$	Chair de cheval putréfiée	Toxique.	Brieger.
Morhuine	$C^{19} H^{27} Az^3$	Huile de foie de morue	Non toxique.	A. Gautier et Mourgues.
Moruoxycollidine	$C^8 H^{11} Az O$	Foie de morue	Peu toxique.	A. Gautier.

TABLEAU DES PRINCIPALES PTOMAÏNES OU BASES D'ORIGINE PUTRÉFACTIVE (*Suite*)

Noms des Ptomaïnes.	Formules.	Origine.	Action physiologique.	Auteurs.
Muscarine	$C^5 H^{15} Az O^3$	Poissons putréfiés	Vénéneuse.	Brieger.
Mydaleine	?	Cadavres putréfiés	Très vénéneuse.	Brieger.
Mydine	$C^8 H^{11} Az O$	Id.	Non toxique.	Brieger.
Mydatoxine	$C^6 H^{13} Az O^2$	Chair de cheval putréfiée	Toxique.	Brieger.
Mytilotoxine	$C^6 H^{15} Az O^2$	Chair du *mytilus edulis* vénéneux	Toxique.	Brieger.
Méthylgadinine	$C^8 H^{17} Az O^2$ (?)	Chair de cheval putréfiée	Toxique.	Brieger.
Neuridine	$C^5 H^{14} Az^2$	Cadavres de 6 à 8 jours ; fromages avancés	Non toxique.	Brieger.
Névrine	$C^3 H^{13} Az O$	Chair putréfiée	Toxique.	Brieger.
Nicomorhuine	$C^{20} H^{28} Az^4$	Huile de foie de morue	Toxique.	A. Gautier.
Oxycollidine	$C^8 H^{11} Az O$	Huile de foie de morue	Toxique.	A. Gautier.
Parvoline	$C^8 H^{13} Az$	Poisson putréfié	Toxique.	A. Gautier et Etard.
Peptotoxine	?	Produit de peptonisation	Toxique.	Brieger.
Pentaméthylènediamine ou Cadavérine.				
α–Phényléthylamine	$C^8 H^{11} Az$	Digestion de gélatine par le pancréas.	Toxique.	Nencki.
Propylamine	$C^3 H^9 Az$	Putréfaction de la gélatine	?	Brieger.
Propylglycocyamine	$C^6 H^{13} Az^3 O^2$	Urines de l'angine tonsillaire	?	Griffiths.
Phlogosine [1]	?	Culture du *staphylococcus aureus*.	Toxique.	Leber.
Putrescine	$C^4 H^8 Az^2$	Chairs putréfiées	Peu toxique.	Brieger.
Pyocyanine	$C^{14} H^{13} Az O^2$	Pus bleu	Peu toxique.	Ledderhose.

1. Le *phlogosine* ne paraît pas être une base.

TABLEAU DES PRINCIPALES PTOMAÏNES OU BASES D'ORIGINE PUTRÉFACTIVE (*Suite*)

Noms des Ptomaïnes.	Formules.	Origine.	Action physiologique.	Auteurs.
Puerpéraline	$C^{22}H^{19}AzO^2$	Urines de la fièvre puerpérale	Toxique.	Griffiths.
Pyoxanthine	?	Pus	Peu toxique.	Fordos.
Rubéoline ou Glycocyamidine	$C^3H^5Az^3O$	Urines des rubéoleux	Toxique.	Griffiths.
Saprine	$C^5H^{14}Az^2$ (?)	Chairs putréfiées	Non toxique.	Brieger.
Scombrine	$C^{17}H^{38}Az^4$	Poisson putréfié	?	A. Gautier.
Spasmotoxine	?	Culture du tétanos	Toxique.	Brieger.
Succolotoxine	$C^{14}H^{32}Az^2$	Choléra	—	Schweinitz.
Susotoxine	$C^{10}H^{26}Az^2$	Choléra	Toxique.	Novy.
Spermine	$C^{10}H^{26}Az^4$	Culture du microbe de la phtisie	Non toxique.	—
Scarlatinine	$C^5H^{11}AzO^4$ (?)	Urines des scarlatineux	Toxique.	Griffiths.
Tétanine	$C^{13}H^{30}Az^2O^4$	Tétanos	Toxique.	Brieger.
Tétanotoxine	$C^5H^{11}Az$	Tétanos	Vénéneuse.	Brieger.
Tirotoxicon [1]	?	Fromages corrompus	Toxique.	Vaughan.
Trétraméthylènediamine (voir Putrescine)				Brieger.
Typhotoxine	$C^7H^{17}AzO^2$	Fièvre typhoïde	Toxique.	Brieger.
Triéthylamine	$C^6H^{15}Az$	Morue putréfiée	Non toxique.	—
Triméthylamine	C^3H^9Az	Saumure de poisson; Huile de foie de morue	Non toxique.	Dessaignes.
Triméthylènediamine	$C^3H^8Az^2$	Culture du microbe du choléra	Toxique.	Brieger.

1. Ne paraît pas être un alcaloïde.

Si nous résumons ce tableau, nous voyons que les ptomaïnes qui précèdent ont été trouvées dans les divers cas suivants :

Albumine putréfiée : Acide α-amidovalérianique ; acide scatolamidoacétique ; acide oxyamidopropionique ; leucine ; butalanine ; choline.

Fibrine putréfiée : Corindine ; base innommée $C^{14}H^{20}Az^2O^4$; méthylgadinine.

Gélatine putréfiée : α-Phényléthylamine ; diméthylamine ; propylamine.

Chairs de mammifères putréfiées : Cadavérine ; choline ; diéthylamine ; bases innommées $C^7H^{17}AzO^4$, $C^8H^{20}Az^2O^3$ et $C^8H^{10}Az^2O^4$; méthylyguanidine ; mydaleïne ; mydine ; mydatoxine ; méthylgadinine ; neuridine ; névrine ; putrescine ; saprine ; acide amidostéarique.

Chairs de poissons putréfiées : Bétaïne ; gadinine ; parvoline ; scombrine ; triéthylamine ; triméthylamine ; éthylidènediamine ; dihydrocollidine ; muscarine.

Chair de poulpes putréfiée : Collidine ; corindine ou isomère.

Levures putréfiées : Éthylamine ; hexylamine ; isoamylamine.

Peptonisation des viandes, fermentation gastrique : Peptotoxine.

Fermentation pancréatique : Lysine ; collidine ; phényléthylamine.

Huile et foie de morue : Acide morhuique ; acide oxyamidobutyrique ; butylamine ; amylamine ; hexylamine ; aselline ; dihydrolutidine ; morhuine ; nicomorhuine ; oxycollidine ; moruoxycollidine ; homomoruoxycollidine ; triméthylamine ; méthylamine.

Alcools de grains et de pommes de terre, Vins : Bases innommées $C^7H^{10}Az^2$, $C^8H^{13}Az^2$, $C^{10}H^{16}Az^2$, $C^{13}H^{20}Az^4$.

Fromages putréfiés : Tyrotoxine.

Chair du mytilus edulis vénéneux : Mytilotoxine.

Cultures de bacterium alii : Dihydrocorindine.

Pus : Pyoxanthine ; pyocyanine.

Cultures du tétanos : Base $C^6H^{13}AzO^2$; tétanine ; tétanotoxine.

Cultures du micrococcus tetragenus : Base $C^5H^6Az^2O^2$.

Déjections cholériques : Succolotoxine ; susotoxine ; triméthylènediamine.

Déjections typhiques : Typhotoxine.

Urines normales : Bases $C^7H^{14}Az^4O^2$ et $C^7H^{12}Az^4O^2$.

Urines de l'angine couenneuse : Propylglycocyanine ; diphtérine ; base innommée $C^7H^{18}Az^2O^6$.

Urines de la coqueluche : Base innommée $C^5H^{19}AzO^2$.

— *cystinuriques :* Cystine.

— *de l'érysypèle :* Érysipeline.

— *de l'épilepsie :* Base innommée $C^{12}H^{15}Az^5O^7$.

— *de l'eczéma :* Eczémine.

— *de la fièvre puerpérale :* Puerpéraline.

— *de l'influenza :* Base innommée $C^9H^9AzO^4$.

— *de la morve :* Base innommée $C^{15}H^{10}Az^2O^6$.

— *de la pneumonie :* Base innommée $C^{20}H^{26}Az^2O^3$.

— *de la rougeole :* Glycocyamidine ou rubéoline.

— *de la scarlatine :* Base innommée $C^5H^{11}AzO^2$; scarlatinine.

— *du tétanos :* Spasmotoxine.

CHAPITRE TROISIÈME

Extractions des ptomaïnes. Leur séparation des composés albuminoïdes et des divers produits actifs.

EXTRACTION DES PTOMAÏNES.

L'extraction, et la recherche même, des ptomaïnes est particulièrement délicate, parce que ces substances, toujours formées en petite proportion, sont généralement perdues dans une grande masse de produits complexes, altérables sous l'action des réactifs acides ou alcalins. Leur séparation est aussi rendue difficile parce que presque toujours plusieurs de ces bases se forment simultanément et restent mélangées; ou parce que certaines sont délicates à manier, facilement oxydables, etc... En raison des difficultés que l'on peut rencontrer dans leur extraction, je donnerai les méthodes suivies par Selmi, par Brieger et par moi-même, avec les transformations que l'expérience m'a amené à leur faire subir. Pour leur séparation, j'exposerai, à la fin de ce chapitre, une marche générale qui permet de les classer en groupes distincts.

Méthode de Stas-Gautier. — Elle fut créée par le
célèbre chimiste belge Stas dans le but de retrouver les
alcaloïdes vénéneux dans le cas spécial d'expertises médico-
légales. Cette méthode a été diversement perfectionnée pour
la recherche des ptomaïnes; j'y ai moi-même successivement apporté des modifications importantes et nombreuses
que je recommande lorsqu'il s'agit d'extraire ces bases.
Je la pratique aujourd'hui de la façon suivante : si la
matière à traiter est solide ou demi-solide (viande, glandes, etc.), on la hache, ou bien on la pulvérise après l'avoir
arrosée d'eau contenant un demi pour cent d'acide tartrique. On s'assure que la liqueur reste acidulée, et on
ajoute s'il le faut au mélange une solution du même acide.
Après une digestion de vingt-quatre heures, on filtre et
soumet à la presse pour extraire les dernières liqueurs. —
Si la matière était liquide ou presque liquide, mais non
huileuse (urines, sécrétions diverses, bile, pus, etc.), on la
sursaturerait très légèrement avec un peu d'acide tartrique
étendu. — Si la matière est huileuse, et non miscible à
l'eau, on l'agite vivement, dans une bouteille pleine d'acide
carbonique, avec une solution aqueuse à 1/4 pour cent
d'acide oxalique. Dans les trois cas les liqueurs légèrement
acidulées ainsi obtenues sont portées un instant à 100°
pour coaguler les albumines ou caséines et détruire la
majeure partie des ferments et des microbes, puis filtrées
après refroidissement. Les liqueurs sont alors réduites
dans le vide à 40° (fig. 1), jusqu'à consistance sirupeuse
(*Extrait A*). Le *distillatum* contient généralement, entraînés
par la vapeur d'eau, des phénols, de l'indol, du scatol, des
acides gras volatils, de l'ammoniaque, de la méthylamine,
de la triméthylamine, et une trace seulement de ptomaïnes,

même lorsque la liqueur qu'on distille est légèrement acide. On retrouve ces bases à l'état libre dans la partie distillée; en l'additionnant d'un léger excès d'acide sulfurique et évaporant dans le vide elles passent à l'état de sulfate; le traitement par de la chaux éteinte les met en liberté et chasse en même temps la majeure partie de l'ammoniaque qu'elles peuvent contenir. On reprend le magma de

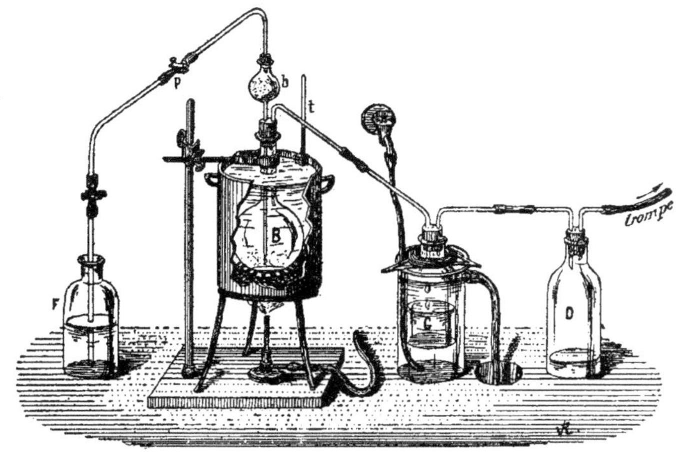

Fig. 1. — Appareil de A. Gautier à distiller, dans le vide, les liquides mousseux, en particulier les solutions albumineuses. — Le ballon B où l'on fait le vide est placé dans un bain-marie profond, muni d'un thermomètre *t*. La liqueur à distiller est dans la bouteille de gauche F. Grâce à la pince *p* on la fait couler goutte à goutte dans le brise-mousse *b*; elle n'arrive que presque sèche dans le ballon B. — C et D sont des flacons condenseurs.

sulfate de chaux et de bases par de l'éther, puis par de l'alcool, et l'on enlève à celui-ci, par une trace d'acide sulfurique étendu, la faible quantité de chaux qui aurait pu se dissoudre. Les bases restent en solution[1].

1. On peut saturer cette liqueur alcoolo-éthérée avec un peu d'acide oxalique, évaporer, et réunir le résidu à l'*extrait acide A* principal dont on va parler.

L'extrait acide ci-dessus (*Extrait A*), d'où ces traces de bases volatiles avaient été chassées par ébullition dans le vide, est épuisé à l'éther pour enlever des corps graisseux ou extractifs, des acides lactiques, oxylactiques et oxyaromatiques, l'excès d'acide ajouté, etc., puis on reprend par l'alcool bouillant qui donne une *Solution B* et laisse un *Résidu C* contenant une grande quantité de substances salines, divers corps insolubles parmi lesquels des composés xanthiques, des matières extractives et gélatineuses, des acides amidés, etc. En reprenant ce *Résidu C* par de l'eau, soumettant à la dialyse, évaporant la partie dialysée, la précipitant par l'acétate de plomb, enlevant le plomb à la liqueur par l'hydrogène sulfuré, concentrant et additionnant d'alcool, les substances analogues à la leucine, et plusieurs autres bases oxygénées, se précipitent et cristallisent peu à peu. On les purifie et les sépare comme il sera dit plus loin.

Quant à la *Solution alcoolique B* ci-dessus qui contient les bases les plus importantes, et s'il y en avait, les peptones, elle est évaporée à son tour, et le résidu sirupeux, après avoir été mélangé exactement au mortier à du bicarbonate de potasse jusqu'à réaction fortement alcaline, est divisé avec du verre en poudre grossière et successivement épuisé par l'éther, le chloroforme et l'alcool amylique. Les deux premiers dissolvants peuvent être directement évaporés. Ils laissent comme résidu les alcaloïdes qu'ils ont dissous; quant à l'alcool amylique, on l'agite avec de l'eau légèrement acidulée d'acide sulfurique qui s'empare des alcaloïdes tenus en dissolution dans cet alcool. La liqueur sulfurique est portée presque à l'ébullition, puis additionnée, tant qu'elle précipite, d'hydrate de baryte dissous à chaud; les alcaloïdes restent en dissolution[1]. Par distillation de la liqueur, on peut séparer les bases fixes des bases un peu volatiles, entraînées par la vapeur d'eau et recueillir ces dernières dans de l'eau acidulée. On peut aussi, comme on le verra plus loin, précipiter toutes les bases à l'état de phosphomolybdate et les séparer comme il sera dit tout à l'heure.

Ainsi conduite, cette méthode donne d'assez bons résultats, surtout pour la recherche des ptomaïnes non oxygénées. Quelques-unes de celles qui sont fixes et riches en oxygène peuvent rester dans le résidu acide C (p. 57) de l'évaporation lorsqu'on traite ce résidu par l'alcool bouillant; elles peuvent ne pas être bien dissoutes lorsqu'on épuise le mélange d'extrait alcoolique et de bicarbonate alcalin par l'emploi successif de l'éther, du chloroforme et de l'alcool amylique. Mais en appliquant bien cette marche, elle donne, dans les cas les plus complexes, des résultats très satisfaisants.

C'est cette méthode de Stas perfectionnée que j'ai surtout employée pour la recherche des alcaloïdes et des acides amidés dans les bouillons de culture ou les organes des animaux.

On verra plus loin quelles sont les précautions importantes à prendre pour s'assurer de la pureté des dissolvants.

Méthode de Dragendorff. — Cette méthode, plutôt destinée aux expertises médico-légales qu'à la recherche des ptomaïnes proprement dites, consiste à diviser mécaniquement la substance, lorsqu'il y a lieu; à l'additionner d'une solution d'acide sulfurique étendue, jusqu'à franche acidula-

---

1. Cette partie ne contient pas de bases facilement volatiles. L'ébullition de la liqueur acide chasse l'alcool amylique qui avait été dissous par l'eau.

tion; à faire digérer quelques heures à 50°, à exprimer et laver à l'eau distillée. Les liqueurs sont ensuite évaporées à consistance légèrement sirupeuse, puis mises à digérer durant vingt-quatre heures avec trois à quatre fois leur volume d'alcool à 95 degrés centésimaux. On sépare les substances qui se sont déposées, on évapore l'alcool dans une cornue, et le résidu aqueux est agité avec le benzène. Celui-ci s'empare des impuretés solubles dans ce dissolvant en présence des acides. Le résidu ainsi lavé est additionné d'ammoniaque et de nouveau épuisé par le benzène qui cette fois s'empare des bases volatiles mises en liberté. On peut alors aciduler la liqueur, après en avoir chassé le benzène restant, et la traiter successivement par le chloroforme; puis par ce même dissolvant, mais après addition d'ammoniaque ou de carbonate de soude; enfin refaire de nouveau ces deux opérations en liqueur réacidifiée puis réalcalinisée, en se servant cette fois d'alcool amylique. Finalement, on retire de ces liqueurs les bases, ainsi successivement dissoutes par chacun des dissolvants employés, en agissant comme il a été dit plus haut.

Cette méthode compliquée ne s'applique pas bien à la recherche des ptomaïnes fixes. Elle risque, en raison de la digestion des liquides et des extraits avec de l'acide sulfurique même étendu, mais en grand excès, de dédoubler certaines substances organiques, telles que les lécithines, les diastases, les peptones, etc., faisant ainsi naître, grâce à l'action de l'acide minéral sur ces corps très altérables, des alcaloïdes qui ne préexistaient pas dans les liqueurs. Elle ne permet pas d'isoler les ptomaïnes à l'état de pureté. Elle altère quelques alcaloïdes très sensibles à l'action des acides minéraux même étendus.

Méthode de G. Pouchet. — Elle consiste à précipiter les alcaloïdes par un excès de tannin dans la liqueur suffisamment concentrée privée, après neutralisation, des matières coagulables à l'ébullition ; puis, après que les tannates ont été recueillis et lavés, à les traiter par l'hydrate de plomb en excès en présence d'alcool. Ce dissolvant étant chassé par distillation, il reste une masse sirupeuse qu'on reprend par l'eau et qu'on soumet à la dialyse ; les bases passent à travers le dialyseur. On évapore dans le vide la partie qui a dialysé, et on en extrait successivement les ptomaïnes par l'éther, le pétrole, le chloroforme, etc.

Cette méthode est insuffisante. Le tannin est loin de précipiter tous les alcaloïdes, surtout s'il n'est pas en grand excès et si les liqueurs sont étendues, ce qui est toujours le cas. Enfin, beaucoup d'alcaloïdes fixes ne se dissolvent pas dans l'éther, le pétrole ou le chloroforme.

Méthode de Brieger. — Les matières organiques, lorsqu'elles sont solides, sont hachées puis épuisées par de l'eau faiblement acidulée d'acide acétique[1], neutralisées presque par l'ammoniaque et portées à l'ébullition. Il se fait un coagulum qu'on sépare ; on filtre et précipite la liqueur par le sous-acétate de plomb. On filtre encore et l'on enlève le plomb par de l'hydrogène sulfuré. La solution débarrassée du sulfure de plomb par filtration à chaud est évaporée dans le vide jusqu'à l'état de sirop, et l'extrait est repris par l'alcool[2]. Le résidu de l'évaporation de ce dissolvant est traité par l'eau. On filtre, évapore, acidule

---

1. Précaution non indiquée par Brieger, mais nécessaire pour coaguler les albuminoïdes dans des liqueurs souvent un peu alcalines.
2. Brieger employa d'abord l'alcool amylique, puis l'alcool ordinaire.

d'acide sulfurique et agite avec de l'éther pour enlever les acides oxyaromatiques. On réduit ensuite la liqueur, par évaporation, au quart de son volume primitif, on enlève l'acide sulfurique par un excès de baryte, on tiédit légèrement pour chasser l'ammoniaque qui est en grand excès et que l'on peut recueillir avec quelques alcaloïdes volatils[1] ; on enlève l'excès de baryte par un courant d'acide carbonique ; on filtre, on sature d'acide chlorhydrique, on concentre, on ajoute de l'alcool à 90° centésimaux, et on additionne enfin cette solution alcoolique d'un excès de chlorure mercurique dissous dans l'alcool. Il se forme généralement ainsi un précipité de chloromercurates qui augmente encore après vingt-quatre heures. On essore ce précipité, et on le traite par l'eau bouillante ; elle enlève les chloromercurates des ptomaïnes et laisse les chloromercurates de peptones et d'albumines insolubles même à chaud. La solution des chloromercurates d'alcaloïdes est privée de mercure par l'hydrogène sulfuré à chaud. La liqueur contient alors les chlorhydrates des bases qui avaient été précipitées. On l'évapore, et l'on reprend le résidu par l'alcool. Ce dissolvant laisse, par évaporation nouvelle, un extrait acide qu'on sature et qu'on traite par l'acide phosphomolybdique. On recueille ce précipité, on le lave, on le décompose par addition de baryte et on reprend par l'eau bouillante qui dissout les ptomaïnes, auxquelles on enlève un peu de baryte entraînée grâce à une addition, faite avec soin et à chaud, de la quantité juste suffisante d'acide sulfurique étendu.

On sépare ensuite les diverses ptomaïnes par les moyens que nous indiquerons plus loin à propos de chacune d'elles.

1. Cette précaution n'est pas indiquée par Brieger.

Cette méthode a été beaucoup simplifiée par son auteur lui-même. Les matières primitives, épuisées par l'eau légèrement chlorhydrique (ou acidulées avec cet acide si elles sont liquides) sont évaporées au bain-marie, filtrées et concentrées à l'état de sirop. Le résidu est repris par l'alcool à 90° centésimaux bouillant, et la liqueur, refroidie après filtration, est traitée par une solution alcoolique de sublimé corrosif en excès. Le précipité formé est recueilli au bout de vingt-quatre heures, lavé, et privé de mercure par l'acide sulfhydrique. La liqueur filtrée contient les chlorhydrates des ptomaïnes.

On doit faire plusieurs objections à ces deux méthodes. Dans la première, lorsque Brieger emploie le sous-acétate de plomb, il précipite par ce réactif, une petite proportion de bases qu'il est presque impossible de retrouver dans le volumineux magma plombique qui se sépare. Mais l'objection la plus grave, c'est que le chlorure de mercure, même en solution alcoolique, est bien loin de précipiter toutes les ptomaïnes. On ne recueille ainsi qu'un groupe spécial de bases que j'indiquerai plus loin (p. 67). Enfin, lorsqu'on reprend les chlorhydrates par l'alcool absolu ou très concentré, certains de ces sels restent insolubles, même à chaud.

Méthode de l'auteur pour la séparation des bases entre elles. — La méthode de Stas, plus ou moins modifiée, décrite avec les modifications que l'expérience m'y a fait introduire (p. 55) s'applique bien à la recherche des ptomaïnes. Mais dans les cas où l'on veut extraire, non seulement les alcaloïdes volatils et non oxygénés, pour lesquels cette méthode a été d'abord créée, mais aussi les bases oxygénées et fixes, telles que les leucomaïnes qu'on rencontre dans les liqueurs de culture, urines, et autres excrétions, tissus, etc., il est préférable d'employer la marche suivante, qui m'a donné les meilleurs résultats[1] :

Les matières épuisées par l'eau, après très légère acidulation par l'acide acétique et addition de quelques centigrammes d'acétate de chaux par litre[2], sont portées à l'ébullition pour coaguler l'albumine, la caséine, etc. ; la liqueur filtrée est alcalinisée par du bicarbonate de potasse, puis évaporée à moitié dans le vide à 35° ou 40° pour en chasser l'ammoniaque. Avec elle sont entraînées des traces de bases volatiles qu'on peut recevoir dans de l'acide sulfurifique étendu. Après neutralisation de cette liqueur par la soude et évaporation, on reprend par l'alcool à 96° centésimaux bouillant qui dissout les petites quantités d'alcaloïdes volatils ainsi passés et on les joint au reste de la liqueur qui n'avait pas distillé. On traite alors celle-ci, tant qu'elle précipite, par de l'acétate de plomb neutre[3]. La liqueur, séparée du précipité plombique, est filtrée, soumise à l'hydrogène sulfuré, concentrée encore de moitié et dialysée. Toutes les bases, et une partie des toxines, s'il y en a, passent à travers le dialyseur qui retient la gélatine et divers corps extractifs[4].

La partie dialysée est concentrée et précipitée par le phosphomolybdate de sodium en liqueur acide et en grand

1. *Voir C. Rend. Acad. sciences,* t. CXIV, p. 1156.

2. Dans le but de bien précipiter les matières albuminoïdes coagulables.

3. Le précipité qui se forme contient une trace de bases que l'on peut enlever au moyen d'une lessive faible de potasse. Elles précipitent à froid ou à chaud de leur solution potassique préalablement saturée d'acide acétique, lorsqu'on la mélange d'acétate de cuivre.

4. On peut aussi séparer la gélatine en ajoutant à la liqueur de l'alcool concentré jusqu'à ce qu'elle marque 68° centésimaux. Dans ce cas, on n'a plus besoin d'avoir recours à la dialyse, mais on précipite une *petite quantité* de leucomaïnes très oxygénées, bases xanthiques et autres.

excès[1]. Il se fait un précipité dense de phosphomolybdates basiques que l'on sépare et lave à l'acide nitrique étendu, puis à l'eau, enfin qu'on épuise rapidement à la trompe[2].

Tous les alcaloïdes sont ainsi précipités, y comprises les bases créatiniques, xanthiques, et l'ammoniaque elle-même si on ne l'avait pas tout entière chassée au début.

Le précipité molybdique est alors mis à bouillir quelques instants, non pas avec de la chaux ou de la baryte, comme on l'a fait jusqu'ici (certaines bases sont décomposées ou perdues dans ces conditions) mais avec un excès d'acétate neutre de plomb. Les phosphomolybdates sont ainsi décomposés ; il se fait du phosphate et du molybdate de plomb, tandis que les bases, s'il en existe, passent à l'état d'acétates[3]. Après avoir enlevé à la liqueur l'excès de plomb et des traces de molybdène par l'hydrogène sulfuré employé à chaud, on procède comme on va le dire à la séparation de ces bases ou groupes de bases.

Séparation des divers groupes de bases et de chaque base en particulier. — Les travaux publiés jusqu'en 1892 ne résolvaient pas le difficile problème de retirer d'un produit organique l'ensemble des alcaloïdes naturels, ptomaïnes, leucomaïnes, etc., que ces produits pouvaient contenir; encore

---

1. Cette liqueur se prépare avec : *Phosphomolybdate sodique* 160gr; *acide nitrique* 150gr; *Eau*, quantité suffisante pour faire un litre.

2. Il se fait souvent, au bout de deux ou trois heures, un nouveau dépôt de phosphomolybdates, qu'on peut réunir aux précédents. Mais il vaut mieux séparer d'abord le précipité principal.

3. Le précipité jaune des phosphomolybdates devient gris, café au lait ou bleuâtre après ébullition avec l'acétate de plomb. Il peut contenir une *trace* de bases; ce sont celles que l'acétate de cuivre precipite à chaud ou à froid. On peut les enlever en traitant le mélange de phosphate et molybdate plombiques, par l'acide sulfurique étendu, enlevant à la liqueur acide un peu de plomb par H²S et la saturant enfin par la baryte. Les bases qui avaient été entraînées par le plomb restent alors dissoutes.

moins celui de séparer ces bases entre elles. J'ai essayé de résoudre cette question délicate à propos de mes recherches *sur le fonctionnement des tissus séparés de l'être vivant et mis à l'abri de l'air et des microbes*[1]. Voici comment j'opère.

La liqueur ci-dessus (p. 65) contenant, séparées du précipité phosphomolybdique à l'état d'acétate, toutes les bases, ainsi que les peptones, s'il y en avait, est évaporée dans le vide à 100°. Le résidu est repris par de l'alcool à 50° centésimaux chaud. Ce dissolvant laisse un résidu (BASES A).

BASES A. — Ce résidu insoluble contient la majeure partie de la xanthine, sarcine, guanine, carnine, et les bases analogues, ainsi que la créatine et la créatinine s'il y en existe. On traite par l'ammoniaque en excès qui dissout les bases xanthiques sans toucher aux bases créatiniques. On filtre, et l'on sépare les bases xanthiques entre elles en laissant évaporer lentement l'ammoniaque : l'adénine et la guanine se déposent; la sarcine et la xanthine restent dissoutes. On précipite la xanthine par le sous-acétate de plomb ammoniacal; quant à la sarcine, elle reste dans la liqueur.

BASES B. — La liqueur alcoolique qui avait laissé indissoutes les *Bases A* précédentes est neutralisée, concentrée et traitée par le chlorure mercurique dissous dans l'alcool à 95°. Ce sel précipite les BASES B, et laisse une liqueur. (BASES C), dont on parlera tout à l'heure. — Le précipité mercuriel est lavé et décomposé par l'hydrogène sulfuré. La liqueur filtrée bouillante donne :

1° *Des bases précipitables par l'acétate de cuivre à froid* (le précipité n'est complet qu'après vingt-quatre heures).

1. *Voir Compt. Rend. Acad. sciences*, t. CXIV, p. 1157.

Les bases ainsi précipitées par le sel de cuivre à froid, et mises ensuite en liberté par l'hydrogène sulfuré, ont à la fois les caractères acide et basique. Elles donnent des chloroplatinates solubles et cristallisables. Leurs propriétés rappellent celles des acides carbopyridiques et carboquinoléïques.

2° *Des bases précipitables par l'acétate de cuivre lorsqu'on porte un instant la liqueur à l'ébullition.* Ce sont les bases xanthiques.

3° *Des bases que l'acétate de cuivre ne précipite ni à froid ni à chaud.* Les liqueurs d'où ont été séparées les bases précipitables par l'acétate cuprique sont privées de l'excès de cuivre par l'hydrogène sulfuré, puis évaporées à sec. En reprenant le résidu par l'alcool, il peut rester de la guanine, de la créatinine et même de la créatine insolubles, tandis que se dissolvent les bases telles que la névrine, la choline, les polyméthylènediamines, les butylènesdiamines et bases analogues, la neuridine, les éthylènimines, les bases hydropyridiques, des alcaloïdes qui donnent abondamment du pyrrol lorsqu'on les distille avec de la chaux, enfin des peptones. On peut séparer ces dernières par addition de sous-acétate de plomb ammoniacal.

C'est ce troisième groupe des *Bases B* que, par sa méthode, Brieger a surtout obtenues (voir p. 63), parce que ce sont celles qu'on précipite par le chlorure de mercure alcoolique.

Presque toutes ces bases sont vénéneuses.

BASES C. — La liqueur alcoolique d'où les *Bases B* ont été précipitées par le sublimé (Voir p. 66) est libérée d'alcool par distillation, privée de mercure par l'hydrogène sulfuré, bouillie, filtrée, traitée par l'acétate de plomb. La liqueur filtrée, débarrassée de plomb par l'hydrogène sulfuré, contient maintenant de nouveau tous ses alcaloïdes à l'état d'acétates. En évaporant à sec, la créatine et les bases analogues restent insolubles lorsqu'on reprend ce résidu par l'alcool faible. La liqueur privée de ce dissolvant par distillation peut dissoudre encore des corps alcalins tels que l'oxéthylénamine, la méthylguanidine, etc., bases que l'on sépare, suivant les cas, par l'emploi successif de l'acide picrique en liqueur acide[1]. par cristallisations fractionnées de leurs chloroplatinates, etc.

Presque toutes ces bases, que le sublimé ne précipite pas, sont vénéneuses. Elles sont en général moins abondantes que les précédentes.

De chacun des groupes de *Bases A, B, C* précédents ainsi que des sous-groupes que l'on vient d'indiquer, il est alors relativement facile de séparer chacun des termes qui les composent en suivant les méthodes connues qui permettent, après les avoir ainsi distribués en familles, d'isoler successivement chaque base. Nous en avons donné un exemple à propos du groupe des *Bases A* (p. 66).

C'est en suivant cette marche que j'ai pu séparer à peu près complètement les divers composés basiques qu'on rencontre dans le bouillon musculaire ou dans l'extrait de viande.

Dans les cas les plus ordinaires, les méthodes que je recommande sont celle de Stas, avec les modifications que j'y ai apportées et que je décris plus haut (p. 55), et celle au phosphomolybdate de soude. La première convient mieux

---

1. Les picrates d'alcaloïdes cristallisent souvent en liqueurs plus ou moins concentrées; on les sépare, on les lave, on les redissout dans l'acide chlorhydrique, et l'on épuise la liqueur en l'agitant avec de l'éther qui enlève l'acide picrique et laisse les chlorhydrates des bases.

pour la recherche des ptomaïnes; la seconde, pour la séparation des leucomaïnes[1].

Pureté des dissolvants. — Lorsque dans la méthode de Stas modifiée, on a recours aux divers dissolvants, alcool, éther, chloroforme, alcool amylique, benzine, etc., il faut se préoccuper de la pureté de ces menstrues surtout au point de vue des alcaloïdes qu'ils peuvent contenir quand ils sont impurs ou industriels, et d'autant plus qu'on les emploie en plus grandes quantités. Pour l'alcool ordinaire, nous avons dit que celui de grains ou de betteraves peut contenir à l'état naturel diverses bases en petite proportion. L'alcool qu'on emploie doit avoir été préalablement agité avec de l'eau acidulée d'acide sulfurique ou tartrique et redistillé en présence de ces acides étendus. — L'alcool méthylique du commerce peut contenir un peu de pyridine (*OEchsner de Coninck*. — L'éther doit avoir été lavé à l'eau acidulée d'acide chlorhydrique et redistillé. Il en est de même de l'alcool amylique qui, presque toujours, contient des bases diverses, en particulier de la série pyridique, ainsi que les deux bases de Schrœter $C^8H^{12}Az^2$ et $C^{10}H^{16}Az^2$, citées plus haut. Il faut agiter aussi au préalable et à plu-

---

1. On a indiqué beaucoup d'autres méthodes pour extraire les ptomaïnes. La plus simple, et que je cite à ce titre, est celle de M. Ch. Bouchard, reprise par Griffiths. Elle consiste à alcaliniser les solutions avec du bicarbonate de soude et à les agiter ensuite avec leur demi-volume d'éther pur. Après dépôt et filtration, l'éther est à son tour épuisé par une solution d'acide tartrique qui s'empare des ptomaïnes. La solution tartrique étant concentrée, on l'alcalinise avec du carbonate de soude et on l'agite à plusieurs reprises avec de l'éther. L'évaporation de la liqueur laisse les ptomaïnes à l'état libre. On voit que par ce procédé on sépare seulement les ptomaïnes que l'éther est apte à enlever à l'eau et qui sont solubles dans ce dissolvant. L'éther dissout surtout les ptomaïnes volatiles ou peu oxygénées.

sieurs reprises ce dissolvant avec de l'eau acidulée d'acide sulfurique, et le rectifier avant de s'en servir.

Les autres dissolvants, chloroforme, essence et huile de pétrole, benzine, toluène, etc... peuvent être lavés aux acides étendus et rectifiés; mais ils ne contiennent pas, ou que des traces, de pyridine ou d'autres alcaloïdes.

De tous ces dissolvants, l'alcool amylique est le plus précieux, puisqu'il suffit d'agiter ensuite ce liquide avec de l'eau acidulée d'acide sulfurique, puis d'enlever par la baryte l'acide ajouté, pour obtenir les ptomaïnes à l'état libre.

Séparation des albumotoxines d'avec les bases proprement dites. — Lorsque d'une liqueur vénéneuse, d'un bouillon de culture, d'une sécrétion, etc., on veut extraire toutes les parties actives, en particulier séparer les ptomaïnes des toxines (voir *III° Partie*), il convient de précipiter d'abord ces dernières par un léger excès de sulfate d'ammoniaque employé pur et en poudre qu'on ajoute au liquide froid légèrement acidulé d'acide acétique (les toxines s'altèrent souvent à chaud et sous l'influence des moindres quantités d'acide minéral ou d'alcalis libres). A l'exception des toxines peptoniques, les albumotoxines se précipitent sous l'influence de l'excès du sel magnésien. Nous verrons plus loin comment on les sépare. La liqueur filtrée est évaporée dans le vide et reprise par l'alcool à 60° centésimaux qui laisse la majeure partie de sulfate d'ammoniaque ajouté; l'alcool soumis à la distillation laisse un résidu qu'on dissout dans l'eau et qu'on traite par le sous-acétate de plomb ammoniacal pour précipiter les peptones s'il y en existe[1].

1. Si l'on poursuit spécialement l'étude de ces peptones, on peut laver le précipité plombique, le décomposer par H_2S, évaporer et reprendre par de l'alcool à 85° centésimaux, qui dissout les peptones.

La liqueur mise à bouillir avec un excès d'eau pour en chasser l'ammoniaque est privée de plomb par H^2S et le filtratum est enfin traité par l'une des méthodes ci-dessus indiquées pour l'extraction des ptomaïnes.

Recherche des autres parties actives d'un produit naturel ou d'une culture. — Dans les recherches faites pour étudier le mécanisme des effets toxiques d'un fruit vénéneux, d'un extrait, d'un venin, d'une excrétion, d'une liqueur, ou même simplement dans les expertises toxicologiques, on peut être amené à se préoccuper de l'existence de substances appartenant à la famille des glucosides. On sait que des poisons très actifs, l'ouabaïne, la strophantine, la rosaginine par exemple, appartiennent à cette famille; que d'autres, tels que la digitaline, la tanghinine retirée du poison des flèches malgaches, doivent en être aussi rapprochées.

Dans ces cas, pour l'étude complète d'un produit vénéneux, on peut suivre la méthode suivante :

Après avoir pulvérisé la matière, s'il y a lieu, on l'épuise par de l'eau acidulée à $0^{gr},25$ d'acide oxalique pour cent. On filtre et l'on évapore la liqueur dans le vide. Le résidu est repris à chaud par de l'alcool à $80°$ centésimaux ; on évapore ce dissolvant et l'on redissout le résidu dans de l'eau tiède. La liqueur est presque neutralisée par du carbonate de soude et précipitée par l'acétate de plomb sans excès; on filtre encore et l'on précipite le filtratum par du sous-acétate de plomb. Le précipité plombique (A) qui se forme, contient les glucosides[1]; la liqueur claire (B) contient les alcaloïdes.

---

1. Quelques très rares glucosides ne précipitent pas par le sous-acétate de plomb. On peut retrouver ceux-ci en chassant le plomb de la solution

Celle-ci privée de plomb est traitée comme on l'a dit plus haut (p. 63) pour l'extraction et la séparation des bases.

Quant au précipité plombique (A) il est broyé avec de l'acide sulfurique étendu jusqu'à ce qu'après un contact de vingt-quatre heures, il reste un petit excès de cet acide apte à bleuir le violet de méthyle en solution étendue. On reprend le magma par de l'alcool à 60° centésimaux chaud et on l'évapore. L'extrait, mêlé de chaux éteinte, est repris une deuxième fois à chaud par l'alcool à 60° centésimaux. La solution alcoolique préalablement additionnée d'un peu d'acide oxalique en solution pour précipiter quelques sels calcaires, est filtrée, puis évaporée dans le vide. Dans ces conditions, les glucosides, s'il en existait dans le résidu (A), cristallisent généralement.

Si le produit obtenu n'était pas pur, on pourrait le laver avec de l'éther, redissoudre la partie insoluble dans la quantité d'eau suffisante, et saturer à refus au bain-marie par un mélange de sulfate de magnésie et de sulfate de soude, mélange qui précipite les glucosides. On les redissout alors dans l'alcool à 60° tiède et on les fait cristalliser.

Tel est l'ensemble des méthodes qui permettent de séparer d'un organe, d'un bouillon de culture, d'une excrétion, etc., les produits vénéneux ou actifs, ptomaïnes, leucomaïnes, toxines albumineuses, etc., et les glucosides eux-mêmes qui, dans les produits naturels, peuvent s'y rencontrer seuls ou mélangés avec ces bases.

---

par H_2S, portant alors à l'ébullition, concentrant dans le vide et additionnant la liqueur de sulfate de magnésie en poudre et de sulfate de soude. Ces sels précipitent les glucosides. En filtrant, évaporant dans le vide et reprenant par de l'alcool chaud, on dissout les sels des alcaloïdes s'il y en existe, et on les sépare entre eux comme il a été dit (p. 63).

CHAPITRE QUATRIÈME

**Classification des Ptomaïnes. — Ptomaïnes grasses
ou à chaîne ouverte. — Guanidines.**

CLASSIFICATION DES PTOMAÏNES.

Une classification complète et purement chimique des
ptomaïnes est impossible, plusieurs d'entre elles ayant
une constitution, quelquefois même une composition inconnue. D'autre part, au point de vue pratique, il importe
moins de connaître quelles sont les relations d'une ptomaïne
avec les corps déjà chimiquement classés, que de savoir
dans quelles conditions on peut la rencontrer, quel est le
microbe qui la secrète, si elle est ou non vénéneuse.

Nous classerons donc les ptomaïnes en deux grandes
familles : (A) *Ptomaïnes cadavériques ou putréfactives,* d'origine microbienne indéterminée *ou banale;* (B) *Ptomaïnes
d'origine bactérienne déterminée* et *ptomaïnes pathogènes.*
Chacune de ces familles sera divisée en groupes chimiques
naturels, savoir :

(*a*) *Amines proprement dites non oxygénées,* comprenant
les monamines, diamines, triamines, tétramines, etc.,
grasses et aromatiques;

(*b*) *Guanidines;*

(c) *Oxamines grasses et aromatiques ;*

(d) *Acides amidés ;*

(e) *Acides carbopyridiques et corps analogues ;*

(f) *Ptomaïnes de constitution indéterminée ou bases non analysées.*

SECTION PREMIÈRE

Ptomaïnes cadavériques d'origine bactérienne indéterminée.

I. AMINES PROPREMENT DITES

a. Monamines grasses.

Nous nous bornerons à indiquer ici rapidement les conditions où l'on peut rencontrer ces ptomaïnes banales, les plus simples de toutes : quand il y aura lieu, nous donnerons leurs propriétés physiologiques. Nous renvoyons aux Traités ordinaires de chimie pour leur description proprement dite.

Méthylamines.

La *monométhylamine* CH^5Az ou $CH^3 \cdot AzH^2$, et la *diméthylamine* C^2H^7Az ou $(CH^3)^2AzH$ se rencontrent dans la saumure de poissons, en particulier dans celle du hareng, de la sardine, etc. (*Bocklisch*), dans les eaux des foies de morue et dans quelques sécrétions animales. La diméthylamine a été signalée aussi dans le bouillon de levure de bière putréfiée (*Brieger*), dans la gélatine, les champignons ou la chair de poissons ayant subi la fermentation bactérienne, dans l'huile de foie de morue, dans les guanos.

La *triméthylamine* C^3H^9Az ou $(CH^3)^3Az$ a été signalée dans l'urine humaine, dans le sang normal, dans l'ergot de seigle, la saumure de harengs, l'huile de foie de morue, dans les produits de la putréfaction de la levure de bière, du levain, de la viande, de la matière nerveuse, du fromage. Elle provient surtout de la décomposition des lécithines qui se dédoublent, on le sait, sous l'influence des agents hydratants, en acide phosphoglycérique, acides gras, et choline $Az(CH^3)^3(C^2H^4 \cdot OH)OH$. Cette dernière base donne à son tour, en se détruisant grâce aux ferments bactériens, de la triméthylamine $Az(CH^3)^3$ et du glycol ou des dérivés de ce corps. La choline disparaît, en effet, entièrement après quelques jours de putréfaction et fait place à la triméthylamine.

Les bases précédentes ne sont pas sensiblement vénéneuses; à la façon des dérivés ammoniacaux, leurs sels activent la nutrition, tendent à élever la température animale et excitent les fonctions de la peau et des reins.

Éthylamines.

L'*éthylamine* C^2H^7Az ou $C^2H^5 \cdot AzH^2$ a été signalée dans la farine putréfiée et dans la levure de bière avancée. On a rencontré la *diéthylamine* $(C^2H^5)^2AzH$ dans les produits altérés de poissons abandonnés cinq ou six jours à la température de l'été, dans des saucisses et autres préparations de viandes vénéneuses, dans le bouillon putréfié.

La *triéthylamine* $(C^2H^5)^3Az$, accompagnée de diéthylamine, triméthylamine, etc., a été trouvée dans les produits de putréfaction des peptones, mélangée aux bases qu'on vient de citer ainsi qu'à la neuridine et à la gadinine.

Brieger l'a signalée dans les produits de la décomposition bactérienne de la chair de morue.

Propylamines $C^3H^7 \cdot AzH^2$.

Elle existe, mêlée à la triméthylamine, dans les eaux où les foies de morue ont été conservés assez longtemps pour en retirer l'huile. Brieger l'a signalée aussi dans les cultures de gélatine ensemencées d'une trace de matière fécale humaine.

Ses sels paraissent agir en augmentant l'activité des glandes rénales et sudoripares.

Une *isopropylamine* (?) a été trouvée dans les mélasses de betteraves.

Butylamine $C^4H^9 \cdot AzH^2$.

J'ai rencontré dans l'huile et dans l'eau des foies de morue une butylamine primaire bouillant un peu au-dessous de 86°. Cette substance paraît répondre à la butylamine normale $CH^3 \cdot (CH^2)^3 \cdot AzH^2$ bien que le point d'ébullition de cette dernière soit de quelques degrés inférieurs. Son chloroplatinate assez soluble, est formé de lamelles jaunes d'or, bien cristallisées, inaltérables à 100°.

Avec MM. L. Mourgues et Laborde, j'ai fait quelques essais pour déterminer l'action physiologique de cette butylamine. $0^{gr},025$ de son chlorhydrate injecté à un jeune cobaye de 180^{gr}, le mirent dans un état de demi-stupeur. A dose plus élevée, la butylamine amena la paralysie des muscles et quelques convulsions. A dose faible, elle jette les animaux dans une sorte de somnolence, de paresse musculaire, avec conservation complète de l'intelligence. Les sels de butylamine excitent la secrétion rénale.

Amylamines et hexylamines.

AMYLAMINES. — On sait que l'on connaît un certain nombre d'amylamines en $C^5H^{11} \cdot AzH^2$. Celle que j'ai retirée de l'huile de foie de morue, et qu'on a signalée aussi parmi les produits alcalins qui se forment dans la putréfaction de la levure, répond à la constitution de l'isoamylamine $(CH^3)^2:CH \cdot CH^2 \cdot CH^2 \cdot AzH^2$. Elle forme les deux tiers environ de la totalité des alcaloïdes de l'huile de foie de morue médicinale.

C'est un liquide incolore, mobile, d'une odeur forte, non désagréable. Sa densité a 0° est de 0,797. Elle bout vers 97°. Elle est très caustique ; elle attire l'acide carbonique de l'air et donne ainsi un carbonate bien cristallisé. Elle forme avec l'acide tartrique un très beau bitartrate en longues aiguilles soyeuses qui envahissent toute la masse et qui cristallise bien, pourvu qu'il ne soit pas mélangé d'une quantité trop grande de bitartrate de butylamine, lequel empêche complètement cette cristallisation. Son chlorhydrate est amer, très soluble ; il cristallise en faisceaux plumeux. Son chloroplatinate, jaune d'or, est en feuilles minces, très soluble dans l'eau bouillante qui ne l'altère pas.

L'amylamine de l'huile de foie de morue est une base très toxique. 4 milligrammes de son chlorhydrate injectés à un verdier, sous la peau de l'aile, le tuent en trois minutes, c'est-à-dire plus rapidement que la même dose de venin de *naja tripudians*. Chez le cobaye, à petite dose (2 à 3 centigrammes et moins par kilogramme), l'amylamine excite les reflexes et la sécrétion urinaire. A forte dose, elle produit un tremblement et des convulsions, suivies rapidement de la mort de l'animal. Ce tremblement s'exaspère sous les moindres influences, le bruit, l'attouchement. Abandonné à lui-même, le cobaye est pris tout à coup d'excitations qui le font s'élancer hors de sa cage, comme s'il était mû par un ressort. Il conserve toute son intelligence.

Chez le chien, on observe les mêmes spasmes; il y a tendance à la cyanose et à la dilatation des pupilles. Les périodes d'excitation sont suivies de périodes contraires de prostration; la *respiration est lente, les battements du cœur affaiblis*.

HEXYLAMINE. — Nous l'avons trouvée, mélangée en petite quantité à la base précédente, dans les huiles de foie de morue et les eaux où ont séjourné ces foies. L'hexylamine avait été signalée aussi par Hesse dans la levure putréfiée.

Les sels d'hexylamine ne jouissent qu'à un bien moindre degré des propriétés toxiques des amylamines.

b. Diamines grasses.

Éthylidènediamine (?). $C^2 H^8 Az^2$.

Cette famille comprend plusieurs des ptomaïnes extraites et décrites par Brieger.

Dans les produits de putréfaction de la chair de poisson, Brieger trouva, à côté de la neuridine et de la muscarine, une base répondant à la formule $C^2 H^8 Az^2$ qu'il prit d'abord pour l'éthylènediamine $Az H^2 \cdot CH^2 \cdot CH^2 \cdot Az H^2$, à laquelle elle ressemble beaucoup; mais l'on a reconnu depuis qu'elle n'était pas identique à cette base. Son chlorhydrate cristal-

lise en longues aiguilles brillantes, très solubles. Le chloraurate ne paraît pas cristallisable. Distillé avec les alcalis,
le chlorhydrate donne la base libre.

Cette diamine est vénéneuse : chez la grenouille, son
injection sous la peau produit d'abord l'état léthargique.
Plus tard, l'activité des organes de la respiration s'accroît ;
les pupilles se dilatent et la mort survient insensiblement
avec le cœur en diastole. Chez les cobayes et les souris,
peu de temps après l'injection des sels de cette base, il se
produit une sécrétion nasale, buccale et oculaire assez
abondante qui s'arrête par instants. Les pupilles se dilatent,
les yeux font saillie hors de leurs orbites. Puis survient
une dyspnée violente persistant jusqu'à la mort qui n'arrive
que vingt-quatre heures, et quelquefois plus longtemps
encore, après l'injection.

De faibles quantités de cette base injectées à des lapins
n'occasionnent qu'une salivation faible et de courte durée
et une augmentation de la fréquence des mouvements
respiratoires. Dans les cas graves, les pupilles sont dilatées ;
les globes oculaires sont fortement portés hors des cavités ;
une dyspnée violente se prolonge jusqu'à la mort ; le cœur
s'arrête en diastole. L'autopsie ne révèle rien qui éclaire
le mécanisme de ces accidents (*Brieger*).

Triméthylènediamine (?). $C^3H^{10}Az^2$.

Nous citons ici ce corps dont la constitution est mal connue,
et qui répond à la formule $C^3H^{10}Az^2$ (qu'on peut écrire,
mais sans preuves suffisantes, $AzH^2 \cdot CH^2 \cdot CH^2 \cdot CH^2 \cdot AzH^2$).
C'est le terme de passage de la ptomaïne précédente
aux suivantes. Cette base a été signalée par Brieger dans
les bouillons de culture du bacille du choléra de Kock, à

côté de la cadavérine et de la créatinine. Après avoir précipité toutes les bases par le chlorure mercurique en solution alcoolique, on enlève le mercure par l'hydrogène sulfuré, puis on précipite et sépare toutes les bases de cette solution alcoolique grâce au picrate de soude. On dissout alors par l'alcool absolu bouillant le picrate de cadavérine, on filtre et chasse l'alcool. Les deux bases restantes sont séparées à l'état de chloroplatinate, celui de créatinine étant assez soluble, contrairement à celui de la triméthylènediamine. Cette dernière donne, avec le chlorure de mercure, le chlorure d'or, ou celui de platine des précipités peu solubles.

La triméthylènediamine est très vénéneuse; elle produit des tremblements musculaires et des convulsions.

Brieger a encore signalé dans les cultures du bacille cholérique un autre alcaloïde que le chlorure mercurique ne précipite pas, qui affaiblit la respiration et le cœur en abaissant la température, produit quelquefois des selles sanguinolentes et détermine finalement la mort.

Putrescine ou tétraméthylènediamine. $C^4H^{12}Az^2$.

La putrescine a été découverte par Brieger à côté de la cadavérine (Voir plus loin) et de la neuridine, dans les débris de cadavres humains ou de viande de cheval abandonnés à l'air, dans les urines cystinuriques et dans les fécès de la même maladie. On la trouve aussi dans les vieux bouillons de culture du *bacterium coli* ou du bacille virgule de Kock. Elle est abondante dans la chair putréfiée entre le 11ᵉ et le 16ᵉ jour, et mieux encore dans la gélatine étendue d'eau ordinaire et abandonnée deux à trois semaines. La neuridine paraît se former d'abord, puis être remplacée

par la cadavérine et par la putrescine. On a vu plus haut
(p. 67 et 80) comment on obtenait le chloromercurate de
ces trois bases. La putrescine se sépare généralement grâce
à la faible solubilité dans l'eau froide de son chloroplatinate
assez soluble à chaud. Le chloroplatinate de cadavérine ne
cristallise qu'après celui de putrescine. Ces chloroplatinates
traités à chaud par l'hydrogène sulfuré donnent les chlorhydrates correspondants qui, distillés avec de la soude,
laissent les bases libres.

La putrescine forme un liquide clair, fumant à l'air, assez
mobile, d'une odeur spermatique particulière rappelant un
peu les bases hydropyridiques. Elle absorbe rapidement
l'acide carbonique de l'air, et forme un carbonate cristallisé
qui possède l'odeur désagréable de la base.

Elle bout à 135° environ (d'après Brieger) ; parfaitement
desséchée, elle bouillirait à 158°, suivant Udransky et Baumann. Après cristallisation en mélange réfrigérant, elle fond
à 27°-28°. La potasse ne la détruit pas. Elle est entraînée
difficilement par la vapeur d'eau.

Elle forme avec les acides des sels bien cristallisés. Le
chlorhydrate $C^5H^{14}Az^2$, $2HCl$, n'est pas hygroscopique.
Il est en longues aiguilles transparentes, très solubles
dans l'eau, peu solubles dans l'alcool ordinaire, insolubles
dans l'alcool absolu ou même à 96° centésimaux, propriété
qui permet de séparer la putrescine de la cadavérine dont
le chlorhydrate est assez soluble dans ce dissolvant.

Celui de putrescine précipité en blanc par l'acide phosphotungstique ; en jaune, par l'acide phosphoantimonique.
L'iodure mercuricopotassique forme avec lui un précipité
amorphe se changeant rapidement en aiguilles cristallines ;
par l'iodure de potassium ioduré on obtient un précipité

chocolat ; par l'acide picrique, de belles aiguilles larges peu solubles.

Le *chloroplatinate*, $C^4H^{12}Az^2, 2HCl, PtCl^4$, est presque insoluble dans l'eau. Il forme des paillettes hexagonales superposées. Le *chloraurate* peu soluble, cristallise également en petites paillettes ; il répond à la formule $C^{14}H^{12}Az^2$, $2HCl, 2AuCl^3, 2H^2O$. Il redevient anhydre vers 110°.

Udransky et Baumann ont démontré l'identité de la putrescine et de la tétraméthylènediamine. Ils admettent qu'elle provient de l'oxydation de l'éthylamine :

$$2CH^3 \cdot CH^2 \cdot AzH^2 + O = \frac{CH^2 \cdot CH^2 \cdot AzH^2}{CH^2 \cdot CH^2 \cdot AzH^2} + H^2O$$

Ladenburg l'a obtenue artificiellement par l'action du sodium sur le dicyanure d'éthylène dissous dans l'alcool absolu. Ciamician et Zanetti en ont aussi fait la synthèse en unissant d'abord le pyrrol, C^4H^5Az, à l'hydroxylamine AzH^3O, et soumettant la pyrrolhydroxylamine qui en résulte à l'action du sodium en présence d'alcool absolu.

La putrescine *n'est pas vénéneuse* à proprement parler. Au contraire, son dérivé tétraméthylé, $C^4H^8(CH^3)^4Az^2$, est extrêmement toxique. Les symptômes de l'empoisonnement sont les mêmes que ceux provoqués par la névrine et la muscarine qu'on décrira plus loin.

Cadavérine ou pentaméthylènediamine. $C^5H^{14}Az^2$

ou $AzH^2 \cdot CH^2 \cdot CH^2 \cdot CH^2 \cdot CH^2 \cdot CH^2 \cdot AzH^2$.

Cette base, à laquelle Brieger avait d'abord donné la formule $C^5H^{16}Az^2$, a été démontrée être identique avec la pentaméthylènediamine et répondant à la formule $C^5 H^{14} Az^2$ (*Ladenburg*). Elle paraît se confondre avec la prétendue conicine qu'on avait cru trouver dans les cadavres (*Selmi; Bocklish*).

La cadavérine a été découverte par Brieger dans les produits cadavériques où elle se développe à partir du 3° jour pour augmenter ensuite jusqu'au 14° ou 15°. Le même auteur l'a extraite de la chair de poisson, du blanc d'œuf, du sang, putréfiés, des cultures du bacille du choléra ou de celui de Finkler et Prior; en un mot cette base paraît un produit presque constant de la vie des vibrioniens. Toutefois, les cultures du bacille d'Emmerich ou d'Eberth, les excréments de la fièvre typhoïde, n'en contiennent pas. Verigs l'a signalée dans le pancréas frais. On l'a trouvée dans les urines des cystinuriques.

La cavadérine est souvent mêlée de neuridine et de putrescine. Elle apparaît toujours avant ces bases et à mesure que disparaît la névrine. Brieger sépare, comme on l'a dit, ces ptomaïnes diverses en précipitant la solution de leurs chlorhydrates dans l'alcool par le sublimé corrosif, reprenant par l'hydrogène sulfuré et soumettant ensuite les chloroplatinates à des cristallisations fractionnées. Les chloroplatinates peu solubles de cadavérine et de putrescine, se séparent de celui de neuridine. A leur tour les deux premiers décomposés par H^2S donnent deux chlorhydrates qu'on peut séparer à chaud par l'alcool fort; le chlorhydrate de putrescine y est très peu soluble, celui de cadavérine se dissout dans l'alcool à 96° centésimaux.

Le chlorhydrate de cadavérine décomposé par la potasse donne la base libre. C'est un produit huileux, d'une odeur pénétrante de sperme rappelant aussi un peu la pipéridine et la cicutine. Cette base fume à l'air dont elle attire l'humidité et l'acide carbonique. Elle bout à 175°-178°; à 115°-120°, d'après Brieger, quand elle a été distillée sur la potasse fondue qui la déshydrate.

La cadavérine ni la putrescine n'ont d'action sur la lumière polarisée.

La cadavérine peut être distillée dans un courant de vapeur d'eau en présence d'hydrate de soude ou de baryte, conditions où se décompose la neuridine.

Chauffée avec le chloroforme et la potasse, elle ne donne pas la réaction des carbylamines.

Cette base forme un chlorhydrate bien cristallisé $C^5H^{14}Az^2,2HCl$ en aiguilles déliquescentes, solubles dans l'eau, moins solubles dans l'alcool, un peu dans l'alcool éthéré. Ce chlorhydrate donne avec l'acide phosphotungstique un précipité blanc, soluble dans un excès de réactif; avec l'acide phosphomolybdique un composé blanc cristallisé; avec l'iodure de potassium et de bismuth, des paillettes cristallines rouges; avec l'iodure de potassium ioduré, des aiguilles brunes; avec l'acide picrique, des aiguilles jaunes. Il ne donne pas de bleu de Prusse avec le mélange ferricyanoferrique.

Le *chloroplatinate* $C^5H^{14}Az^2,2HCl,PtCl^4$ est en beaux prismes jaunes rougeâtres, médiocrement solubles dans l'eau froide (fig. 2).

Le *chloraurate* $C^5H^{14}Az^2,2HCl,2AuCl^3$ forme des cubes et des aiguilles assez solubles, brillantes d'abord, mais qui deviennent opaques en se desséchant, Il fond à 188°. Le *picrate* $C^5H^{14}Az^2,2C^6H^2(AzO^2)^3OH$ est peu soluble. Il fond vers 221°; il pei-

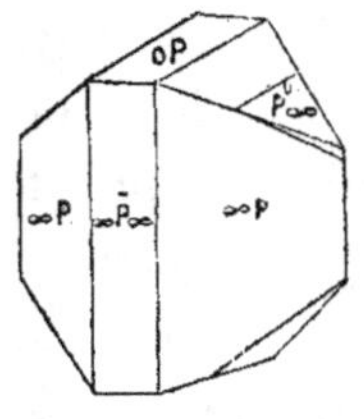

Fig. 2. — Chloroplatinate de cadavérine.

met de séparer cette base. On connaît deux chloromercu-
1ates $C^5H^{14}Az^2, 2HCl, 3HgCl$ et $C^5H^{14}Az. 2HCl, 4HgCl^2$. Celui
ci fond à 216° et se dissout difficilement dans l'eau.

Les *oxalates* acides et neutres de cadavérine cristallisent
facilement de l'alcool bouillant.

Avec l'iodure de méthyle cette ptomaïne forme l'iodhy-
drate $C^5H^{14}(CH^3)^2Az^2, H^2I^2$.

A la distillation sèche le chlorhydrate de cadavérine se
décompose en chlorhydrate d'ammoniaque et pipéridine
$C^5H^{11}Az$.

On connaît une diméthylcadavérine $C^5H^{12}(CH^3)^2Az^2$ (*Brieger*) ; une diacetyl- et dicyanacétylcadavérine (*Guareschi*),
une dibenzoylcadavérine, etc.

La cadavérine n'est que peu ou pas toxique.

Quoique la putrescine et la cadavérine ne paraissent pas
produire d'intoxications aiguës, il résulte des recherches
de Scheuerbert, de Grawitz et de Fleischer, qu'au contact
de la muqueuse intestinale, ces bases produisent une vive
inflammation et la nécrose de l'épithélium. Behring a
trouvé qu'à fortes doses, la cadavérine est vénéneuse pour
la souris, le lapin, le cobaye, mais non pour le chien.
Même à faibles doses, la cadavérine paraît empêcher la
coagulation du sang. Elle s'oppose à la pullulation des
bactéries.

A côté de la cadavérine on doit citer deux autres bases
qui se produisent le plus souvent en même temps qu'elle et
qui répondent aussi à la formule $C^5H^{14}Az^2$. Ce sont la *neuridine,* et la *saprine,* qu'on va décrire, ptomaïnes dont on
doit rapprocher la *gérontine,* qui est aussi un isomère de
ces bases.

Neuridine $C^8H^{14}Az^2$.

Lorsque la chair des mammifères ou des poissons putréfiés, le fromage, l'albumine, la gélatine soumises à l'action des bactéries, les cultures du bacille d'Eberth, etc., sont traités par l'eau acidulée, et que l'extrait aqueux, repris par l'alcool, est filtré et précipité par le sublimé, puis que ce dernier précipité est à son tour décomposé par H^2S (Méthode de Brieger), on obtient une liqueur qui par concentration au bain-marie laisse se séparer des aiguilles bien nettes de chlorhydrate de neuridine. On a vu plus haut (p. 83) par quel artifice on la sépare de la cadavérine et de la putrescine qui l'accompagnent généralement. La formation de la neuridine arrive à son maximum vers le onzième ou douzième jour de la putréfaction.

On a signalé aussi la neuridine à côté de la choline dans les produits de décomposition des jaunes d'œuf par la baryte, et dans les extraits faits à chaud, au moyen d'eau acidulée, de la matière cérébrale fraîche.

Lorsque l'on traite le chlorhydrate de neuridine par de l'oxyde d'argent humide, il se dégage une odeur repoussante de sperme. Par évaporation, la base ainsi mise en liberté se prend en une masse gélatineuse qui, pendant la concentration, même dans le vide, se décompose lentement. La potasse produit les mêmes phénomènes et donne un mélange de triméthylamine et de diméthylamine. Le chlorhydrate de neuridine ne paraît pas être décomposé par le bicarbonate de soude (*Marino Zucco*).

La neuridine libre (ou peut-être un polymère) est insoluble dans l'alcool et l'éther, difficilement dans l'alcool amylique, mais elle est très soluble dans l'eau.

Elle donne des précipités blancs avec le bichlorure de mercure et les acétates neutres et basiques de plomb.

Le chlorhydrate de neuridine $C^5H^{14}Az^2,2HCl$ est très soluble dans l'eau ; il est insoluble dans l'alcool absolu. L'*acide phosphotungstique* donne avec lui un précipité blanc, amorphe, soluble dans un excès de réactif. L'acide phosphomolybdique forme un phosphomolybdate cristallisé ; l'*acide picrique,* un précipité qui se produit lentement et se change en belles aiguilles jaunes. Le chlorure d'or donne un chloraurate cristallin. En solution aqueuse, le chlorure mercurique, l'iodure mercuricopotassique, l'acide tannique, le réactif de Frohde, ne produisent pas de précipités. Le mélange de ferricyanure et de perchlorure de fer ne se colore pas en bleu de Prusse à son contact.

Le *chloroplatinate* de neuridine $C^5H^{14}Az^2,2HCl,PtCl^4$ cristallise en belles aiguilles solubles dans l'eau, précipitables par l'alcool. Le *chloroaurate* $C^5H^{14}Az^2,2HCl,2AuCl^3$, ainsi que le picrate sont très peu solubles à froid.

La neuridine pure est complètement inoffensive. On a du reste observé plus haut qu'on peut trouver la neuridine dans les tissus animaux n'ayant jamais subi de putréfaction, dans les œufs, le cerveau, et divers tissus.

Saprine $C^5H^{14}Az^2$ (?).

Lorsque dans la préparation de la cadavérine, on reprend son chlorhydrate par de l'alcool chaud pour le séparer de celui de putrescine qui est moins soluble (*Voir plus haut*), une faible concentration des liqueurs alcooliques avec addition de chlorure de platine suffit pour faire cristalliser le chloroplatinate de cadavérine à peu près pur. Une concentration plus avancée le fournit de plus en plus mélangé au chloroplatinate de saprine. On peut à la loupe séparer ces deux sortes de sels. Celui de cadavérine se distingue par son éclat et la netteté de ses cristaux ; celui de saprine est plus terne, formé d'aiguilles juxtaposées et plates. On le purifie définitivement par recristallisation (*Brieger*).

Le chlorhydrate de saprine cristallise en aiguilles non déliquescentes. Il ne précipite pas le chlorure d'or.

Le perchlorure de fer mélangé de ferricyanure de potassium se colore fortement en bleu par la saprine ou ses sels.

A l'état libre, cette base est entraînée par la vapeur d'eau ; elle distille sans se décomposer en présence de la potasse ; elle émet une faible odeur de base pyridique. La saprine se comporte avec les réactifs généraux comme la cadavérine. Elle forme avec l'iodure double de bismuth et potassium un précipité amorphe alors que la cadavérine donne un précipité cristallin.

La saprine n'est pas vénéneuse.

Il faudrait rapprocher des trois bases ci-dessus en $C^5H^{14}Az^2$, la *gérontine* rencontrée dans les cellules hépatiques du chien, base qui a la même composition qu'elles, mais qui est une leucomaïne qu'on décrira plus loin.

c. Triamines et tétramines grasses.

On ne connaît pas à cette heure de triamines et tétramines à radicaux gras produites par les fermentations bactériennes. On verra qu'il en existe d'aromatiques.

II. — GUANIDINES

Diverses ptomaïnes appartiennent à la famille des guanidines : telles sont la méthylguanidine, la glycocyamidine, la propylglycocyamine ; mais seule la méthylguanidine a été trouvée dans les produits de putréfaction banale. Les autres guanidines formées par des microbes pathogènes seront étudiées avec les ptomaïnes d'origine pathologique déterminée.

La *méthylguanidine* $C^2H^7Az^3$ ou $AzH : C\left\{\begin{array}{l} AzH^2 \\ AzH \cdot CH \end{array}\right.$ qui se produit quand on oxyde la créatine et la créatinine, a été signalée par Brieger dans les chairs de cheval, et par Bocklish dans le bouillon de bœuf, ayant l'un et l'autre subi la fermentation putride[1]. On l'a trouvée aussi dans les cultures du bacille du choléra, du microbe de Finckler et Prior et dans la septicémie des souris.

C'est une base cristalline, déliquescente, très alcaline, dont la potasse dégage à chaud de l'ammoniaque et de la méthylamine.

Son *chlorhydrate* $C^2H^7Az^3, HCl$ est insoluble dans l'alcool.

Son *chloroplatinate* $(C^2H^7Az^3, HCl)^2 PtCl^4$ est assez soluble dans l'eau. Il fond à 198°. Son *chloraurate* forme des cristaux rhombiques, difficilement solubles dans l'alcool et dans l'eau, mais solubles dans l'éther. Son *picrate* est peu soluble et résineux. Son *oxalate* $(C^2H^7Az^3)^2, C^2H^2O^4, 2H^2O$ est soluble.

La méthylguanidine est une base très toxique : $0^{gr},20$

---

1. *Untersuchungen über Ptomaïne,* Dritte Theil, p. 33. — *Berichte,* t. XX, p. 1441.

suffisent à tuer un cobaye. Elle provoque la dyspnée, le tremblement musculaire, les convulsions cloniques généralisées avec pertes d'urines, défécation, dilatation des pupilles. L'animal perd toute aptitude à se mouvoir, il est pris d'étouffements, puis de convulsions, tombe sur le côté au bout de vingt minutes et meurt le cœur en diastole.

CHAPITRE CINQUIÈME

Ptomaïnes aromatiques non oxygénées.

Nous étudierons successivement dans ce chapitre les bases d'origine bactérienne à un, deux, trois, etc., atomes d'azote, et à noyaux fermés ou cycliques.

A côté des bases à radicaux ouverts, se produisent, en effet, presque toujours dans les fermentations bactériennes anaérobies, les bouillons de culture, les matières qui résultent de la conservation des organes des animaux même à l'abri des germes extérieurs, mais restées sous l'influence de leurs ferments internes, une série de ptomaïnes appartenant aux familles aromatiques. Nous classerons ces ptomaïnes nouvelles comme les précédentes en *monamines, diamines, triamines,* etc., que nous étudierons successivement.

III. — MONAMINES AROMATIQUES.

Parmi ces ptomaïnes aromatiques à un seul atome d'azote on a signalé :

La *pyridine,* la *collidine,* la *parvoline,* la *corindine,* la *phényléthylamine,* la *dihydrocollidine,* la *dihydrolutidine,* la *dihydrocorindine,* bases que nous allons successivement étudier.

Pyridine et autres bases de cette série.

Pyridine C^5H^5Az. — La première de ces bases, la pyridine, a été signalée par Haitinger dans l'alcool amylique du commerce, qui en contiendrait $0^{gr},5$ pour 1000. Représente-t-elle un produit pyrogéné, ou plutôt, la plus simple des bases pyridiques se formant grâce à l'action des microbes sur les produits azotés qui accompagnent dans leurs fermentations les sucres de grains ou de pomme de terre? L'existence d'autres ptomaïnes pyridiques dans ces produits de fermentation et dans le vin lui-même, nous fait pencher pour la seconde de ces hypothèses. Les collidine, parvoline et corindine ont été d'ailleurs directement extraites des produits de la fermentation bactérienne des albuminoïdes. Toutes ces bases appartiennent à la série pyridique. Leurs propriétés générales étant décrites dans tous les traités classiques de chimie complets, nous ne relaterons ici pour chacune d'elles que ce qui a trait à leur origine spéciale, et à leurs propriétés physiologiques.

Collidine $C^8H^{11}Az$ et *isomères*. — Une *collidine* a été signalée par Œchsner de Coninck, en même temps que la base homologue $C^{10}H^{15}Az$ parmi les produits de la putréfaction de la chair de poulpe. Elle fut retirée de ces matières grâce aux méthodes indiquées par l'auteur de cet ouvrage. Œchsner démontra par l'étude de ses propriétés, et notamment par l'examen du produit principal de son oxydation, l'acide nicotianique, que cette ptomaïne appartient bien à la série pyridique. C'est un liquide jaunâtre, d'odeur âcre, très peu soluble dans l'eau, soluble dans les alcools éthylique et méthylique, l'éther, l'acétone. Sa densité est de 0,986.

Cette base bout à 202°, absorbe l'humidité de l'air, brunit et se résinifie.

Son *chlorhydrate* forme une masse bien cristallisée, déliquescente, très soluble. Son *chloroplatinate* $(C^8H^{11}Az, HCl)^2 PtCl^4$ est roux, soluble à chaud, à peine à froid. L'eau bouillante le transforme en chloroplatinite $(C^8H^{11}AzCl)^2 PtCl^2$ très peu soluble. Son *chloraurate* est un précipité jaune.

Cette substance et ses sels sont très vénéneux.

En 1876, Nencki, faisant fermenter durant quatre à cinq jours à 40° un mélange de 600^{gr} de gélatine, 400^{gr} de pancréas de bœuf et dix litres d'eau, parvint à en extraire par les méthodes ordinaires une base répondant à la formule $C^8H^{11}Az$ qu'il considéra comme une isophenyléthylamine

$$C^6H^5 \cdot CH \Big\langle {{CH^3} \atop {AzH^2}}$$; Nencki admit plus tard que cette base

est de la phenyléthylamine[1]. C'est un liquide incolore, d'une odeur qui n'est pas désagréable, formant avec l'acide carbonique qu'elle attire un carbonate cristallisé lamelleux. Son *chloroplatinate* $(C^8H^{11}Az, HCl)^2 PtCl^4$ est en belles aiguilles applaties, très solubles à chaud, peu solubles à froid.

Nencki supposa que cette base dérive, par réduction, du dédoublement de la tyrosine avec perte d'acide carbonique :

$$C^9H^{11}AzO^3 = CO^2 + H^2O + C^8H^{11}Az$$

peut-être provient-elle de l'acide α-amidopropionique qui se forme facilement durant la putréfaction.

En 1883, Erlenmeyer et Lipp obtinrent par dédoublement de la phénylalanine une base en $C^8H^{11}Az$, qui paraît

---

1. *Journ. f. prakt. Chem.*, N. F. 1882, t. XXVI, p. 47 et *Berichte*, t. XXII, p. 701.

posséder la plupart des propriétés de celles de Nencki, ce qui fixerait sa formule. C'est l'α-phényléthylamine :

$$C^6H^5 \cdot CH^2 \cdot CH \diagdown\diagup \genfrac{}{}{0pt}{}{CO^2H}{AzH^2} = CO^2 + C^6H^5 \cdot CH^2 \cdot CH^2 \cdot AzH^2$$

Phénylalanine. α-Phényléthylamine.

Nencki a retiré aussi de la gélatine putréfiée une base fixe répondant à la composition $C^8H^{11}Az$, ou plutôt à un polymère, douée d'une odeur nauseuse et d'un goût amer, base qui ne se confond pas avec la précédente.

La fermentation de la gélatine par un excès de pancréas donne naissance à des peptones, aux acides acétique et butyrique, à la leucine, à beaucoup de glycocolle, d'ammoniaque, de triméthylamine, d'acide carbonique, mais pas à de l'indol. Ce n'est donc pas une vraie fermentation putride. La putréfaction de la gélatine ensemencée de quelques gouttes d'une culture d'albumine putréfiée donne de la neuridine, mais non la base de Nencki (*Brieger*). C'est donc à tort que Nencki pense que cette base est la première ptomaïne, ou base putréfactive, dont on ait reconnu la composition.

Parvoline $C^9H^{13}Az$. — La première ptomaïne chimiquement définie et analysée a été la *parvoline* $C^9H^{13}Az$. Elle fut découverte par MM. Gautier et Etard en 1881 dans la chair de scombre et dans la viande de cheval abandonnées en tonneaux pleins durant plusieurs mois d'été.

C'est une base huileuse de couleur ambrée, d'odeur de fleurs d'aubépine, bouillant un peu au-dessous de 200°, légèrement soluble dans l'eau, très soluble dans l'alcool, dans l'éther et le chloroforme; brunissant et se résinifiant facilement à l'air. Son *chloraurate* est assez soluble ; son *chloroplatinate,* peu soluble, confusément cristallisé, couleur de chair, devient rapidement rose et brun en s'altérant à l'air et à la lumière. Il se dissout partiellement à 100°.

Le point d'ébullition de cette base est à peu près celui d'un alcaloïde synthétique obtenu par Wange[1] en chauffant à 200° l'aldéhydate propionique d'ammoniaque : il est indiqué comme bouillant à 193-196°. La parvoline de putréfaction paraît avoir les mêmes propriétés. Elle est très vénéneuse.

Corindine $C^{10}H^{15}Az$. — Une base répondant à la formule d'une corindine, $C^{10}H^{15}Az$, a été retirée par Œchsner, en même temps qu'une collidine $C^{8}H^{11}Az$, des produits de la putréfaction de la chair de poulpe[2].

C'est un liquide jaune, un peu visqueux, résinifiable à l'air, d'odeur peu agréable, bouillant vers 230°. Cette base est soluble dans l'alcool, l'éther et l'acétone, mais fort peu dans l'eau. Son *chlorhydrate* est en aiguilles déliquescentes très solubles. Son *chloroplatinate* forme une poudre rousse, insoluble dans l'eau. Par ébullition, il fournit le chloroplatinate modifié $(C^{10}H^{15}Az\,Cl)^{2}Pt\,Cl^{2}$.

Cette ptomaïne ressemble au curare par son action physiologique : $0^{gr},012$ de la base libre amènent chez la grenouille la dilatation des pupilles et la lenteur respiratoire. Cinq heures après, l'animal est complètement paralysé. L'excitabilité réflexe a disparu. La même quantité de base injectée sous la peau d'un pinson produit des vomissements, de la torpeur et de l'insensibilité au moins apparente.

Huit ans avant les recherches de Œchsner, Guareschi et

1. *Monat. f. Chem.,* t. CXI, p. 693.
2. *Compt. rend. Acad. sciences,* t. CX, p. 1339 et t. CXII, p. 584.

Mosso[1] avaient, par les méthodes de l'auteur de cet Ouvrage, extrait de la fibrine de bœuf longtemps soumise à la putréfaction, une base qui répond aussi à la formule de la corindine $C^{10}H^{15}Az$. Elle forme une huile brune d'une odeur légère de pyridine et de conicine, très alcaline, se résinifiant rapidement à l'air, peu soluble dans l'eau. Elle donne immédiatement du bleu de Prusse avec le mélange étendu de perchlorure de fer et de ferrocyanure de potassium.

Son *chloroplatinate* est un précipité couleur chair, cristallisé, insoluble dans l'eau, stable même à 100°; il répond à la formule $(C^{10}H^{15}Az, HCl)^2 PtCl^4$.

Cette base est accompagnée d'une autre ptomaïne de formule $C^{10}H^{13}Az$, dont on parlera plus loin.

La corindine de Guareschi et Mosso est-elle de l'éthylcollidine, ou, comme le pense Brieger, de la méthylparvoline; et la base $C^{10}H^{13}Az$, qui se forme en même temps, répond-elle à la constitution d'une vinylcollidine? C'est ce que les faits actuellement connus ne permettent pas de trancher.

Dihydrocollidine $C^8H^{13}Az$.

Aux bases pyridiques précédentes se rattachent des bases dihydropyridiques qu'on rencontre généralement à côté d'elles et qui paraissent se produire grâce au pouvoir réducteur et hydrogénant très remarquable du milieu putréfactif. De ces bases hydropyridiques, la première connue fut découverte par l'auteur de cet Ouvrage en collaboration avec M. Etard. C'est la dihydrocollidine $C^8H^{13}Az$.

1. *Arch. ital. de Physiologie*, 1883, et *Journ. f. prakt. Chem.* (2), t. **XXVII**, p. 425 et XXVIII, p. 504.

Elle a été trouvée en 1881, en même temps que la parvoline, dans les produits de la chair de poisson ou de mammifères longtemps soumise à l'action des bactéries. C'est
la ptomaïne volatile qui, dans ces conditions, se forme en
plus grande abondance. Elle constitue un principe constant
des fermentations bactériennes prolongées des matières albuminoïdes d'origine animale. En un mot, c'est l'un des produits basiques et toxiques définitifs du fonctionnement de
celles de ces bactéries qui, dans les putréfactions, survivent
à toutes les autres, grâce à leur vitalité et à leur résistance, quelle que soit d'ailleurs la nature de la matière
albuminoïde animale qui fermente anaérobiquement.

La dihydrocollidine forme un liquide presque incolore,
légèrement oléagineux, d'une odeur pénétrante et tenace
de seringa. Elle bout vers 208° sans s'altérer. Sa densité à
0° est de 1,0296. Elle attire avec avidité l'acide carbonique
de l'air et donne un carbonate cristallin. Même en flacon
fermé, la base libre brunit lentement, devient visqueuse et
perd peu à peu toute odeur.

Le chlorhydrate de cette base est très soluble dans l'eau
et dans l'alcool. Il forme de fines aiguilles neigeuses. Il
est neutre, amer au goût. Un excès d'acide le colore en
rouge et le résinifie.

Son *chloraurate* est assez soluble. Il se réduit lentement
à froid, rapidement à chaud.

Son *chloroplatinate* est jaune pâle, avec un léger ton de
chair ; il est cristallin et peu soluble. Il se redissout à chaud
et se prend à froid en aiguilles recourbées.

Une collidine en $C^8H^{11}Az$ a été rencontrée par M. Œchsner
dans les produits poulpes. Une base répondant à cette
même formule a été aussi extraite par Nencki des produits

de la fermentation pancréatique de la gélatine. Il nous
paraît donc nécessaire de donner ici les analyses de l'hydrocollidine $C^8H^{13}Az$ que nous avons obtenue, d'autant que
Nencki pensa, au moment de notre publication, qu'elle
pouvait être identique à la base $C^8H^{11}Az$ qu'il avait observée
dans la fermentation pancréatique de la gélatine. Cette
hypothèse n'est confirmée ni par la composition, ni par le
point d'ébullition, ni par les autres propriétés, et en particulier, par la forme du chloroplatinate et la facile réduction
du chloraurate de notre dihydrocollidine. Voici d'ailleurs les
analyses du chloroplatinate de cette base :

	Nombres trouvés			Théorie pour $(C^8H^{13}Az, HCl)^2 Pt Cl^4$
	I.	II.	III.	
C . . .	30,1	29,9	29,76	29,3
H . . .	3,8	3,7	4,58	4,2
Az. . .	5,7	»	4,07	4,2
Pt . . .	29,4	»	29,0	29,7

Nencki fait remarquer que les deux premières analyses
répondent mieux à une collidine qu'à une hydrocollidine;
il peut se faire, en effet, que le produit provenant de la
chair de poisson, contienne à la fois de la collidine et de
l'hydrocollidine. Mais l'analyse III (produit provenant de la
chair du cheval) est correcte et répond bien à l'hydrocollidine $C^8H^{13}Az$. D'autre part, la base obtenue dans les deux
cas jouit de propriétés qui la rapprochent si complètement
de l'hydrocollidine obtenue par MM. Cahours et Etard en
faisant réagir le sélénium sur la nicotine qu'il n'y a pas
lieu de mettre en doute l'analogie de ces deux bases.
Entre autres, le point d'ébullition de notre hydrocollidine,

205° environ, est presque celui de l'hydrocollidine dérivée de la nicotine (210°). Mais ce qui caractérise surtout notre hydrocollidine, c'est son pouvoir réducteur puissant, et la réduction facile de son chloraurate et de son chloroplatinate, propriétés qui n'appartiennent pas aux bases pyridiques proprement dites.

La dihydrocollidine est un poison qui détermine la torpeur, la paralysie musculaire et l'abolition des reflexes. Voici l'une des expériences que j'ai faites pour déterminer sa toxicité :

On injecte sous la peau de l'aile à un oiseau (*briquet*) $0^{gr},0017$ d'hydrocollidine à l'état de chlorhydrate neutre. Deux minutes après l'injection, l'animal tombe sur le côté, se relève et s'agite, l'aile gauche étalée sur le sol. Après trois minutes encore, il s'affaisse sur le poitrail, mais sans paraître essoufflé. Au bout de sept minutes, il ne peut se tenir sur ses pattes qui sont comme paralysées. Il entr'ouvre fréquemment le bec ; mais il garde toute son intelligence et peut encore se défendre. Ses pupilles sont normales. Cinquante-huit minutes après le début de l'injection, l'oiseau est mort. Le cœur est trouvé en diastole et plein de sang.

Si l'on injecte de plus grandes proportions de ce poison, l'animal est étourdi, stupide, vacillant sur ses pattes, pris de vomissements et de tremblements, quelquefois de contractions tétaniques. Il meurt avec le cœur en diastole, gorgé de sang.

Dihydrolutidine $C^7H^{11}Az$.

La dihydrolutidine fut découverte par MM. A. Gautier et L. Mourgues dans les huiles de foie de morue blondes et brunes. Elle n'existe pas dans les huiles blanches ou vertes[1]. Elle est accompagnée de butylamine, d'amylamine, d'hexylamine, de morhuine et de deux bases nouvelles que j'ai découvertes depuis, la nicomorhuine et l'oyxcollidine, dont nous parlerons en leur lieu. La dihydrolutidine est la base aromatique la plus importante de ces huiles médicinales. La partie des alcaloïdes qu'on en retire, bouillant de 198° à 200° sous la pression normale, est constituée par la dihydrolutidine, ainsi que le montrent les analyses suivantes faites sur la base libre :

	I.	II.	Théorie pour $C^7 H^{11} Az$.
Carbone	77,10	»	77,07
Hydrogène..	10,47	»	10,09
Azote.......	»	12,52	12,84

Cette dihydrolutidine, la première des hydrolutidines connues, forme un liquide incolore, huileux, alcalin, caustique, d'une odeur vive non désagréable, mais ne rappelant pas l'aubépine ou les fleurs. Elle attire l'acide carbonique de l'atmosphère. Elle fond à l'air et se résinifie. Elle est légèrement soluble dans l'eau, sur laquelle elle surnage d'abord à l'état de gouttelettes oléagineuses. Elle bout à 199°.

Son *chlorhydrate* est amer. Il se dissocie partiellement lorsqu'on chauffe à 100° sa dissolution aqueuse. Il cristallise en aiguilles confuses, souvent associées en groupes à pointements aigus ou en lamelles. Quoique très soluble dans l'eau, ce sel n'est pas déliquescent.

---

1. *Compt. rend. Acad. des sciences*, 1883, t. CVII, p. 255.

Son *azotate* réduit le nitrate argentique, comme le font, d'après Hofmann, les bases hydropyridiques.

Le *sulfate* légèrement amer, odorant, déliquescent, cristallise en fines aiguilles groupées en étoiles.

Le *chloroplatinate*, jaune serin, se précipite facilement en liqueurs un peu concentrées et se redissout à chaud. Il cristallise en lamelles losangiques souvent superposées et imbriquées, quelquefois en fines aiguilles.

Bouilli quelque temps avec de l'eau, ce chloroplatinate perd de l'acide chlorhydrique et se change en *sel modifié* de couleur plus claire, beaucoup moins soluble que le précédent et cristallisant confusément.

Le *chloraurate* de dihydrolutidine, soluble surtout à chaud, cristallise en longues aiguilles groupées en éventail et en minces tables losangiques.

L'étude des produits d'oxydation de cette base nous a permis de reconnaître qu'elle contient deux chaînes latérales et qu'elle répond à la constitution probable $C^5 H^3 [H^2] (CH^3)^2 AzH$. Elle constituerait donc la dihydrodiméthylpyridine[1].

La dihydrolutidine est assez vénéneuse. A forte dose ($0^g,06$ par kilogramme chez le cobaye), elle provoque chez les animaux un tremblement qui se généralise à tous les muscles, avec périodes d'excitation extrême suivies de profonde dépression, d'immobilité, de paralysie partielle, surtout des muscles postérieurs. L'animal meurt généralement dans le collapsus asphyxique. A dose plus faible, elle produit une notable dépression de la sensibilité, de la trémulation musculaire, des grimacements de la face,

---

1. Voir *Compt. rend.*, t. CVII, p. 255.

des régurgitations. L'intelligence de l'animal paraît rester intacte.

Base innommée $C^{10}H^{17}Az$. (*Dihydrocorindine?*)

Une base répondant à la formule $C^{10}H^{17}Az$ a été trouvée, en 1890, par Griffiths dans les produits formés au contact d'une bactériacée spéciale nommée par lui *bacterium allii*, qu'il observa sur des oignons pourris. C'est un microbe chromogène produisant, en même temps qu'un peu d'hydrogène sulfuré, un pigment vert soluble dans l'alcool. Cet organisme a de 5 à 7 μ de long sur 2 μ de large[1].

Des cultures de ce microbe sur agar-agar peptonisé ou sur gélatine, on extrait une ptomaïne que l'auteur décrit comme un corps solide, blanc, soluble dans l'eau chaude, l'alcool, l'éther, le chloroforme; cristallisant de l'eau en aiguilles microscopiques prismatiques déliquescentes, d'une odeur d'aubépine, surtout à chaud. Cette base répond à la formule $C^{10}H^{17}Az$.

Ses réactions générales sont celles des alcaloïdes. Elle précipite par le tanin en marron; par le réactif de Nessler, en jaune brun. L'acide picrique donne dans ses solutions un précipité jaune, légèrement soluble; le chlorure d'or, un précipité jaune épais, qui se redissout à chaud dans l'eau. Elle forme un *chloroplatinate*, répondant à la formule $(C^{10}H^{17}Az, HCl)^2 PtCl^4$, cristallisable, jaune, peu soluble dans l'eau froide, soluble à chaud.

L'acide sulfurique légèrement étendu produit au contact de cette base une couleur rouge-violette.

---

1. *Voir Compt. rend. Acad. sciences*, t. CX, p. 416.

Elle ne me paraît pas posséder les caractères des bases hydropyridiques.

Base innommée $C^{10}H^{13}Az$.

Une base répondant à la formule $C^{10}H^{13}Az$ a été retirée, en 1887, par Guareschi, des produits de la fermentation bactérienne, prolongée durant 8 à 9 mois, de la fibrine de bœuf.

C'est une base oléagineuse soluble dans le chloroforme. Son odeur, plutôt agréable, rappelle légèrement celle des bases pyridiques. Sa réaction est fortement alcaline. Elle se dissout un peu dans l'eau. Elle fournit, après saturation par l'acide chlorhydrique, les réactions ordinaires des alcaloïdes. Le chlorure d'or donne un chloraurate jaune cristallin peu soluble qui se réduit facilement. Le chlorure de platine forme un précipité couleur chair confusément cristallisé, $(C^{10}H^{13}Az, HCl)^2, PtCl^4$; le chlorure de mercure, un précipité blanc; le tanin un précipité grisâtre; le bichromate de potasse un précipité jaune cristallin. Au contact des sels de cette base, le mélange de ferricyanure et de perchlorure de fer étendus, produit immédiatement du bleu de Prusse. Cette ptomaïne fournit avec le brome un composé d'addition sans dégager d'acide bromhydrique.

La nature de cette base n'a pas encore été bien déterminée. Parmi les produits de condensation du pyrrol avec l'acétone, Dennstedt et Zimmermann ont signalé une base en $C^{10}H^{13}Az$, bouillant à 275°-285°. Le tétrahydrométhyquinoléine et la méthyltétrahydroquinoléine de Hofmann et Kœnigs ont cette même composition [1].

1. *Berichte*, t. XVI, p. 732.

Les composés de la série pyridique, vinyl-substitués dans les chaînes latérales, donneraient aussi des bases de même formule, par exemple la vinylcollidine.

La base $C^{10}H^{13}Az$ de Guareschi se produit en même temps que la parvoline, l'hydrocollidine, et une base solide répondant à la composition $C^{14}H^{20}Az^2O^4$, dont on parlera plus loin.

Base $C^{32}H^{31}Az$.

Delezinier paraîtrait avoir retiré des cadavres une ptomaïne répondant à la formule. $C^{32}H^{31}Az$. C'est un liquide huileux, presque incolore, très peu soluble dans l'eau, très oxydable, à sels déliquescents. Ses effets physiologiques se rapprocheraient de ceux de la vératrine. Ces faits, aussi bien que la formule de l'auteur, me paraissent insuffisamment établis.

DIAMINES CYCLIQUES.

Base $C^7H^{10}Az^2$ et alcaloïdes homologues.

La présence d'alcaloïdes dans les produits fermentés, tels que : vins, bières, cidres, eaux-de-vie de grains, de betteraves, de pommes de terre, racki, etc., ne peut nous surprendre aujourd'hui que nous savons que la production des ptomaïnes est une fonction constante de la vie de la plupart des microbes. Faut-il attribuer la formation de ces bases aux levures alcooliques de bière ou de vin, ou plutôt aux ferments secondaires et bactéries qui les accompagnent généralement en petite quantité? Cette seconde hypothèse, que je serais assez porté à trancher par l'affirmative, n'est pas encore entièrement résolue.

Dans tous les cas, en 1868 déjà, Oser avait signalé dans le vin un alcaloïde $C^{13} H^{20} Az^4$ dont nous parlerons plus loin, et dont l'origine et l'existence même étaient restées fort problématiques jusqu'à la découverte des ptomaïnes.

En 1870, Krœmer et Pinner rencontrèrent parmi les produits extraits des huiles résiduaires de la distillation des eaux-de-vie de grains (*fuselols* des Allemands) une petite quantité d'une base qu'ils crurent pouvoir identifier avec la collidine. De son côté, Haitinger avait, en 1882, remarqué la présence de la pyridine dans les alcools amyliques provenant de la distillation des eaux-de-vie de grains et de pommes de terre.

D'autres alcaloïdes furent aussi signalés dans la bière ordinaire de bonne qualité par Modermann, Geldern, Fassbender et Schoepp. Ils ne furent pas analysés. V. Meyer en retirait une substance soluble dans l'alcool, dont les effets lui parurent analogues à ceux du curare. Enfin en 1884, MM. Claudon et Morin, dans les eaux-de-vie de mélasse, M. Ordonneau et M. Morin dans les meilleures eaux-de-vie de vin, reconnurent aussi l'existence d'une trace d'alcaloïdes [1].

M. Ch. Morin a repris en 1888 l'étude des bases des *fuselols* [2], il en a séparé trois produits alcalins bouillant de 155° à 160°; de 171° à 172°, et de 185° à 190°. Mais il n'a

---

1. ORDONNEAU, *Bull. Soc. chim.*, t. XLV, p. 333. — Ch. MORIN, *C. rend. Acad. méd.*, t. CV, p. 1019. M. Ordonneau avait cru reconnaître dans les cognacs la pyridine et la collidine; Ludwig y avait signalé la triméthylamine.

2. *Comptes rendus Acad. sciences*, t. CVI, p. 360.

pu faire l'étude que du plus abondant des trois, celui qui distille de 171° à 172°.

C'est une ptomaïne liquide, mobile, incolore, très réfringente, d'une odeur nauséabonde qui ne rappelle que de loin l'odeur des bases pyridiques, très soluble dans l'eau, l'alcool et l'éther; elle répond à la formule $C^7 H^{10} Az^2$. Sa densité est de 0,9826 à 12°. Elle n'agit presque pas sur le papier de tournesol.

Cette base, chauffée avec de l'acide chlorhydrique saturé à 0°, ne subit pas de transformations qui permettent de reconnaître sa constitution. Une partie seulement est détruite avec formation d'ammoniaque.

Elle s'unit à l'iodure d'éthyle en donnant un iodéthylate cristallisé en aiguilles solubles dans l'eau et dans l'alcool. Son *chlorhydrate*, $C^7 H^{10} Az^2$, 2HCl, s'obtient en dissolvant la base dans l'éther et faisant passer un courant d'acide chlorhydrique sec. Il cristallise en fines aiguilles solubles dans l'eau et dans l'alcool.

Le chlorure de platine donne, avec ce sel, un *chloroplatinate* bien cristallisé, très soluble dans l'eau et dans l'alcool, un peu dans l'éther. Évaporé dans le vide sec, il s'altère spontanément.

L'iodomercurate de potassium précipite le chlorhydrate de cette base, en formant d'abord des flocons qui ne tardent pas à se résoudre en grandes aiguilles jaunes brillantes, très caractéristiques.

Le chlorure mercurique donne avec le chlorhydrate de cette base un précipité floconneux blanc immédiat.

Cette ptomaïne jouit d'une toxicité modérée. Chez le cobaye, la dose nécessaire pour amener la mort est de $\frac{1}{800}$ à $\frac{1}{1200}$ du poids de l'animal. Aussitôt après l'injection, il est comme stupéfié, immobile. Au bout d'un quart d'heure, on constate la parésie du train postérieur. L'animal titube en marchant; il survient des mictions fréquentes; la sensibilité est diminuée; la pupille dilatée est insensible à la lumière. Les battements du cœur sont très ralentis, et la température tombe à 35°. La mort est précédée de coma. A l'autopsie, on n'observe qu'une légère congestion de tous les organes.

Chez les lapins auxquels on fait ingérer directement *par l'estomac* des doses de $0^{gr},08$ à $0^{gr},12$ de cette base, on n'observe que de la stupeur. Les effets par injection sous-cutanée sont, chez cet animal, ceux qu'on a signalés chez le cobaye. La dose mortelle pour le lapin est d'environ 1 gramme par kilogramme d'animal.

Injecté sous la peau, l'acétate de cette base donne des résultats identiques, mais plus rapides (*R. Wurtz*).

D'après M. Tanret, la base de M. Ch. Morin répondrait par sa composition aussi bien que par ses propriétés chimiques et physiologiques à la *glucosine-β*, que le premier de ces auteurs obtint en 1885 en faisant agir sur la glycose l'ammoniaque libre ou les sels ammoniacaux à acides organiques [1].

Base $C^8 H^{12} Az^2$ et $C^{10} H^{16} Az^2$. — Deux bases à formules homologues de la base principale de Ch. Morin ont été signalées, en 1878, par Schrœtter dans les parties bouillant au-dessus de 140° des eaux-de-vie de betteraves [2]. Ces bases donnent les réactions générales ci-dessus. La première forme le sulfate cristallisé $(C^8 H^{12} Az^2)(SO^4 H^2)^2$.

---

1. *Compt. rend. Acad. sciences*, t. C, p. 1540. — M. Tanret a ainsi obtenu les deux glycosines $C^6 H^8 Az^2$ et $C^7 H^{10} Az^2$. Cette dernière base, qu'il croit pouvoir assimiler à la ptomaïne de M. Morin, bout cependant à 155-160° et non à 171°. Elle donne comme elle un iodoéthylate, mais qui paraît bien plus altérable. Dans tous les cas, les glycosines sont, comme les bases de Morin, des bases faibles et peu toxiques.

2. *Bull. Soc. chim.*, t. XXXV, p. 70.

Merlusine $C^8 H^{12} Az^2$.

J'ai rencontré dans les huiles de foie de morue, et dans les foies eux-mêmes après qu'ils ont subi en tonneaux la fermentation spontanée nécessaire pour que l'huile vienne surnager, un certain nombre de bases que l'on peut séparer par divers moyens [1]. Lorsque, comme je l'ai fait, on opère sur de grandes quantités, plusieurs centaines de kilos à la fois, et que par des procédés divers (voir p. 56 et 58) on a séparé, des eaux acides qui les contiennent, l'ensemble des composés alcaloïdiques, par exemple en traitant leurs sulfates par de la potasse, il vient surnager une huile qu'on sépare en trois parties : l'une est facilement soluble dans l'éther; les deux autres, presque insolubles dans ce dissolvant, le sont dans l'alcool amylique. La solution amylique, traitée par un courant d'acide carbonique sec, laisse se séparer (avec du carbonate de potasse provenant de l'alcali qu'avait dissous en certaine quantité l'alcool employé) plusieurs bases qui se précipitent, tandis qu'une autre série reste dissoute. Cette dernière est, à son tour, agitée avec de l'eau légèrement acidulée d'acide sulfurique qui s'empare des bases ; l'acide est exactement enlevé à 70-80° par de la baryte, et la solution concentrée est purifiée par addition d'un peu d'acétate de plomb mêlé de sous-acétate. Le plomb étant chassé de la liqueur par l'hydrogène sulfuré, il se sépare et cristallise par concentration une base oxygénée. Le résidu incristallisable est traité par une petite quantité

---

1. Cette partie de mes travaux relative aux *Bases des foies de morue,* comprenant la description de la merlusine, de la nicomorhuine, de l'oxycollidine, de l'homomorhuine, etc., n'a encore jamais été publiée.

d'acide sulfurique suffisante pour saturer un peu de potasse qu'il contient encore et qu'on sépare en traitant par l'alcool absolu ; l'alcool distillé, on reprend par l'eau froide, on sature la liqueur par l'acide acétique et l'on concentre dans le vide. Il cristallise peu à peu, et très difficilement, un acétate dont on extrait la base libre en dissolvant ce sel dans un peu d'eau et ajoutant un excès d'alcali ; l'alcaloïde vient surnager. On le redissout dans le chloroforme qu'on évapore, la base reste comme résidu.

C'est un liquide huileux, alcalin, un peu soluble dans l'eau, soluble dans l'alcool, très peu dans l'éther. Son acétate et son chloroplatinate sont cristallisés et solubles. Ses autres sels sont difficilement cristallisables. Cette base répond à la formule $C^8 H^{12} Az^2$, composition que Schrœtter a déjà assignée à l'une des bases qu'il a rencontrées dans les eaux-de-vie de betterave.

BASES CYCLIQUES A TROIS ATOMES D'AZOTE.

Parmi les nombreuses ptomaïnes que j'ai retirées de l'huile et des foies de morues par la méthode que je viens d'indiquer, en partie, à propos de la *merlusine*, j'ai extrait deux triamines homologues, l'une $C^{19} H^{27} Az^3$ la *morhuine*, l'autre $C^{20} H^{29} Az^3$ l'*homomorhuine*, qui jouissent de propriétés semblables.

Morhuine $C^{19} H^{27} Az^3$ — Homomorhuine $C^{20} H^{29} Az^3$.

La morhuine et l'homomorhuine se séparent de l'ensemble des bases de l'huile de foie de morue ; elles se rencontrent l'une et l'autre dans la partie soluble dans l'éther (*Voir plus haut*). Ce dissolvant évaporé, les bases qu'il a dissoutes restent comme résidu. On les divise en bases volatiles (butylamine, amylamine, hydrolutidine, etc.), qu'on sépare par distillation, et bases non volatiles. Celles-ci reprises à leur tour par l'acide chlorhydrique faible donnent un mélange de chlorhydrates qui, dissous dans un peu d'eau et traités par la potasse, forment une huile très épaisse venant surnager. Elle est essentiellement composée de deux bases qu'on sépare en dissolvant cette huile dans l'éther rectifié et faisant passer un courant d'acide carbonique sec; il précipite un alcaloïde remarquable, la *nicomorhuine* $C^{20}H^{28}Az^4$, tandis que la morhuine et l'homomorhuine $C^{19}H^{27}Az^3$ et $C^{20}H^{29}Az^3$ restent en solution. On précipite ces dernières au moyen de l'acide tartrique dissous dans l'éther, ou bien, après évaporation de l'éther, on les fait passer à l'état de chloroplatinates qu'on sépare par fractionnement.

Morhuine $C^{19}H^{27}Az^3$. — La morhuine mise en liberté, par la potasse, de son bitartrate cristallisé est redissoute dans l'éther qui, par évaporation, la laisse à l'état libre. Elle constitue une huile très épaisse, presque solide, jaunâtre, d'une odeur douce rappelant un peu le seringa et les ptomaïnes ordinaires de la série hydropyridique. Elle surnage à l'eau dans laquelle elle se dissout très sensiblement. La morhuine est soluble dans l'alcool et dans l'éther. Elle est alcaline et cautérise fortement la langue; elle attire lentement l'acide carbonique de l'air.

Cette base précipite l'oxyde de cuivre de ses sels, mais sans le redissoudre ni donner de bleu céleste.

Son *chlorhydrate* cristallise en groupes étoilés formés d'aiguilles incolores terminées par des pointements aigus. Quelques cristaux présentent des faces courbes, comme celles de pierres à aiguiser. Ce sel est très déliquescent.

Le *chloraurate de morhuine* forme un précipité jaune peu soluble, facilement réduit à chaud.

Le *chloromercurate* est soluble dans l'eau.

Le *chloroplatinate* assez soluble s'altère rapidement à chaud. Il cristallise en aiguilles microscopiques barbelées, et en masses arrondies.

L'iodure double de mercure et de potassium précipite en blanc le chlorhydrate de morhuine.

Homomorhuine $C^{20} H^{29} Az^3$ — Elle accompagne la base précédente dont elle reproduit les principales propriétés. L'homomorhuine paraît être plus abondante que la morhuine dans les cellules hépatiques mêmes, mais moins abondante peut-être dans l'huile de foie de morue.

C'est une base huileuse très épaisse, de couleur jaune brun, non volatile, d'une odeur douce presque agréable, un peu soluble dans l'eau à laquelle elle communique son alcalinité. Elle forme des sels bien cristallisés, généralement déliquescents. Son chloroplatinate, jaune un peu couleur brique, est assez soluble dans l'eau, surtout à chaud. Il répond à la formule $(C^{20} H^{29} Az^3, H Cl)^2 Pt Cl^4$, formule qui indique que sur les trois atomes d'azote, un seulement fait fonction d'azote ammoniacal saturable par les acides.

La morhuine mêlée à l'homomorhuine forme plus du tiers de la totalité des bases de l'huile de foie de morue. Une cuillerée à bouche de cette huile, brune ou foncée, en contient environ 2,2 milligrammes, ce qui correspond à 3 milligrammes à peu près de chlorhydrate. Ces quantités sont loin d'être négligeables étant donné l'activité remarquable de cet alcaloïde. Les bases de l'huile de foie de morue ne sont pas ou fort peu toxiques, mais elles possèdent des propriétés diurétiques et diaphorétiques très marquées. Ce sont de puissants stimulants de la désassimilation dont les effets se traduisent par une urination très abondante et une augmentation tout à fait remarquable de l'appétit. Un cobaye du poids de 235 grammes, qui avait reçu par injection intramusculaire 29 milligrammes de morhuine à l'état de chlorhydrate, urina cinq fois en 2 heures et 12 minutes. Il avait ainsi perdu par la peau et les urines 12 grammes de son poids quoiqu'il eût mangé avidement. Un homme qui aurait fonctionné proportionnellement aurait donc perdu, dans ce court espace de temps, 3 872 grammes, sous forme d'urine ou de sueur. Or, l'on sait qu'un adulte excrète au plus 1 400 grammes d'urine par 24 heures et que le cobaye n'en donne pas davantage en proportion. Ces mêmes phénomènes d'excitation de l'appétit et de désassimilation puissante se sont produits chez l'oiseau.

Les propriétés diurétiques, diaphorétiques et excitantes de l'huile de foie de morue ont été signalées depuis longtemps déjà. L'action physiologique de la morhuine et de l'homomorhuine explique en partie le mécanisme de ces effets.

BASES A QUATRE ATOMES D'AZOTE.

Nicomorhuine $C^{20} H^{28} Az^{4}$.

Cette ptomaïne remarquable a été rencontrée, par l'auteur de ce livre, à côté des autres bases dans les foies de morue abandonnés à la fermentation pour en extraire l'huile[1].

---

1. Ces foies entassés dans des tonneaux, durant un mois et plus, abandonnent peu à peu leurs matières huileuses et les produits alcaloïdiques, peptoniques et autres provenant de leur propre autodigestion. Les huiles

Nous avons dit (p. 110), en parlant de la morhuine, comment on la sépare des bases solubles dans l'éther et volatilisables, ainsi que de la morhuine et de l'homomorhuine..

La nicomorhuine forme une huile solide qui, lorsqu'on veut la sécher et la distiller dans le vide, prend un aspect de colophane translucide à reflets légèrement verdâtres. Récemment mise en liberté, par un excès de potasse, de la solution dans l'eau de l'un de ses sels, elle a l'aspect d'une huile épaisse, claire, jaune brun, adhérant aux vases de verre, légèrement soluble dans l'eau, d'une densité presque égale à 1, d'une odeur mielleuse, mais rappelant, surtout à chaud, l'odeur affaiblie de la nicotine et du tabac. Un litre d'eau légèrement potassique en avait dissous près de 6 grammes qu'on a pu de nouveau recueillir en agitant cette solution avec de l'éther.

Cette base répond exactement à la composition de la nicotine $C^{10} H^{14} Az^2$, mais l'étude de ses sels, en particulier de son choroplatinate, et ses propriétés physiques démontrent que cette formule doit être doublée, et que cette ptomaïne répond à $C^{20} H^{28} Az^4$.

En raison de son apparence, de son odeur légère de nicotine, de sa composition identique à celle de cette base, enfin de son origine, j'ai donné à cette ptomaïne singulière le nom de *nicomorhuine*.

La nicomorhuine est modérément vénéneuse; mais son action physiologique (que je désire étudier comparativement avec celle de la nicotine et d'autres bases que j'ai retirées du tabac et qui paraissent, comme la morhuine, isomères

viennent peu à peu surnager après avoir dissous une partie des alcaloïdes formés. La matière ainsi conservée ne prend, même par les temps chauds, aucune odeur putride, du moins tant que l'huile surnage. L'embarriquage avait été fait en mars aux îles Lofoden.

de la nicotine)[1], demande des recherches et des développements que je ne suis pas en mesure de présenter encore à cette heure.

Le *chlorhydrate* de nicomorhuine forme de belles lames nacrées, brillantes, ou de jolis cristaux très réfringents. amers, qu'on obtient en saturant exactement la base par l'acide chlorhydrique affaibli, puis évaporant dans le vide. Un excès d'acide l'altère rapidement. On peut laver ce sel à l'alcool éthéré. Ce chlorhydrate, très soluble dans l'eau, n'est pas sensiblement déliquescent.

Le *chloroplatinate* est floconneux, rouge brique, insoluble dans l'eau. L'analyse lui assigne la formule $C^{20}H^{30}Az^{4}, PtCl^{6}$ ou $C^{20}H^{28}Az^{4}, 2HCl, PtCl^{4}$, qui montre : 1° que la base répond bien à la formule $C^{20}H^{28}Az^{4}$, double de la nicotine ; 2° que, quoique possédant quatre atomes d'azote, cette substance se comporte comme une diamine où entrent 2AzH ou $2AzH^{2}$ saturables par l'acide chlorhydrique et le chlorure de platine. Nous avons constaté un fait analogue pour la morhuine.

La nicomorhuine s'unit à l'acide carbonique.

---

1. J'ai observé depuis longtemps, dans une suite de recherches encore inédites, que la nicotine des divers tabacs est toujours accompagnée de bases bouillant à une température supérieure à 240° et même ne pouvant plus être distillées *dans le vide* à cette température. Ces bases, toujours en très faible quantité dans les tabacs, sont solides, et donnent des sels, en particulier des chloroplatinates insolubles, qui rappellent tout à fait ceux de nicomorhuine. Mais ce qui est très remarquable, c'est que l'analyse de ces produits, bouillant tous au-dessus du point d'ébullition de la nicotine qu'ils accompagnent, m'a toujours donné la formule brute $C^{10}H^{14}Az^{2}$. En un mot ces bases sont des polymères de la nicotine, et il serait possible que parmi elles on trouvât la nicomorhuine elle-même.

Aselline $C^{25}H^{32}Az^4$.

Lorsque de l'ensemble des bases de l'huile de foie de morue l'on a séparé les bases distillables, il reste un résidu brun qui contient les morhuines et la nicomorhuine que l'éther enlève. Le résidu, peu soluble ou insoluble dans ce dissolvant, très épais, comme résineux, constitue en grande partie une base nouvelle que nous avons nommée *aselline*, du nom latin *asellus major* qu'on a donné à la grande morue. Pour obtenir l'aselline pure, on dissout la base brute dans l'acide chlorhydrique *pas trop affaibli* et un peu tiède, on sature presque l'acide par le carbonate de soude, et l'on ajoute du chlorure de platine qui précipite un chloroplatinate couleur brique. On décompose ce corps, en suspension dans l'eau à 100°, par l'hydrogène sulfuré, on filtre à chaud, et par addition d'un peu de soude, on précipite enfin la base de son chlorhydrate. Il se forme ainsi des flocons blancs d'une substance amorphe qu'on laisse déposer dans un vase étroit, à l'abri de la lumière qui la jaunit légèrement. On siphone la liqueur alcaline surnageante, on lave rapidement la base sur un filtre sans plis à l'eau glacée, car elle est un peu soluble, et on l'essore dans le vide sur biscuit de porcelaine.

L'aselline se présente alors sous forme d'une masse amorphe, blanc grisâtre, non hygrométrique, d'une densité de 1,05 environ. Elle jaunit à l'air et à la lumière. A froid, elle n'agit pas sensiblement sur l'odorat. Lorsqu'on la chauffe, elle fond en un liquide brun épais, d'une odeur aromatique douce. Elle est un peu soluble dans l'eau à laquelle elle communique une saveur légèrement amère et une faible alcalinité. La potasse en excès la précipite de sa solution aqueuse. Cette ptomaïne, un peu soluble dans l'éther, se dissout très bien dans l'alcool.

L'aselline forme, en s'unissant aux acides employés avec ménagement, des sels solubles et cristallisables que l'eau dissocie partiellement, surtout à chaud, en précipitant une partie de la base.

L'acide sulfurique concentré la colore en rose, puis la brunit.

Le *chlorhydrate* d'aselline cristallise en petits cristaux croisés en X, ou enchevêtrés, assez amers.

Le *chloraurate*, couleur acajou, peu soluble, se dissout difficilement à chaud en se décomposant et laissant de l'or métallique.

Le *chloromercurate* forme un précipité blanc, assez soluble, qui par refroidissement de la liqueur, se réunit en masses cristallines confuses.

Le *chloroplatinate* est jaune un peu orangé ; il se dissout à chaud en s'altérant.

Lorsque l'aselline est restée quelque temps sous l'eau, à la lumière diffuse, elle jaunit et verdit légèrement ; si on la dissout alors dans l'éther, on obtient une solution verdâtre qui, par évaporation rapide du dissolvant, laisse un résidu huileux vert foncé redevenant jaune par la dessiccation. L'acide nitrique l'oxyde, et le résidu traité par la potasse se colore d'une façon intense en rouge acajou.

L'aselline forme à peine la 15e partie de la totalité des bases qu'on extrait de l'huile de foie de morue. Elle paraît assez active. A petite dose, elle produit des troubles respiratoires, de l'anhélation et de la stupeur. A doses plus fortes, apparaissent des convulsions qui peuvent être suivies de mort.

Base d'Oser $C^{14} H^{20} Az^{4}$.

En 1868, alors qu'on ne connaissait pas encore les alcaloïdes bactériens, J. Oser eut le mérite de remarquer que dans les produits de la fermentation du sucre pur par la levure de bière fraîche, on rencontre un alcaloïde non volatil, bien défini, répondant à la composition $C^{14} H^{20} Az^{4}$. Oser fit observer avec raison que, ne préexistant ni dans la levure, ni dans le sucre, cet alcaloïde doit se former aux dépens des matières azotées du ferment et se rencontrer par conséquent dans la plupart des liqueurs fermentées, telles que vins, bières, cidres, etc.

Les acides minéraux décomposent assez rapidement à chaud la base d'Oser. — Son *chlorhydrate* séché dans le vide se présente en une masse feuilletée blanche très hygroscopique, brunissant rapidement à l'air et douée d'une saveur brûlante, puis très amère. — Son *chloraurate* est en flocons jaunes peu solubles dans l'eau froide passant peu à peu à l'état cristallisé[1].

Scombrine $C^{17} H^{38} Az^{4}$.

Dans les eaux-mères du chloroplatinate de l'hydrocollidine provenant de la fermentation bactérienne de la chair de poisson (et particulièrement du scombre que j'avais surtout employé dans mes recherches avec M. Etard), se trouve un chloroplatinate plus soluble que celui d'hydrocollidine, cristallisant en aiguilles jaunes, un peu couleur de chair.

---

1. *Journ. f. prakt. chem.*, t. CIII, p. 192, et *Bull. soc. chim.*, 2⁰ série, t. X, p. 295.

On peut le dessécher dans le vide sans décomposition. Lorsqu'on veut porter ce sel à 100°, il se décompose lentement en émettant l'odeur de seringa de la base libre. Ce chloroplatinate répond à la formule $(C^{17} H^{38} Az^4, 2 HCl) Pt Cl^4$. — C'est encore une base à quatre atomes d'azote dont deux seulement sont doués de propriétés alcaloïdiques.

CHAPITRE SIXIÈME

Ptomaïnes oxygénées ou sulfurées.

A côté des bases non oxygénées qui précèdent, on a souvent signalé dans les produits de la fermentation bactérienne des matières animales des bases diverses contenant de l'oxygène. Avant ces recherches, quelques-unes étaient déjà connues et avaient été observées ou artificiellement produites : la choline, la névrine, par exemple ; d'autres sont nouvelles, et c'est la majeure partie. Nous ne ferons l'étude toute particulière que de ces dernières, nous bornant pour les autres, dont on trouve les descriptions dans tous les livres classiques, à signaler les conditions où elles se produisent, et, lorsqu'il y aura lieu, leurs principales propriétés physiologiques.

Nous diviserons ces bases oxygénées en :

    (*a*) *Bases névriniques ou dérivées de ces bases ;*

    (*b*) *Bases aromatiques oxygénées ;*

    (*c*) *Bases de constitution inconnue.*

Nous ne comprenons pas parmi ces bases les acides amidés basiques, tels que le glycocolle, l'alanine, la leucine, etc., que nous renvoyons au chapitre suivant.

a. BASES NÉVRINIQUES OU DÉRIVÉES DE CES BASES.

Les bases névriniques, ou qui se rattachent à la névrine et à ses homologues, que l'on a rencontrées dans les produits

de fermentation putride sont : la *névrine* $C^5 H^{14} Az O$; la
choline $C^5 H^{13} Az O^2$; la *muscarine* $C^5 H^{13} AzO^2$; la *mitylo-
toxine* $C^5 H^{13} Az O^2$; les *bases innommées* en $C^7 H^{17} Az O^2$; la
betaïne $C^5 H^{11} Az O^2$: la *gadinine* $C^7 H^{15} Az O^2$ et la *mydatoxine* $C^6 H^{13} Az^2 O$.

Névrine $C^5 H^{13} Az O$.

On sait qu'il existe dans le tissu nerveux, le cerveau,
les globules rouges et blancs, le jaune d'œuf, le sperme, etc.,
comme dans la plupart des graines végétales, une substance complexe très remarquable découverte par Gobley,
en 1846, et nommée par lui *lécithine*. Cette matière, dont
on a distingué plus tard de nombreuses variétés, paraît
elle-même faiblement unie aux principes albuminoïdes,
surtout dans le tissu nerveux, sous forme d'un composé
très complexe et mal défini qu'on a nommé le *protagon*.

Ce protagon et ces lécithines sont très répandus dans les
tissus animaux, et d'une extrême instabilité : sous l'action
des réactifs hydratants, ou sous celle des bactéries, le protagon se détruit, la lécithine qui en provient s'hydrate elle-
même et se détriple en trois produits, savoir : des *acides gras*
(acides *oléïque, margarique, stéarique, etc.*) ; l'acide *phos-
phoglycérique* $PO \diagup \begin{array}{l} (OII)^2 \\ O \cdot C^3 H^5 \; : \; (OII)^2 \end{array}$ et la *choline* $C^5 H^{15} Az O^2$
ou quelquefois d'autres bases. Ces trois substances réunies
en une seule (avec perte d'eau) constituent la lécithine.
La variété des acides gras entrant dans sa constitution
(*Diakonow*) et la différente nature des bases qui peuvent dans
certains cas remplacer la choline (*Voir plus loin*, p. 125,

Note) expliquent qu'il puisse exister un grand nombre de lécithines.

Laissant de côté les acides gras et l'acide phosphoglycérique formés par détriplement de ces lécithines, nous ne nous occuperons ici que de la base, ou des bases, qui se forment au cours de cette décomposition.

La principale paraît être la choline, base déjà trouvée dans la bile, par Strecker, bien avant la découverte du protagon et des lécithines, et *à fortiori*, des ptomaïnes. C'est de cette origine biliaire que lui vient son nom. Ce qui caractérise cette substance, outre ses propriétés basiques, c'est son instabilité; sous diverses influences, l'action des acides`, des alcalis, l'élévation de température de ses solutions, le contact de diverses bactéries, etc., la choline $C^5H^{13}AzO^2$ peut se déshydrater et produire une base nouvelle $C^5H^{13}AzO$, qui en diffère par H^2O en moins, alcaloïde qu'on a retrouvé, avec la choline, dans les produits de décomposition des lécithines cérébrales par les acides et par les bases et que, pour cette raison, on a nommé *névrine*[1].

D'après les recherches de Liebreich (1869), le protagon cérébral tout à fait pur, chauffé vingt-quatre heures avec de

---

1. Tel est le résumé des expériences de Gram et de Schmidt et Weiss (1887) : la choline sous l'action des acides à chaud, ou des bactéries, paraît se déshydrater et donner de la névrine. Il faut dire cependant que Brieger n'a pas réussi à observer cette transformation. Il est certain que le plus souvent la choline est accompagnée de névrine, quelle qu'en soit l'origine; ce qui signifie, ou que la seconde vient de la première, ou qu'il existe des lécithines à choline et d'autres à névrine. Les expériences de Liebreich, que nous rappelons dans le texte, semblent donner raison à cette seconde hypothèse. La choline et la névrine paraissent donc se former contemporairement par destruction de lécithines correspondantes. Telle est la conclusion qui semble définitive, et la raison des variations qui ont eu lieu relativement à ces noms de *névrine* et de *choline*. La névrine commerciale est un mélange de névrine $C^5H^{13}AzO$ et de choline $C^5H^{15}AzO^2$.

l'hydrate de baryte, ne donnerait, en se dédoublant, que de la *névrine* $C^5 H^{13} AzO$ ou hydrate de triméthylvinyl-ammonium.

On voit, d'après ce qui vient d'être dit, que c'est des lécithines que tirent leur origine à la fois la choline, dont nous parlerons plus loin, et la névrine de Liebreich et de Brieger. Ce dernier l'a signalée dans les produits extraits de la viande putréfiée. Elle y existe, accompagnée d'autres bases qui en dérivent ou s'y rattachent par analogie, surtout au bout du septième ou huitième jour; plus tard elle tend à se décomposer à son tour et à disparaître.

Il suit de là que ces bases, névrine et choline, et probablement leurs homologues et leurs dérivés, ne paraissent pas provenir, comme la plupart des autres ptomaïnes, de la décomposition directe des matières albuminoïdes ordinaires par les bactéries. Ce sont des produits immédiatement issus des lécithines préexistantes ou des protagons. Elles se forment par simple dédoublement de ces substances, sous l'action des ferments solubles sécrétés par les microbes aérobies ou anaérobies et sans qu'interviennent l'absorption et la digestion des matériaux protéiques par les bactéries. Aussi ne faut-il pas être trop surpris de l'observation faite par Brieger, et contraire, comme il le fait remarquer, aux idées de Pasteur, que ces bases névriniques se retrouvent en plus grande quantité lorsque les matières putrescibles sont largement exposées à l'air qu'on renouvelle. Cette observation s'explique, en effet, suffisamment, sans qu'elle contredise l'opinion de Pasteur, si l'on remarque que les bases de Brieger, *dont la plupart appartiennent à la série névrinique ou aux séries analogues,* ne sont pas nécessairement des produits sécrétés par les microbes anaérobies et qu'elles se produisent pour ainsi dire en dehors d'eux.

La névrine $C^5H^{13}AzO$ a été rencontrée, disions-nous, par Baeyer, à côté de la choline $C^5H^{15}AzO^2$, parmi les produits du dédoublement des lécithines par l'hydrate de baryte. Marino Zucco en a extrait aussi une quantité sensible des capsules surénales et du jaune d'œuf. Elle a été signalée par Brieger, en 1887, dans les produits putréfiés de la chair des mammifères, vers le 5ᵉ ou le 6ᵉ jour ; elle est accompagnée d'autres bases, entre autres de neuridine et de muscarine.

On sait que Baeyer a démontré que la névrine constituait l'hydrate de triméthylvinylammonium $(CH^3)^3 Az \Big\langle {}^{CH=CH^2}_{OH}$

C'est une base liquide sirupeuse très alcaline. Une baguette trempée dans l'acide chlorhydrique fume si on l'en approche. Elle est très soluble dans l'eau à laquelle l'éther, l'essence de pétrole, le chloroforme, et même l'alcool amylique, ne l'enlèvent que difficilement et en faible proportion.

Ses solutions aqueuses diluées ne se décomposent pas à l'ébullition ; concentrées, elles donnent un peu de triméthylamine.

Le *chlorure* de névrine $C^5H^{12}AzCl$ (ou $C^5H^{13}AzO + HCl - H^2O$) cristallise en aiguilles fines et brillantes très hygroscopiques. Son *chloraurate* est en prismes aplatis solubles dans l'eau chaude. Son *chloroplatinate* forme de beaux octaèdres peu solubles à froid, propriété qui permet de distinguer et de séparer cette base de la choline[1].

Tous les réactifs des alcaloïdes agissent sur la névrine comme sur cette dernière base ; mais le tanin qui ne pré-

---

1. Brieger dit que, parmi ces cristaux, il en est d'hydratés et d'autres qui ne le sont pas. Liebreich assure que, cristallisés dans l'alcool et abandonnés à l'air, ils se changeraient partiellement en choline.

cipite pas la choline, donne avec la névrine un précipité blanc grisâtre volumineux.

La névrine et ses sels sont extrêmement vénéneux; ses effets ont été surtout observés par Brieger. Les chats sont les plus sensibles, les lapins, les souris et les cobayes le sont beaucoup moins. Il y a des différences entre les diverses classes d'animaux relativement à l'intensité des symptômes, et ces différences sont profondes. Chez le lapin, l'absorption par la peau de $0^{gr},005$ de chlorhydrate de névrine produit aussitôt l'humectation des narines, suivie de mouvements de mastication et de déglutition, avec sécrétion d'une salive si visqueuse qu'elle tombe des coins de la bouche sous forme de fils; elle devient ensuite plus fluide, alcaline, et persiste jusqu'à la mort de l'animal. En même temps que cette salivation spéciale, il se fait une sécrétion assez abondante de larmes et de mucus nasal. Les pattes antérieures se couvrent de sueur. La respiration augmente de fréquence et de force dès le début; la tête se renverse en arrière, la bouche et les narines s'entr'ouvrent; la dyspnée change peu à peu de caractère, la respiration devient irrégulière, superficielle, et enfin le nombre des inspirations diminue et l'animal expire.

Du côté de la circulation, dès que l'injection a eu lieu, les contractions cardiaques s'accélèrent; le pouls ne peut bientôt plus se compter, puis le nombre des pulsations tombe, aussi bien que la pression sanguine; les battements du cœur, très forts d'abord, perdent de leur énergie et s'affaiblissent progressivement jusqu'à ce que, dilaté et tendu, cet organe s'arrête subitement en diastole. La ligature du pneumogastrique pratiquée sur l'animal intoxiqué n'influence plus le cœur.

A la suite de l'injection, les pupilles présentent souvent (et dans tous les cas chez le chat), du rétrécissement. Ce phénomène est à peu près constant si le chlorhydrate de névrine est instillé dans l'œil.

Les intestins sont le siège de violents mouvements péristaltiques, qui occasionnent des évacuations multiples, d'abord consistantes, puis liquides, souvent avec émission d'urine et de sperme.

La rate est fortement contractée. Rien n'a été observé de remarquable ni sur la vessie, ni sur l'utérus.

Ce n'est qu'en injectant des doses mortelles qu'on voit survenir des convulsions cloniques suivies de mort rapide.

Dans l'intoxication à doses modérées, la marche devient chancelante, mal assurée; les animaux, comme altérés, tombent dans un collapsus complet.

L'atropine paraît être l'antidote de la névrine; mais la réciproque ne semble pas se réaliser.

Administrée par l'estomac, la névrine agit comme par la méthode hypodermique; il faut seulement employer des doses au moins décuples.

Choline $C^3H^{15}AzO^2$.

Nous avons dit (p. 121) que la choline est accompagnée de névrine dans les produits de dédoublement des lécithines par les acides ou les alcalis[1]. La choline a été trouvée, en

---

1. On sait que les lécithines sont répandues dans beaucoup de tissus et de cellules chez les animaux, et en particulier dans le tissu nerveux, les globules rouges et blancs, etc. Elles existent aussi chez les végétaux : Hoppe Seyler les a signalées dans la levure; on les a trouvées dans le lupin, dans les farines de froment, les graines de moutarde, la plupart des légumineuses, beaucoup de racines, entre autres celles de

1862 par Strecker dans la bile du porc et du bœuf ; depuis on l'a signalée dans le sang, les muscles, les glandes, le jaune d'œuf. L'*ammanitine* ou *agaritine*, retirée par Letellier de certains champignons (*agaricus muscarius, boletus luridus*), n'est autre que de la choline. Elle se confond avec la sinkaline, la bilinévrine et la névrine de Baeyer. La même base a été extraite de quelques graines : cotonnier, noix d'arec, *trigonella, fenu grecum*, vesce, pois, lentilles, lupin, etc. On la trouve dans l'ergot de seigle, les racines d'ipécacuanha, les fleurs de sureau, les extraits de belladone, d'*acorus calamus*, de *scopolia* du Japon ; en petite proportion, dans les mélasses de betterave, à côté

la betterave. Lippman (*Berichte*, t. XX, p. 3206) a remarqué qu'il existait divers groupes de lécithines : les unes sont aptes en se dédoublant, à donner des acides gras, de l'acide glycérophosphorique et des bétaïnes ; d'autres fournissent les deux premiers de ces termes, mais la bétaïne est remplacée par la névrine. Les deux cas peuvent se produire dans les racines de betterave, suivant l'échantillon qu'on examine. Dans l'agaric, on a trouvé des lécithines dérivées de la choline, d'autres de la muscarine ; dans les moules vénéneuses, on trouve des lécithines fournissant de la mytilotoxine, d'autres des bétaïnes.

On ne saurait regarder, d'autre part, les lécithines comme l'unique source de la choline. Cette base peut exister dans les protoplasmas sous un état très compliqué : un exemple nous en est fourni par la *sinalbine* $C^{30} H^{44} Az^2 S^2 O^{16}$ de la graine de moutarde blanche qui, sous l'action de la myrosine, ou ferment de la moutarde, se dédouble d'abord en glycose, sulfate acide de synalbine et isosulfocyanate d'orthoxybenzyle :

$$C^{30} H^{44} Az^2 S^2 O^{16} = C^6 H^{12} O^6 + C^{16} H^{23} AzO^5, SO^4 H^2 + C^7 H^7 O \cdot Az C S$$

Sinalbine.   Glycose.   Sulfate acide de sinapine.   Isosulfocyanate.

puis, à son tour, la sinapine elle-même s'hydrate et se décompose en acide sinapique et choline :

$$C^{16} H^{23} AzO^5 + H^2 O = C^5 H^{15} AzO^2 + C^{11} H^{12} O^5$$

Sinapine.   Choline.   Acide sinapique.

C'est probablement aux lécithines, ou corps analogues, qu'il faut rattacher les produits basiques obtenus avec les extraits alcooliques des farines par Lombroso en 1871, extraits d'où Brugnatelli et Zenoni retirèrent, par la méthode de Stas, en 1876, un alcaloïde qui provoquait des convulsions tétaniques.

de la bétaïne. Elle a été préparée par Baeyer, en 1866, en faisant bouillir avec de l'eau de baryte l'extrait alcoolique de matière cérébrale. On en retire aussi de faibles quantités des liqueurs fermentées : vin, bière, etc. Enfin, et c'est ce qui nous la fait classer parmi les ptomaïnes, Brieger l'a rencontrée en petite quantité dans les cadavres humains conservés un ou deux jours seulement, ainsi que dans les cultures du bacille virgule de Kock, dans celle du *vibrio proteus* de Bocklisch, etc.

Nous rappellerons ici brièvement que la synthèse de la choline a été faite par A. Wurtz en unissant la monochlorhydrine du glycol à la triméthylamine. D'après cette synthèse, la constitution de la choline répond à l'hydrate

$$\text{de triméthyloxéthylammonium}\ (CH^3)^3 Az \underset{\diagdown\ OH}{\overset{\diagup\ CH^2\cdot CH^2\,(OH)}{}}$$

On a dit plus haut comment on sépare la choline, la névrine et la neuridine des produits putréfactifs. Brieger acidule très légèrement l'extrait alcalin avec de l'acide chlorhydrique, filtre, sature l'excès d'acide, évapore la liqueur dans le vide et reprend le résidu sec par l'alcool. Le liquide filtré est additionné d'une solution alcoolique de sublimé : il se fait un précipité mercurique qui, après deux cristallisations, se présente sous forme d'aiguilles de chloromercurate de choline. En décomposant ce sel, à chaud, par l'hydrogène sulfuré, on obtient le chlorure $(CH^3)^3 Az \underset{\diagdown\ Cl}{\overset{\diagup\ C^2 H^4\,(OH)}{}}$

Pour séparer la choline de la neuridine, on se sert d'acide picrique. Le picrate de neuridine se sépare immédiatement ; celui de choline, plus soluble, ne cristallise que par évaporation. Le chloraurate de neuridine est aussi beaucoup moins soluble dans l'eau que celui de choline.

Les chloromercurates de cadavérine et de putrescine sont très solubles.

La choline libre est une base énergique; elle est sirupeuse et très soluble. Sa solution à 2 °/₀ dissoudrait la fibrine et l'albumine cuite. Bouillie mêlée de beaucoup d'eau, elle paraît se transformer lentement et partiellement en névrine en perdant H^2O, comme nous l'avons dit plus haut; en solution concentrée, elle donne de la triméthylamine et du glycol.

Le *chlorhydrate de choline* est très déliquescent, il forme des aiguilles solubles dans l'alcool même absolu. Brieger puis E. Schmidt ont démontré que l'action de HCl au bain-marie, prolongé plusieurs heures, ne change pas ce sel en chlorhydrate de névrine. Mais le dernier de ces auteurs aurait établi que cette réaction se produit facilement sous l'influence des bactéries, l'infusion de foie, le sang dilué lui-même[1]. Mis à fermenter sous l'action d'un peu d'eau d'égout et à l'abri de l'air, ce chlorhydrate donne du gaz des marais sans hydrogène, de la triméthylamine, de l'ammoniaque, mais pas de névrine.

Le *chloroplatinate* $[(CH^3)^3 (C^2H^4 \cdot OH) Az Cl]^2 \cdot Pt Cl^4$ est soluble dans l'eau et insoluble dans l'alcool. Il est trimorphe : il cristallise en tables jaunes monocliniques ou rhombiques à six faces, en octaèdres jaunes, et en prismes clinorhombiques rougeâtres si l'évaporation est rapide. Il ne perd toute son eau qu'à 110° (*Brieger*). Il fond à 232-240°.

Le *chloraurate de choline* forme des aiguilles jaunes difficilement solubles dans l'eau froide.

---

1. Suivant V. MEYER, la base qui se forme ainsi serait non pas de la névrine, mais un alcaloïde qui paraît identique à celui qu'on obtient en faisant agir la triméthylamine sur le bromure d'allyle. Il ressemble beaucoup à la pilocarpine.

Le *carbonate* est dimorphe en plaques et en longues aiguilles.

Avec le chlorhydrate de choline, les acides phosphotungstique, phosphomolybdique et phosphoantimonique donnent des précipités volumineux ; l'iodure mercurico-potassique, un précipité jaune cristallin ; le réactif de Bouchardat, un précipité brun abondant ; le chlorure mercurique, un précipité blanc grumeleux, un peu soluble dans l'eau ; le tanin ne précipite pas.

Les agents oxydants, comme l'acide nitrique étendu, convertissent la choline en oxycholine ou muscarine $C^5 H^{15} AzO^3$, bétaïne $C^5 H^{11} Az O^2$ et oxynévrine $C^5 H^{13} Az O^3$.

L'action toxique des sels de choline est assez faible : elle se manifeste, d'après Brieger, par des signes semblables à ceux que provoque la névrine, mais bien moins prononcés : $0^{gr},10$ de choline équivalent à peu près à $0^{gr},50$ de névrine. Il se produit d'abord de la salivation, puis apparaissent la plupart des phénomènes décrits à propos de cette dernière base (p. 124). Il faut administrer seulement une dose relativement beaucoup plus forte, par exemple, injecter sous la peau d'un lapin $0^{gr},1$ de chlorhydrate de choline pour obtenir les mêmes effets qu'avec 5 milligrammes de névrine. Suivant Boehm, l'action paralysante de la choline serait analogue à celle du curare, mais cinq cents fois moins puissante. L'atropine suspend de la façon la plus remarquable les effets toxiques de la choline.

Muscarine $C^5 H^{15} Az O^3$.

Cette base très vénéneuse a été trouvée par Brieger à côté de l'éthylidènediamine, de la neuridine, de la gadinine et

9

de la triéthylamine dans les produits de la chair de poissons putréfiée. On l'avait extraite avant lui de *l'agaricus muscarius* ou *fausse oronge* et de beaucoup de champignons vénéneux. Schmiedeberg et Hartnack l'ont obtenue artificiellement en oxydant la choline par l'acide nitrique :

$$C^5 H^{15} Az O^2 + O = C^5 H^{15} Az O^3$$

La muscarine paraît répondre à la formule de constitution :

$$(CH^3)^3 \equiv Az \diagup^{\textstyle CH(OH):CH^2 \cdot OH}_{\textstyle OH}$$

Pour la séparer des produits putréfactifs, Brieger, après avoir précipité leur extrait alcoolique par le chlorure mercurique pour séparer la choline et la névrine, reprend par l'hydrogène sulfuré la partie non précipitable pour enlever l'excès de mercure ; il concentre la liqueur, après neutralisation par la soude, et traite le résidu sirupeux, repris par l'alcool, avec un excès de chlorure de platine. Le chloroplatinate de neuridine cristallise d'abord ; le produit filtré contient les chloroplatinates d'éthylènediamine, de muscarine et de gadinine ; celui de muscarine, un peu plus soluble que celui d'éthylènediamine, cristallise après lui. Ce chloroplatinate, décomposé par l'hydrogène sulfuré, donne le chlorhydrate correspondant ; par le sulfate d'argent on le change en sulfate qui par l'eau de baryte laisse la base libre.

La muscarine forme des cristaux déliquescents, incolores, répondant à la formule d'un hydrate d'ammonium $C^5 H^{14} Az O^2 \cdot OH$. Elle est très alcaline et attire l'acide carbonique de l'air. Elle est très soluble dans l'eau et dans l'alcool. Tous ses sels, sauf le carbonate, sont neutres. Son *chlorhydrate* $C^5 H^{14} Az O^2 Cl$ est déliquescent. Il forme un *chloroplatinate* $(C^5 H^{14} Az O^2 Cl)^2 PtCl^4, 2H^2O$ en octaèdres bien définis, peu solubles. Le *chloraurate* cristallise en aiguilles difficilement solubles.

La muscarine est très toxique : de petites doses de son chlorhydrate injectées au lapin déterminent une salivation et un larmoiement abondants, de la contraction des pupilles, de la diarrhée profuse, des pertes séminales et urinaires. Les animaux succombent après de courtes convulsions. Le cœur s'arrête en diastole. L'atropine paraît être antagoniste de la muscarine.

Bétaïne $C^5H^{11}AzO^2$

Cette base accompagne la muscarine dans l'oxydation artificielle de la choline. Elle fut découverte en 1866 par Scheibler dans la betterave, et quelque temps après signalée par Liebreich dans les urines normales. Brieger l'a trouvée, en grande quantité, dans les moules vénéneuses ou non. Elle existe dans les graines du cotonnier, du *Viscia sativa*, du *Lycium barbarum*, du *Scopolia atropoïdes*. Elle paraît due à la décomposition d'une substance plus complexe, une lécithine, qui se dédouble en donnant de la glycérine, de l'acide oléïque, de l'acide phosphorique et de la bétaïne. On rappelle ici que l'on sait produire cette dernière base par synthèse, en traitant le glycocolle par l'iodure de méthyle dissous dans l'alcool méthylique en présence de potasse (*Griess*); ou encore, par l'action de la triméthylamine sur l'acide chloracétique :

$$(CH^3)^3 : Az + CH^2Cl \cdot CO^2H = CH^3 : Az \underset{O}{\overset{CH^2 \cdot CO}{<}} + HCl$$

Triméthylamine. A. Chloracétique. Bétaïne.

On a donné le nom général de *bétaïnes* aux bases constituées comme celles de la betterave, par exemple, à l'*anhy-*

dride triéthylglycolique $(C^2H^5)^3 Az \Big\langle \begin{smallmatrix} CH^2 \cdot CO \\ O \end{smallmatrix}$, ou à la

méthylbétaïne $(CH^3)^3 Az \Big\langle \begin{smallmatrix} CH \cdot CH^3 \\ \qquad CO \\ O \end{smallmatrix}$

Nous ne nous étendrons pas ici sur la bétaïne ordinaire $C^5H^{11}AzO^2 + H^2O$ qui est décrite partout [1]. Elle forme des cristaux brillants volumineux, tombant en déliquescence à l'air, se déshydratant à $100°$. Leur saveur est fraîche et sucrée.

Le *chlorhydrate* forme de beaux cristaux tabulaires monocliniques, inaltérables, insolubles dans l'alcool pur. Le *chloroplatinate* $(C^5H^{11}AzO^2, HCl)^2 PtCl^4 + 4 H^2O$ est soluble dans l'eau ; il s'effleurit à l'air. Le *chloraurate*, peu soluble à froid, se dissout très bien dans l'eau bouillante et cristallise en lamelles. Le *chloromercurate* est très soluble. La bétaïne forme avec le chlorure de zinc des cristaux microscopiques répondant à la formule $C^5H^{11}AzO^2, ZnCl^2$.

L'acide phosphotungstique précipite le chlorhydrate de bétaïne ; un excès de cet acide redissout le précipité. L'iodure de bismuth et de potassium donne un iodobismuthite roux ; l'acide iodhydrique iodé un périodure cristallin ; l'acide picrique des aiguilles jaunes. La bétaïne réduit lentement le mélange de ferricyanure de potassium et de chlorure ferrique étendus. Elle paraît sans action sur l'économie.

Acide homopipéridinique ou $\delta.amidovalérique$ $C^5H^{11}AzO^2$.

Cette base, isomère de la précédente, a été trouvée par E. et H. Salkowski dans les produits de décomposition de

---

1. Pour son extraction de la betterave, voir FRÜHLING et SCHÜLTZE (*Berichte*, t. X, p. 1070) ; la même méthode peut permettre de l'extraire des résidus urinaires.

la fibrine et de la viande (1883). Elle est soluble dans l'eau, mais très difficilement dans l'alcool. Elle ne bleuit pas le tournesol. Elle cristallise en masses d'aiguilles étoilées et fond à 156°. Elle ne précipite ni par l'acétate de cuivre, ni par le nitrate d'argent ammoniacal. Gabriel et Aschan [1] ont constaté qu'elle est identique avec l'acide δ.*amidovalérique* de synthèse $AzH^2 \cdot CH^2 \cdot CH^2 \cdot CH^2 \cdot CH^2 \cdot CO^2H$ obtenu en faisant agir l'acide chlorhydrique concentré sur le phtalimidopropylmalonate d'éthyle. Son *chloraurate* fond à 86-87°. Cette base dissout l'oxyde d'argent, mais non l'hydrate cuprique, dernière réaction qui paraît indiquer qu'elle n'est ni un acide, ni même un acide amidé.

Son chlorhydrate $C^5H^{11}AzO^2,HCl$ est cristallisé, très soluble dans l'eau et dans l'alcool concentré.

Son chloroplatinate a donné à l'analyse des nombres correspondant à la formule $(C^7H^{15}AzO^2,HCl)^2PtCl^4$ qui ne correspond pas à la base $C^5H^{11}AzO^2$. Il peut se faire que le corps analysé contînt aussi la base $C^7H^{15}AzO^2$ que le platine aura précipité d'abord.

La base de E. et H. Salkowski n'est pas vénéneuse.

Mytilotoxine $C^6H^{15}AzO^2$.

Cette base très toxique a été découverte par Brieger, à côté de grandes quantités de bétaïne, dans les moules vénéneuses [2]. On l'extrait de la chair de ces animaux en la faisant bouillir avec de l'eau légèrement chlorhydrique, évaporant le bouillon à consistance de sirop, l'épuisant par l'alcool,

1. *Bull. Soc. chim.* (3ᵉ sér.), t. VI, p. 496.
2. *Virchow's Arch. pathol., anat.*, 1889, t. CXV, p. 483.

filtrant, traitant la solution par l'acétate de plomb qui précipite les matières mucilagineuses, refiltrant, évaporant, reprenant le résidu par l'alcool et faisant passer un peu de H^2S
pour chasser le plomb dissous. L'alcool évaporé, on reprend
par l'eau et décolore à l'ébullition par le noir animal;
on filtre, on sature par du carbonate de soude, on acidifie
par l'acide nitrique et précipite par l'acide phosphomolybdique. Le précipité qui se forme est décomposé en
le chauffant avec de l'acétate neutre de plomb; après filtration et traitement par H^2S, pour enlever l'excès de plomb,
on ajoute de l'acide chlorhydrique et on évapore à sec.
Le résidu est repris par l'alcool absolu, qui sépare un peu
de bétaïne insoluble, et la solution est précipitée par le
chlorure mercurique alcoolique. Le chloromercurate est
recristallisé dans l'eau bouillante; ces cristaux décomposés
par H^2S, laissent le chlorhydrate de mytilotoxine.

C'est une base résineuse instable, d'odeur désagréable.
Elle perd rapidement sa vénénosité à chaud, en liqueur alcaline ou acide, et même à froid, quoique plus lentement (?)
Elle est quaternaire, car elle dégage, lorsqu'on la distille
avec la potasse, de la triméthylamine en grande quantité.
Son *chlorhydrate* cristallise en tétraèdres et forme des
précipités épais et huileux avec la plupart des réactifs
alcaloïdiques. Son *chloraurate* fond à 182°; il est assez
stable.

On ne connaît pas la constitution complète de cette base;
mais étant donné le développement de triméthylamine

2. C'est là un caractère très intéressant à rapprocher de celui qu'offrent
beaucoup de toxines de nature complexe, véritables zymases que la
chaleur modifie ou altère. Cette altérabilité rapproche ces bases animales des toxines zymasiques dont nous parlerons dans la IIIe Partie
de cet Ouvrage.

qu'occassionne la potasse et sa vénénosité qui la rapproche de la muscarine, il est possible qu'elle réponde à la formule de constitution $(CH^3)^4 Az \begin{cases} CH : CH \cdot CH^2(OH) \\ OH \end{cases}$ qui en fait un dérivé de l'alcool acrylique. Peut-être est-ce plutôt la base $(CH^3)^3 Az \begin{cases} CH \begin{cases} CH^3 \\ CO^2H \end{cases} \\ OH \end{cases}$ qui est un dérivé méthylé de la bétaïne. Elle semble, comme cette dernière, faire partie dans les moules vénéneuses, de la constitution d'une lécithine spéciale.

La mytilotoxine est extrêmement toxique ; les moindres traces de son chlorhydrate produisent tous les désordres de l'empoisonnement par les moules : Agacement des dents, fourmillements dans les pieds et les mains ; sentiment d'oppression ; excitation rappelant l'ébriété ; pouls à 90° ; rougeurs de la peau comme dans la rougeole ; vertiges ; dilatation des pupilles, sans trouble de la vue ; mouvements convulsifs des mains ; faiblesse des membres inférieurs ; refroidissement général ; angoisse, dyspnée, perte de connaissance pouvant aller jusqu'à la mort. A l'autopsie, congestion des vaisseaux de l'épiploon, comme dans l'entérite ; cœur ramolli, rate très volumineuse, foie tacheté, vaisseaux des reins gorgés de sang, congestion du cerveau.

Six à sept moules vénéneuses suffisent pour empoisonner mortellement un homme adulte.

C'est dans le foie de la moule que paraît résider le poison ; d'après Schmidtmann, la moule elle-même deviendrait toxique à la suite d'une maladie spéciale, probablement microbienne et communicable.

Mydatoxine $C^6H^{13}AzO^2$.

Cette base qui paraît se rattacher à la précédente comme un aldéhyde se rattache à son alcool, a été trouvée par Brieger dans la chair de chevaux restée longtemps en putréfaction, et dans les cadavres humains abandonnés plusieurs mois entre 9° et 15°. Elle est accompagnée d'une autre base $C^7H^{17}AzO^2$ dont on parlera plus loin, ainsi que de cadavérine et de putrescine précipitées ensemble au sein de l'alcool à l'état de chloromercurates. En faisant cristalliser dans l'eau ce précipité, le chloromercurate de cadavérine peu soluble se sépare. On enlève le mercure à la liqueur par H^2S, on évapore et reprend par l'alcool absolu qui laisse le chlorhydrate de putrescine insoluble. On chasse l'alcool, et l'on précipite la mydatoxine à l'état de chloroaurate. Le traitement de ce précipité par l'hydrogène sulfuré donne le chlorhydrate.

La base libre s'obtient en laissant ce chlorhydrate au contact de l'oxyde d'argent humide. C'est un sirop alcalin, solidifiable en lamelles quand on le sèche dans le vide, insoluble dans l'alcool et dans l'éther, indistillable.

Le *chlorhydrate* de mydatoxine est déliquescent. Le *chloroplatinate* $(C^6H^{13}AzO^2, HCl)^2PtCl^4$, en petites lamelles, est soluble dans l'eau et fusible vers 193° en se décomposant[1]. Son *chloraurate* et son *chloromercurate* sont solubles. La mydatoxine réduit rapidement les sels ferriques et donne du bleu de Prusse.

---

1. Ce chloroplatinate serait, pensons-nous, $(C^6H^{12}AzOCl)^2PtCl^4$, car la mydatoxine est une base quaternaire.

La mydatoxine répond peut-être à une formule de constitution qui la rapprocherait singulièrement de la mytilotoxine dont elle serait l'aldéhyde :

$$(CH^3)^3\,Az \Big\langle{}^{CH\,:\,CH\cdot COH}_{OH} \quad ; \quad (CH^3)^3\,Az \Big\langle{}^{CH\,:\,CH\cdot CH^2\cdot OH}_{OH}$$

Mydatoxine   Mytilotoxine

La mydatoxine est médiocrement toxique. Quelque temps après l'injection de ce poison, les souris sont prises de convulsions, de larmoiement, de diarrhée, de dyspnée. Leurs yeux roulent dans les orbites. La mort arrive rapidement.

La mydatoxine est isomère d'une autre base trouvée à coté de la tétanine et qui n'est que très peu toxique.

Gadinine $C^7H^{17}AzO^2$ et *Méthylgadinine* $C^8H^{17}AzO^2$

Ces deux bases, dont les formules paraissent répondre à celles d'homologues de la mytilotoxine, ont été retirées par Brieger des produits de la putréfaction du poisson et particulièrement de la morue. Elles accompagnent l'éthylidènediamine et la muscarine. La *gadinine* se concentre dans les eaux mères des chloroplatinates les plus solubles. Son *chloroplatinate* se dépose sous forme de paillettes jaunes d'or après qu'on a retiré le sel correspondant de muscarine (v. p. 130). Une fois séparé, le chloroplatinate de gadinine ne se redissout plus qu'assez difficilement. Il fond à 214°.

En traitant à chaud le chloroplatinate de gadinine par l'hydrogène sulfuré, on obtient le chlorhydrate correspondant. C'est un sel formé de grosses aiguilles incolores, très solubles dans l'eau, insolubles dans l'alcool. Il ne paraît pas se combiner au chlorure d'or; mais il forme des combinaisons doubles et cristallisées, peu solubles, avec les acides phosphotungstiques, phosphomolybdiques et picriques.

Cette substance n'est pas douée de propriétés toxiques sensibles. Elle paraît isomère de la *tiphotoxine* et d'une autre base dont on parlera tout à l'heure.

La *méthylgadinine* $C^8H^{19}AzO^2$ (?) a été rencontrée par Brieger à côté de la mydatoxine dans la chair de cheval putréfiée. Elle est tétanisante à dose assez élevée et arrête le cœur en diastole.

Base innommée $C^7H^{17}AzO^2$.

Cet isomère de la gadinine et de la tiphotoxine a été retiré par Brieger de la chair de cheval longuement putréfiée ainsi que des cadavres humains. Elle accompagne la mydatoxine. La solution alcoolique de son chlorhydrate précipite par le sublimé.

Ce *chlorhydrate* cristallise en fines aiguilles insolubles dans l'alcool fort. Le *chloroaurate* dimorphe, fusible à 176°, répond à la formule $(C^7H^{17}AzO^2, HCl)AuCl^3$.

Cette substance jouit d'une très faible réaction acide, mais elle ne semble pas répondre à la constitution d'un acide amidé ni s'unir aux bases avec quelque fixité. Elle ne donne pas la coloration rouge de Hoffmeister avec Fe^2Cl^6, réaction caractéristique des acides amidés. Elle précipite à chaud, par l'acétate de cuivre, des flocons amorphes insolubles. Elle ne s'unit ni à l'oxyde d'argent, ni à celui de cuivre.

Une base de même composition, peut-être identique à la précédente, a été retirée par Bagurasky et Stadthagen, en

1890, de la chair du cheval soumise trente-cinq jours à l'action du bacille de Finkler-Prior retiré des selles du choléra infantile.

La base de Brieger $C^7H^{17}AzO^2$ jouit des propriétés physiologiques du curare : Les pupilles se contractent d'abord, puis se dilatent ; le cœur s'affaiblit; l'animal meurt, cet organe en diastole, après avoir été pris de tremblements et de convulsions, avec émission d'urines et de salive.

CHAPITRE SIXIÈME bis

Ptomaïnes oxygénées aromatiques ou de constitution inconnue.

Les *tyrosamines*, la *mydine*, les *bases* de G. Pouchet, la *mydaléïne*, la *lysine*, la *mohruamine*, appartiennent au groupe des ptomaïnes oxygénées à noyaux cycliques.

Tyrosamines : C^7H^9AzO; $C^8H^{11}AzO$ et $C^9H^{13}AzO$.

J'ai trouvé ces trois bases homologues à côté de plusieurs autres, l'amylamine, l'hydrolutidine, la nicomorhuine, etc., dans les foies de morues conservés en tonneaux pour en extraire l'huile. J'ai dit plus haut (p. 108) que la totalité des ptomaïnes issues de cette fermentation se sépare en deux parties, l'une soluble, l'autre insoluble dans l'éther. La partie insoluble est mise en digestion avec de l'alcool amylique et traitée par un courant d'acide carbonique qui précipite du carbonate de potasse, et certaines bases, tandis que d'autres, en particulier les tyrosamines, restent en solution. On les extrait de l'alcool amylique par lavages à l'acide sulfurique très affaibli d'eau. A la solution aqueuse, on enlève cet acide par de la baryte, on concentre à sirop, on ajoute de l'eau et l'on fait bouillir ; il se dépose une matière brune (qui m'a paru être de l'acide morhuique), et du jour au lendemain la liqueur laisse se séparer d'abondants cristaux.

On les redissout dans l'eau et on les sépare par fractionnements en deux bases principales répondant aux formules C^7H^9AzO et $C^8H^{11}AzO$, celle-ci étant prépondérante. A côté de ces deux ptomaïnes, on trouve dans leurs eaux mères, un troisième homologue $C^9H^{13}AzO$.

Ces bases ont entre elles la plus grande analogie. La première fond vers 140°, la dernière vers 160°. Elles ont de la tendance à s'unir molécule à molécule : le composé (ou le mélange) $C^8H^{11}AzO$, $C^9H^{13}AzO$, fond à 156°. Elles forment des lamelles ou des aiguilles incolores, volatilisables entre 200 et 240° avec une légère décomposition. Elles sont fort peu solubles à froid, assez solubles à chaud, d'une odeur légère et douceâtre, non ammoniacale, d'une saveur un peu amère, très alcalines. Avec les sels ferriques et le cyanure rouge très étendus elles donnent du bleu de Prusse.

En examinant avec attention les propriétés de la plus abondante de ces bases $C^8H^{11}AzO$ j'ai reconnu que cette substance dérive de la tyrosine par perte de CO^2. En effet,

par le réactif de Millon cet alcaloïde (et ses homologues)
précipite abondamment; si l'on chauffe on obtient, même
avec des traces, une belle coloration rouge foncée. Par le
chlorure d'or en solution étendue il se fait un louche, et si
l'on ajoute une goutte d'acide formique étendu, on obtient
une coloration violette ou vineuse très riche. Les sels de
ces bases en solution neutre colorent en violet sale les sels
ferriques. L'eau de brôme oxyde d'abord ces corps, puis
précipite un bromophénol jaune abondant. Les oxydants
ménagés donnent de l'acide paraoxybenzoïque. On ne
saurait donc douter de la constitution de ces corps et de
leurs rapports avec la tyrosine, et avec des tyrosines
homologues qui ont été jusqu'ici certainement confondues
avec la tyrosine ordinaire. Ces bases en proviennent par
perte de CO^2. Cette origine, leur homologie, et leur caractère fortement basique m'ont fait donner à cette remarquable famille de corps homologues le nom de *tyrosamines*.

La plus abondante $C^8 H^{11} Az O$ est la paroxyphényl-
éthylamine $C^6 H^4 \begin{cases} OH \,(_1) \\ CH^2 \cdot CH^2 \cdot Az H^2 \,(_4) \end{cases}$ Elle se dissout dans
90 à 100 parties d'eau environ à 15°. Ses sels sont amers.
Son *chlorhydrate* $C^8 H^{11} Az O$, HCl, formé de paillettes et
d'aiguilles, est neutre, non hygrométrique, aussi bien que
son sulfate. Son *chloroplatinate* jaune d'or assez soluble
répond à la formule $(C^8 H^{11} Az O, HCl)^2 PtCl^4$.

Les sels de ces bases ne sont que peu ou pas vénéneux.

Mydine $C^8 H^{11} Az O$.

La mydine isomère de la tyrosamine précédente, $C^8 H^{11} Az O$
a été trouvée par Brieger dans les produits basiques de la

putréfaction des cadavres humains, et dans les cultures du bacille typhique sur sérum peptonisé. C'est une base alcaline, d'odeur ammoniacale, à propriétés très réductrices, décomposable par distillation. Son *chlorhydrate* cristallisé réduit les sels ferriques et donne du bleu de Prusse. Son *chloroplatinate* est très soluble; son *picrate* fond à 195°.

La mydine n'est pas toxique.

L'oxyphényléthylamine et la mydine sont isomères de l'éthylamidophénol (fusible à 167°) et de l'oxéthylènephénylamine.

Mohruamine $C^{14} H^{20} Az^2 O^2$.

Nous venons de voir comment, de l'ensemble des alcaloïdes formés durant la fermentation hépatique qui donne l'huile de foie de morue, l'acide carbonique précipite, de l'alcool amylique qui les avait dissoutes, certaines bases insolubles dans l'éther, mais solubles dans cet alcool. Parmi les ptomaïnes ainsi précipitables de l'alcool amylique par un courant d'acide carbonique, on rencontre une substance qui, après purification, décoloration par le noir, évaporation dans le vide, reprise par le minimum d'alcool, et agitation avec de l'éther, se redissout dans cet éther légèrement alcoolique dont elle cristallise peu à peu.

C'est une base solide très hygrométrique, très alcaline, d'une odeur légèrement spermatique et ammoniacale, s'altérant et se volatilisant en partie lorsqu'on veut la sécher à 110°. Elle forme un chlorhydrate cristallisé et un chloroplatinate soluble. Elle répond à la formule $C^{14} H^{20} Az^2 O^2$, qui paraît la lier aux tyrosamines précédentes.

Lysine $C^6H^{14}Az^2O^2$

La lysine qui paraît un homologue de l'ornithine $C^5H^{12}Az^2O^2$ ou $CO^2H \cdot C^4H^7 {\Big\langle}{\substack{Az\,H^2 \\ Az\,H^2}}$ a été trouvée d'abord par Drechsel parmi les produits du dédoublement de la gélatine et de la caséine par l'acide chlorhydrique en présence de chlorure de zinc. Elle a été depuis reconnue par Drechsel et Hédin parmi les produits de la fermentation pancréatique. Elle répond à la formule de l'acide diamidocaproïque et forme deux chlorhydrates à une et à deux molécules HCl. Ils permettent, quoique difficilement et en solutions alcooliques concentrées, d'obtenir un chloroplatinate cristallisé en fines aiguilles jaunes, difficilement cristallisables, souvent huileuses. La lysine précipite en liqueur acide par l'acide phosphotungstique.

Cette base, à l'état libre, dissout l'oxyde de cuivre en présence de la soude; la liqueur devient violette (Réaction du biuret). Chauffée à $120°$ avec de la baryte et de l'eau, la lysine donne beaucoup d'acide carbonique, et sans doute, une diamide telle que la cadavérine $C^5H^{10}(Az\,H^2)^2$ ou un isomère.

Bases innommées de G. Pouchet $C^3H^{12}Az^4O^2$ et $C^3H^5Az\,O^2$.

La première de ces bases a été signalée par M. G. Pouchet dans la partie dialysable des urines : on précipite l'urine par le tanin en excès, et l'on décompose le tannate précipité par de l'hydrate de plomb en présence d'alcool fort; on évapore l'alcool, et l'on soumet le résidu, repris par l'eau, à la dialyse : la base $C^7H^{12}Az^4O^2$ ou peut-être $C^7H^{14}Az^4O^2$ passe à travers le dialyseur.

C'est une substance formée de cristaux fusiformes groupés en sphérules irrégulières, soluble dans l'alcool faible, presque insoluble dans l'alcool concentré, insoluble dans l'éther, à réaction très faiblement alcaline. Son *chloroplatinate* est en prismes orthorhombiques jaune d'or, déliquescents.

Après concentration, la partie non dialysable des urines est sirupeuse, neutre aux réactifs colorés, incristallisable. Elle fournit, lorsqu'on la traite par les réactifs généraux des alcaloïdes, la plupart de leurs réactions. L'acide chlorhydrique résinifie·cet extrait, et le chlorure de platine paraît l'oxyder sans y former de chloroplatinate. Elle répondrait d'une façon très approchée à la formule $C^8 H^5 Az O^2$ ou plutôt à un polymère.

Autres bases de G. Pouchet $C^5 H^{12} Az^2 O^4$ et $C^7 H^{18} Az^2 O^6$.

Ces alcaloïdes ont été retirés des eaux résiduaires du traitement par l'acide sulfurique des débris d'os et de viande. Quand on a procédé à leur extraction par les méthodes ordinaires, on peut les précipiter par le tanin, comme les bases précédentes, et après décomposition du tannate par l'hydrate de plomb, reprendre par l'alcool et soumettre à la dialyse. La partie dialysable, convenablement traitée, donne avec le chlorure de platine des chloroplatinates solubles mais qu'on peut précipiter par un mélange d'alcool et d'éther. L'un de ces chloroplatinates, cristallisable en aiguilles prismatiques, insoluble dans l'alcool fort, répond à la formule $(C^7 H^{18} Az^2 O^6, H Cl)^2 Pt Cl^4$. L'autre, assez soluble dans l'alcool, peut en être séparé par l'éther sous forme d'une poudre jaune sale. Il paraît avoir la formule $(C^5 H^{12} Az^2 O^4, H Cl)^2 Pt Cl^4$.

De ces chloroplatinates, on sépare les chlorhydrates grâce à l'hydrogène sulfuré.

La ptomaïne $C^7 H^{18} Az^2 O^6$ est formée de prismes microscopiques gros et courts qui brunissent à la lumière.

La base $C^5 H^{12} Az^2 O^4$ se présente en aiguilles déliées, groupées en faisceaux. Elle est moins altérable que la précédente.

Ces deux composés sont toxiques. Les grenouilles sont tuées rapidement : elles présentent de la torpeur, de la paralysie avec abolition des mouvements réflexes. Après la mort, le cœur reste en systole[1].

Base de Guareschi $C^{11} H^{12} Az^2 O^4$.

Cette substance accompagnait l'alcaloïde $C^{10} H^{13} Az$ dont on a parlé p. 103, dans la fibrine mise à putréfier durant plusieurs mois. Elle avait été extraite directement de la liqueur alcalinisée par la baryte, grâce à une longue agitation de cette solution avec le chloroforme dans lequel cette base est très peu soluble.

Elle cristallise en lamelles brillantes, qui se dissolvent dans l'eau et dans l'alcool, fusibles à 248°-250°. Sa solution aqueuse est neutre ou à peine légèrement acide.

Par les réactifs généraux, elle donne toutes les réactions des alcaloïdes. Elle se décompose vers 280° en dégageant des gaz irritants à peine alcalins. Chauffée avec de la chaux, elle dégage une base volatile et liquide. Ces propriétés paraissent en faire l'acide amidé $C^{12} H^6 (C O^2 H)^2 (Az H^2)^2$.

---

1. *Comptes rendus de l'Acad. sciences*, t. XCVII, p. 1560.

Base $C^{16} H^{23} Az^2 O^4$ *de Ch. Lepierre.*

De fromages portugais de lait de brebis qui avaient occasionné du dévoiement et des troubles digestifs graves, M. Ch. Lepierre a extrait une petite quantité d'une ptomaïne répondant à la formule $C^{16} H^{23} Az^2 O^4$. C'est une base bien cristallisée, inodore, amère, légèrement acide à la phtaléine, peu soluble dans l'eau, soluble dans l'alcool. Son chlorhydrate très soluble cristallise en grandes aiguilles; les chloraurate et chloroplatinate sont cristallisables, le premier en se réduisant un peu. Pouvoir rotatoire dans l'eau $[\alpha]_D = +3°$.

Les sels de cette base précipitent par le phosphomolybdate de soude en solution acidifiée, par l'acide picrique, le bichlorure de mercure, le tanin, et par l'acétate de cuivre à froid.

Mélangée aux aliments d'un cobaye, cet alcaloïde provoque la diarrhée. Cependant 5 centigrammes injectés dans les veines d'un lapin n'ont pas produit d'accidents appréciables[1].

---

1. LEPIERRE, *Bull. Soc. Chim.* (3ᵉ Sér.), t. XI, p. 287. — Voir aussi *Deutsch med. Wochen* 1885, et *Annales de l'Institut Pasteur*, juillet 1893, sur les accidents produits par l'ingestion de fromages vénéneux. Voir aussi ce que nous disons dans cet ouvrage du *tirotoxicon* (p. 159). En fait, ce qui fait le danger des fromages vénéneux, c'est que rien dans leur apparence, leur goût ni leur odeur ne paraît pouvoir prévenir le consommateur.

CHAPITRE SEPTIÈME

**Amines acides ou acides amidés. — Acides carbopyridiques.
Ptomaïnes non analysées.**

I. — Acides amidés.

Les acides amidés, aptes à jouer le rôle de bases faibles,
qu'on a trouvés dans les produits de fermentation bactérienne des matières animales, sont assez nombreux. Parmi
ceux à chaînes ouvertes, citons le *glycocolle*, la *butalanine*,
l'*acide oxyamidobutyrique*, l'*acide δ-amidovalérique*, la *leucine*, l'*acide amidostéarique*, etc. Parmi les corps à chaînes
fermées, la *tyrosine*, l'*acide phénylamidopropionique*, l'*acide
scatolamidoacétique*, l'*acide innomé* $C^{14}H^{20}Az^2O^4$. Presque tous
ces corps étaient connus avant la découverte des ptomaïnes
et l'on en trouve la description dans la plupart des auteurs.
Nous nous bornerons donc ici à indiquer pour chacun d'eux
les conditions où ils se forment et leurs propriétés physiologiques.

(a) Acides amidés à radicaux gras.

Le *glycocolle* $C^2H^3(AzH^2)O^2$ ou *acide amidoacétique* a été
trouvé dans la bile fermentée, la moule comestible, certaines urines, la viande, etc. Nencki l'a signalé aussi parmi
les produits de putréfaction de la gélatine et de l'élastine

sous l'action du pancréas. Il donne avec les acides minéraux des sels cristallisés tels que $(C^2H^5AzO^2)^2HCl$. Il est inoffensif.

La *butalanine* $C^5H^{11}AzO^2$ ou *acide amidovalérique* $(AzH^2)\cdot C^4H^8\cdot CO^2H$ a été signalée dans les produits de la digestion pancréatique et dans le pancréas lui-même ainsi que dans la levure de bière (*Gorup-Bésanez*). Dans ces cas, il est accompagné de leucine. Il ressemble beaucoup à cette substance, mais il est moins soluble qu'elle dans l'eau et dans l'alcool. Son *chlorhydrate* $C^5H^{11}AzO^2,HCl$, insoluble dans l'éther, très soluble dans l'eau, n'est pas précipité par le chlorure de platine. Ce corps n'est pas toxique.

L'*acide* δ-*amidovalérique* $AzH^2\cdot CH^2\cdot CH^2\cdot CH^2\cdot CH^2\cdot CO^2H$, homologue de la butalanine, fut trouvé par E. et H. Salkowski par les produits de dédoublement de l'albumine par les bactéries.

C'est une substance cristalline, assez soluble dans l'eau, un peu soluble dans l'alcool, mais non dans l'éther. Elle fond à 156°. Son *chlorhydrate* $C^5H^{11}AzO^2,HCl$ forme des cristaux étoilés non déliquescents. Son *chloroplatinate* est en cristaux jaunes. On a démontré que ce corps répondait bien à la formule de l'acide δ-amidovalérique[1].

Cette amine acide paraît accompagnée de son homologue supérieur $C^7H^{15}AzO^2$ (l'un des acides amidoœnanthylique, probablement le normal $AzH^2\cdot(CH^2)^6\cdot CO^2H$.

La *leucine* $C^6H^{13}AzO^2$ ou $AzH^2\cdot C^5H^{10}\cdot CO^2H$ (acide amidocaproïque) a été signalée dans presque tous les produits de putréfaction (viande, fromage, fibrine, albumine, etc.) aussi bien que dans les matières dérivées du dédoublement

---

1. GABRIEL et ASCHAU, *Berichte, Chem. Gesell.*, t. XVI, p. 1191.

des albuminoïdes pendant la digestion gastrique et intestinale où elle est accompagnée le plus souvent par la tyrosine, dans la levure, dans les cultures du charbon. On la trouve encore dans les glandes salivaires et thyroïdes, le thymus, les ganglions lymphatiques, etc. On l'a constatée dans le sang leucémique, dans celui des veines porte et sushépatique au cours des affections du foie, dans le pus. On l'a signalée enfin chez beaucoup d'animaux inférieurs.

Son chlorhydrate ne précipite ni le chlorure de platine, ni l'acide phosphomolybdique. Il est inoffensif.

L'acide amidostéarique $C^{18}H^{35}(AzH^2)O^2$ a été trouvé par MM. A. Gautier et Etard dans les produits de fermentation bactérienne des chairs de mammifères[1]. Il y est contenu à l'état de sel de chaux formant des paillettes légères, nacrées, brillantes qui, décomposées par l'acide chlorhydrique, donnent l'acide amidostéarique lui-même. C'est un corps insoluble dans l'eau à laquelle il surnage lorsqu'il est fondu. Il est très soluble dans l'alcool chaud, peu soluble à froid. Il cristallise en mamelons hérissés d'aiguilles. Il fond à 63°. Chauffé vers 140°, il paraît perdre une molécule d'eau et donner l'anhydride $C^{18}H^{35}AzO$.

On trouve encore dans les produits de la putréfaction d'autres *leucines* ainsi que des *leucéines* $C^nH^{2n-1}AzO^2$ complexes[2]. Dans le cas de la viande de poisson ou de bœuf, lorsque après distillation, on épuise par l'éther les matières résiduelles, on obtient une substance nacrée mécaniquement entraînée grâce à sa légèreté, substance qui cristallise aisé-

1. *Compt. rend. Acad. sciences.* t. XCVII, p. 265.
2. Voir A. GAUTIER et ÉTARD, *C. Rend. Acad. sc.*, t. XCVII, p. 266.

ment de l'alcool chaud. Elle est insoluble dans l'eau et dans les acides. C'est encore un acide amidé que dissout la potasse et qui répond à la formule $C^8 H^{20} Az^2 O^3$. Fondu avec les alcalis, ce corps dégage de l'ammoniaque et donne un mélange de caprylate, caproate et acétate alcalins.

Mais la majeure partie des leucines et leucéines contenues dans les produits de fermentations bactériennes se trouvent dans la solution alcoolique qu'on obtient après épuisement du résidu sec par l'éther. Cette solution dans l'alcool étant évaporée, donne, lorsqu'on la traite par les acides minéraux, divers acides gras, de l'acide butyrique entre autres, en grande quantité. La liqueur aqueuse d'où ces acides se séparent, étant fortement concentrée et reprise par l'alcool bouillant, laisse se déposer par refroidissement du dissolvant les leucines et leucéines, en particulier celles en C^5 et C^6. Dans le cas de la viande de poisson on obtient surtout une substance blanche, soluble dans l'eau, douceâtre, cristallisant en lamelles rhombiques assez facilement sublimables, répondant à la formule $C^{11} H^{26} Az^2 O^6$. Cette substance, par ses propriétés et sa composition, se comporte comme l'hydrate d'une glucoprotéine $C^{11} H^{22} Az^2 O^4$ que M. Schutzenberger a retirée des produits d'hydratation de l'albumine par la baryte.

Le corps $C^{11} H^{26} Az^2 O^6$ paraît se conduire comme un acide amidé. Il se dissout dans les alcalis faibles. Fondu avec la potasse très concentrée, il donne, avec dégagement d'hydrogène et d'ammoniaque, des carbonates, butyrate et valérate potassiques. Distillé avec du sable au bain d'huile, vers 280°, ce composé $C^{11} H^{26} Az^2 O^6$ fournit une amylamine bouillant à 92°-93°. Elle se forme probablement d'après l'équation

$$C^{11} H^{26} Az^2 O^6 = C^5 H^{13} Az + C^5 H^9 Az O^2 + CO^2 + 2 H^2 O.$$

Amylamine   Leucéine

J'ai observé la formation d'un acide *oxyamidobutyrique*, ou du moins répondant à la formule $C^4H^9AzO^3$, dans les produits qui naissent de la fermentation oléogène des foies de morue[1]. Lorsqu'on reprend par l'éther l'ensemble des bases formées dans ces conditions, ce dissolvant laisse du jour au lendemain se déposer contre les parois du vase des cristaux d'un corps soluble à chaud dans l'eau dont il cristallise parfaitement. Ce composé ne précipite, pas plus que la leucine, ni par le réactif de Bouchardat, ni par l'acide phosphomolybdique. Il est neutre aux papiers. Son chloroplatinate est très difficile à obtenir. Il cristallise en lamelles, légèrement jaunâtres, fusibles, après dessiccation à 156°. Il se volatilise en grande partie après fusion sans se décomposer. Son goût est amer.

Ce corps paraît assez toxique; mais je n'ai pu pousser assez loin mes expériences dans ce sens.

(b). Acides amidés à noyaux cycliques.

Tyrosine. — Je ne dirai presque rien ici de la *tyrosine* $C^9H^{11}AzO^3$ ou acide paroxyphényl-α-amidopropionique

$$C^6H^4 \begin{cases} (CH^2 \cdot CH \cdot AzH^2 \cdot CO^2H)_4 \\ (OH_3) \end{cases}$$

On la trouve dans tous les produits de putréfaction. Elle accompagne la leucine dans la rate, le pancréas, le foie, le sang des veines sus-hépatiques. Elle a été signalée aussi chez les arthropodes et les cochenilles.

---

1. Voir aussi sur la formation d'un autre acide azoté au cours de la putréfaction de la viande A. GAUTIER et ETARD, *Compt. Rend. Acad., sc.,* t. XCVII. p. 327. Il répond à la formule $C^9H^{15}AzO^5$. C'est un acide très rapproché des acides aspartique et glutamique.

Elle donne un *chlorhydrate* cristallisé, dissociable par l'eau, et un *chloroplatinate* très soluble et même déliquescent.

Acide phénylamidopropionique. — Par l'action sur les albuminoïdes des ferments anaérobies, outre la tyrosine et l'acide oxyphénylpropionique (*acide hydroparacoumarique*) qui en provient par perte d'ammoniaque. Nencki obtint l'*acide phényl-α-amidopropionique* $C^6H^5 \cdot CH^2 \cdot CH(AzH^2)(CO^2H)$ et l'*acide scatolamidoacétique*

$$C^6H^4 \diagdown \begin{matrix} C \cdot CH^3 \\ \diagup \diagdown \diagup \\ AzH \end{matrix} C \cdot CH \cdot AzH^2(CO^2H).$$

Mais quoique unissables aux acides, d'une façon très instable il est vrai, ces corps sont tout à fait à la limite des ptomaïnes et des acides proprement dits.

Corps $C^{14}H^{20}Az^2O^4$. — Des produits de la fibrine longtemps putréfiée, Guareschi retira une substance présentant la plupart des propriétés des alcaloïdes et répondant à la formule $C^{14}H^{20}Az^2O^4$. Il l'obtint en traitant directement par le chloroforme les résidus de cette fermentation alcalinisés par la baryte. Du jour au lendemain il se sépare de ce dissolvant une substance formée de lamelles cristallines brillantes, solubles dans l'eau et dans l'alcool, très peu dans le chloroforme, fondant à 247°-250°, ayant la composition ci-dessus.

La solution aqueuse de ce corps est neutre ou à peine acidule. Son *chlorhydrate* précipite le chlorure de platine en petits cristaux ou rosettes. Le chlorure d'or précipite et se réduit. L'acide phosphomolybdique donne un magma jaune altérable; l'acide picrique un beau précipité jaune rougeâtre; l'iodure de potassium ioduré un précipité jaune kermès ; le chlorure de mercure un léger dépôt. Cette matière fournit la réaction du bleu de Prusse[1].

Guareschi croit que cette substance peut être un acide amidé. Elle ne me paraît pas en avoir les caractères : ces acides, en effet, ne précipitent ni par l'acide phospho-molybdique, ni par le réactif de Bouchardat. Je remarquerai que cette ptomaïne diffère par deux atomes d'oxygène en plus de la moruamine $C^{14} H^{20} Az^2 O^2$ que j'ai trouvée dans les produits de fermentation des foies gras de morue (v. p. 142).

II. Acides carbopyridiques et corps analogues.

Les acides carbopyridiques et carboquinoléïques doivent se produire durant les fermentations bactériennes, mais ils ont échappé jusqu'ici aux recherches ou n'ont pas été classés. On n'en connaît sûrement qu'un seul à cette heure : je l'ai extrait de l'huile de foie de morue et des foies de morue fermentés. C'est l'*acide morhuique*.

Acide morhuique $C^9 H^{13} Az O^3$.

Cet acide paraît être contenu dans les huiles de poisson sous forme de combinaisons complexes, lécithines ou protagons, car il se sépare lentement et petit à petit soit à froid, soit surtout à chaud, lorsqu'on évapore les extraits alcooliques acidulés. Il accompagne toujours les alcaloïdes des huiles et paraît dès qu'on veut mettre ceux-ci en liberté.

Pour le séparer directement des huiles de foie de morue, il suffit de les épuiser méthodiquement par de l'acide chlor-

1. GUARESCHI, *Ricerche sulle basi che si trovano fra i prodotti della putre-fazione*. Milano, 1887.

hydrique étendu (40 vol. pour 1 000 d'eau et 20 vol. alcool à 40° centés.). On sépare la liqueur aqueuse acidule; on la sature par du carbonate de sodium et on la concentre dans le vide à 45°. Le résidu précipite abondamment, surtout à chaud, une matière brune, odorante, peu soluble, visqueuse, qu'on enlève mécaniquement. On peut aussi extraire l'acide morhuique de la liqueur acide d'épuisement en la concentrant et ajoutant de la potasse; les bases se séparent et viennent surnager, l'acide morhuique reste dissous. On décante et l'on met cet acide en liberté par acidification de la liqueur alcaline.

Pour le purifier, on le redissout dans de la potasse faible, on neutralise par de l'acide nitrique étendu, et on ajoute de l'acétate de plomb avec précaution et en agitant. On sépare et rejette les premiers précipités floconneux bruns; on filtre dès qu'ils sont grisâtres, enfin l'on termine la précipitation en ajoutant un excès d'acétate plombique. Le morhuate de plomb faiblement coloré est lavé et décomposé par l'hydrogène sulfuré à chaud. On filtre bouillant, et l'on reprend même par l'alcool le précipité de sulfure qui retient une notable partie de l'acide morhuique peu soluble. En évaporant les liqueurs à basse pression, il cristallise un corps de couleur jaunâtre en prismes et plaques carrées hérissées de pointements. Séché longtemps dans le vide, cette substance adhère au verre et devient cassante et pulvérisable. Elle répond à la composition $C^9 H^{13} Az O^3$. Elle ne diffère de celle de la tyrosine que par deux atomes d'hydrogène en plus.

C'est un acide rougissant faiblement le tournesol, décomposant les carbonates, facilement soluble dans les alcalis, avec lesquels il forme des sels que précipitent l'acétate de plomb et le nitrate d'argent, mais non l'acétate de cuivre à froid ou même à chaud.

Il se dissout un peu dans l'eau chaude et s'en sépare en partie à froid sous forme de gouttelettes ou d'émulsion. Ses solutions ont une odeur aromatique désagréable rappelant à la fois le varech et le poisson. Par évaporation lente, elles laissent cristalliser des prismes à base carrée ou de larges lamelles, mais la majeure partie de l'acide passe à l'état de gouttes huileuses. L'acide morhuique n'est pas soluble dans l'éther ; il se dissout bien mieux dans l'alcool même étendu. Quand il vient d'être précipité de ses sels par un acide, il est visqueux et colle aux parois de verre.

L'acide morhuique est remarquable par sa double fonction d'acide et de base. Il est soluble dans l'acide chlorhydrique, pourvu que celui-ci ne soit pas trop étendu ; mais l'eau en excès suffit, surtout à chaud, pour le reprécipiter partiellement sous forme d'émulsion de cette solution, même acidule. Son chlorhydrate est donc peu stable. Par évaporation rapide de la liqueur concentrée et tiède, il cristallise en feuilles de fougère.

Avec le chlorhydrate, le chlorure de platine donne un *chloroplatinate* soluble formé de petits cristaux prismatiques souvent réunis en croix. Il s'altère à chaud. Le *chloroaurate* se précipite à l'état amorphe. Il est fort peu soluble à froid et se redissout à chaud.

Le morhuate d'argent, qui nous a permis de déterminer le poids moléculaire de cet acide, s'altère et se réduit surtout à la lumière avec la plus grande rapidité. Il répond à la formule $C^9H^{11}Ag^2AzO^3$. Cet acide contient donc deux atomes d'hydrogène remplaçable par les métaux.

Distillé avec les alcalis, l'acide morhuique donne naissance à une base huileuse, d'une odeur forte, très alcaline, que nous avons reconnue appartenir par ses caractères généraux à la série pyridique. Cet acide possède donc un noyau cyclique en relation avec cette série ; en effet, oxydé par le permanganate de potasse l'acide morhuique fournit un acide appartenant à la série carbopyridique. Étant donnée l'existence d'un sel à deux atomes d'argent, sel très facilement réductible, tenant aussi compte de la monobasicité de cet acide et des autres considérations qu'on vient d'exposer, nous avons été amené à donner à l'acide morhuique la constitution très probable représentée par la formule :

$$\mathrm{CH}$$
$$\mathrm{HC} \diagup \diagdown \mathrm{COH}$$
$$\mathrm{CH^2} \diagdown \diagup \mathrm{C \cdot (C^3H^6) CO^2H}$$
$$\mathrm{AzH}$$

Elle explique l'instabilité du sel à deux atomes d'argent, le second atome étant, sans doute, substitué dans le radical phénolique COH. Elle explique aussi la formation, par oxydation de la chaîne latérale $C(C^3H^6)CO^2H$, d'un acide carbopyridique, ainsi que la naissance d'une base pyridique lorsqu'on distille cet acide morhuique avec des alcalis.

De Jongh, dans son beau mémoire sur l'huile de foie de morue, a décrit une substance qu'il nomma *gaduine,* et qui par toutes ses propriétés nous paraît correspondre à notre acide morhuique. Mais cet auteur, qui ne semble pas avoir recherché l'azote dans cette matière, la rapproche des produits de dédoublement des acides biliaires par les alcalis ou les acides, tels que l'acide cholalique $C^{20}H^{40}O^5$, ou la dyslisine $C^{24}H^{36}O^3$. De Jongh observa que la gaduine, sous l'influence de la chaleur, se décompose partiellement en donnant un peu d'acide acétique.

Injecté aux animaux à l'état de sel neutre de sodium, l'acide morhuique paraît inoffensif; mais il est doué de propriétés diurétiques presque aussi énergiques que celles de la morhuine. Contrairement à ce qui se passe chez le cobaye qui, à l'état normal, rend à de longs intervalles des urines troubles et peu abondantes, sous son influence, cet animal émet à intervalles très rapprochés une grande quantité d'urines limpides. En même temps il cherche avidement à manger et dévore tout ce qu'il rencontre. Ces observations ne permettent pas de douter que cet acide ne soit un puissant adjuvant de l'appétit et un excitant de la désassimilation.

L'acide morhuique existe en proportion très notable dans les huiles de foie de morue; c'est un des agents les plus importants de leur activité.

III. — PTOMAÏNES NON ANALYSÉES.

Toutes les ptomaïnes jusqu'ici décrites ont été analysées; leur composition, et quelquefois leur constitution nous est connue. Il n'en est plus de même de celles dont nous allons parler, qui, vu leur petite quantité, ou pour d'autres causes, n'ont pas été soumises à l'analyse.

Mydaléine.

Cette ptomaïne accompagne, d'après Brieger, la neuridine, la choline, la cadavérine, la putrescine et la saprine dans les cadavres humains abandonnés sept à huit jours à la putréfaction. Elle augmente jusqu'au vingt-quatrième jour. La mydaléïne a été isolée, comme les autres bases qu'on vient de nommer, en la précipitant, par le chlorure mercurique, dissous dans l'alcool, de l'extrait alcoolique des matières animales. Ce précipité n'est toutefois insoluble que dans l'alcool absolu, et même, dans ce cas, la mydaléïne ne se précipite qu'en partie. Après avoir transformé les bases en chloroplatinates, on sépare des eaux mères le chloroplatinate de mydaléïne qui est le plus soluble.

Le *chlorhydrate* de cette base ne cristallise que très difficilement, même après un long séjour dans l'exsicateur. Il est très hygroscopique. Il forme avec le chlorure platinique des aiguilles microscopiques ; avec le chlorure d'or, des gouttelettes huileuses. L'acide phosphomolybdique donne un précipité jaune amorphe ; l'iodure mercuricopotassique, des gouttelettes jaunes. Il précipite le réactif de Bouchardat. Le ferricyanure de potassium mêlé de perchlorure de fer étendu est immédiatement réduit par ce sel et donne du bleu de Prusse.

L'analyse du chloroplatinate a donné à Brieger : $Pt = 38,74$; $C = 10,83$; $H = 3,23$. Il semble, d'après ces chiffres incomplets (l'azote n'ayant pas été dosé) que cette base constitue une diamine à 4 ou 5 atomes de carbone.

De petites quantités de mydaléïne injectées à des lapins déterminèrent une augmentation de la sécrétion nasale et buccale. Peu à peu se produisit un larmoiement qui devint trouble et blanchâtre. Les pupilles se dilatèrent, les conduits auditifs s'injectèrent d'une façon extraordinaire. La température s'éleva de 1 à 2 degrés. Le poil était hérissé, et de temps en temps les animaux étaient secoués par un frisson. Peu à peu la salivation diminua. La respiration et l'activité du cœur d'abord accélérées, se ralentirent, la température baissa et les animaux se ranimèrent. Il y avait tendance marquée au sommeil ; l'intestin était le siège de mouvements péristaltiques accentués.

Injectée à dose plus élevée (mais au dessous de $0^{gr},005$ chez le cobaye) cette substance détermina des troubles violents suivis de mort. La sécrétion salivaire fut très abondante chez le chat : il y eut une diarrhée profuse, et des vomissements épais et blanchâtres. L'animal était pris d'un tremblement généralisé qu'accentuaient les excitations extérieures.

Lorsque l'action toxique atteint son maximum, les extrémités postérieures d'abord, puis les antérieures sont paralysées. Le sujet tombe sur le ventre. Sa respiration devient. pénible et bruyante. Parfois l'animal relève la tête, faisant des efforts violents pour respirer, exécutant des mouvements de défense avec ses membres et retombant anéanti. Peu à peu sa température baisse, ses mouvements deviennent plus faibles et il s'éteint dans une sorte de coma, le cœur en diastole, les intestins et la vessie contracturés.

Tirotoxine ou *tirotoxicon*.

Brieger n'a retiré des fromages putréfiés que de la neuridine ou de la triméthylamine. Toutefois, en 1883 et 1884, dans l'État de Michigan, à la suite de l'empoisonnement de près de trois cents personnes par des fromages suspects Vaughan[1] remarqua que, sans que le goût ni l'odeur de ces aliments offrît à première vue rien de bien

---

1. *Zeitsch. f. physiol. Chem.*, t. X , p. 146. Nous reviendrons plus loin sur les substances vénéneuses des fromages examinées par Vaughan.

Ptomaïnes du pain gâté.

On a souvent signalé des empoisonnements par le pain
moisi ou gâté ou par les farines avariées. Ils paraissent
surtout dus aux ptomaïnes et toxines sécrétées par les
moisissures et les microbes ; mais aucun produit toxique
bien défini n'a été encore retiré de ces aliments suspects.
Zenoni et Brugnatelli ont extrait du pain moisi un alcaloïde
très vénéneux, qui présente quelques-unes des réactions de
la strychnine [1]. On a signalé aussi des substances alcaloïdiques diverses dans le maïs gâté. Lombroso et Dupré donnent à l'une d'elles le nom de *pellagrozéine* [2]. Ce sont là des
corps mal définis dont l'étude chimique n'a pas été faite [2].

Viandes passées ou corrompues.

On a publié de nombreux empoisonnements par les
viandes gâtées : saucisses, jambons, préparations de char-
cuterie, conserves de viandes ou de poisson passées ou douteuses, etc. Maas a essayé d'extraire les principes vénéneux de ces aliments suspects. Il a reconnu que ceux-ci
étaient, au moins en partie, alcaloïdiques, et il paraît être
arrivé à séparer quatre ptomaïnes différentes ; mais il n'a pu
les obtenir pures, ni les analyser. De ces bases, certaines
provoquaient une sorte d'empoisonnement strychnique;
d'autres agissaient à la façon de la morphine [3]. On a vu
(p. 122) que Brieger a reconnu que, dès qu'elles commencent
à s'altérer, les viandes fournissent de la choline et de la né-

1. *Gazett. chim. ital.*, 1876, p. 240.
2. *Ibid.*, p. 407.
3. *Med. Centralblatt*, 1883, p. 715.

vrine, bases très toxiques, accompagnées de neuridine et de quelques autres ptomaïnes peu vénéneuses.

En 1885, V. Anrep tenta d'extraire les principes toxiques d'esturgeons salés qui avaient provoqué à Karkow une série d'empoisonnements. En suivant les méthodes connues, il isola de ces poissons, du contenu intestinal, des urines, du sang, du foie, etc., des personnes intoxiquées, des ptomaïnes caractérisées par leur grande stabilité. Elles répondaient à tous les caractères des alcaloïdes et précipitaient par les réactifs généraux qui servent à les séparer (acides phosphotungstique et phosphomolybdique, iodure de potassium ioduré, iodomercurates, acide picrique). Elles ne précipitaient pas le tanin, le chlorure d'or, ni le chlorure de platine. Elles ne donnaient pas, ou difficilement, la réaction du bleu de Prusse.

Injectés aux animaux, ces poisons provoquèrent les troubles qui avaient été observés sur les personnes empoisonnées par les esturgeons : dilatation des pupilles, sécheresse des muqueuses, rétention de l'urine et des matières fécales ; gêne respiratoire, affaiblissement du cœur ; hypothermie ; absence de phénomènes convulsifs. A l'autopsie, congestion veineuse des organes internes et entérite foliculeuse.

Nous sommes portés à croire que les empoisonnements par les viandes toxiques sont surtout dus à la production des toxines proprement dites, alcaloïdes très faibles, qui se rapprochent et quelquefois se confondent avec les peptones, et dont nous parlerons dans la IIIe Partie de cet Ouvrage.

CHAPITRE HUITIÈME

Ptomaïnes produites par des microbes pathogènes déterminés.

Nous n'avons parlé jusqu'ici que des ptomaïnes qui se forment au cours de la putréfaction ordinaire des matières albuminoïdes d'origine animale ou végétale, sans nous préoccuper des microbes auxquels il faut rapporter ces fermentations. Nous avons vu que les bases névriniques, et les alcaloïdes oxygénés qui s'y rattachent, se forment dès le début, pour disparaître ensuite en donnant naissance à de l'ammoniaque et à de la triméthylamine. En même temps que la putréfaction avance, la nature des microbes se modifie et les alcaloïdes produits changent avec eux. Finalement les bactéries qui survivent à toutes les autres, les schizomycètes de la putréfaction avancée, donnent naissance à des bases pyridiques et hydropyridiques. Lorsque je commençai ces recherches, il me parut nécessaire d'établir avant tout si la destruction des albuminoïdes par les bactéries donne bien naissance à des poisons alcaloïdiques. C'était là le point important, et l'on a vu (p. 11) comment j'en donnai les preuves positives vers 1874. Quant à la succession même des microbes et avec eux des ptomaïnes diverses qui apparaissent et se remplacent les unes les autres dans toute fermentation putride ordinaire, on pouvait réserver pour plus tard cette question moins intéressante. Depuis on a pu distinguer à quels organismes telles ou telles ptomaïnes apparues peuvent être attribuées. Mes recherches, et surtout celles de Brieger, établirent que du commencement à la fin des fermentations putrides la nature des ptomaïnes change; qu'elle passe de la série névrinique ou grasse, à la série pyridique et hydropyridique, c'est-à-dire que celles de ces bases persistent ou se produisent définitivement qui sont formées avec la plus grande perte d'énergie et qui sont les plus stables.

Dans ce nouveau chapitre, nous allons, serrant de plus près la question, étudier les ptomaïnes d'origine bactérienne déterminée, celles que l'on peut retirer des cultures pures, aussi bien que celles qu'on extrait des urines lorsque l'animal est en puissance d'une maladie, infectieuse ou non, soit qu'il produise cette ptomaïne dans des conditions pathologiques de cause indéterminée, soit que les microbes spécifiques introduits dans l'économie soient la cause prochaine de la maladie et les agents efficaces de la formation de ces bases et des altérations des humeurs.

Le premier auteur qui se soit préoccupé de l'existence des ptomaïnes chez les malades est F. Selmi. De 1879 à 1880, il examina les urines des patients atteints de fièvre typhoïde, de tétanos, de paralysie progressive, de pneumonie, etc., et parvint à en retirer de faibles proportions d'alcaloïdes, ressemblant par leur odeur les uns à la conicine, les autres à la nicotine, d'autres rappelant la triméthylamine, etc., alcaloïdes qui, dans la paralysie progressive et la pneunomie intestinale, furent trouvés très vénéneux, mais ces ptomaïnes étaient pour Selmi le *produit* de la maladie et non la cause. M. Bouchard fit fort peu de temps après des observations analogues et retira de petites

quantités de ptomaïnes aussi bien des urines fraîches et
normales que de celles qui répondaient à diverses maladies.
Pour cela, il additionnait les urines de carbonate de soude
et les agitait simplement avec de l'éther ou du chloroforme. M. Bouchard pensa que les alcaloïdes qu'il extrayait
ainsi provenaient, pour la majeure partie, des bases putréfactives qui, produites dans le tube digestif, sont ensuite
absorbées par les épithéliums et les chylifères de l'intestin.

Pour nous, tout en reconnaissant que cette absorption
se fait en quelque mesure dans le tube intestinal, il nous
sembla dès cette époque naturel de penser que, dans les
maladies infectieuses en particulier, l'économie tout entière
est un terrain de culture pour les microbes spécifiques, et
que ceux-ci, en fonctionnant et se reproduisant, sécrètent
dans le sang et les humeurs les divers agents chimiques
actifs, ptomaïnes alcaloïdiques ou poisons de toute nature,
qui deviennent la cause indirecte des désordres qui se déroulent au cours de la maladie. C'est cette remarque que je
fis et que je généralisai en 1880 et 1881 dans un travail
d'ensemble sur les ptomaïnes. Les faits sont venus depuis
la confirmer. J'écrivais en 1881 : « Ces propriétés caracté-
« ristiques (la toxicité des ptomaïnes) appartiennent *non*
« *seulement à ces substances d'origine cadavérique* que Selmi
« et moi avons découvertes dans les albuminoïdes putré-
« fiées, mais, comme je crois l'avoir démontré, à *un certain*
« *nombre de composés toxiques que l'on peut retirer des*
« *sécrétions et excrétions normales des animaux supérieurs.*
« Il n'est pas douteux que l'exagération dans la formation
« de ces substances sous l'influence des troubles morbides,
« ou l'arrêt de leur excrétion, ne devienne la cause d'un

« grand nombre de phénomènes anormaux dont l'évolu-
« tion n'a été jusqu'ici que très imparfaitement expliquée.
« Ces substances que l'on retire des cadavres, des matières
« animales en voie de putréfaction, des venins de serpents,
« appartiennent à la même famille que celles que j'ai
« caractérisées dans les urines normales, la salive, etc...
« Ces matières vénéneuses ou très actives m'apparaissent
« en un mot, non plus comme *des exceptions pathologiques,*
« *des produits cadavériques, mais comme des résidus néces-*
« *saires de la vie des tissus pouvant anormalement s'ac-*
« *cumuler dans le sang ou être normalement sécrétées par*
« *les glandes... En agissant sur les centres nerveux, elles*
« *deviennent l'origine d'une série de phénomènes d'ordre*
« *pathologique qui se déroulent et se succèdent nécessaire-*
« *ment et dont l'ensemble contribue à former le tableau de*
« *chaque maladie*[1]. »

C'est ainsi que, dès cette époque, à la suite de mes
premières recherches sur les poisons de l'économie, j'émet-
tais la pensée que les phénomènes pathologiques dont la
succession constitue la maladie sont provoqués tantôt par
ces poisons chimiques d'origine bactérienne que je venais
de découvrir, poisons versés dans nos tissus et nos humeurs par les microbes venus de l'extérieur, tantôt par les
toxines que l'organisme est apte à produire même à l'état
normal. J'admettais que l'exagération de cette production,
l'oxydation imparfaite de ces substances offensives ou leur
insuffisante excrétion sont les principales causes d'arrêt ou
de trouble dans le fonctionnement des centres nerveux qui
commandent à l'organisme tout entier, et qui généralisent
ainsi la maladie.

1. *Jour. de l'Anat. et de la Physiolog.* de Ch. ROBIN, septembre-octobre
1881, p. 360 et 362.

On voit donc que, bien avant que se précisât la notion des toxines proprement dites, ce n'est pas aux ptomaïnes microbiennes seulement que j'attribuais, comme on me l'a fait dire bien à tort, les troubles de la maladie. Je prévoyais l'intervention des autres matières nocives sécrétées par les microbes et par l'économie elle-même. Mais ce point important demande de plus amples développements, et laissant pour le moment de côté ce qui revient aux leucomaïnes ou bases de l'économie normale et aux toxines proprement dites dont nous nous occuperons dans la IIIe Partie de cet Ouvrage, nous nous bornerons à étudier dans ce chapitre VIIIe les ptomaïnes produites, en chaque cas particulier, par les microbes pathogènes spécifiques lorsqu'on les inocule aux animaux ou à l'homme, et celles que l'on a retirées des bouillons de culture de ces diverses espèces de microbes infectieux.

(a) PTOMAÏNES EXTRAITES DES CULTURES DE MICROBES PATHOGÈNES.

A côté des ptomaïnes, les cultures de microbes pathogènes contiennent, comme on vient de le dire, d'autres principes nocifs. Ceux auxquels on a donné le nom de *toxines* sont les plus actifs; mais nous verrons qu'ils sont toujours, ou presque toujours, accompagnés des ptomaïnes ou principes alcaloïdiques. Aussi, quoique nous nous bornions dans ce chapitre à étudier seulement les ptomaïnes, on devra se rappeler qu'elles sont accompagnées de ces autres substances offensives, moins bien définies, dont nous ferons l'étude dans la IIIe Partie de cet Ouvrage. Mais, pour être plus actives encore que les ptomaïnes, ces toxines, n'empêchent pas celles-ci d'exister et de contribuer à l'action pathogène.

Ptomaïnes des streptococcus et staphylococcus du pus. — Dans les bouillons du *streptococcus pyogénès* de Rosenbach, Brieger a rencontré seulement une grande quantité de triméthylamine et d'ammoniaque et quelques bases xanthiques.

Dans le cas du *staphylococcus pyogénès aureus,* il a aussi trouvé des bases xanthiques, de la créatinine, mais pas d'autres ptomaïnes toxiques. 25 grammes de viande de bœuf finement hachée et réduite avec de l'eau à l'état de bouillie, furent ensemencés avec du *staphylococcus pyogénès aureus ;* après un séjour de quatre semaines à l'étuve à 35°, on en fit un extrait alcoolique, qu'on précipita par le sublimé en solution dans l'alcool ; le chloromercurate ainsi produit donna finalement par H²S un chlorhydrate cristallisé en aiguilles et un chloroplatinate en colonnettes contenant 32, 9 pour cent de platine. Cette ptomaïne fut trouvée différente de toutes celles que Brieger avait rencontrées dans les produits putrides. Elle précipitait faiblement l'acide phosphomolybdique et l'iodure de potassium ioduré ; elle donnait des aiguilles jaunes avec l'acide picrique ; elle provoquait la coloration bleu intense que les ptomaïnes fournissent généralement avec le mélange de ferricyanure de potassium et de sels ferriques.

En 1888, Leber[1] parvint à extraire des mêmes cultures du *staphylococcus aureus* une substance cristallisée en aiguilles et sublimable à laquelle il donna le nom de *phlogosine.* Cette matière ne précipite pas par les réactifs généraux des alcaloïdes, entre autres par les acides phosphotungstique et phosphomolybdique ; elle ne donne ni chloraurate, ni chloroplatinate. Elle n'est donc pas

---

1. *Deutsche med. Wochen..* t. XVI, p. 807.

basique. La phlogosine irrite et enflamme les muqueuses. Nous y reviendrons.

Ptomaïne du micrococcus tétragénus. — Les cultures de ce micrococque, qu'on isole facilement des crachats des phtysiques, ont donné une base en $C^5 H^6 Az O^2$ dont nous reparlerons à propos des ptomaïnes de la tuberculose.

Ptomaïnes du micrococcus pyocyaneus ou bacterium pyocyaneum. — La matière colorante du pus bleu est due à un microbe spécial, le *bacteridium cyaneum* de Schrœter, le *micrococcus cyaneus* de Cohn. Il se cultive très bien dans la salive, l'urine, la sueur, le jus de carottes. Ses produits d'excrétion sont toxiques. Il a été particulièrement étudié par M. Charrin. Les deux principales ptomaïnes que sécrète ce microbe sont la pyocyanine et la pyoxanthine.

La *pyocyanine* cristallisée a été préparée, en 1859, à l'état de pureté par Fordos, à une époque où l'on était bien loin encore de la découverte des ptomaïnes et de la signification de ces faits. C'est à cette base que le pus bleu doit sa couleur.

Pour l'isoler, on agite le pus bleu, ou les cultures du microbe pyocyanique, avec de l'eau ammoniacale et du chloroforme. Ce dernier dissolvant se charge des matières colorantes et des graisses ; on lui enlève le pigment bleu en l'agitant avec de l'eau acidulée. Un autre pigment de couleur jaune reste mêlé aux graisses dans le chloroforme. La solution aqueuse acidule filtrée, traitée par de la baryte, ou mieux par de l'eau ammoniacale, redevient bleue. On l'agite de nouveau avec du chloroforme, qui dissout la pyocyanine ; cette base cristallise par évaporation du dissolvant. Ses cristaux sont purifiés par lavage rapide à l'éther pour enlever un peu de pyoxanthine.

La pyocyanine forme des lamelles rectangulaires et des prismes bleus groupés en rosaces ou en aigrettes. Elle répondrait, d'après Ledderhose (1887), à la formule inexacte $C^{14}H^{14}AzO^2$ qui paraît en faire un dérivé de l'anthracène [1]. Elle est soluble dans l'eau, l'alcool, le chloroforme, très peu dans l'éther. Ses solutions se colorent rapidement à l'air en vert jaunâtre grâce à l'oxydation et à la transformation de la pyocyanine en pyoxanthine. La pyocyanine n'est pas sublimable.

Les acides rougissent cette base ; les alcalis la bleuissent. Elle est décolorée par le chlore. C'est un corps peu soluble dans l'eau, d'un goût amer. Les agents réducteurs et la putréfaction la font passer au vert puis au jaune. L'agitation à l'air lui restitue sa couleur bleue, au moins durant quelque temps.

D'après Fordos, cette substance doit être considérée comme une base faible. Elle donne avec l'acide chlorhydrique un chlorhydrate rouge, cristallisé, insoluble dans le chloroforme. Elle forme un picrate et un chloroplatinate brun ou en aiguilles d'un jaune d'or. Elle s'unit faiblement à l'acide acétique. Elle précipite le tanin. Elle ne précipite pas par l'alun, ni par les acétates de plomb. Comme la plupart des ptomaïnes; elle réduit le ferricyanure de potassium. M. Pessard, qui en 1882 a repris l'étude de cette base, ne l'a pas trouvée sensiblement toxique : deux milligrammes injectés à un moineau ne produisent qu'un malaise passager.

---

1. D'après Künz, elle contiendrait aussi du soufre. Remarquons que $C^{14}H^{14}AzO^2$ ne peut exister, mais seulement $C^{14}H^{13}AzO^2$ ou $C^{14}H^{15}AzO^2$.

La *pyoxanthine* qui accompagne la *pyocyanine* et constitue son produit d'oxydation, reste en grande partie dans
le chloroforme lorsqu'on l'agite avec l'eau acidulée au
cours de la préparation de la pyocyanine. En distillant ce
chloroforme, reprenant le résidu par l'eau pour séparer
les graisses et filtrant, on obtient une liqueur qui, de
nouveau épuisée par le même dissolvant, cède la pyoxanthine qui cristallise par évaporation en aiguilles déliées
enchevêtrées.

C'est une substance peu soluble dans l'eau, soluble dans
l'éther, le sulfure de carbone, la benzine ; se colorant en
violet au contact des alcalis et rougissant par les acides
forts. Elle paraît jouir à la fois de propriétés faiblement
alcalines et acides. Elle répond aux réactions caractéristiques des alcaloïdes, mais elle forme des sels très instables
et n'est enlevée que difficilement par les acides affaiblis à
ses solutions chloroformiques.

Injectées dans les veines, les cultures du microbe pyocyanique produisent des paralysies, en particulier des
muscles vasomoteurs. Ces cultures possédant, même après
stérilisation et filtration sur porcelaine, cette propriété
nocive, il faut donc attribuer ces effets aux produits solubles
(*Charrin*). Mais il est loin d'être démontré que l'activité du
microbe correspondant soit uniquement due à la pyocyanine
et à la pyoxanthine.

Ptomaïnes des cultures de Vibrio proteus. — Des cultures
de ce vibrion faites sur chair de bœuf finement hachée,
mélangée d'eau et stérilisée, puis abandonnées de 37° à 38°
durant 30 à 35 jours, Bocklish a retiré de la créatinine, de
la cadavérine, de la méthylguanidine, des traces d'indol et

de phénol. La méthylguanidine paraît être plus abondante vers le vingtième jour.

(*b*) PTOMAÏNES EXTRAITES DES URINES PATHOLOGIQUES.

Dans presque toutes les maladies infectieuses les urines des patients contiennent, entre autres produits actifs, des ptomaïnes spéciales que nous allons faire connaître.

Il est aussi des cas où l'on a signalé des ptomaïnes dans les urines de maladies non infectieuses, par exemple, dans l'épilepsie, la mélancolie et autres maladies mentales, la cystinurie, l'eczéma, etc. Nous commencerons par ces cas spéciaux.

Ptomaïne des urines de l'épilepsie $C^{12}H^{15}Az^{3}O^{7}$. — Cette base a été extraite par Griffiths[1] des urines des épileptiques additionnées de carbonate de soude, puis épuisées à l'éther. Ce dissolvant est à son tour agité avec une solution aqueuse d'acide tartrique qui forme avec les bases des tartrates solubles. Le liquide de nouveau alcalinisé avec du carbonate de soude après concentration dans le vide, est encore agité avec la moitié de son volume d'éther. La solution éthérée soumise à la distillation laisse les alcaloïdes comme résidu.

J'ai voulu indiquer ici cette préparation très simple, parce que c'est celle que Griffiths a le plus souvent suivie pour extraire les bases qu'il a obtenues en chaque cas et dont on va parler plus loin.

La ptomaïne des urines épileptiques est incolore, soluble dans l'eau, faiblement alcaline, cristallisable en prismes

1. *Compt. rend. Acad. sc.*, t. CXV, p. 185.

obliques. Son chlorhydrate et son chloraurate sont cristallisés. Le chlorure mercurique la précipite en blanc verdâtre ; le nitrate d'argent en blanc jaunâtre. Elle précipite aussi par les acides phosphomolybdiques, par le tanin, etc.

C'est une base vénéneuse : elle produit des tremblements, des évacuations intestinales et urinaires, la dilatation des pupilles, les convulsions et la mort.

Ptomaïnes de la cystinurie. — On a supposé quelquefois que la cystinurie est due à l'arrivée dans la vessie d'un microbe spécial. La *cystine* qu'on rencontre dans cette affection se comporte comme une base faible. Elle est, d'après Udransky et Baumann, toujours accompagnée de cadavérine et de putrescine qui pourraient bien indiquer, en effet, l'intervention d'un agent microbien.

La *cystine* $C^3 H^7 Az S O^2$ a été découverte en 1810 par Wollaston dans des calculs urinaires très rares, jaunâtres, translucides, rayables à l'ongle, à cassure cristalline, essentiellement composés de cette substance. Leur poudre est formée de cristaux hexagonaux (fig. 3)

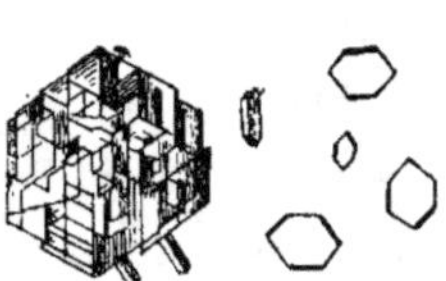

Fig. 3. — Cystine.

solubles dans l'ammoniaque. Cloetta rencontra aussi la cystine dans les reins du bœuf. Pour l'extraire, il épuise ces reins par de l'eau ; précipite par le sous-acétate de plomb, lave et décompose le précipité plombique par l'hydrogène sulfuré. La liqueur filtrée, additionnée de son volume d'alcool, est chauffée jusqu'à disparition de trouble. Le précipité cristallin qui se produit est alors chauffé avec une solution faible de carbonate de soude qui dissout la cystine et l'inosite qui l'accompagne. On précipite la première par l'acide acétique, et ‘on la fait cristalliser dans l'ammoniaque.

C'est une substance sulfurée formée d'octaèdres transparents, insolubles dans l'eau et dans l'alcool, neutre au papier, dégageant, quand on la chauffe, une odeur alliacée, combustible avec une flamme verte. Elle se dissout dans les acides minéraux, dans les alcalis, leurs carbonates et leurs bicarbonates. Ses combinaisons avec les acides sont instables. Sa solution chlorhydrique possède le pouvoir rotatoire $[\alpha]_{\mathrm{D}} = -205,9$. En suspension dans l'eau, la cystine est transformée par l'acide nitreux en acide sulfurique et acide glycéramique $C^3 H^7 Az O^3$. Baumann donne à la cystine la formule $C^6 H^{12} Az^2 S^2 O^4$ et la constitution

$$C H^3 \cdot C \diagup^{\textstyle Az H^2}_{\textstyle C O^2 H} S^2 \ {}^{\textstyle Az H^2}_{\textstyle C O^2 H} \diagdown C \cdot C H^3$$

qui l'a fait dériver de deux molécules d'un acide lactique amidé unies par du soufre.

La pentaméthylènediamine et la tétraméthylènediamine (cadavérine et putrescine) qui accompagnent la cystine dans les urines des cystinuriques se rencontrent aussi dans leurs foies. Ces diamines, qui en dehors de cette maladie n'ont été rencontrées que dans de très rares cas (fièvres intermittentes graves) lorsqu'on les ingère, ou qu'on les injecte, n'occasionnent pourtant pas la cystinurie.

Ptomaïne de l'eczéma. Eczémine $C^7 H^{15} Az O$.

L'eczémine retirée par Griffiths des urines de l'eczéma [1] est une substance blanche, soluble dans l'eau, cristalline,

1. *Compt. rend.*, t. CXVI, p. 1206.

légèrement alcaline. Elle donne un chlorhydrate, un chlor-aurate et un chloroplatinate cristallisés. Elle forme un précipité jaunâtre avec l'acide phosphomolybdique ; jaune avec l'acide picrique, verdâtre avec le chlorure mercurique. Elle répond à la formule $C^7 H^{15} Az O$.

Cette base est vénéneuse. Une solution dans l'eau stérilisée injectée à un lapin produit une inflammation au point d'injection, une fièvre forte et la mort. L'eczémine ne se rencontre pas dans les urines normales.

Ptomaïnes de la rougeole. — Griffiths[1] a extrait des urines des rubéoleux, toujours par le procédé indiqué (voir p. 173), une ptomaïne à laquelle on pourrait donner le nom de *rubéoline*. Elle répondrait à la composition $C^3 H^5 Az^3 O$. C'est une substance blanche, cristallisable en lamelles solubles dans l'eau alcaline. Son chloroplatinate est en aiguilles microscopiques. Le bichlorure de mercure forme avec elle un sel double presque insoluble. Elle est précipitée par les acides picrique, phosphomolybdique, phosphotungstique. D'après Griffiths, cette base répondrait à la constitution de la *glycocyamidine* $Az H : C \begin{cases} H Az - C H^2 \\ H Az - C O \end{cases}$

Elle est très vénéneuse : administrée à un chat, elle produit une forte fièvre et la mort dans les trente-six heures. C'est toute la description qu'en donne l'auteur.

M. Villiers a extrait des organes de deux enfants morts de rougeole des alcaloïdes de saveur caustique dont l'odeur excitait l'éternuement. Leur chlorhydrate cristallisé précipitait par le bichlorure de mercure.

1. *Compt. rend.*, t. CXIV, p. 496.
2. *Ibid.*, t. CXIII, p. 656.

Ptomaïnes de la scarlatine. — La ptomaïne que Griffiths a signalée dans les urines des scarlatineux[1] est une substance blanche, cristalline, soluble dans l'eau, faiblement alcaline. Elle forme un chlorhydrate et un chloraurate cristallisés. Extraite des urines scarlatineuses, ou des cultures pures, elle aurait donné une ptomaïne $C^5 H^{12} Az O^4$, formule qui n'est pas possible et qui doit être remplacée par $C^5 H^{11} Az O^4$ ou $C^5 H^{13} Az O^4$.

Ptomaïnes de l'influenza ou grippe. — Elle a été extraite, toujours grâce à la même méthode (p. 173), par MM. Griffiths et Ladell[2]. Cette base répondrait à la formule $C^9 H^9 Az O^4$. C'est une substance à réaction alcaline faible, soluble dans l'eau, cristallisable en aiguilles, donnant un chlorhydrate, un chloroplatinate et un chloraurate cristallisés; précipitant par l'acide phosphomolybdique, le tanin, l'acide picrique, le sublimé, le réactif de Nessler. Elle est très vénéneuse, excite une forte fièvre et donne la mort en huit heures[3]. Les auteurs ne disent pas si le bacille de Pfeiffer, Kitasato et Canon produit la même ptomaïne quand il pousse dans des tubes d'agar-agar additionnés de glycérine.

Ptomaïnes de la pneumonie et de la bronchopneumonie. — L'alcaloïde que Griffiths a extrait des urines des pneu-

1. *Compt. rend. Acad. sciences*, t. CXIII, p. 656.
2. *Compt. rend.*, t. CXVII, p. 744.
3. Le petit nombre de renseignements, trop généraux et se répétant à peu près toujours dans les mêmes termes, que Griffiths donne sur les ptomaïnes qu'il a extraites en chaque cas des urines morbides, quelquefois le manque d'analyses, l'absence de détails précis sur les réactions et les dédoublements de ces substances, nous empêchent souvent de considérer les résultats de cet auteur comme entièrement satisfaisants et définitifs (Voir la note citée des *Comptes rendus de l'Acad. sciences*, t. CXIII, p. 656).

moniques[1] est une substance blanche, en aiguilles microscopiques solubles dans l'eau, à réaction légèrement alcaline. Elle forme un chlorhydrate et un chloroplatinate. Elle donne un précipité blanc avec l'acide phosphotungstique ; blanc jaunâtre avec l'acide phosphomolybdique ; un précipité jaune, légèrement soluble, avec l'acide picrique. Elle répond à la formule $C^{20}H^{26}Az^2O^3$. Son pouvoir rotatoire spécifique est pour la raie D du spectre : $[\alpha]_D = + 23°5$. Elle ne se rencontre pas dans la sécrétion normale du rein.

Des urines de malades atteints de bronchopneumonie, M. Villiers a extrait un alcaloïde liquide et volatil, d'odeur piquante, provoquant l'éternuement. Il est caustique à la langue, mais n'a pas d'action sur le tournesol. Les bicarbonates alcalins le mettent en liberté de ses combinaisons salines, l'éther l'enlève à ses solutions aqueuses.

Il donne les réactions ordinaires des alcaloïdes : un précipité blanc avec le bichlorure de mercure : un chloraurate blanc jaunâtre qui se dissout à chaud sans se réduire. Le chlorure de platine, le tanin et l'acide picrique ne précipitent pas cette base. Elle forme un chlorhydrate déliquescent bien cristallisable en prismes blancs opaques.

Cet alcaloïde se localise surtout dans le poumon, le foie et les reins.

On verra (*III° Partie*) que Brieger et Fraenkel ont extrait des cultures du même bacille une toxine des plus actives.

Ptomaïne de la coqueluche[2]. — La ptomaïne extraite par Griffiths des urines des coquelucheux est une substance blanche, cristalline, soluble dans l'eau. Elle précipite les

---

1. *Compt. rend.*, t. CXIV, p. 1383.
2. *Comp. rend.*, t. CXIV, p. 497.

acides phosphomolybdique, picrique et tannique. Griffiths lui assigne la formule $C^5H^{19}AzO^2$ qui est inexacte[1].

Le bacille que Afanassieff a trouvé dans les crachats de la coqueluche, lorsqu'on le cultive sur plaques de gélatine, y forme de petites colonies brunâtres qui sécrètent la même ptomaïne.

Ptomaïnes de la fièvre typhoïde. — Des cultures pures du bacille d'Eberth, Brieger retira, par sa méthode au chlorure mercurique déjà décrite, une base très alcaline, la typho-toxine $C^7H^{17}AzO^2$, isomère de la gadinine qu'il avait trouvée dans les chairs de cheval ou de morue putréfiées. La typho-toxine est très alcaline. Son chlorhydrate est cristallisé. Son sel d'or fond à 176°. Le chlorhydrate de typhotoxine donne avec les acides phosphotungstique et phosphomolyb-dique des précipités blancs ou jaunâtres; avec l'acide picrique un picrate peu soluble; avec les iodures mercurico-potassique ou cadmio-potassique, des gouttes oléagineuses qui ne précipitent pas; avec le tanin un précipité jaunâtre. Le sel de platine de cette base est très soluble; son sel d'or est insoluble.

La typhotoxine est extrêmement vénéneuse : chez les cobayes la salivation et les mouvements respiratoires sont d'abord exagérés; les muscles des extrémités et du tronc sont dans l'impossibilité de se contracter, sans qu'il y ait cependant paralysie. L'animal tombe; s'il veut se relever il glisse sur le sol à chaque tentative; sa tête se rejette en arrière; ses pupilles sont dilatées, insensibles à la lumière;

---

1. Cette formule est, en effet, plus que saturée. La formule théorique-ment *la plus riche possible en hydrogène* pour ces proportions de C, Az et O serait $C^5H^{17}AzO^2$.

il n'y a pas de convulsions, même par des excitations provoquées. La diminution progressive des battements cardiaques et des évacuations diarrhéiques très abondantes amènent la mort; elle ne survient parfois que vingt-quatre ou quarante-huit heures après l'injection. Le cœur s'arrête toujours en systole; les poumons sont hyperhémiés; les viscères pâles et comme contractés.

En 1889, Vaughan retira des cultures de déjections typhoïques une base qu'il n'analysa pas et dont les sels cristallisables provoquaient chez les animaux la fièvre et le dévoiement, accompagnés quelquefois de légères hémorrhagies intestinales. Les chloromercurate et chloroplatinate de cette base sont solubles dans l'eau. Le chlorhydrate l'est dans l'eau et dans l'alcool.

A côté de la typhotoxine, et dans les mêmes cultures, Brieger a signalé aussi la *mydine* $C^8H^{11}AzO$ que nous avons déjà décrite.

Ptomaïne de l'érysipèle. — La ptomaïne extraite par Griffiths[1] des urines des érysipélateux est une substance blanche qui cristallise en lamelles orthorhombiques, solubles dans l'eau faiblement alcaline. Le chlorure de mercure donne avec elle un précipité floconneux; le chlorure de zinc forme avec son chlorhydrate un précipité grenu assez soluble à chaud, mais en se décomposant. Le picrate est jaune, à peine soluble. Le chlorure d'or précipite en jaune cette ptomaïne. Elle répondrait à la formule $C^{11}H^{13}AzO^3$. L'auteur l'a nommée *érysipéline*.

Cette base est très toxique. Elle produit une forte fièvre

1. *Compt. Rend. Acad. sciences.* t. CXV, p. 667.

et la mort dans les dix-huit heures. Griffiths ne donne point d'autres renseignements.

On n'a pas déterminé si le *micrococcus erysipelatis* de Fehleisen, cultivé en tubes de gélatine, produit la même ptomaïne.

Ptomaïne des oreillons. — Dans les cas de maladie ourlienne, Griffiths a retiré des urines une base qui cristallise en aiguilles blanches prismatiques et qui répond à la formule $C^6 H^{13} Az^3 O^2$. C'est une substance neutre soluble dans l'eau, l'éther et le chloroforme. Son chlorhydrate et son chloroplatinate sont jaunes et cristallisés.

D'après le même auteur, l'oxydation de cette base par l'oxyde de mercure la transformerait en créatine, puis en méthylguanidine. Elle répondrait donc à la constitution d'une propylglycocyamine

$$HAz = C \begin{cases} AzH^2 \\ Az(C^3 H^7) CH^2 \cdot CO^2 H \end{cases}$$

Cette ptomaïne est très vénéneuse. Administrée à un chat, elle produit l'excitation nerveuse, l'arrêt de la sécrétion salivaire, le coma et la mort[1].

Ptomaïne de l'angine diphthéritique. — D'après Griffiths[2], on extrait de l'urine des diphtéritiques, aussi bien que des cultures du bacille de Klebs et Lœffler, une ptomaïne blanche et cristalline qui précipite en blanc par l'acide phosphomolybdique, en jaune par le tanin, et qui répondrait à la formule $C^{13} H^{17} Az^2 O^6$.

---

1. *Compt. Rend. Acad. sciences*, t. CXIII, p. 656, et *Bull. Soc. chim.* (3e Sér.), t. XIV, p. 333.
2. *Compt. rend. Acad. sciences*, t. CXIII, p. 656.

On verra (*IIIe Partie*) qu'à côté de cette substance, ces cultures contiennent une toxine de la nature de zymases infiniment plus active que la ptomaïne même.

Ptomaïne de l'anthrax. — Sydney Martin[1] a retiré des cultures du bacille de l'anthrax divers principes albuminoïdes actifs (*Voir IIIe Partie*), accompagnés d'un peu de leucine, de tyrosine et d'une ptomaïne à réaction alcaline soluble dans l'eau et l'alcool, insoluble dans le chloroforme, l'éther et la benzine. Elle précipite par les réactifs généraux des alcaloïdes et forme des sels cristallisés. Cette base est un peu volatile. En s'oxydant à l'air, elle perd ses propriétés vénéneuses.

Hoffa avait déjà extrait des cultures du bacille charbonneux et des organes d'animaux morts d'anthrax, une ptomaïne reproduisant quelques-uns des symptômes de cette maladie : accélération de la respiration et du cœur, puis respiration profonde et irrégulière; pupilles dilatées; diarrhée sanguinolente; température tombant au-dessous de la normale; ecchymoses dans le péritoine et dans le cœur. Cette ptomaïne, appelée *anthracine* par Hoffa, ne paraît pas être la même que celle de S. Martin.

Ptomaïnes des urines de la fièvre puerpérale. — Ces urines contiennent des bases très vénéneuses. Celle que Griffiths a extraite est une substance blanche, cristalline, soluble dans l'eau, à réaction alcaline. Son chlorhydrate et son chloraurate sont cristallisés; le tanin la précipite en rouge, l'acide picrique en jaune, l'acide phosphomolybdique en

---

1. *Proced. roy. society*, 1890.

blanc brunâtre. Elle répondrait à la formule $C^{22} H^{19} Az O^2$. Administrée à un chien, elle l'a intoxiqué en douze heures[1].

Ptomaïnes des urines des phtisiques et des microbes de cette maladie. — On a beaucoup écrit sur les matières actives sécrétées par les microbes de la phtisie ; mais rien n'est encore établi de définitif à ce sujet. Outre la *tuberculine* dont nous parlerons dans notre IIIe Partie et qui paraît être l'agent le plus actif de cette bactérie, divers auteurs, Zuelzer, Crookshank, Bonardi, etc., ont cru reconnaître des ptomaïnes, à côté de la tuberculine, aussi bien dans les cultures du bacille de Kock, que dans les crachats et les poumons des tuberculeux. Küntz[2], en cultivant ce bacille, a trouvé la *spermine* parmi ces ptomaïnes ; il est certain que les crachats et l'haleine des tuberculeux avancés ont bien l'odeur de cette base.

Lorsqu'on cultive pendant plusieurs jours sur gélatine peptonisée le *micrococcus tetragenus* qu'on isole assez facilement à l'état pur des crachats des phtisiques, on retire de ces cultures, dit Griffiths[3], une substance faiblement alcaline, soluble dans l'eau, cristalline, formant un chlorhydrate, un chloraurate et un chloroplatinate cristallisables, précipitable par les réactifs généraux des alcaloïdes, donnant un tannate marron légèrement soluble. Cette ptomaïne répondrait à la formule $C^5 H^6 Az O^2$. Elle est vénéneuse et produit la mort dans les trente-six heures.

---

1. *Comptes rendus Acad. sciences*, t. CXV, p. 668. L'auteur ne donne pas d'autres renseignements.
2. *Monatsheft. f. Chem.*, t. IX, p. 361.
3. *Comptes rendus Acad. sciences*, t. CXV, p. 418.

Ptomaïnes du cancer. — Griffiths l'a nommée *cancérine*. Elle a été extraite par les procédés de cet auteur (p. 173). Elle répondrait à la formule $C^8H^5AzO^5$. C'est une substance blanche formée d'aiguilles cristallines solubles dans l'eau. On connaît son chloraurate et son chloroplatinate. Elle donne un précipité rougeâtre avec le nitrate d'argent; un précipité gris avec le sublimé ; brun avec le réactif de Nessler. Elle est très vénéneuse et produirait la fièvre et la mort dans les trois heures[1].

Ptomaïnes du choléra. — En étudiant les produits qui se forment lentement dans les cultures du bacille du choléra sur chair de génisse conservées plusieurs semaines, Brieger reconnut la présence de la méthylamine, de la triméthylamine, de la méthylguanidine, de la créatinine, de la putrescine, de la cadavérine et de la choline. On sait combien cette dernière base est vénéneuse. La putrescine et la cadavérine elles-mêmes, quoique faiblement actives, produisent l'inflammation et la nécrose de l'épithélium du tube digestif (*Grawitz ; Fleischer*). La méthylguanidine $C^2H^7Az^3$ est convulsivante et toxique. Enfin Brieger a signalé dans les mêmes cultures une base qui paraîtrait répondre à la formule de la triméthylènediamine $C^3H^{10}Az^2$, base précipitable par le chlorure mercurique; provoquant des tremblements musculaires et des crampes. A côté de cet alcaloïde, une autre ptomaïne produit l'algidité, la paralysie momentanée, le ralentissement du cœur, et occasionne des selles sanguinolentes. Brieger pense que ces deux bases sont bien celles du bacille spécifique du choléra, celles qui détermi-

---

1. *Comptes rendus Acad. sciences*, t. CXVIII. p. 1350.

nent les accidents principaux de cette maladie[1]. Nous ne le pensons pas ; les agents les plus actifs nous paraissent être les toxines ou zymases que nous décrivons plus loin.

Avant les recherches de Brieger, différents auteurs avaient tenté d'extraire les ptomaïnes pouvant exister dans les déjections des cholériques ou dans les bouillons de cultures qui en proviennent. Des organes et de l'intestin de ces malades, Villiers avait retiré un alcaloïde liquide, alcalin, de saveur âcre, à odeur d'aubépine, dont les sels précipitent le tanin, le sublimé, le chlorure d'or, l'iodure mercuricopotassique. Son chloroplatinate est soluble ; son chlorhydrate est neutre au tournesol ; il cristallise en fines aiguilles transparentes, très déliquescentes. Six milligrammes de cet alcaloïde injectés sous la peau d'un cobaye troublent les battements cardiaques et diminuent leur nombre par périodes. Trois quarts d'heure après l'injection, il se produit des secousses violentes, mais fugitives, d'abord dans les membres antérieurs, puis postérieurs. La mort survint le quatrième jour, le cœur était en diastole, le cerveau congestionné, la surface du poumon ecchymosée.

M. G. Pouchet isola des déjections cholériques, grâce à l'éther, un liquide alcalin, huileux, d'odeur pyridique, réducteur, très oxydable à l'air, se colorant en rose puis en brun à la lumière. Le chlorhydrate de cette ptomaïne se décompose facilement, même dans le vide. Il est énergiquement réducteur des chlorures d'or et de platine. Cette base est volatile. Elle est fort toxique : elle produit des frissons, des crampes, des nausées, de l'embarras gastrique, de l'anurie et une glycosurie passagère[2].

1. BRIEGER, *Berichte*, 1888, t. XXI, p. 407.
2. *Comptes rendus*, t. XCVIII, 21 janvier et 9 février 1884.

Nicati et Rietsch avaient déjà fait des remarques semblables[1].

 Aucun de ces produits actifs n'a été obtenu pur et analysé.

Ptomaïnes du choléra infantile et du choléra nostras. —
Des cultures provenant du choléra infantile, Baginski et
Stadthagen ont isolé une substance basique répondant à
la formule $C^7 H^{17} Az O^2$, qui est celle de la gadinine, sans
que ces deux substances paraissent identiques[2].

Dans les cultures pures de *Vibrio proteus* du *choléra
nostras* on trouve de la pentaméthylènediamine ou cadavérine $C^5 H^{14} Az^2$.

Ptomaïnes du choléra du porc ou hog-choléra. — Novy a
extrait, en 1890, des cultures du bacille du choléra du porc
une base paraissant répondre à la formule $C^{10} H^{26} Az^2$ qu'il
nomma *susotoxine*. Elle serait identique à celle que Schwei-
nitz a retiré des mêmes cultures, base à laquelle il assigne
la formule $C^{14} H^{32} Az^2$. Son *chlorhydrate* est inscristallisable,
déliquescent, soluble dans l'alcool, même absolu. Son *chloroplatinate* forme des aiguilles jaunes, assez solubles dans
l'eau. Son *chloromercurate* est peu soluble dans l'alcool et
granuleux. Son *chloraurate* est très soluble dans l'eau et
dans l'alcool.

Chauffée avec de la potasse, cette base dégage une
forte odeur alcaline.

Elle est vénéneuse, mais à doses un peu élevées : 100 milligrammes injectés sous la peau d'un rat le mettent dans

---

1. *Comptes rendus*, t. XCIX. p. 928.
2. *Berl. klin. Wochens.*, t. XXVII, p. 294.

l'incapacité de se mouvoir : il tombe sur le flanc et ne peut s'échapper. La respiration, d'abord ralentie, s'accélère, puis devient très faible ; il défèque ; des tremblements convulsifs apparaissent. L'animal meurt après deux heures, les membres étendus, le cœur en diastole.

Ptomaïne du choléra des poissons. — A la suite d'une épidémie ayant frappé les poissons (esturgeon, sandat, etc.) d'un grand réservoir, M. Sieber-Schoumow étudia dans le laboratoire de Nencki, à Pétersbourg, les causes de cette mortalité[1]. Il trouva sur les branchies et dans l'estomac et l'intestin de ces animaux un bacille mobile, anaérobie facultatif, le *bacillus piscicidus agilis*, qui reproduit la maladie quand on l'ensemence dans un réservoir jusque-là sain. Ses cultures sont vénéneuses, même après avoir été chauffées à 100°, stérilisées à la bougie Chamberland et reprises par l'acide chlorhydrique étendu. En les purifiant par l'acétate basique de plomb, filtrant, éloignant l'excès de plomb par H^2S et traitant par la soude étendue, Sieber-Schoumow put en extraire une base qui se précipite peu à peu et qui est très toxique.

Elle donne un chlorhydrate cristallisé biréfringent, de saveur brûlante, légèrement amère qui, chauffée avec un peu de sodium, dégage l'odeur de l'amylamine, puis du benzonitrile. Sa solution traitée par la potasse donne aussi de l'amylamine, avec une odeur de poisson et d'huile rance. Le chlorure de platine ne fait naître aucun précipité avec son chlorhydrate. Le chlorure d'or produit un trouble jaunâtre qui se change à froid en une matière huileuse. Le sublimé

---

1. *Arch. des sciences biolog. de Saint-Pétersbourg.* t. III, p. 241 (1894).

provoque un dépôt résinoïde. L'acide picrique donne un précipité jaunâtre. Les réactifs généraux des alcaloïdes font naître les précipités habituels.

Cette base est très toxique : un lapin ayant reçu 1 centimètre cube du bouillon stérilisé qui n'en contenait que de minimes proportions, succomba vingt-quatre heures après l'injection[1]. Les symptômes provoqués sont : l'accélération de la respiration, une inquiétude générale, un état apathique suivi de paralysie et de mort.

M. Sieber-Schoumow pense que cet alcaloïde contribue aux désordres provoqués par l'ingestion des poissons, qui, comestibles à l'état ordinaire, deviennent vénéneux quand ils sont envahis par le microbe qu'il a découvert, ou par d'autres bacilles analogues.

Ptomaïnes du tétanos. — Des cultures du microbe tétanique de Nicolaier dans le bouillon de bœuf, ou faites sur de la viande hachée mêlée d'eau ou sur le cerveau, cultures qu'on abandonne quelques semaines à une température de 36° qu'on ne doit pas dépasser, Brieger[2] a extrait diverses bases vénéneuses qui participent pour une certaine part, en même temps qu'une albumine toxique qu'on peut retirer des mêmes cultures, au tableau des accidents tétaniques.

A côté de ces bases, on rencontre aussi de la cadavérine et de la putrescine.

1. Ces cultures sont donc très toxiques, mais elles peuvent contenir d'autres substances vénéneuses que la ptomaïne de Sieber-Schoumow.

2. *Untersuchungen über Ptomaïne. Dritter Theil*, p. 93. — *Berichte*, 1886, p. 3159 et 1887, p. 69. — Plus tard Brieger admit que la toxine tétanique seule était la cause des accidents tétaniques, et que les bases qu'il avait extraites de ces cultures étaient des produits secondaires ou d'altération. C'est une erreur : les ptomaïnes et les toxines existent *à la fois* dans les cultures du bacille de Nicolaier et contribuent chacune pour une part inégale à l'empoisonnement.

L'une des bases spécifiques du bacille de Nicolaier est la *tétanine* $C^{13}H^{30}Az^2O^4$ qui, à la dose de quelques milligrammes, détermine chez les petits animaux tous les symptômes classiques du tétanos précédés d'une période d'abattement ou de léthargie très marquée ; ils deviennent subitement inquiets, le diaphragme se contracte, la respiration s'accélère et alors commence la période des convulsions cloniques et toniques qui précède la mort. De petites quantités de cette substance ($0^{gr},5$) n'affectent pas le cobaye.

C'est à tort qu'on a dit que la tétanine ne se rencontrait que dans les cultures impures du microbe tétanique. Kitasato et Weyl l'ont retirée, en 1890, des cultures pures de ce microbe : 1250 gr. de viande de bœuf ont ainsi donné $1^{gr},71$ de chlorhydrate de cette base. A cet effet, ces auteurs font digérer à 60°, avec de l'acide chlorhydrique très étendu, les matières ensemencées ; ils alcalinisent ensuite très légèrement, filtrent et distillent dans le vide ; la tétanotoxine, l'ammoniaque, les phénols, l'indol sont entraînés avec la vapeur d'eau ; la tétanine reste dans le résidu. On le reprend par l'eau, on le précipite par l'acétate de plomb basique, on filtre, enlève l'excès de plomb à la liqueur par H^2S, concentre et précipite par le sublimé en solution alcoolique. Le chloromercurate formé est ensuite décomposé par H^2S.

La tétanine est un alcaloïde qui cristallise dans l'alcool en petites lamelles jaunâtres, peu altérables par la chaleur. Son *chlorhydrate* est déliquescent et soluble dans l'alcool. Son *chloroplatinate* répond à la formule $C^{13}H^{30}Az^2O^4,2HCl,PtCl^4$.

Une autre base extraite des mêmes cultures, la *tétanotoxine* $C^5H^{11}Az$ (?) est liquide et bout vers 100°. Elle possède une odeur désagréable ; elle forme un précipité jaune, rapidement résinifiable avec l'acide phosphomolybdique; son picrate est soluble. Son chlorhydrate est bien cristallisé, très soluble dans l'eau et l'alcool; il fond à 205°. La tétanotoxine semble répondre à la formule $C^5H^{11}Az$. Elle forme un *chloroplatinate* $(C^5H^{11}Az, HCl)^2PtCl^4$ cristallisable en lamelles difficilement solubles. Son *chloraurate* est soluble. Elle donne difficilement la réaction du bleu de Prusse.

Injectée aux animaux en quantité assez grande, elle produit de l'abattement, des frissons, de l'inquiétude, la dilatation des pupilles, l'accélération suivie du ralentissement du pouls et de la respiration, puis des contractions musculaires qui se généralisent après avoir commencé par la face et le cou. Le cœur s'affaiblit; le système pileux se hérisse; la respiration se ralentit; les mouvements volontaires sont complètement paralysés. L'animal, les membres étendus sur le sol, titube, est pris de convulsions violentes et finit par succomber.

Une troisième ptomaïne, la *spasmotoxine* voisine de la cadavérine, forme un *chloroplatinate* soluble, fusible à 210°, contenant 30,6 pour cent de platine. Son *chlorhydrate* est très soluble. Elle est convulsivante et très active.

Brieger a retiré encore des cultures du bacille tétanique deux autres bases; l'une répondrait à $C^6H^{13}AzO^2$, formule de la leucine et de la mydatoxine. Son chloroplatinate cristallise en lamelles solubles dans l'eau, fusibles à 197° en se décomposant. Elle n'est pas toxique. L'autre ptomaïne, vénéneuse et tétanisante, excite l'hypersécrétion des larmes et de la salive, forme un chlorhydrate déliquescent, un chloroplatinate fusible à 240°, un chloraurate et un picrate très solubles.

Ces bases ne passent pas dans les urines des malades atteints de tétanos : injectées aux animaux, ces urines restent relativement inactives.

Ptomaïnes de l'angine de poitrine. — Griffiths et Massey ont retiré des urines des malades atteints d'*angor pectoris* une base très vénéneuse répondant à la composition $C^{18}H^9AzO^4$. Cette ptomaïne produit la fièvre et la mort en deux heures. Elle se formerait au cours de cette maladie (*Comptes rendus*, t. CXX, p. 1128).

Ptomaïnes de la morve. — D'origine bactérienne, comme l'ont démontré les travaux de Bouchard, Capitan et Charrin, Kitt, Weischelblaum et surtout Lœffler et Schütz[1], la morve paraît devoir sa vénénosité spécifique à une substance diastasique, la *malléine*, qui agit à la dose de quelques fractions de milligrammes et dont nous parlerons plus loin.

Griffiths[2] aurait extrait des urines des animaux morveux une base répondant à la formule $C^{15}H^{10}Az^2O^6$, substance incolore, cristalline, soluble dans l'eau, à réaction alcaline. Elle forme un chlorhydrate, un chloroplatinate et un chloraurate cristallisés, un précipité blanc brunâtre avec l'acide phosphomolybdique, etc.

Une solution de cette ptomaïne injectée sous la peau d'un lapin produit un abcès au point d'injection, des nodosités dans les poumons et la rate, des abcès métastatiques dans différents organes, enfin la mort.

---

1. *Arbeiten aus dem kaiserlich. Gesundh*, 1886.
2. *Comptes rendus*, t. CXIV, p. 1382.

Le *bacillus malhi* en cultures pures sécrète les mêmes substances.

Ptomaïne de la rage. — Anrepp a retiré de cent cerveaux de chiens atteints de rage convulsive $0^{gr},5$ d'un corps qui paraît de nature alcaloïdique et qui à la dose de 1 centième de milligramme fait naître des symptômes analogues à ceux de la première période de la rage. A 5 dixièmes de milligramme éclate tout l'appareil de la rage confirmée. Anrepp a retiré une substance analogue de la moelle de lapins enragés. L'extirpation d'un rein accélère la mort. De petites doses répétées semblent conférer l'immunité aux animaux.

Ptomaïne du sang éclamptique. — Le sang éclamptique plusieurs fois agité avec de l'éther cède à ce dissolvant une petite quantité d'une matière soluble. L'éther évaporé laisse un faible résidu qui, repris par l'eau légèrement acidulée puis évaporé dans un verre de montre, donne des cristaux en aiguilles fusiformes, insolubles dans l'eau mais se dissolvant dans l'éther. Ils provoquent immédiatement la formation de bleu de Prusse dans le mélange de ferricyanure et d'un sel ferrique étendus. Chauffés avec le mélange d'acides iodique et sulfurique, ils dégagent une odeur de nitrobenzine. Les animaux sont intoxiqués lentement par cette substance. Un cobaye qui en reçoit une faible proportion par injection sous-cutanée est pris de frissons quelques moments après ; il se pelotonne, il mâchonne, pousse quelques cris, défèque. Au bout d'une demi-heure il paraît remis ; mais cinquante minutes après, nouveaux frissons et mâchonnements. L'animal est trouvé mort dans sa cabane quatre jours après[1].

Il n'est pas établi que cette matière soit une ptomaïne.

1. *Compt. rend. Soc. biolog.*, 1886, p. 82 et 97.

Poisons de la fièvre de surmenage et de la stercorhémie. —
On sait que le surmenage amène souvent un état fébrile :
il s'explique par la surproduction des substances destinées
à être éliminées, substances parmi lesquelles, à côté des
leucomaïnes, se trouve une certaine quantité d'enzymes
que l'on sait exister dans presque tous les tissus. Ces
agents provoquent la fièvre si leur élimination du sang ou
leur destruction par oxydation n'est pas aussi active que
leur formation ou leur excrétion. Il me paraît très probable
qu'après s'être unie passagèrement, durant la digestion et
peut-être dans les cellules mêmes, à la pepsine ou aux
zymases analogues, la matière albuminoïde en subissant la
série des hydratations et dédoublements ultérieurs qui la
simplifient, met en liberté le ferment auquel elle s'était unie,
ferment qui reprend ainsi toute son activité. De là, sans
doute, la continuité de son action. Mais si le ferment ainsi
libéré, grâce à une destruction rapide du protoplasma des cellules, est trop abondant, il se répand dans l'économie, arrive
aux centres nerveux et produit la fièvre, comme on verra.

M. Bouchard a donné le nom de *stercorhémie* à l'état du
sang en train d'absorber par l'intestin les matières toxiques
(alcaloïdiques ou autres) des fermentations intestinales. Il
estime que la quantité de ces substances nocives qui se
forme en vingt-quatre heures dans le tube digestif, si elle
était entièrement absorbée, serait capable de tuer l'animal
chez lequel se produisent ces fermentations. Ces substances
injectées sous la peau du lapin provoquent de violentes
convulsions. Tous les cliniciens ont remarqué, du reste,
qu'au cours des maladies ordinaires la constipation entretient la fièvre, et la nécessité des purgatifs est, dans ce
cas, une indication classique.

Ptomaïne de la pellagre. — Lombroso a donné le nom de *pellagrocéïne* au poison retiré des farines auxquelles on attribue la pellagre. C'est un mélange de ptomaïnes dont les unes sont narcotiques et paralytiques, dont les autres occasionnent un empoisonnement comparable à celui de la nicotine.

DEUXIÈME PARTIE

LES LEUCOMAÏNES

CHAPITRE PREMIER

Définition et genèse des Leucomaïnes.

Les leucomaïnes sont les principes basiques que produit normalement l'économie animale. Elles se forment dans chaque cellule aux dépens des matières albuminoïdes du protoplasma et du noyau qui ne sauraient fonctionner sans les produire. J'ai dit au *chapitre premier* de cet Ouvrage comment je les ai découvertes.

Les leucomaïnes sont définies par leur origine et non par une série de propriétés générales et spécifiques aptes à les faire aussitôt reconnaître et placer dans une même classe. On ne saurait les distinguer absolument des ptomaïnes, en ce sens que si celles-ci dérivent en principe des microbes, et non des cellules normales de nos tissus, plusieurs cependant peuvent se rencontrer dans l'économie au cours de la vie normale. C'est ainsi que j'ai trouvé de très faibles quantités de ptomaïnes à odeur de musc ou de seringa dans les muscles frais et dans les urines en pleine santé; qu'on a signalé des produits basiques volatils dans les gaz expirés[1]; que les amines-acides grasses, la leucine et le gycocolle en particulier, font à la fois partie des produits microbiens et des leucomaïnes; qu'il en est de même de la choline, de la bétaïne, de la triméthylamine, de la butylamine, de la spermine. Nous verrons de même que les toxines proprement dites ne sauraient être distinguées absolument des ptomaïnes, et qu'elles peuvent être aussi produites, dans certains cas, par les cellules animales.

On ne saurait définir davantage les leucomaïnes par leur action physiologique. On peut dire seulement que la plupart d'entre elles sont douées d'une action toxique modérée. On ne trouve pas parmi ces substances, à une ou deux exception près, ces poisons redoutables que l'on a signalés parmi les ptomaïnes et qu'on retrouvera parmi les toxines.

Nous dirons donc simplement que les leucomaïnes sont les alcaloïdes physiologiques des tissus, comme les ptomaïnes sont les bases sécrétées par les microbes.

Le nom de *Leucomaïnes*, (de λεύκωμα blanc d'œuf) que j'ai donné à ces substances basiques, indique leur origine. Elles procèdent, en effet, directement ou indirectement du dédoublement des albuminoïdes du protoplasma, ainsi que nous allons le voir, et se rapprochent, bien plus que les ptomaïnes, de cette série de corps neutres, chimiquement

1. *Comp. rend.*, t. CVI, p. 213.

et physiologiquement presque indifférents, auxquels on a donné le nom d'*uréides*, substances qui se rencontrent, comme les leucomaïnes, dans tous nos tissus et toutes nos excrétions normales, et qui sont caractérisées par la propriété commune de donner toujours de l'*urée* au nombre de leurs dérivés de dédoublement.

Comment se forment les leucomaïnes. — Au point de vue chimique, des albuminoïdes, substances extrêmement complexes, aux leucomaïnes qui en dérivent et dont la constitution est relativement simple, il y a une distance qu'on n'aurait su comment franchir avant les découvertes de la chimie physiologique moderne.

Pour faire comprendre le mécanisme en vertu duquel, à la place des albuminoïdes qui disparaissent, se forment, entre autres dérivés, une série de corps azotés basiques, les leucomaïnes, il est nécessaire de donner ici quelques développements relatifs au mode de fonctionnement intime de la cellule[1].

On sait que l'élément histologique constitutif de nos tissus, la cellule, est formée d'une enveloppe de matière protéique chez l'animal, cellulosique chez la plante, enveloppe contenant une masse diffluente, semi-solide, le protoplasma, et un noyau qui en occupe le centre ou la périphérie. La masse protoplasmique est constituée par une matière granuleuse, essentiellement albuminoïde, formée d'un fin réseau à formes amiboïdes et changeantes, qui limite des vaccuoles bien visibles dans les cellules de la plante, plus difficiles à saisir

1. On trouvera sur ce sujet des renseignements plus complets dans mon petit ouvrage : *La Chimie de la cellule vivante*. Paris, 1894. Masson, éditeur.

dans les cellules de l'animal, mais qui ont été signalées aussi chez lui dans plusieurs tissus (vaccuoles des cellules mucigènes : vaccuoles des cellules granuleuses des séreuses, d'après Ranvier). Les granulations, ou *plastidules*, de la masse protoplasmique jouissent de la propriété de travailler, modifier, chacune suivant son espèce, les matières fournies au protoplasma ; véritables petits organites, mélangés dans les cellules embryonnaires, spécialisés dans les cellules de l'individu parfait, définitif et complet, ces plastidules transforment la matière du protoplasma et la résolvent en *produits* spécifiques de leur activité, produits qui vont s'emmagasiner dans les vaccuoles du réseau protoplasmique dont nous parlions plus haut.

Le travail de ces plastidules, travail auquel le protoplasma fournit les matériaux, *se fait en milieu réducteur, essentiellement oxydable, et non en milieu oxydant*. L'oxygène libre, celui qui est amené par le sang autour des tissus n'a pas d'accès dans la profondeur du protoplasma de la cellule baignée, il est vrai, d'une atmosphère oxygénée, mais dont les couches superficielles et les *produits* formés, arrêtent en l'absorbant, l'oxygène diffusé autour d'elle.

Il est facile de démontrer, en effet, que *tous ou presque tous les phénomènes qui se passent dans le protoplasma cellulaire sont des phénomènes d'hydratation ou de dédoublements fermentatifs* se produisant en milieu réducteur et sans intervention aucune de l'oxygène libre ou emprunté à l'oxyhémoglobine du sang.

Déjà en 1881, je faisais la remarque que la production de substances éminemment oxydables par l'économie, telles que les matières extractives des urines, les leucomaïnes, etc., en même temps que la réduction de certains sels très oxygénés, les bromates par exemple, semble démontrer que quelques-unes au moins des cellules de nos tissus doivent être douées d'un pouvoir réducteur énergique. Je comparais à cette époque ces cellules hypothétiques aux microbes anaérobies. J'observais en même temps que les substances amidées, les composés alcaloïdiques, les sels ammoniacaux, l'acide carbonique, etc., que nous excrétons, sont produits également par les microbes anaérobies, et qu'à ce point de vue encore une partie de nos cellules semble se conduire à la façon des bactéries putréfactives et vivre sans air. Je tirais une autre preuve du fonctionnement anaérobie chez l'animal, de cette considération que la quantité d'oxygène que l'on trouve dans la totalité de ses excrétions gazeuses, liquides ou solides, dépasse de 19 %, environ, c'est-à-dire de près d'un cinquième, la quantité d'oxygène qu'il emprunte à l'air par sa respiration[1]. Il suit de là que le cinquième environ des produits oxygénés d'excrétion de l'animal s'est formé sans intervention de l'oxygène libre extérieur, par un simple dédoublement fermentatif comparable à celui qui, lors du fonctionnement anaérobie du ferment butyrique ou des bactéries putréfactives, donne lieu au dégagement d'acide carbonique et à la formation de produits amidés et d'ammoniaque aux dépens des albuminoïdes qui se détruisent, dans ces cas, sans intervention aucune de l'oxygène extérieur.

Mais aujourd'hui je puis pousser plus loin cette démonstration et montrer que non seulement il est des cellules de l'économie animale qui sont le lieu de phénomènes purement

---

1. Voir mon article dans le *Journal de l'anatomie et de la physiologie de Ch. Robin,* septembre-octobre 1881, p. 360, et ma lettre à la *Gazette hebdomadaire* 1er juillet 1881.

fermentatifs et anaérobies, mais que c'est bien ainsi que fonctionnent tous, ou presque tous, les protoplasmas cellulaires. Je pense, en un mot, que les transformations qui se passent dans les profondeurs du protoplasma de la plupart des cellules se produisent non en milieu oxydant, comme on l'avait cru jusqu'ici, mais en milieu réducteur.

Des expériences très ingénieuses de Ehrlich m'ont permis de compléter ma démonstration. Pour reconnaître quels tissus sont oxydants et quels sont réducteurs, Ehrlich fait, durant la vie, pénétrer dans le sang, à l'état de sels de soude inoffensifs, des solutions de bleu de céruléïne ou de bleu d'alizarine, substances colorantes, aptes à devenir incolores lorsqu'elles s'unissent à l'hydrogène naissant. La disparition de la couleur bleue, lorsqu'elle se produira dans un tissu, permettra de déterminer à simple vue qu'il est réducteur et hydrogénant. On injecte donc dans la veine d'un animal une solution de céruléïne sodique, et, peu de temps après, on le sacrifie et l'on examine ses organes : partout où la couleur bleue a disparu par hydrogénation on peut être assuré que le milieu est essentiellement réducteur, que l'oxygène n'y peut persister en nature et que, dans tous les cas, il ne saurait s'y rencontrer à l'état dissous ou actif. Or ces expériences ont démontré que les parties blanches du cerveau et de la moelle, les nerfs périphériques en grande partie, les muscles lisses et striés, les cartilages, les os, par zones spéciales, les epithéliums presque généralement, le foie d'une façon très particulièrement accentuée, la partie corticale des reins, le parenchyme pulmonaire, *sont durant la vie des milieux essentiellement réducteurs ;* que les oxydations ne sauraient se produire dans la profondeur du protoplasma des cellules ou des tissus, car *ces*

*protoplasmas cèdent de l'hydrogène naissant aux substances
aptes à s'oxyder qu'on y fait pénétrer durant la vie.* Bien loin
de s'oxyder, le bleu d'indigo ou de céruléine se décolorent à
leur contact comme ils le feraient en présence du zinc, des
hydrures métalliques ou des hydrosulfites.

Les parties des tissus qui, durant la vie, sont peu réductrices sont : les portions grises du cerveau et de la moelle,
certaines zones osseuses, les synoviales, et surtout les
glandes salivaires, pancréatiques, mucigènes et mammaires.

Après la mort le pouvoir réducteur des tissus augmente
beaucoup, ce qui se conçoit par ces deux raisons 1° que
l'arrivée incessante du sang oxygéné tend à contrebalancer sans cesse, durant la vie, et à obscurcir les actions
réductrices, phénomène qui disparaît après la mort par
interruption de la circulation; 2° parce que les actions
réductrices continuent à s'exercer *post mortem* grâce à une
sorte de fonctionnement local et résiduel que nous avons
démontré se continuer après que la vie d'ensemble a pris
fin et dont nous avons étudié les résultats, en particulier
pour le tissu musculaire[1]. Après la mort, tous les tissus
qui ont été injectés de bleu de céruléine durant la vie, se
décolorent au bout de quelques minutes; seuls, le pancréas et les glandes submaxillaires se comportent comme
des milieux oxydants, pendant la vie et après la mort.

Lors donc que les substances albuminoïdes se transforment
dans le protoplasma réducteur de ces tissus, ces substances
se dédoublent et s'hydratent en vertu de phénomènes purement fermentatifs et en dehors de tout accès d'oxygène libre.

---

1. A. GAUTIER et I. LANDI, *Annales de chimie et de physique,* 6ᵉ série,
t. XXVIII, janvier 1893, et A. GAUTIER, *Arch. de Physiolog. de Brown-
Séquard,* janvier 1893.

Les observations, que je ne saurais développer ici avec détail,
démontrent que dans les cellules hépatiques les termes directs
de ces dédoublements consistent en glycogène, principes
gras, amides complexes et urée. Il en est à peu près de
même dans les autres cellules de l'économie. C'est toujours
l'urée ou les principes amidés analogues, tels que : composés
créatiniques, uréïdes, corps xanthiques, etc., qui se forment.
Ils sont accompagnés, non plus nécessairement, de glycogène
et de sucre, comme dans le foie, mais des produits du dédoublement fermentatif immédiat de ces sucres, c'est-à-dire
des graisses et de l'acide carbonique. Urée, uréïdes, corps
amidés, leucomaïnes, sels ammoniacaux, glycose, glycogène, corps gras, enfin acide carbonique pour une partie
de celui qui est excrété, tous ces corps se produisent dans
nos cellules animales en dehors de l'accession de l'oxygène
venu du dehors. Ce n'est que postérieurement, et dans une
seconde phase de la désassimilation, que les substances
sécrétées pour ainsi dire dans les espaces intervacuo-
laires du protoplasma, ou partiellement entraînées à la
périphérie de la cellule ou passées dans les humeurs grâce
à leur facile diffusion, seront soumises à l'action de l'oxygène du sang qui les oxydera ou les portera aux organes
d'excrétion. C'est dans cette seconde phase ou phase oxydante, c'est *aux dépens des produits cellulaires*, et non du
protoplasma lui-même, c'est à la périphérie de la cellule,
hors d'elle et non dans sa profondeur, que se produisent en
majeure partie les phénomènes d'oxydation d'où résultent
l'eau, l'acide carbonique, l'acide oxalique, les acides gras, etc.,
que l'on rencontre dans les diverses excrétions ou qui
s'exhalent au dehors par la peau ou les poumons.

Mais les produits azotés primitifs de désassimilation, les

uréides, les leucomaïnes, la tyrosine, etc., et l'urée elle-
même, au moins en grande partie[1], sont formés en milieu
réducteur au cours de la première phase, ou phase anaérobie,
de la désassimilation. Ils résultent d'une sorte de fermentation directe, d'un dédoublement avec hydratation et sans
qu'intervienne l'oxygène. Il ne faut donc pas être surpris
que les leucomaïnes et les ptomaïnes ainsi produites, les
premières chez les animaux, les secondes par les microbes,
dans des conditions semblables, c'est-à-dire en milieu réducteur et grâce à un mécanisme fermentatif analogue,
aient de si nombreux points de ressemblance. Ayant même
origine, à savoir les albuminoïdes, issus d'un même mécanisme, le dédoublement par hydrolyse et la fermentation,
ils se confondent comme composition en bien des cas.

Une équation très simple permet de traduire ce mécanisme général et d'expliquer la transformation des albuminoïdes du protoplasma en urée, graisses, glycogène et
acide carbonique, sans intervention aucune de l'oxygène
extérieur, par simple hydratation :

$$4\,C^{72}H^{112}Az^{18}SO^{22} + 68\,H^2O = 36\,CO\,Az^2H^4$$

Albumine[2]   Eau   Urée

$$+\ 3\,C^{55}H^{104}O^6 + 12\,C^6H^{10}O^5 + 4\,SO^3H^2 + 15\,CO^2$$

Oléostéaromargarine   Glycogène.   Acide   Acide
ou graisse ordinaire.   sulfureux.   carbonique.

1. Je tire des recherches de M. Duclaux la preuve directe que dans la
cellule l'urée elle-même peut se produire par simple dédoublement
fermentatif et anaérobie des matières albuminoïdes. *Le tyrothrix uroce-
phalum,* et d'autres tyrothrix anaérobies, ensemencés dans l'albumine ou
dans le lait, s'attaquent aux substances protéiques et en dehors de toute
action de l'oxygène extérieur, les dédoublent en dégageant de l'acide
carbonique, de l'hydrogène, de l'acide valérianique des acides amidés,
de la tyrosine *et de l'urée.*

2. On a pris ici la formule de l'albumine la plus simple, celle de Lie-
berkhün où se trouve au moins un atome de soufre.

Cette équation, où, pour simplifier, l'on a fait volontairement abstraction des termes intermédiaires, montre comment la formation de l'urée, des graisses, du glycogène, de l'acide sulfureux[1], et même la production d'une partie de l'acide carbonique de nos excrétions, dérive, grâce à un simple phénomène d'hydratation, de la destruction des matières albuminoïdes des protoplasmas.

Dans beaucoup de cellules, le glycogène se détruit à son tour, comme nous le disions plus haut, ou ne se forme que virtuellement, transformé aussitôt en graisse et acide carbonique :

$$13\,C^6H^{10}O^5 = C^{55}H^{106}O^6 + 23\,CO^2 + 13\,H^2O$$

Glycogène.   Graisse.   Acide carbonique.   Eau.

C'est ainsi qu'on doit concevoir comment la molécule albuminoïde primitive se désagrège, directement ou indirectement, en urée, glycogène et sucres, graisse, acide carbonique, au cours de la phase anaérobie de ces dédoublements.

Mais ces équations n'expriment que le résultat final de cette première phase des transformations désassimilatrices : avant d'être changés en urée, hydrates de carbone, acides gras, acide carbonique, etc., les produits dérivés du dédoublement anaérobie des albuminoïdes passent par une suite d'états intermédiaires qui les simplifient successivement : il en résulte une série de dérivés intéressants que le chimiste a découverts dans les tissus et les glandes en activité fonctionnelle. Les peptones, les uréïdes, les composés créatiniques et xanthiques, et les autres leucomaïnes, sont,

---

1. En s'oxydant dans la seconde phase de désassimilation, la phase oxydante, cet acide se transforme en acide sulfurique qui s'unit aux phénols pour donner les acides phénolsulfurique, indolsulfurique, etc., que l'on retrouve dans les urines.

parmi les corps azotés, les corps qui précèdent la formation de l'urée. Le mécanisme intime qui donne naissance à ces intermédiaires mérite qu'on en fasse ici une mention plus spéciale.

En ce qui touche aux peptones et aux toxines produites au cours de ces transformations simplificatrices anaérobies des albuminoïdes, nous renverrons pour expliquer leur formation à la III° Partie de cet Ouvrage. Nous nous occuperons dans ce chapitre seulement de l'origine des leucomaïnes proprement dites.

Ces bases, avons-nous dit, procèdent des albuminoïdes par une série de dédoublements que provoquent des hydratations successives, avec ou sans perte d'acide carbonique. Assurément il est difficile de suivre pas à pas les détails de ce phénomène et de déterminer tous les intermédiaires, depuis l'albuminoïde dont on part jusqu'aux corps amidés et aux leucomaïnes. Mais on peut donner une explication très satisfaisante de la formation de ces derniers composés en se fondant sur les belles recherches de M. Schützenberger relatives à l'hydratation des matières protéiques et à leur constitution.

On sait par les travaux de ce savant que les albuminoïdes se dédoublent, grâce à une hydratation provoquée *in-vitro* par l'eau aidée de la chaleur et des alcalis, en ammoniaque, acide carbonique, acide oxalique, tyrosine, leucines en $C^n H^{2n+1} AzO^2$, glucoprotéines-β non dédoublables $C^n H^{2n} Az^2 O^5$, acides hydroprotéiques $C^m H^{2m} Az^2 O^5$, et acides protéiques $C^m H^{2m-2} Az^2 O^5$. Laissons de côté la tyrosine pour le moment (tout en remarquant qu'elle procède d'emblée du dédoublement de l'albuminoïde) aussi bien que les acides oxalique ou carbonique et l'ammoniaque. Pour ces derniers termes, bornons-nous à faire observer en passant que, d'après les expériences citées, ils apparaissent toujours au cours du dédoublement hydrolytique, et quelle que soit la substance albuminoïde dont on part, dans les proportions mêmes qui seraient fournies par un mélange d'urée et d'oxamide. A cet égard, l'albumine se manifeste comme contenant dans sa molécule les deux radicaux préformés $CO\begin{cases}Az:\\Az:\end{cases}$ et $\begin{matrix}CO \cdot Az:\\CO \cdot Az:\end{matrix}$ aptes à se détacher par simple hydratation de l'édifice auquel ils appartiennent, en donnant le premier de l'urée $CO\begin{cases}AzH^2\\AzH^2\end{cases}$ le second de l'oxanide $\begin{matrix}CO \cdot AzH^2\\CO \cdot AzH^2\end{matrix}$, observation qui nous autorise déjà à admettre qu'une partie tout au moins de ces substances, lorsqu'elles se produisent dans l'économie, provient d'un simple phénomène d'hydratation de la molécule protéique.

Revenons maintenant aux autres corps azotés, et particulièrement aux leucines et leucéïnes.

Trente à trente-cinq pour cent de l'albumine primitive se transforme en leucines $C^nH^{2n+1}AzO^2$. Les plus abondantes sont la *leucine proprement dite* $C^6H^{13}AzO^2$ ou $\begin{matrix}C^5H^{10} \cdot AzH^2\\CO^2H\end{matrix}$, la *valéroleucine* $\begin{matrix}C^4H^8 \cdot AzH^2\\CO^2H\end{matrix}$; la *butalanine* $\begin{matrix}C^3H^6 \cdot AzH^2\\CO^2H\end{matrix}$ et le *glycocolle* $\begin{matrix}CH^2 \cdot AzH^2\\CO^2H\end{matrix}$, celui-ci en partie transformé en acide acétique et en ammoniaque. Nous voyons donc ici se former, par simple hydratation de la molécule albuminoïde primitive, ces amines-acides, véritables leucomaïnes que nous retrouvons, en effet, dans la plupart des glandes, et dans beaucoup de produits d'excrétion. Quant aux *gluco-protéïnes-β*, aux *acides hydroprotéiques* et aux *acides pro-téïques* formés grâce à ce même dédoublement de la molé-

cule d'albumine par l'eau aidée des alcalis, M. Schutzenberger a été amené, par une série de considérations que
j'ai exposées ailleurs[1], à leur donner des formules de constitution telles que les suivantes :

$$CO^2H \cdot C^4H^8 \cdot CH \cdot AzH^2$$
$$CO^2H \cdot C^4H^8 \cdot CH \cdot AzH^2$$

Glucoprotéïne-β en C^{12} ;
$(C^{12}H^{24}Az^2O^4$.

$$\begin{array}{c} CO^2H \\ | \\ CH^3 \cdot C \cdot AzH \cdot C^2H^4 \cdot OC^2H^4 \cdot AzH \cdot C \cdot CH^3 \\ | \\ H \end{array}$$

Acide hydroprotéïque en C^{10} $(C^{10}H^{20}Az^2O^5$.

$$\begin{array}{c} CO^2H \\ | \\ O \Big\langle\begin{array}{l} CH^2 \cdot CH \cdot AzH \cdot CH \cdot CH^3 \\ CH^2 \cdot CH \cdot AzH \cdot CH \cdot CH^3 \end{array} \\ | \\ CO^2H \end{array}$$

Acide protéïque en C^{10} $(C^{10}H^{18}Az^2O^5$.

Nous allons voir, dans un instant, comment les leucomaïnes dérivent de ces derniers composés.

Grâce à ces données, et à la preuve faite d'autre part, par
M. Schutzenberger, que ce phénomène de désagrégation de
la matière albuminoïde en dérivés azotés divers, acide
oxalique, acide carbonique et ammoniaque est dû à une
simple fixation d'eau, ce savant a pu construire la formule
de constitution de l'albumine que nous reproduisons
ci-dessous :

$$CO\Big\langle\begin{array}{l} Az\Big\langle\begin{array}{l} CO \cdot C^4H^8 \cdot AzH-CH^2 \cdot CH^2 \cdot AzH \cdot \overset{CO^2H}{CH} \cdot CH^3 \\ CO \cdot C^3H^6 \cdot AzH-CH^2 \cdot CH^2 \cdot Az \cdot CH^2 \cdot CH^2 \cdot CO \end{array} \\ Az\Big\langle\begin{array}{l} H \\ CO \cdot CH^2 \cdot CH^2 \cdot CH \cdot AzH-CH^2 \cdot CH \cdot AzH \cdot CH^2 \cdot CO^2H \end{array} \end{array}$$

$$CO\Big\langle\begin{array}{l} Az \cdot CO \cdot CH^2 \cdot CH^2 \cdot CH \cdot AzH-CH^2 \cdot CH \cdot Az \cdot CH^2 \cdot CO \\ CO \cdot CH^3 \end{array}$$

$$CO\Big\langle\begin{array}{l} \\ Az\Big\langle\begin{array}{l} CO \cdot C^3H^6 \cdot CH^2 \cdot AzH-CH^2 \cdot AzH \cdot CH^2 \cdot CH^2 \cdot CO^2H \\ CO \cdot C^4H^8 \cdot CH^2 \cdot AzH-CH^2 \cdot CH^2 \cdot CH^2 \cdot AzH \cdot \underset{CO^2H}{CH} \cdot CH \end{array} \end{array}$$

—————

1. Voir mon *Cours de chimie*, 1re édition, Tome III, p. 97.

Cette constitution va nous rendre compte d'une façon relativement facile des produits de dédoublement observés *in vitro*, aussi bien que de la formation des divers dérivés azotés qui se forment chez l'animal.

A l'inspection de cette formule, on voit tout de suite que l'azote de tête du chaînon

$$CO \diagup \overset{\displaystyle Az \diagup CO- \diagdown CO-}{\underset{\displaystyle Az \diagup H \diagdown CO-}{}}$$

de la molécule doit se transformer directement en urée par simple hydratation :

$$CO \diagup \overset{\displaystyle Az \diagup CO\cdots \diagdown CO\cdots}{\underset{\displaystyle Az \diagup H \diagdown CO\cdots}{}} + 3\,H^2O = CO \diagup \overset{\displaystyle AzH^2}{\underset{\displaystyle AzH^2}{}} + \begin{array}{l} OH\cdot CO\cdots \\ OH\cdot CO\cdots \\ OH\cdot CO\cdots \end{array}$$

Quant à l'azote qui est en tête de l'autre chaînon

$$\overset{\displaystyle CO \diagup Az \diagdown \begin{array}{l} CO\cdots \\ CO\cdots \end{array}}{\underset{\displaystyle CO \diagdown Az \diagup \begin{array}{l} CO\cdots \\ CO\cdots \end{array}}{}}$$

, il donnera par le même mécanisme de l'oxamide,

$$\overset{\displaystyle CO \diagup Az \diagdown \begin{array}{l} H \\ H \end{array}}{\underset{\displaystyle CO \diagdown Az \diagup \begin{array}{l} H \\ H \end{array}}{}}$$

et par une hydratation plus avancée, de l'acide oxalique et de l'ammoniaque. Toutes ces substances se rencontrent, en effet, dans nos excrétions.

Quant aux chaînons résiduels

$$CO\cdot C^4H^8\cdot AzH - CH^2\cdot CH^2\cdots$$

$$\text{ou :} \quad CO\cdot C^3H^6\cdot AzH - CH^2\cdot CH^2\cdots$$

se disjoignant par hydratation, comme cela a généralement lieu pour les composés organiques azotés, aux points de liaison de l'azote au carbone, marqués ici d'un trait fort, —, on voit que chacune de ces chaînes formera facilement des bases homologues de la leucine, bases qui viendront accompagner l'urée simultanément produite. C'est ce que montre l'équation

suivante, où nous n'inscrivons, pour abréger, qu'une partie
de la molécule albuminoïde :

$$CO \diagdown\diagup Az \diagup\diagdown \begin{array}{l} CO \cdot C^4 H^8 \cdot Az\,H\text{-}CH^2 \cdot CH^2 Az\,H \cdots \\ CO \cdot C^3 H^6 \cdot Az\,H\text{-}CH^2 \cdot CH^2 \cdot Az \end{array} + 5\,H^2 O =$$
Eau

$$Az \diagup\diagdown \begin{array}{l} H \\ CO \cdot CH^2 \end{array}$$

Molécule albuminoïde

$$CO \diagup\diagdown \begin{array}{l} Az\,H^2 + OH \cdot CO \cdot C^4 H^6 \cdot Az\,H^2 + OH \cdot CH^2 \cdot CH^2 \cdot Az\,H \cdots \\ Az\,H^2 + HO \cdot CO \cdot C^3 H^6 \cdot Az\,H^2 + OH \cdot CH^2 \cdot CH^2 \cdot Az \cdots \end{array}$$

Urée   Leucines   Bases névriniques, etc.

$$+ \quad OH \cdot CO \cdot CH^2 \cdots, \text{etc.}$$

Le schéma suivant va nous montrer comment la molécule
albuminoïde, que nous ne représentons encore une fois qu'en
partie, donne, par une simple hydratation, de l'urée, des
acides amidés, des bases oxyéthylénique, enfin des corps qui,
par une oxydation ultérieure, pourront fournir la sarcosine
ou des bases analogues. Afin de bien montrer aux yeux le
mécanisme d'où résultent par hydratation ces diverses
substances, nous entourons d'un rectangle pointillé les
molécules d'eau ⎡HOH⎤ qui s'introduisent dans la molécule :

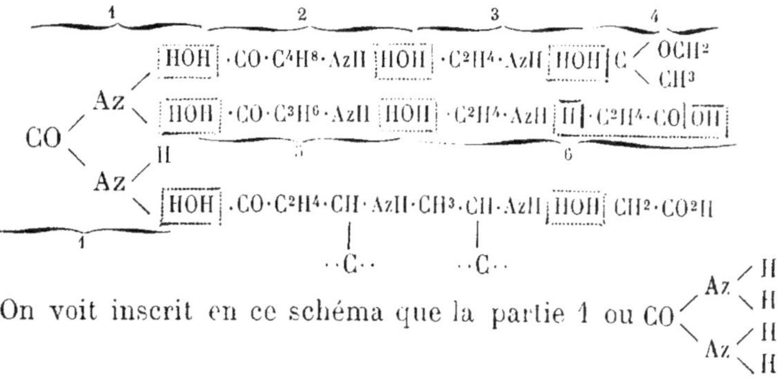

On voit inscrit en ce schéma que la partie 1 ou $CO \diagup\diagdown \begin{array}{l} Az \diagup\diagdown \begin{smallmatrix} H \\ H \end{smallmatrix} \\ Az \diagup\diagdown \begin{smallmatrix} H \\ H \end{smallmatrix} \end{array}$

se détachera, par hydratation, de la molécule générale
pour constituer de l'urée; que les parties 2 et 3 savoir

$OH \cdot CO \cdot C^4H^8 \cdot AzH^2$ et $OH \cdot CO \cdot C^3H^5 \cdot AzH^2$ formeront des homologues inférieurs de la leucine ; que la partie 3, c'est-à-dire $OH \cdot C^2H^4 \cdot AzH^2$, et les analogues, donneront des bases oxyéthyléniques se rapprochant de la choline, $OH \cdot C^2H^4 \cdot Az(CH^3)^3(OH)$; que la partie 6 en perdant CO^2, après hydratation, donnera la base $OH \cdot C^2H^4 \cdot AzH \cdot C^2H^5$ qui se rattache à la même famille ; et cette base, par oxydation, pourra fournir la sarcosine et les corps analogues.

C'est ainsi qu'on peut s'expliquer comment les leucomaïnes peuvent prendre naissance au cours des dédoublements fermentatifs anaérobies des albuminoïdes, *par un simple phénomène d'hydratation*.

Du reste, l'expérience a démontré qu'en perdant à leur tour CO^2 les leucines peuvent se transformer en amines proprement dites :

$$C^6H^{13}AzO^2 = CO^2 + C^5H^{11}AzH^2$$

Leucine.   Amylamine.

D'autre part, on sait qu'en s'hydratant, les glucoprotéines-β non dédoublables, issues des matières protéiques, donnent, d'après M. Schutzenberger, des acides protéiques qui se transforment en bases oxygénées puissantes en perdant les éléments de l'acide carbonique, encore par le mécanisme de l'hydratation :

$$C^{12}H^{24}Az^2O^4 + H^2O = 2CO^2 + C^{10}H^{24}Az^2O$$

Glucoprotéine.   Base oxygénée.

Quant aux acides hydroprotéiques dérivés des mêmes albuminoïdes, ils fournissent, par perte directe d'acide carbonique, des amines oxygénées qui en se déshydratant donnent les bases hydropyroliques et oxyéthyléniques :

$$C^{10}H^{20}Az^2O^5 = 2CO^2 + C^4H^9Az + C^4H^{11}AzO$$

Acide	Base	Éthyl-
hydroprotéique en C^{10}	hydropyrolique	oxéthylénamine.

Si l'on veut bien remarquer que nous n'avons développé jusqu'ici le mécanisme de la formation de ces dérivés basiques des corps protéiques qu'en ne considérant qu'une des parties de la molécule albuminoïde, celle à tête d'urée; que nous avons négligé celle à tête d'oxamide; qu'il existe dans l'économie des substances albuminoïdes différentes entre elles qui, en subissant des dédoublements semblables, donnent, grâce à ce même mécanisme de l'hydratation successive, des amines-acides et des amines proprement dites, oxygénées et non oxygénées, différentes des précédentes; que certaines de ces bases complexes peuvent se transformer ultérieurement par perte d'acide carbonique ou par oxydations partielles, en composés basiques nouveaux. etc., on comprend comment ces dédoublements fermentatifs qui résultent des transformations anaérobies des albuminoïdes des protoplasmes des cellules, peuvent par le simple jeu de l'hydratation, avec ou sans perte d'acide carbonique, donner normalement naissance à cette série variée de bases que j'ai signalées dans les tissus animaux.

Tel est, analysé dans sa généralité, le mécanisme intime dont les leucomaïnes sont issues.

Avant d'étudier successivement chacune d'elles, nous voulons compléter notre démonstration par un exemple particulier. Nous le tirerons des observations faites sur une des matières protéiques de l'économie qui a donné une série, la plus complète peut-être, de dérivés définis se succédant régulièrement, depuis l'albuminoïde primitif jusqu'aux bases dont nous essayons d'éclairer ici la genèse.

Considérons ce qui se passe lorsque la substance fondamentale du cartilage est soumise aux actions hydratantes provoquées par les acides ou les bases étendues. Les choses se produiront dans l'économie de façon toute semblable, à cette différence près cependant que les acides qui agissent dans nos expériences *in vitro,* seront ici remplacés par des ferments d'hydratation spéciaux; mais le résultat, dans l'un comme dans l'autre cas, sera un dédoublement par addition d'eau.

On trouve dans le cartilage normal au moins trois substances préexistantes que l'on peut séparer par des dissolvants neutres, les acides étendus ou les bases faibles : ce sont l'*acide chondroïtique* qui est soluble dans l'eau; le *collagène* ou *osséine* soluble dans les acides affaiblis, et le *chondromucoïde* qu'on sépare du tissu du cartilage (après que les deux précédentes substances ont été enlevées) en traitant ce tissu par des solutions alcalines étendues, puis précipitant par l'acide acétique la substance dissoute. Partant du *chondromucoïde* substance albuminoïde fondamentale la plus importante du cartilage, nous allons suivre pas à pas ses transformations jusqu'à son entier dédoublement en corps amidés, composés basiques et substances ternaires.

Sous l'influence de l'ébullition avec la potasse à 5 %, le chondromucoïde s'hydrate en perdant d'abord de l'ammoniaque et de l'acide carbonique, peut-être de l'acide oxalique, c'est-à-dire les têtes d'urée et d'oxamide qui, d'après M. Schutzenberger, sont propres à presque toutes les substances albuminoïdes. Par cette première dislocation, le chodromucoïde s'est transformé en *acide chondroïtique.* Le chondroïtate acide de potassium est une substance blanche, acidule, donnant des solutions gommeuses, unissable aux peptones, etc.

Cet acide n'est déjà plus de nature albuminoïde : il a perdu, disions-nous, ses têtes d'urée et d'oxamide. Il répond à la formule brute relativement simple $C^{18}H^{27}AzSO^{17}$. Remarquons qu'il contient sous forme d'acide sulfurique conjugué tout le soufre du chondromucoïde primitif; en effet, mis en présence de l'eau acidulée et chauffé à 100°, il se dédouble complètement, par hydratation, en acide sulfurique, d'une part, et en une nouvelle substance, la *chondroïtine*, de l'autre :

$$C^{18}H^{27}AzSO^{17} + H^2O = SO^4H^2 + C^{18}H^{27}AzO^{14}$$

Acide chondroïtique.   Acide sulfurique.   Chondroïtine.

Remarquons, en passant, que nous voyons apparaître ici comme dérivé régulier d'une matière albuminoïde, l'acide sulfurique qui, semblablement produit dans l'économie, passe dans les urines après s'être conjugué aux phénols, ou qui va former le taurine biliaire. Quant à la *chondroïtine*, c'est un acide azoté gommeux, qui bouilli jusqu'à complète hydratation en présence d'acide chlorhydrique étendu, se transforme en acide acétique, et en une *matière alcaloïdique réduisant le réactif cupropotassique, la chondrosine* $C^{12}H^{21}AzO^{11}$. Cette base se forme suivant l'équation :

$$C^{18}H^{27}AzO^{14} + 3H^2O = C^{12}H^{21}AzO^{11} + 3C^2H^4O^2$$

Chondroïtine.   Chondrosine.   A. acétique.

Voici donc régulièrement produite *aux dépens d'une matière albuminoïde, le chondromucoïde dont nous sommes partis, et uniquement par voie d'hydratations successives,* une base puissante, la chondrosine, alcaloïde oxygéné, comparable à la morphine, à la quinine, à la choline. Mais, chose plus intéressante encore, cette base, sous l'influence d'une hydratation nouvelle, provoquée à chaud par les solutions alcalines, va se dédoubler à son tour en acides divers, parmi lesquels l'acide glycuronique que l'on rencontre souvent dans les urines, et en un alcaloïde nouveau, la *glycosamine* $C^6 H^{13} Az O^5$, base que les alcalis altèrent facilement, mais qui, sans aucun doute, sous l'influence des ferments de l'économie, peut se dédoubler en ammoniaque et glycose.

Tous ces corps résultent d'une série d'hydratations successives, y compris la chondrosine et la glycosamine, bases comparables aux leucomaïnes de nos tissus et aux bases les plus puissantes.

Voilà donc établie par une expérience directe la preuve du mécanisme hydratant et anaérobie qui, en partant des albuminoïdes, donne lieu à ces corps basiques. Ces leucomaïnes résultent (sauf oxydations ultérieures qui peuvent les modifier et donner de nouvelles substances) de l'hydratation directe des matières albuminoïdes, sous l'influence des ferments de l'économie, hydratation qui a pour effet de transformer finalement les corps protéiques en urée, uréides, corps amidés, corps basiques, hydrates de carbone ou corps gras et acide carbonique. Ces phénomènes, nous l'avons vu, se passent, dans presque toutes les cellules, au sein d'un protoplasma réducteur, à l'abri de toute accession de l'oxygène extérieur, en un mot, dans les conditions mêmes où les ptomaïnes se forment dans les cellules des ferments anaérobies, et sans préjudice des oxydations ultérieures qui constituent le mécanisme essentiel de la seconde phase du grand phénomène de la désassimilation.

C'est ce fonctionnement anaérobie, découvert par Pasteur chez certains microbes, insoupçonné chez les animaux, dont j'ai démontré chez eux la réalité et l'importance. Je viens d'en développer ici le mécanisme intime.

CHAPITRE DEUXIÈME

Extraction ; classification des leucomaïnes.
Leucomaïnes névriniques. — Leucomaïnes créatiniques.

C'est d'abord aux urines (1881), puis aux venins, enfin
au tissu musculaire que je me suis adressé pour résoudre
la question, alors tout à fait imprévue et nouvelle, de savoir
si l'économie animale peut former des poisons alcaloïdiques
à la façon de certains végétaux phanérogames ou crypto-
games et surtout des microbes anaérobies où j'avais découvert cette fonction près de dix ans auparavant[1]. Dans le cas
de l'affirmative, ces bases se produisent-elles normalement
chez les animaux en dehors de toute action microbienne et
de toute intervention des réactifs? Pour résoudre ces questions, je me suis définitivement adressé au tissu musculaire
que l'on peut avoir tout à fait frais, provenant d'animaux
bien portants et manier en grandes quantités. Pour recher-
cher les bases que je prévoyais, j'ai voulu suivre une méthode qui ne comportât absolument que l'emploi des réactifs
neutres ou à peine acidules, incapables de modifier les
substances préexistant dans les organes ou de faire naître
artificiellement des alcaloïdes, inconvénient qu'il fallait éviter
pour bien établir le principe même de la formation des

---

1. Voir à ce sujet mon Memoire général au *Bull. acad. de méd.*, 2ᵉ serie,
t. XV, p. 115, et *Journ. de l'Anat. et de la Physiolog.* de CH. ROLIN (1881),
p. 362.

bases animales durant la vie. Cette méthode, que je vais
exposer, m'a suffi dans la plupart des cas pour extraire
des tissus et des sécrétions de l'organisme la majeure
partie des bases qui peuvent y exister; car quoique quelques-
unes d'entre elles soient, à l'état libre, très peu solubles dans
les dissolvants que j'employai, grâce à leurs combinaisons
salines spéciales, peut-être aux matières extractives qui les
accompagnent, et à la précaution que j'ai toujours observée
d'agir en milieu faiblement acidule, ces bases entrent, ou
restent en dissolution, dans la grande masse des dissolvants.

Cinquante kilogrammes de viande fraîche[1] finement hachée
sont mis à infuser dans le double de leur poids d'eau additionnée par litre de $0^{gr},20$ d'acide oxalique et de quelques
gouttes d'essence de moutarde ou de sulfure de carbone
pour empêcher toute action microbienne; après vingt-quatre
heures, on filtre et l'on soumet le résidu à la presse. On
porte la liqueur à l'ébullition, on filtre de nouveau et l'on
évapore dans le vide à 60 degrés. Il reste un résidu épais
brun jaunâtre, très acide, d'odeur légère de rôti, qu'on
reprend par de l'alcool à 95° centésimaux tiède. Celui-ci
laisse un premier dépôt épais, brun, visqueux, contenant très peu de gélatine[2], des composés xanthiques et
des sels minéraux que l'on rejette. L'alcool étant complètement évaporé dans le vide, son résidu forme un sirop
qu'on reprend de nouveau par l'alcool à 99° cent. chaud.
On filtre et laisse reposer 24 heures. Il se fait un second

1. Il faut, en général, agir sur de grandes quantités, se rappelant que
les tissus contiennent plus de 75 % d'eau et que les bases cherchées ne
constituent qu'une minime partie du résidu. Quand on a affaire à des
liquides, à des sécrétions, etc., il faut au préalable les dessécher, dans le
vide à consistance sirupeuse et les traiter alors comme il est dit ci-dessus.

2. Au moins dans le cas où l'on emploie l'*extrait de viande* du commerce
comme matière première.

dépôt brun; on décante, on filtre, et dans la solution alcoolique résiduelle on ajoute de l'éther rectifié sur l'acide sulfurique, tant qu'il se fait un précipité que nous indiquerons par (*A*). On attend 24 heures et l'on décante le liquide ambré éthero-alcoolique. Il ne laisse à l'évaporation qu'un faible résidu dont on ne peut extraire que des traces de bases volatiles à odeur d'aubépine de la nature des ptomaïnes.

Les bases principales sont contenues, à l'état de sels, dans le précipité (*A*) que produit l'addition d'éther à l'alcool concentré. Ce précipité jaune ambré, épais, légèrement amer, se sépare au bout de quelques jours en un magma de cristaux mêlés d'un liquide épais. On ajoute encore à cette masse confusément cristalline un peu d'éther absolu, puis au bout d'une semaine on sépare à la trompe, le mieux possible, le liquide ambré sirupeux (*B*), à fluorescence verdâtre, des cristaux (*C*) qu'il mouille et qu'on finit de laver avec de l'alcool à 98° centésimaux qui leur enlève tout le liquide ambré (*B*).

Les bases que j'ai examinées sont surtout contenues dans ces cristaux (*C*). Mais il en reste aussi dans le liquide ambré (*B*) nous verrons plus loin comment on les extrait.

Les cristaux (*C*) sont repris par de l'alcool à 95° centésimaux bouillant; on évapore en partie cet alcool; par refroidissement, il se produit des cristaux (*D*) abondants, jaune citron, laissant au doigt la sensation du talc (*Xanthocréatinine*). De leurs eaux mères se déposent peu à peu de nouveaux cristaux (*E*) qu'on sépare successivement et qu'on purifie. Ces cristaux (*E*) repris par l'alcool à 95° centésimaux bouillant laissent un résidu peu soluble, cristallisé, blanc jaunâtre, qu'on redissout dans l'eau chaude qui dépose rapidement une minime proportion de cristaux brillants (*F*) très

peu solubles dans l'eau, formés de prismes obliques à surface courbe (*Amphicréatine*). En continuant à concentrer les
eaux mères, on obtient une nouvelle cristallisation d'une
substance jaune orangée (*G*) formée de petits cristaux ressemblant, sous le microscope, à des pavés émoussés (*Crusocréatinine*).

Tous ces principes cristallisés successivement séparés par
le procédé d'analyse immédiate très simple que nous venons
de rapporter, procédé dans lequel nous avons évité de
recourir à aucun autre réactif que l'alcool, l'éther et l'eau,
tous *ces cristaux constituent des bases nouvelles,* les unes
neutres aux papiers, les autres le bleuissant légèrement.
Ce sont les *leucomaïnes musculaires*.

Cette méthode permet d'obtenir assez rapidement la
majeure partie des bases cristallisables contenues dans un
tissu, un organe, une sécrétion, un extrait, etc.

J'ai dit plus haut que le liquide ambré (B) séparé des
cristaux par l'alcool à 98° centésimaux contient encore
quelques leucomaïnes. On peut les extraire de cette liqueur
en la distillant d'abord pour chasser l'alcool, évaporant dans
le vide, reprenant le résidu par une grande quantité d'eau
et précipitant par l'acétate de plomb neutre, mélangé de
sous-acétate, presque jusqu'à neutralisation. On filtre ; la
liqueur privée de plomb, à chaud, par l'hydrogène sulfuré,
mise à digérer avec un peu de noir pour la décolorer, concentrée encore de moitié dans le vide, est alors dialysée :
toutes les bases passent à travers le dialyseur qui retient
de la gélatine et divers corps extractifs. La partie dialysée
est acidulée d'acide sulfurique et additionnée de phosphomolybdate de sodium, en liqueur acide et en excès, pour
précipiter les bases. On les sépare comme il a été dit (page 65)

en groupes divers dont on extrait chacun des termes par des cristallisations fractionnées, les dissolvants divers, à l'état de chloroplatinates, chloraurates, chloromercurates, picrates, etc., solubles ou insolubles, ainsi qu'il a été déjà exposé.

Nous aurions pu suivre d'autres méthodes, mais celle-ci était la plus propre à démontrer la préexistence dans les tissus, et en particulier dans le tissu musculaire, des alcaloïdes ou leucomaïnes dont nous espérions démontrer la formation chez les animaux.

Classification des leucomaïnes.

J'ai classé les leucomaïnes dans les six groupes suivants :

1° *Leucomaïnes névriniques* : parmi ces bases, citons comme exemple la choline, la névrine, la bétaïne, etc., ce sont les plus importantes.

2° *Leucomaïnes créatiniques* : la créatine et la créatinine en sont les types. Ce groupe comprend outre les deux bases précédentes, la glycocyamine, la lysatine, la crusocréatinine, la xanthocréatinine, etc.

3° *Leucomaïnes xanthiques.* Elles se rapprochent des précédentes et sont intermédiaires entre elles et les corps du groupe urique. La xanthine et la sarcine sont, dans cette classe, les termes les plus connus : nous citerons encore l'adénine, la guanine, la pseudoxanthine, l'hétéroxanthine, la carnine, etc.

4° *Les leucomaïnes aminiques à chaînes ouvertes* : telles sont la méthylamine et la triméthylamine, l'amylamine, la neuridine, la gérontine et peut-être la cadavérine, bases auxquelles on pourrait ajouter les lécithines.

5° *Les acides amidés salifiables* : le glycocolle, la leucine, la butalamine, etc., en sont des types.

6° Enfin, *les leucomaïnes indéterminées*, de constitution inconnue, telles que la protamine, la spermine, la plasmaïne, la samandarine et autres leucomaïnes des venins, etc.

Nous allons faire l'étude de chacune de ces six classes en indiquant leurs caractères généraux et différentiels, et décrivant les divers corps qui les forment; mais nous ne nous attarderons pas à la description de chacune des substances qui entrent dans ces groupes si ces substances sont décrites déjà dans les ouvrages classiques. S'il s'agit de corps connus, nous nous bornerons à indiquer les conditions dans lesquelles ils se forment ou se retrouvent dans les tissus et dans les excrétions, sans oublier leur action physiologique spéciale.

I. — LEUCOMAÏNES NÉVRINIQUES.

On a vu, dans le précédent chapitre, comment les bases oxyethyléniques et méthoxyethyléniques peuvent résulter directement de l'hydratation des albuminoïdes. Mais comme nous l'avons déjà dit ailleurs, dans l'économie, l'origine principale des leucomaïnes névriniques qui se rattachent aux bases oxyethyléniques proprement dites, est la décomposition des lécithines. On n'a trouvé chez les animaux la choline et la névrine qu'à l'état de traces, et en quantité plus grande, la bétaïne qu'on a retirée des urines.

Nous n'avons pas à revenir ici sur la description de ces diverses substances étudiées dans la Première Partie de cet Ouvrage (*Ptomaïnes*). Nous ferons observer seulement que les leucomaïnes névriniques peuvent être à la fois produites normalement par l'économie, et résulter aussi de l'activité des microbes; mais nous remarquerons encore que, contrairement aux autres ptomaïnes, ces bases paraissent provenir le plus souvent, non pas, comme les ptomaïnes vraies, de la digestion microbienne des albuminoïdes, mais d'une simple hydratation fermentative des protagons et des lécithines préexistants dans les produits putrescibles.

La *choline* $C^5H^{15}AzO^2$ a été signalée d'abord par Strecker dans la bile de porc altérée. On l'a depuis retrouvée dans les muscles, le sang, les glandes, le jaune d'œuf, elle paraît exister, en très petite quantité il est vrai, dans le cerveau et les nerfs (Voir sur l'action physiologique de la choline, p. 129).

La *névrine* $C^5H^{13}AzO$ paraît accompagner généralement la choline, mais à l'état de traces, dans le cerveau, les nerfs, et probablement dans les laitances et œufs de poissons qui deviennent vénéneux au moment du frai, telle que ceux du *Fugu* du Japon, du brochet, du barbeau. On sait que la névrine est extrêmement toxique (Voir p. 124).

La *bétaïne* $C^5H^{11}AzO^2$ (p. 131) a été découverte par Liebreich, en 1869, dans les urines normales. Elle se rattache à l'oxynévrine dont elle est l'anhydride. On l'a trouvée à l'état normal chez certains animaux, les mollusques, la moule en particulier, en grande partie unie à l'acide phosphoglycérique sous forme de lécithine. Il est probable, quoiqu'elle n'y ait pas été signalée, que la bétaïne se rencontre dans plusieurs de nos organes. Elle paraît inoffensive.

II. — LEUCOMAÏNES CRÉATINIQUES.

On connaissait depuis Liebig deux substances azotées extraites du muscle et qu'il avait, pour cette raison, nommées *créatine* et *créatinine*. J'ai dit ailleurs que le célèbre

chimiste allemand qui les découvrit méconnut leur vrai
caractère basique. Bien des années après, lorsqu'en 1881
et 1882 j'établis que l'économie animale était apte à produire des composés alcaloïdiques, je rapprochai de la créatine et de la créatinine, plusieurs des leucomaïnes que je
venais d'extraire du suc musculaire, et ainsi fut constituée la classe des leucomaïnes créatiniques qui comprend
aujourd'hui

$$
\begin{array}{ll}
\textit{la glycocyamine} & C^3 H^7 Az O^2; \\
\textit{la créatine} & C^4 H^9 Az^3 O^2; \\
\textit{la créatinine} & C^4 H^7 Az^3 O; \\
\textit{la lysatine} & C^6 H^{13} Az^3 O^2; \\
\textit{la lysatinine} & C^6 H^{11} Az^3 O; \\
\textit{la xanthocréatinine} & C^5 H^{10} Az^4 O; \\
\textit{la crusocréatinine} & C^5 H^8 Az^4 O; \\
\textit{l'arginine} & C^6 H^{14} Az^4 O^2
\end{array}
$$

et quelques autres composés plus complexes.

La constitution de toutes ces bases se relie facilement a
celle d'une substance assez simple, la guanidine $C H^5 Az^3$,
qu'on obtient artificiellement par divers procédés, entre
autres en chauffant l'iodure de cyanogène, ou l'éther ortho-
carbonique, avec l'ammoniaque

$$
C(OC^2H^5)^4 + 3 AzH^3 \;=\; C \!\!\!\begin{array}{l} \nearrow AzH^2 \\ = AzH \\ \searrow AzH^2 \end{array} \!\!\!+ 4(C^2H^5 \cdot OH)
$$

Éther
orthocarbonique.   Guanidine.   Alcool.

La guanidine, base très alcaline, n'a pas encore été
trouvée parmi les substances alcalines d'origine animale,
mais il est possible qu'elle soit restée inaperçue ou que
dans l'économie elle se change en urée :

$$
C Az^3 H^5 + H^2 O = CO Az^2 H^4 + Az H^3.
$$

Mais on rencontre cette base chez les végétaux. Schultze l'a signalée dans les germes étiolés de la vesce et en faible quantité dans la vesce elle-même [1]. Nous avons aussi vu que la méthylguanidine, base très toxique $AzH : C\diagup^{Az\,H\cdot CH^3}_{\diagdown\,Az\,H^2}$ a souvent été signalée parmi les ptomaïnes.

Entre la guanidine et l'urée il n'y a qu'un pas ; il est possible, en effet, de passer de l'une à l'autre par simple hydratation, par exemple, en chauffant sa combinaison nitro-argentique avec un excès d'acide et d'eau. Il y a déplacement d'ammoniaque et formation d'urée comme l'indique l'équation ci-dessus. La guanidine se relie très naturellement à l'urée : elle s'y rattache par simple remplacement de l'atome d'oxygène par le radical bivalent et négatif comme lui (Az II)″.

$$O = C\diagup^{Az\,H^2}_{\diagdown\,Az\,H^2} \qquad\qquad Az\,II = C\diagup^{Az\,H^2}_{\diagdown\,Az\,II^2}$$
Urée.   Guanidine.

Lorsque, comme l'ont fait Nencki et Sieber, on fait agir le carbonate de guanidine (corps tout à fait comparable à celui d'ammoniaque par ses propriétés générales et sa constitution) sur le glycocolle, ou acide amidoacétique, $C^2 H^5 Az O^2$ ou $\dfrac{CH^2\cdot Az\,H^2}{CO^2 H}$, on obtient une base, la glycocyamine qui se forme d'après l'équation :

$$\dfrac{CH^2\cdot Az\,H^2}{CO^2 H} + Az\,II:C\diagup^{Az\,H^2}_{\diagdown\,AzH^2} = Az\,II:C\diagup^{Az\,H^2}_{\diagdown\,Az\,II\cdot CH^2\cdot CO^2\,II} + Az\,II^3$$
Glycocolle.   Guanidine.   Glycocyamine.

et cette nouvelle substance qu'on n'a pas encore, il est vrai, rencontrée dans l'organisme, est apte, lorsqu'on la

---

1. *Bull. soc. chim.* (3), t. VIII, p. 1038.

chauffe dans certaines conditions, à se déshydrater en donnant la glycocyamidine $C^3 H^5 Az^3 O$

$$AzH:C \diagup Az H^2 \atop \diagdown Az H^2 \cdot CH^2 \cdot CO^2 H \qquad = \qquad AzH:C \diagup Az H \atop \diagdown Az H \cdot C \diagup H^2 CO + H^2O$$

Glycocyamine.   Glycocyamidine.

Cette glycocyamidine est une substance très vénéneuse trouvée par M. Griffiths dans les urines des malades atteints de rougeole.

Mais là ne se borne pas l'intérêt de ces curieuses transformations.

Si l'on fait agir, en effet, le carbonate de guanidine non plus sur le glycocolle, mais sur le glycocolle méthylé ou sarcosine, $CH^2 (Az H \cdot C H^3) \atop CO^2 H$, ou bien encore, si l'on chauffe la cyanamide avec du glycocolle méthylé, comme l'a fait Volhardt, on obtient la base la plus importante du tissu musculaire, la créatine, que Liebig en a depuis longtemps extrait :

$$Az \vdots C \cdot Az H^2 + Az H (C H^3) \cdot C H^2 \cdot C O^2 H =$$

Cyanamide   Glycocolle méthylé ou sarcosine

$$Az H:C \diagup Az H^2 \atop \diagdown Az (C H^3) \cdot C H^2 \cdot C O^2 H$$

Créatine

Si l'on déshydrate cette créatine (ce qui se fait très facilement, même au sein de l'eau, quand on chauffe sa solution) elle donne une nouvelle base trouvée aussi par Liebig dans les muscles et les urines, la créatinine $Az H:C \diagup Az H^2 \atop \diagdown Az (C H^3) \cdot C H^2 \diagup CO.$

La créatine et la créatinine répondent, point pour point, à la glycocyamine et à la glycocyamidine dont elles sont les homologues supérieurs, et l'on a vu plus haut comment ces bases se relient à leur tour à la guanidine et à l'urée elle-même, en tant que constitution et aptitudes.

Nous verrons que deux corps homologues supérieurs de la créatine et de la créatinine, la lysatine et la lysatinine, sont aussi entre eux, et avec l'urée, dans les mêmes rapports que la créatine et la créatinine.

Ces relations entre les bases créatiniques et l'urée, que nous venons de développer surtout pour les deux premiers termes de cette série, peuvent se généraliser encore. Il existe dans les excrétions animales des substances aptes à donner de l'urée par hydrolyse, et que pour cette raison on a nommées *uréides.* Je n'en citerai qu'une pour le moment, celle que depuis longtemps Woehler et Liebig découvrirent dans la liqueur allantoïdienne et dans les urines du veau qui ne s'est encore nourri que de lait, *l'allantoïne* $C^4 H^6 Az^4 O^3$. Grimaux en a fait la synthèse en unissant l'urée à l'acide glyoxylique. De cette synthèse, et des produits de sa décomposition, il a conclu à sa constitution

$$CO \Big\langle {{Az\,H \cdot CO} \atop {Az\,H \cdot \dot{C}H \cdot Az\,H \cdot CO \cdot Az\,H^2}}$$

Par hydratation, en présence des acides, cette substance peut perdre d'abord les éléments de l'urée et donner l'acide allanturique $CO \big\langle {{Az\,H \cdot CO} \atop {Az\,H \cdot \dot{C}H\,(OH)}}$. De cet acide à l'*hydantoïne* $CO \big\langle {{Az\,H \cdot CO} \atop {Az\,H \cdot \dot{C}H^2}}$ il n'y a qu'un pas qu'on peut facilement franchir en suivant les règles ordinaires des substitutions en chimie organique ; enfin l'hydantoïne en s'unissant à une molécule d'eau donne l'acide hydantoïque $CO \big\langle {{Az\,H^2} \atop {Az\,H^2 \cdot CH^2 \cdot CO^2 H}}$. Entre ces corps qui appartiennent à la série urique, et ceux de la série créatinique précédente, les rapports sont simples ; ils résultent de la comparaison suivante :

Uréides	Leucomaïnes créatiniques
$O{:}C\Big\langle\begin{array}{l}Az\,H^2\\ Az\,H\cdot CH^2\cdot CO^2H\end{array}$ Acide hydantoïque	répond à $Az\,H{:}C\Big\langle\begin{array}{l}Az\,H^2\\ Az\,H\cdot CH\cdot CO^2H\end{array}$ Glycocyamine
$O{:}C\Big\langle\begin{array}{l}Az\,H\cdot CO\\ Az\,H\cdot\dot{C}H^2\end{array}$ Hydantoïne	répond à $Az\,H{:}C\Big\langle\begin{array}{l}Az\,H^2\cdot CO\\ Az\,H\cdot\dot{C}H^2\end{array}$ Glycocyamidine
$O{:}C\Big\langle\begin{array}{l}Az\,H^2\\ Az(CH^3)\,C\cdot H^2\cdot CO^2H\end{array}$ Acide méthylhydantoïque	répond à $Az\,H{:}C\Big\langle\begin{array}{l}Az\,H^2\\ Az(CH^3)\cdot CH^2\cdot CO^2H\end{array}$ Créatine ou glycocyamidine méthylée

On voit que du remplacement dans les composés créatiniques du groupe $(Az\,H)''$ par O résultent les uréides, et ceux-ci, à leur tour, donnent l'urée dans une seconde phase d'hydratation. Exemple :

1re Phase
$$Az\,H{:}C\Big\langle\begin{array}{l}Az\,H^2\\ Az\,H\cdot CH^2\cdot CO^2H\end{array}+H^2O = OC\Big\langle\begin{array}{l}Az\,H^2\\ Az\,H\cdot CH^2\cdot CO^2\cdot H\end{array}+H^2O$$
Glycocyamine — Acide hydantoïque

2e Phase
$$OC\Big\langle\begin{array}{l}Az\,H^2\\ Az\,H^2\cdot CH^2\cdot CO^2H\end{array}+H^2O = OC\Big\langle\begin{array}{l}Az\,H^2\\ Az\,H^2\end{array}+\begin{array}{l}CH^2\cdot OH\\ \dot{C}O^2H\end{array}$$
Acide hydantoïque — Urée   Acide glycolique

C'est là certainement un des mécanismes qui, dans l'économie, conduit des bases créatiniques à l'urée avec formation simultanée des acides oxygras : acides lactiques, glycolique, etc. L'acide glycolique a été signalé, en effet, dans beaucoup de végétaux ; l'acide méthylglycolique ou lactique, se retrouve dans la plupart de nos sécrétions et surtout dans le suc musculaire où il est comme le témoin de ces diverses transformations.

Nous voyons par ces exemples quels sont les liens qui unissent les bases créatiniques aux composés uriques et à l'urée, et l'on voudra bien se rappeler que nous avons montré dans le précédent chapitre comment à leur tour ces bases créatiniques dérivent des matières albuminoïdes grâce à de simples phénomènes de dédoublements hydrolytiques. On ne saurait pousser plus loin, à cette heure, l'analyse du mécanisme intime par lequel se désagrègent les matières protéiques pour donner passagèrement ces leucomaïnes créatiniques, qui se résolvent ensuite en urée et en acides oxygras, toujours par cette même voie de l'hydratation successive des molécules qui se produisent au cours de cette désagrégation elle-même due à l'hydrolyse.

Caractères généraux des bases créatiniques. — Ces bases sont généralement peu solubles dans l'eau, presque insolubles dans l'alcool. Toutes donnent un précipité d'aiguilles cristallines de chlorozincate lorsqu'on ajoute du chlorure de zinc à la solution alcoolique concentrée de leurs chlorhydrates. Elles précipitent généralement par le nitrate d'argent, par le chlorure mercurique, surtout en présence des alcalis étendus. L'acétate de cuivre ne les précipite ni à froid, ni à chaud; ce caractère est important parce qu'il suffit à les différencier des leucomaïnes xanthiques. Les leucomaïnes créatiniques sont toujours beaucoup plus riches en hydrogène que les leucomaïnes de la série de la xanthine.

Nous allons passer rapidement en revue les principales bases créatiniques.

Glycocyamine $C^3H^7Az^3O^2$; *Glycocyamidine* $C^3H^5Az^3O$

On a vu plus haut comment la glycocyamine, homologue inférieure de la créatine, peut se produire artificiellement grâce à l'action du glycocolle sur la guanidine: d'où sa constitution

$$Az H : C \begin{cases} Az H^2 \\ Az H \cdot CH^2 \cdot CO^2 H \end{cases}$$

Elle n'a pas été encore trouvée dans l'économie, et si nous en parlons ici, c'est à cause de ses rapports directs avec son homologue inférieur, la créatine.

C'est une base faible, soluble dans 126 p. d'eau froide. Son *chlorhydrate* $C^3H^7Az^3O^2$, HCl cristallise en prismes rhomboïdaux. Son chloroplatinate $(C^3H^7Az^3O^2, HCl)^2 Pt Cl^4, 3H^2O$ est un beau sel très soluble. Les nitrates d'argent ou de mercure forment dans les solutions de glycocyamine des précipités gélatineux.

Lorsqu'on chauffe le chlorhydrate de glycocyamine à 160°, il fond en perdant une molécule d'eau. Il en résulte le chlorhydrate d'une nouvelle base, la glycocyamidine $C^3H^5Az^3O$ dont on extrait la base libre en faisant bouillir ce sel avec de l'hydrate de plomb. La glycocyamidine forme des paillettes à peine jaunâtres, très solubles. Sa *réaction est franchement alcaline*. Son chlorozincate est peu soluble. Son chloroplatinate $(C^3H^5Az^3O, HCl)^2 Pt Cl^4, H^2O$ est en aiguilles solubles dans l'eau.

On a déjà dit que Griffiths a signalé la glycocyamidine, base très toxique, dans les urines des rubéoleux, et la propylglycocyamine $C^6H^{13}Az^3O^2$ dans les urines des malades atteints d'oreillons.

Créatine $C^4H^9Az^3O^2$; *Créatinine* $C^4H^7Az^3O$.

Créatine. — La créatine est l'acide basique méthylguanidineacétique $Az\, H : C \begin{cases} Az\, H^2 \\ Az(C\, H^3) \cdot C\, H^2 \cdot C\, O^2H \end{cases}$ Elle répond au glycocolle ou acide amidoacétique $Az H^2 \cdot C H^2 \cdot C O^2 H$. Nous avons donné plus haut les preuves de cette constitution de la créatine. C'est un corps doué de propriétés basiques faibles. Il fut découvert en 1835 par Chevreul[1] dans le bouillon de viande; Liebig l'étudia en 1847. La créatine existe dans la chair de la plupart des animaux, dans le cerveau, dans le sang, souvent même dans les urines. Celle de chiens nourris de viande en contient toujours. On l'a signalée aussi dans le lait en faible quantité. En un mot, c'est une substance qui se produit d'une manière continue dans l'économie et qu'on retrouve dans beaucoup de tissus et d'excrétions.

Pour l'extraire de la viande fraîche, on épuise méthodiquement celle-ci par l'eau chaude; on porte les liqueurs à l'ébullition pour coaguler l'albumine, on filtre et l'on ajoute un léger excès d'hydrate de baryte. On sépare par filtration le précipité qui se forme; on enlève par l'acide carbonique l'excès d'hydrate de baryte ajouté, et l'on concentre la liqueur. Elle se remplit peu à peu de fines aiguilles de créatine qu'on purifie par une nouvelle cristallisation.

J'ai dit (p. 57 et 65), en parlant de la méthode générale d'extraction des bases des divers tissus et excrétions, comment on sépare les leucomaïnes créatiniques, insolubles dans l'alcool, des corps xanthiques et des autres bases qui les accompagnent.

La créatine est précipitée par le phosphomolybdate de soude en liqueurs fortement acides, et par le chlorure de zinc en liqueurs chlorhydrique et alcoolique, caractères qui permettent aussi de la séparer des matières banales qui l'accompagnent dans les tissus et dans les humeurs.

La créatine cristallise en aiguilles et prismes clinorhombiques nacrés (fig. 4), incolores, légèrement amers, neutres

---

1. *Journ. de Pharm.*, t. XXI, p. 234.

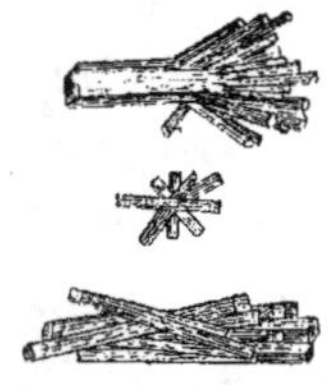

Fig. 4. — Créatine.

au papier de tournesol, très solubles dans l'eau bouillante, fort peu solubles à froid, davantage dans l'alcool chaud, mais non dans l'éther. Elle répond à la formule de l'hydrate $C^4 H^9 Az^3 O^2, H^2O$ qui perd son eau à 100°. Si on la chauffe après dessiccation, elle fond et se décompose en donnant de l'ammoniaque.

Elle se dissout dans les acides étendus et forme des sels. Son *chlorhydrate* $C^4 H^9 Az^3 O^2, HCl$ est en beaux prismes non déliquescents, acidules, peu solubles dans l'alcool, même affaibli.

Sous l'action des acides concentrés, surtout à chaud, ou par une longue ébullition de ses solutions, la créatine perd une molécule d'eau et se transforme en créatinine :

$$AzH : C \diagup_{\diagdown Az H^2}^{Az(CH^3) \cdot CH^2 \cdot CO^2 H} = H^2O + AzH : C \diagup_{\diagdown Az(CH^3) \cdot CH^2 \diagup}^{AzH \diagdown} CO$$

Bouillie avec l'eau de baryte, *la créatine donne par hydratation de l'urée et de la sarcosine* ou méthyglycocolle :

$$\underset{\text{Créatine}}{C^4 H^9 Az^3 O^2} + H^2 O = \underset{\text{Urée}}{CO (Az H^2)^2} + \underset{\text{Sarcosine}}{(Az H) \cdot CH^3 \cdot CH^2 \cdot CO^2 H}$$

C'est là une des réactions remarquables qui indiquent, d'une part comment ces bases disparaissent en grande partie des tissus, non à la suite de phénomènes d'oxydation, mais par hydrolyse pure et simple; de l'autre, comment l'urée peut indirectement dériver des matières albuminoïdes par l'intermédiaire de la créatine et des substances azotées de même structure générale, en vertu de simples dédoublements hydrolytiques.

La créatine se transformant en créatinine par son ébullition prolongée en présence des acides étendus, il est facile de la distinguer par la réaction de *Weyl* que l'on fera connaître à propos de cette dernière substance.

La créatine ne donne pas de précipité avec le réactif de Bouchardat (I K + I), ni de bleu de Prusse avec un mélange de ferricyanure de potassium et de chlorure ferrique très étendus. Elle précipite en blanc par le nitrate mercurique en présence d'un peu de carbonate sodique.

Cette base n'est pas très toxique. Toutefois, chez les animaux, sa solution déposée à la surface de la zone motrice du cerveau détermine, d'après Landois, des convulsions cloniques[1].

Créatinine $C^4 H^7 Az^3 O$. — Cette base, beaucoup plus énergique que la précédente, l'accompagne très souvent dans les humeurs et dans les tissus. On la trouve dans les urines et d'autres sécrétions animales, dans les eaux de l'ammios, dans les muscles, la chair des poissons, le lait, la sueur; en petite quantité dans les matières fécales[2]. La créatinine augmente beaucoup chez les animaux surmenés, dans les urines des typhoïques, des tétanisants, des pneumoniques.

---

1. La créatine peut être transformée par certaines bactéries en méthylguanidine qui est très toxique. Cette transformation se produirait-elle dans l'éclampsie et l'urémie ?

2. Suivant Johnson, il existerait divers isomères de la créatinine : on retirerait des urines une créatinine en *aiguilles efflorescentes* répondant à la composition $C^4 H^7 Az^3 O, 2 H^2 O$, qui se transformerait en deux modifications isomères, l'une l'α-*créatinine tabulaire,* soluble seulement dans trois cent soixante-deux parties d'alcool absolu ; l'autre, la β-*créatinine tabulaire*. D'autre part la créatinine dérivée de la créatine de la chair musculaire aurait un pouvoir réducteur différent de celle qui existe primitivement dans les muscles.

Pour la retirer de l'urine, on recourt le plus souvent à celles de veau. On les traite d'abord par de l'eau de chaux et du chlorure de calcium pour en séparer les phosphates terreux, on évapore à sec et l'on reprend le résidu encore chaud par de l'alcool fort et bouillant ; on évapore cet alcool et l'on ajoute au résidu nouveau, tout en agitant fortement, une solution alcoolique de chlorure de zinc. Après quelques jours, il se sépare une matière (fig. 5) formée d'aiguilles cristallines de chlorure de zinc et de créatinine ($C^4H^7Az^3O^2ZnCl^2$).

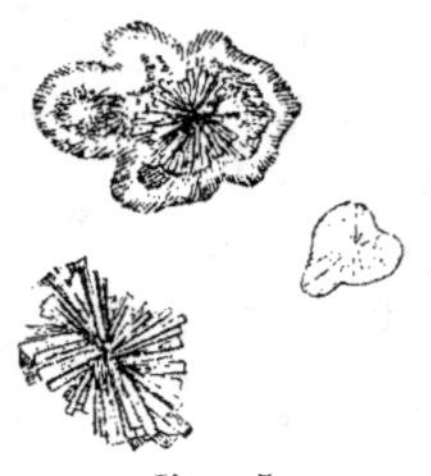

Fig. 5
Chlorure de zinc et de créatinine.

On lave ces cristaux avec un peu d'alcool, et après avoir dissous ce sel dans l'eau, on le décompose par de l'hydrate de plomb ; on décolore la solution filtrée par du noir animal, on évapore à sec et l'on traite le résidu, mélange de créatine et de créatinine, par de l'alcool bouillant qui dissout la créatinine, tandis que la créatine reste indissoute ou se sépare par refroidissement. La créatinine pure se dépose ensuite par évaporation de l'alcool.

Elle cristallise en prismes brillants, incolores, appartenant au système monoclinique (fig. 6). Elle est soluble dans douze parties d'eau froide et dans cent-vingt parties d'alcool à la température ordinaire. Sa saveur est caustique ; sa réaction alcaline. Elle déplace l'ammoniaque de ses sels. En solution aqueuse, elle se transforme peu à peu en créatine en s'hydratant. Elle précipite par l'azotate de mercure, par le sublimé ;

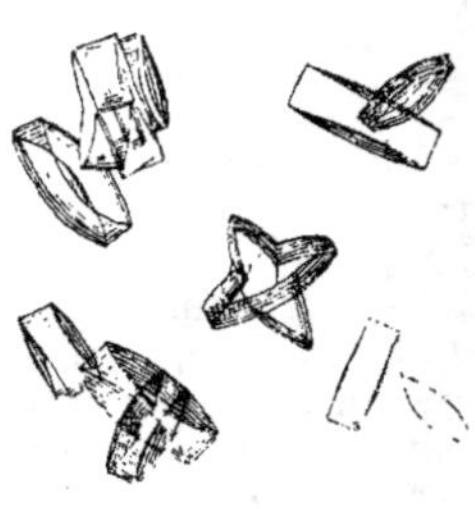

Fig. 6
Créatinine.

dans l'un ou l'autre cas, la présence d'un peu de carbonate ou d'acétate de soude favorise la réaction. Elle forme avec l'azotate d'argent un précipité blanc, caseux, volumineux.

Le *chlorure de zinc et de créatinine* $(C^4H^7AzO)^2ZnCl^2$ se forme immédiatement dans les solutions concentrées auxquelles on ajoute du chlorure de zinc sirupeux. Ce chlorure double (fig. 5) est grenu, cristallin, formé d'aiguilles très fines groupées concentriquement, très peu soluble dans l'eau froide, insoluble dans l'alcool; ce sel double est caractéristique.

La créatinine précipite par le phosphomolybdate de soude en liqueur acide. Elle donne à peine un louche par le sous-acétate de plomb, même ammoniacal et à chaud. Elle est précipitée par l'acide picrique de ses solutions pas trop étendues. Si l'on opérait avec de l'urine, on obtiendrait un mélange d'acide urique et de picrate double de potassium et de créatinine $C^4H^7Az^3O$, $C^6H^2(AzO^2)^3OH$, $C^6HK(AzO^2)^3OH$.

La créatinine ne précipite pas par le réactif de Bouchardat et ne donne pas de bleu de Prusse par le mélange de ferricyanure et de perchlorure de fer.

Les réactifs oxydants la transforment en méthylguanidine. Chauffée douze heures avec la baryte en excès, elle se change, par hydrolyse, en méthylhydantoïne :

$$AzH:CO \underset{}{\overset{}{<}} {\underset{Az(CH^3) \cdot CH^2}{\overset{AzH-CO}{}}} + H^2O = AzH^3 + CO \underset{}{\overset{}{<}} {\underset{Az(CH^3)-CH^2}{\overset{AzH-CO}{}}}$$

Créatinine   Méthylhydantoïne

La créatinine est facile à reconnaître : si à une solution de cette base on ajoute *à froid* quelques gouttes d'un nitro-prussiate soluble très étendu, puis une solution faible de soude, il se produit une coloration rubis qui passe ensuite au jaune (*Weyl*). Si l'on acidule cette solution avec de l'acide acétique et que l'on chauffe, la liqueur devient verte, puis bleue[1].

En solution aqueuse froide, mélangée d'un petit excès de soude, puis de tartrate sodico-potassique et d'un peu de sulfate de cuivre, la créatinine dépose une poudre blanche formée de grains agglutinés si peu solubles que cette réaction peut accuser, dans les liqueurs, un millième de cette base.

La créatinine paraît avoir une action toxique très sensible. Landois a vu que sa solution, déposée à la surface d'une partie des hémisphères du cerveau, provoquait chez les animaux des convulsions cloniques.

Lysatine $C^6 H^{13} Az^3 O^2$ et Lysatinine $C^6 H^{11} Az^3 O$.

Nous ne dirons qu'un mot de ces deux homologues supérieurs de la créatine et de la créatinine, parce que ces bases n'ont pas encore été découvertes dans l'économie ; mais, vu leur place dans la famille des corps créatiniques et leurs propriétés remarquables, elles méritent qu'on les signale ici.

La lysatine $C^6 H^{13} Az^3 O^2$ fut obtenue par Drechsel, en 1891, en soumettant la caséine à l'action de l'acide chlorhydrique concentré en présence d'étain[2]. Siegfried a remarqué que la légumine, et probablement d'autres albuminoïdes végétaux, donnent aussi cette base quand on les traite par ce même procédé.

---

1. Cette réaction se produit aussi avec des substances voisines de la créatinine, contenant le groupement $CH^2 \cdot CO$ lié à deux atomes d'azote : telles sont l'hydantoïne, la méthylhydantoïne, la sulfhydantoïne. La guanine, la guanidine, l'allantoïne ne la donnent pas (*Guareschi*).

2. *Berichte*, t. XXIII. p. 3096.

La lysatine est accompagnée, dans ces conditions, d'une autre base répondant à la composition $C^6H^{14}Az^2O^2$. On sépare ces corps en les précipitant, en liqueurs acides, par l'acide phosphotungstique, et l'on décompose le précipité par la baryte. Si l'on sature alors par de l'acide chlorhydrique, la base $C^6H^{14}Az^2O^2$ se sépare la première. Quant à la lysatine, elle reste dans les eaux mères. On peut l'isoler, en la reprécipitant de nouveau par l'acide phosphotungstique, traitant le précipité par la baryte, saturant la liqueur par de l'acide nitrique, enfin ajoutant du nitrate d'argent qui précipite le sel double $(C^6H^{13}Az^3O^2, Az O^3 H), Az O^3 Ag$; il est formé d'aiguilles brillantes qui se colorent en rouge à l'air. On transforme ce sel en chlorure par addition de chlorure de baryum, et l'on met la base en liberté par l'oxyde de plomb.

La lysatine $C^6H^{13}Az^3O^2$ jouit de cette remarquable propriété que lorsqu'on la fait bouillir avec de l'hydrate de baryte, elle donne par hydratation une quantité considérable d'urée. C'est là le point le plus intéressant de son histoire. On voudra bien remarquer que la créatine produit, elle aussi, de l'urée dans les mêmes conditions, mais en moindre abondance. Il est certain que c'est par ces intermédiaires, dérivés successifs de désagrégation, par hydrolyse, de la molécule albuminoïde que les substances protéiques se dédoublent définitivement dans l'économie, en produits ternaires et en urée, ainsi que nous l'avons plusieurs fois dit.

La *lysatinine* $C^6H^{14}Az O$ accompagne la lysatine et se produit, à ce qu'il semble, dans les conditions mêmes qui font naître la créatinine aux dépens de la créatine[1].

---

1. Voir p. 231.

Xanthocréatinine $C^5 H^{10} Az^4 O$.

J'ai découvert cette base, en 1882, dans la chair musculaire ; je l'ai retirée ensuite en abondance de l'extrait de viande. Elle a été certainement fort souvent confondue avec la créatine à laquelle elle ressemble. G. Colasanti l'a observée dans l'urine du lion à côté de la créatinine. Elle a été aussi trouvée depuis par Monari dans les muscles de chiens fatigués, dans les urines des soldats après de longues marches ou dans celles des animaux à qui on injectait de la créatinine. J'ai dit, page 217, qu'elle forme la partie la

plus abondante des bases de l'extrait de viande, celle qui répond aux cristaux (D), qui se précipitent de l'alcool, à 95° centésimaux, filtré bouillant, lorsqu'on reprend par ce dissolvant le magma cristallin que l'éther produit dans la solution alcoolique de l'extrait de viande ou de bouillon.

FIG. 7.
Xanthocréatinine.

C'est une substance couleur jaune soufre cristallisant en paillettes minces, brillantes, micacées, paraissant appartenir au prisme rhomboïdal (fig. 7). Son goût est légèrement amer. Son odeur rappelle, à chaud, celle de l'acétamide. La xanthocréatinine est assez soluble dans l'eau, même à froid. Elle se dissout à chaud dans l'alcool concentré d'où elle cristallise. Chauffée un peu fortement, elle émet l'odeur de rôti et donne ensuite de l'ammoniaque et de la méthylamine.

Sa réaction est amphotère : elle rougit légèrement, et bleuit faiblement les papiers de tournesol très sensibles.

Elle donne un chlorhydrate en barbes de plumes enchevêtrées, et forme un chloroplatinate très soluble.

Cette substance est analogue par toutes ses propriétés
à la créatinine; une solution un peu concentrée de chlorure
de zinc forme dans ses solutions un précipité blanc jaunâtre,
soluble à chaud, qui se dépose en refroidissant en groupes
d'aiguilles croisées en X ou en étoiles. Le nitrate d'argent
précipite des flocons gélatineux; le chlorure mercurique
donne un précipité blanc jaunâtre. L'acétate de cuivre ne
précipite ni à froid ni à chaud, pas plus que le chloromercurate de potassium ou l'iodure de potassium ioduré. Tous
ces caractères sont ceux des leucomaïnes créatiniques.

L'acide oxalique ou l'acide nitrique ne donnent pas de
sels de xanthocréatinine peu solubles.

Sous l'influence de l'oxyde de mercure humide, la xanthocréatinine forme en s'oxydant deux substances que l'on
sépare à chaud par l'alcool à 90° centésimaux; l'une est
hygrométrique, l'autre est une matière légèrement alcaline,
cristallisant en longues aiguilles blanches fusibles à 174°,
ayant beaucoup de ressemblance avec la caféine. Elle
forme un chloroplatinate peu soluble.

La xanthocréatinine est toxique à dose un peu forte.
Elle produit chez les animaux de l'abattement, de la somnolence, une extrême fatigue, la défécation et des vomissements répétés.

Crusocréatinine : $C^5 H^8 Az^4 O$.

Cette base a été découverte par l'auteur de cet Ouvrage
à côté de la xanthocréatinine dont elle ne diffère que par
deux atomes d'hydrogène en moins. On a vu, p. 217, comment elle a été séparée de la base précédente et de la
suivante. La partie des cristaux (C) soluble à chaud dans

l'alcool à 95° centésimaux laisse déposer la xanthocréatinine.

Fig. 8.
Crusocréatinine.

par refroidissement et concentration. La partie peu soluble ou insoluble dans l'alcool à 95° cent. chaud, reprise par l'eau bouillante, laisse par refroidissement cristalliser l'*amphicréatine* dont on parlera plus loin; les eaux mères concentrées donnent une nouvelle cristallisation d'une substance de couleur jaune orangée, présentant souvent, sous le microscope, la forme de rhomboèdres à facettes légèrement obliques et arrondies, ou formant des lamelles qui paraissent appartenir au prisme droit à base rhombe (fig. 8).

La crusocréatinine est une base de couleur jaune orange, très faiblement alcaline aux papiers, légèrement amère. Elle donne un chlorhydrate soluble, non déliquescent, formant un enchevêtrement de balais d'aiguilles; un chloroplatinate soluble, peu altérable à chaud, en pinceaux de prismes déliés à branchements élégants. Son chloraurate, peu soluble, est grenu et cristallin; il se réduit un peu lorsqu'on le chauffe. La crusocréatinine ne déplace ni l'oxyde de zinc de son acétate, ni l'oxyde mercurique de son nitrate, mais elle précipite l'alumine, à froid, des solutions d'alun.

Elle répond à la formule $C^5H^8Az^4O$ qui la rattache à la xanthocréatinine. Comme celle-ci, elle possède les propriétés générales de la créatinine à laquelle elle ressemble par sa forme cristalline et sa légère alcalinité, et dont elle diffère par les éléments de l'acide cyanhydrique en plus.

En liqueur un peu concentrée, le chlorure de zinc donne avec son chlorhydrate un précipité grenu qui se réduit à chaud et recristallise par refroidissement. Le bichlorure de mercure fait naître un précipité floconneux, particellement soluble à chaud, mais en se décomposant. Le phosphomolybdate de soude, en liqueur fortement acide, la précipite abondamment en jaune. Le chloromercurate de potassium, l'iodure de potassium ioduré, l'acétate de cuivre, même à chaud, ne donnent avec elle aucun précipité. Ni l'acide nitrique, ni l'acide oxalique ne forment avec la crusocréatinine de précipités peu solubles. Le ferricyanure de potassium ne donne pas à son contact la réaction des ptomaïnes.

Les deux schémas suivants indiquent la correspondance de constitution qui répond à l'analogie des propriétés de la créatinine et de la crusocréatinine :

$$\text{AzH} : \text{C} \begin{cases} \text{AzH} - \text{CO} \\ \text{Az(CH}^3)\cdot\dot{\text{C}}\text{H}^2 \end{cases} ; \qquad \text{AzII} : \text{C} \begin{cases} \text{AzH}\cdot\text{C(AzII)}'' - \text{CO} \\ \text{Az(CH}^3) \underline{\qquad} \dot{\text{C}}\text{H}^2 \end{cases}$$

Créatinine   Crusocréatinine

Amphicréatine : $\text{C}^9\,\text{H}^{19}\,\text{Az}^7\,\text{O}^4$.

Nous avons dit (p. 218), en parlant de la base précédente, comment avait été séparée de l'extrait de viande l'*amphicréatine* rencontrée par nous dans le suc musculaire. C'est la moins soluble de ces trois bases, crusocréatine, xanthocréatine et amphicréatine. Elle cristallise de l'eau bouillante en jolis prismes obliques, brillants, à facettes légèrement courbes, de couleur blanc jaunâtre. Elle est beaucoup moins abondante que les deux précédentes. Son goût est peu sensible, à peine amer. Lorsqu'on la chauffe vers 100°, elle décrépite légèrement et devient blanche et opaque sans changer de forme.

C'est une base faible, son chlorhydrate cristallise bien ; il n'est pas déliquescent. Son chloroplatinate soluble dans l'eau, insoluble dans l'alcool, forme des tables losangiques. Son chloraurate très soluble, est en petits cristaux microscopiques, hexaédriques, triangulaires ou tétraédriques.

Cette base et son chlorhydrate, ne précipitent ni à chaud, ni à froid l'acétate de cuivre ou le bichlorure de mercure.

Le phosphomolybdate de soude donne avec elle, en liqueur acide, un précipité jaune pulvérulent.

Comme la base précédente, l'amphicréatine oxydée par l'acide nitrique, puis traitée par l'ammoniaque, ne donne aucune des colorations caractéristiques des bases xanthiques. Ses propriétés générales la rattachent aux bases créatiniques. Elle est si complètement analogue par tous ses caractères à la créatinine, qu'elle a dû souvent être prise pour cette substance. C'est ce qui m'a fait lui donner son nom.

$$Bases\ C^{11}H^{24}Az^{10}O^5\ et\ C^{12}H^{26}Az^{11}O^5.$$

Ces corps complexes, très bien cristallisés, et différents l'un de l'autre par $CAzH$, ont été retirés par l'auteur de cet Ouvrage, le premier des eaux mères de la xanthocréatinine, le second de celles de la crusocréatinine.

Le corps $C^{11}H^{24}Az^{10}O^5$ cristallise en tables minces paraissant rectangulaires, incolores ou à peine jaunâtres, insapides. Il est *très légèrement* alcalin au papier rouge sensible et rougit aussi faiblement le papier bleu. Son chlorhydrate forme des faisceaux d'aiguilles fines. Son sulfate cristallise confusément en prismes. Son chloroplatinate est soluble ; il se présente sous forme de croix rectangulaires dont les branches se hérissent d'aiguilles. Il n'est pas déliquescent. Chauffée en tube scellé à 180-200° avec de l'eau, cette base perd de l'ammoniaque et de l'acide carbonique et donne une base nouvelle non analysée.

Le composé $C^{12}H^{25}Az^{11}O^{5}$ est formé de tables rectangulaires fragiles, soyeuses, ayant beaucoup d'analogie avec celles de la xanthocréatinine et de la leucomaïne précédente. C'est aussi une base faible, formant de jolis sels. Après plusieurs cristallisations successives dans l'alcool, elle a donné à l'analyse les nombres : C $= 35, 55$; H $= 6, 43$; Az $= 38, 72$, qui répondent bien à la formule ci-dessus.

Les propriétés de ces deux substances, qui rappellent celles de la créatinine, semblent devoir les en faire rapprocher. Quelque complexes que paraissent leurs formules, leur composition est liée par des relations assez simples aux corps précédemment étudiés et à la créatinine elle-même. En effet, on a la relation théorique :

$$C^{11}H^{24}Az^{10}O^{5} = 2C^{5}H^{8}Az^{4}O + C\,O\,Az^{2}H^{4} + 2H^{2}O$$
$$\text{Crusocréatinine} \qquad\qquad \text{Urée}$$

et l'on a dit que le corps $C^{11}H^{24}Az^{10}O^{5}$, chauffé en tube scellé avec de l'eau, donne en effet les produits de la décomposition de l'urée.

Dans tous les cas, on peut remarquer que les deux bases ci-dessus diffèrent entre elles par les éléments de l'acide cyanhydrique, caractère qui semble entraîner une sorte d'homologie spéciale entre les corps de cette famille.

Arginine $C^{6}H^{14}Az^{4}O^{2}$.

Cette base faible n'a pas été trouvée parmi les leucomaïnes animales, et ce n'est que par analogie et en raison de sa formule (qui diffère par Az H de celle de la lysatine à laquelle elle se relie aussi par son origine) qu'on doit la placer parmi les bases créatiniques. Nous n'en dirons qu'un mot en passant pour compléter cette étude.

L'arginine a été retirée par Schulze et Bosshard[1] des cotylédons des semences de lupin étiolées. Dans ce but, on les reprend par l'eau bouillante, on précipite par de l'acétate basique de plomb, on filtre, on enlève le plomb à la liqueur par un excès d'acide sulfurique, et l'on précipite toutes les bases par l'acide phosphotungstique. Le précipité épais qui se forme est lavé et décomposé par la baryte ; l'excès de cette dernière est enlevé par l'acide carbonique ou mieux par la quantité juste nécessaire d'acide sulfurique, et la liqueur filtrée, saturée d'acide nitrique, laisse déposer de fines aiguilles de nitrate d'arginine. Ce nitrate soluble dans l'alcool, précipite par le chlorure de mercure; ce précipité, lavé et décomposé par l'hydrogène sulfuré, donne le chlorhydrate, qui, bouilli avec de l'hydrate de plomb, laisse la base en liberté.

C'est une substance soluble dans l'eau, très alcaline. attirant l'acide carbonique de l'air. Son chlorhydrate cristallise en belles tables appartenant au système monoclinique. Il dévie à droite le plan de la lumière polarisée. Le picrate est en aiguilles jaunes d'or peu solubles.

Les solutions des sels d'arginine dissolvent facilement l'oxyde de cuivre et forment avec lui des espèces de sels doubles.

Le tanin, l'iodure double de cadmium et de potassium, l'iodomercurate de potassium ne précipitent pas cette base.

1. *Zeitsch. physiolog. Chem.*, t. XI, p. 44.

Chauffée avec de l'eau de baryte elle donne de l'ammoniaque, de l'acide carbonique et des produits plus simples, non étudiés.

Schülze a démontré que l'arginine se formait dans les cotylédons du lupin aux dépens de la conglutine et autres matières albuminoïdes qui disparaissent proportionnellement (Voir *Zeitsch. physiolog. Chem.*, t. XI, p. 43).

CHAPITRE TROISIÈME

Leucomaïnes xanthiques.

L'acide urique $C^5 H^4 Az^4 O^3$ n'est pas une leucomaïne ; il ne s'unit pas aux acides pour former des sels, et n'a pas les caractères généraux des bases. Mais de cet acide aux bases xanthiques la distance est minime. En effet, soumis à l'action de l'hydrogène naissant en présence de l'amalgame de sodium et de l'eau, l'acide urique se transforme successivement en xanthine et sarcine, les deux premiers termes de cette série :

$$C^5 H^4 Az^4 O^3 + H^2 = C^5 H^4 Az^4 O^2 + H^2 O$$
$$\text{Acide urique} \qquad \text{Xanthine}$$

$$\text{et } C^5 H^4 Az^4 O^3 + 2 H^2 = C^5 H^4 Az^4 O + 2 H^2 O$$
$$\text{Acide urique} \qquad \text{Sarcine}$$

Si l'on chauffe à 160° l'acide urique avec l'acide iodhydrique (et peut-être chlorhydrique), il s'hydrate, en donnant de l'ammoniaque, de l'acide carbonique et du glycocolle :

$$C^5 H^4 Az^4 O^3 + 5 H^2 O = C^2 H^5 Az O^3 + 3 CO^2 + 3 Az H^3$$
$$\text{Acide urique} \qquad \text{Glycocolle}$$

De même, les principales bases xanthiques, et en particulier l'adénine, la xanthine et la sarcine, chauffées en tubes scellés avec de l'acide chlorhydrique étendu, donnent du glycocolle, de l'ammoniaque, de l'acide carbonique, qu'accompagne l'acide formique :

$$C^5H^5Az^5 + 8H^2O = C^2H^5AzO^2 + 4AzH^3 + CO^2 + 2CH^2O^2$$
Adénine — Glycocolle — Acide formique

$$C^5H^4Az^4O + 7H^2O = C^2H^5AzO^2 + 3AzH^3 + CO^2 + 2CH^2O^2$$
Sarcine — Glycocolle — Acide formique

$$C^5H^4Az^4O^2 + 6H^2O = C^2H^5AzO^2 + 3AzH^3 + 2CO^2 + CH^2O^2$$
Xanthine — Glycocolle — Acide formique

C'est qu'en effet, toutes ces bases sont, d'une façon générale, construites comme l'acide urique et peuvent comme lui donner par leurs dédoublements, soit directement, soit successivement et en deux phases, grâce à une oxydation intermédiaire, de l'urée ou plus généralement un uréide, et de la guanidine. Ainsi se comporte la guanine : sous l'influence de l'eau et des réactifs oxydants, elle se transforme en guanidine, acide carbonique et acide parabanique, apte lui-même à donner de l'urée par un dédoublement ultérieur :

$$C^5H^5Az^5O + H^2 + O^3 = CAz^3H^5 + C^3H^2Az^2O^3 + CO^2$$
Guanine — Guanidine Acide parabanique

On voit les relations qui existent entre les leucomaïnes xanthiques et les uréides douées de l'aptitude commune à donner des uréides et de l'urée par leurs dédoublements.

Il y a de même une parenté entre les bases xanthiques et les leucomaïnes créatiniques; les unes et les autres donnent de la guanidine soit directement par hydratation, soit indirectement.

Je ne m'étendrai pas dans cet Ouvrage sur la constitution des bases xanthiques, ni sur les formules de constitution que j'en ai données. On trouvera cette partie théorique développée dans mon *Cours de chimie* (1re édition, t. III, p. 231).

Les leucomaïnes aujourd'hui extraites des organes que j'ai classées dans la famille des bases xanthiques sont les suivantes[1] :

		Formules générales.
L'*adénine*	$C^5H^5Az^3$	$C^nH^{2n-5}Az^5$
la *guanine*	$C^5H^5Az^5O$	$C^nH^{2n-5}Az^5O$
la *pseudoxanthine*	$C^4H^5Az^5O$	$C^nH^{2n-3}Az^5O$
la *sarcine*	$C^5H^4Az^4O$	$C^nH^{2n-6}Az^4O$
la *xanthine*	$C^5H^4Az^4O^2$	$C^nH^{2n-6}Az^4O^2$
l'*hétéroxanthine*	$C^6H^6Az^4O^2$	id.
la *paraxanthine*	$C^7H^8Az^4O^2$	id.
la *caféine*	$C^8H^{10}Az^4O^2$	id.
la *théobromine*	$C^7H^8Az^4O^2$	id.
la *carnine*	$C^7H^8Az^4O^3$	$C^nH^{2n-6}Az^4O^2$
l'*hydroxanthine*	$C^5H^6Az^4O^3$	$C^nH^{2n-4}Az^4O^3$
la *xanthinine*	$C^4H^3Az^3O^2$	$C^nH^{2n-5}Az^3O^3$

Les caractères généraux des corps de cette famille sont les suivants :

1° Toutes les leucomaïnes xanthiques sont des alcaloïdes faibles, mais bien caractérisés, donnant des chlorhydrates et des chloroplatinates cristallisables que l'eau ne dissout pas ou difficilement.

2° Chauffées avec les alcalis concentrés, toutes ces substances perdent la majeure partie de leur azote à l'état de cyanogène. Toutes, en effet, contiennent le groupement C:Az H. L'une d'elles, l'adénine, a la même composition centésimale que l'acide cyanhydrique; deux autres, la xanthine et la méthylxanthine, ont pu être obtenues par hydrata-

---

1. J'ajoute à cette liste deux bases d'origine végétale : la caféine et la théobromine, à cause de leurs relations avec les autres corps de cette famille.

tion directe du nitrile formique ou acide cyanhydrique $CAzH$.

3° Généralement, en présence de l'eau aidée des alcalis ou des acides, ces substances ne s'hydratent pas directement pour donner de l'urée; ce ne sont donc pas des uréides. Elles se rapprochent toutefois, comme on l'a dit plus haut, de cette classe de corps et donnent facilement, parmi leurs dérivés, de la guanidine qui, en s'hydratant à son tour, et perdant AzH^3 forme de l'urée. La guanine donne directement un uréide, l'acide parabanique, en s'oxydant et s'hydratant; or, l'on peut facilement de la guanine dériver la xanthine, et de celle-ci, la sarcine, la caféine, etc., qui sont des bases xanthiques.

4° Toutes les leucomaïnes xanthiques présentent une grande stabilité. Comme dans la famille urique, on peut dans la famille xanthique passer d'un terme à l'autre en conservant l'édifice carboné fondamental :

$$C^5 H^5 Az^5 O + Az O^2 H = C^5 H^4 Az^4 O^2 + H^2 O + Az^2$$
$$\text{Guanine} \qquad \text{Acide azoteux} \qquad \text{Xanthine}$$

ou bien :

$$C^5 H^4 Az^4 O^2 + H^2 = H^2 O + C^5 H^4 Az^4 O$$
$$\text{Xanthine} \qquad\qquad \text{Sarcine}$$

ou encore, dans certaines conditions :

$$C^5 H^4 Az^4 O^2 + 3 CH^3 l = C^5 H(CH^3)^3 Az^4 O^2 + 3 Hl$$
$$\text{Xanthine} \qquad\qquad \text{Caféine}$$

Ce passage facile de l'une à l'autre de ces bases suffirait seul à démontrer l'étroite parenté de tous ces corps.

5° Tous les composés xanthiques sont à la fois basiques et faiblement acides; ils s'unissent à l'oxyde de cuivre et forment le plus souvent, lorsqu'on les fait bouillir un instant avec l'acétate de ce métal, des combinaisons cupriques insolubles. En liqueurs neutres alcalinisées, ou ammoniacales, tous les corps xanthiques précipitent par le nitrate d'argent ammoniacal; tous forment des dérivés argentiques solubles à chaud dans l'acide azotique et reprécipitables à froid. Les bases xanthiques ne précipitent généralement pas par les acétates de plomb.

6° Tous ou presque tous les corps xanthiques, lorsqu'on les évapore en présence d'acide nitrique concentré, s'oxydent et laissent un résidu jaune que les alcalis colorent en orange, rouge, rose ou brun jaunâtre. Ce caractère permet de les distinguer aussitôt des leucomaïnes créatiniques. Si l'on traite les corps xanthiques par l'eau de chlore avec une trace d'acide nitrique et qu'on évapore à sec, on obtient un résidu jaune, qui, exposé aux vapeurs ammoniacales, se colore en rouge orange ou en rouge sang, et qui, par la soude, prend souvent une belle couleur bleue.

7° Les corps xanthiques sont toujours beaucoup plus pauvres en hydrogène que les composés créatiniques. Ils répondent aux formules générales $C^nH^{2n-4}Az^mO^p$ ou $C^nH^{2n-6}Az^mO^p$... C'est que tous ces corps dérivent d'une double chaîne fermée contenant deux résidus de guanidine, ou de guanidine et d'urée, unis par trois atomes de carbone [1].

---

1. Voir mon *Cours de chimie*, t. III, p. 190. E. Fischer, rapprochant avec raison les corps xanthiques des uréides, donne les formules de constitution suivantes :

Acide urique :

$$\begin{array}{l} AzH \;-\; C\,AzH \\ \qquad\qquad \| \\ \quad CO\;\;C\,AzH \\ \qquad\quad | \\ AH \;-\; CO \end{array} \Big\rangle CO$$

Xanthine :

$$\begin{array}{l} AzH \;-\; C:Az \\ \\ \quad CO\;C \\ \qquad\quad \| \\ AzH \;-\; CH \end{array} \Big\rangle AzH \,\rangle CO$$

Théobromine :

$$\begin{array}{l} (CH^3)Az \;-\; C:Az \\ \\ \quad CO\;C\cdot Az(CH^3) \\ \qquad\qquad \| \\ HAz \;-\; CH \end{array} \Big\rangle CO$$

Caféine :

$$\begin{array}{l} (CH^3)Az \;-\; C:Az \\ \\ \quad CO\;C\cdot Az(CH^3) \\ \qquad\qquad \| \\ (CH^3)Az \;-\; CH \end{array} \Big\rangle CO$$

J'attribue à ces mêmes corps les formules de constitution :

Acide urique :

$$\begin{array}{l} AzH - CO \\ \; | \\ CO \qquad CH\cdot AzH\cdot CAz \\ \; | \\ AzH - CO \end{array}$$

Xanthine :

$$\begin{array}{l} AzH - C\cdot AzH \\ \; | \qquad\quad \| \\ CO \qquad C \qquad CO \\ \; | \qquad\quad \| \\ AzH - C\cdot AzH \end{array}$$

Théobromine :

$$\begin{array}{l} Az(CH^3) - C\cdot Az(CH^3) \\ \; | \qquad\qquad\quad \| \\ CO \qquad\quad C \qquad CO \\ \; | \qquad\qquad\quad \| \\ AzH \;-\; C\cdot AzH \end{array}$$

Caféine :

$$\begin{array}{l} (CH^3)Az - C\cdot Az(CH^3) \\ \; | \qquad\qquad\quad \| \\ CO \qquad\quad C \qquad CO \\ \; | \qquad\qquad\quad \| \\ (CH^3)Az - C\cdot AzH \end{array}$$

Suivant Kossel, tous les corps xanthiques dériveraient des nucléoalbumines que l'on trouve dans le noyau de toutes les cellules animales ou végétales, dans les bactéries, les levures, le jaune d'œuf, le sperme, le lait, etc., substances riches en azote et en phosphore, et qui se décomposent par le suc gastrique en peptones et substances indigestibles propres elles-mêmes à se dédoubler, par l'eau bouillante acidulée, en acide phosphorique, *acides nucléiniques* et composés xanthiques.

Nous n'avons pas à faire ici l'histoire des composés nucléiniques. Nous dirons seulement que les nucléoalbumines et les nucléïnes diffèrent suivant l'organe dont on les extrait. Celles de la levure donnent un acide nucléinique d'où dérivent, avec départ d'acide phosphorique, de la guanine et de l'adénine; celles du testicule donnent le même acide avec de l'adénine, de la xanthine et de la sarcine; tandis que celles du thymus ne fournissent uniquement que de l'acide phosphorique et de l'adénine.

Il est certain que les nucléïnes donnent ainsi en se détruisant dans l'économie, ou *in vitro*, des composés xanthiques, mais il ne me paraît pas démontré que ceux-ci ne puissent avoir pour origine d'autres principes que les nucléoalbumines.

Les bases xanthiques appartiennent au règne végétal comme au règne animal.

Adénine : $C^5H^5Az^5$.

L'adénine fut découverte en 1885 par Kossel[1]. Elle s'extrait de tous les tissus végétaux ou animaux jeunes, aptes

---

1. *Zeitschr. f. physiolog. Chem.*, t. X, p. 248, et *Bull. soc. chim.* (3), t. III, p. 239, et t. VIII, p. 656, 658 et 878.

à proliférer et contenant des nucléoalbumines. L'acide nucléïnique qui en provient, lorsqu'on le traite convenablement, en fournit environ un demi pour cent. Kossel fait toutefois observer que la nucléïne du jaune d'œuf *non couvé* et celle du lait, ne donnent que des traces d'adénine et de xanthine. On extrait généralement l'adénine de la rate, des reins, du pancréas, des ganglions lymphatiques, du foie, des noyaux cellulaires, du pus, des urines leucocythémiques; mais le thymus de veau fournit une nucléïne qui, par son dédoublement donne uniquement de l'acide phosphorique et de l'adéine. Schindler en a extrait jusqu'à 0,18 pour cent.

Le sperme, les nouvelles pousses des végétaux, les jeunes feuilles, la levure de bière, les bactéries, etc., en fournissent aussi. Elle est presque toujours accompagnée de guanine. Elle se confond avec cette substance dans presque toutes ses réactions. On ne rencontre pas d'adénine dans l'extrait de viande. Pratiquement c'est des tissus glandulaires, qu'on la retire, d'où son nom (αδήν glande).

L'adénine paraît être unie, dans le noyau des cellules, à l'acide phosphorique et à un albuminoïde formant ainsi une combinaison analogue à la lécithine, ou mieux au protagon, combinaison que détruisent les acides. La *chromatine* des noyaux est probablement une combinaison analogue.

Pour la préparer Kossel s'adresse aux tissus des grosses glandes : soixante-quinze livres de pancréas de bœuf sont broyées avec deux cents litres d'eau contenant un demi pour cent d'acide sulfurique. Après deux ou trois heures d'ébullition, on sature l'acide sulfurique par la baryte, on exprime dans des linges, on filtre, et l'on évapore dans le vide à 50 ou 60°. Le *filtratum* réduit au dixième de son volume, est alcalinisé par de l'ammoniaque et traité par le nitrate d'argent ammoniacal[1]. Le précipité qui se dépose très lentement, et qu'on doit conserver à l'obscurité, est décanté, lavé, essoré sur des plaques de biscuit ou de plâtre, enfin dissous à chaud dans l'acide nitrique de densité 1,1 additionné d'un peu d'urée. En filtrant, l'adénine se dépose par refroidissement à l'état de sel double argentique mêlé de guanine et d'hypoxanthine. Le dépôt lavé est décomposé sous pression par l'hydrogène sulfuré; on filtre encore, concentre, et traite le résidu par de l'ammoniaque sans excès et en vase ouvert; à mesure que l'ammoniaque s'évapore l'adénine et la guanine se déposent tandis que la sarcine reste dissoute. On reprend la partie ainsi devenue insoluble par de l'acide chlorhydrique chaud; la liqueur acide laisse cristalliser d'abord du chlorhydrate de guanidine, et le liquide filtré donne des cristaux de chlorhydrate d'adénine. On sépare le mieux possible ces cristaux de ceux de guanine qui peuvent encore se former, on redissout dans l'eau et on précipite en saturant exactement avec de l'ammoniaque. On purifie enfin définitivement l'adénine en la faisant passer à l'état de sulfate qu'on obtient sous forme de jolis cristaux très purs qu'on décompose par la baryte[2].

---

1. C'est là où commence la difficulté. Ce précipité argentique ne se dépose qu'avec une extrême lenteur dans ce milieu épais et se réduit en partie. En fait on le sépare très difficilement. Il vaut mieux, pensons-nous, précipiter la liqueur par le sous-acétate de plomb, filtrer, concentrer et ajouter du bichlorure de mercure en présence d'un peu de carbonate sodique. Le précipité nouveau qui se forme mis en suspension dans l'eau et privé de plomb par H^2S, donne une liqueur qu'on peut alors précipiter comme ci-dessus par le nitrate d'argent ammoniacal; la suite du traitement se poursuit comme il est dit au texte.

2. On peut encore séparer l'adénine de la sarcine en transformant ces bases en nitrate. En concentrant les solutions, la sarcine se dépose à l'état libre, son nitrate se décomposant par évaporation, tandis que celui

Un des meilleurs moyens pour se procurer l'adénine consiste à l'extraire des infusions de thé concentrées qui peuvent en renfermer plusieurs grammes par litre.

L'adénine répond à la formule $C^5H^5Az^5, 3H^2O$. Elle se déshydrate à 100°. Elle forme des cristaux transparents d'aspect rhombique, en réalité hexagonaux, souvent très longs. Ils sont solubles dans 1086 p. d'eau. Leur solution est neutre aux papiers. Ces cristaux se dissolvent aussi dans l'alcool et dans l'acide acétique cristallisable. L'adénine entre en solution dans les alcalis, moins facilement dans l'ammoniaque, qui permet cependant de la séparer de la guanine qui reste insoluble. La sarcine est au contraire beaucoup plus soluble dans l'ammoniaque. L'adénine est précipitée à l'état anhydre de ces dissolutions alcalines par les acides acétiques ou carboniques. Les acides forts la redissolvent. Elle est peu soluble dans le carbonate sodique.

A 220° l'adénine commence, sans fondre, à se sublimer en aiguilles plumeuses. Vers 270° elle émet de l'acide cyanhydrique. Chauffée à 200° avec la potasse, elle donne beaucoup de cyanure de potassium. Si on l'évapore en présence d'acide nitrique et si l'on reprend le résidu par de la soude, il ne se fait pas de coloration jaune orangée. L'adénine résiste assez bien aux oxydants, aux acides et aux alcalis.

Ni le ferrocyanure, ni le ferricyanure de potassium ne précipitent les solutions de cette base. Le chlorure ferrique les colore en rouge intense. Cette coloration persiste à chaud.

d'adénine, qui est une base plus forte, reste dissous. On peut encore précipiter l'adénine de la solution neutralisée de son nitrate par un excès de picrate sodique. Le picrate d'hypoxanthine *très soluble* reste en solution.

Le sulfate de cuivre donne avec elle un précipité amorphe d'un gris bleuâtre qui paraît être peu homogène; ce précipité est soluble dans l'ammoniaque, les acides étendus et les alcalis. Ses solutions alcalines laissent déposer de l'oxyde de cuivre lorsqu'on les chauffe.

Les sels d'adénine précipitent par l'eau de baryte, mais non par l'acétate de plomb neutre ou basique. Ses solutions alcooliques donnent avec le chlorure de zinc un précipité soluble dans un excès d'ammoniaque, et avec le chlorure mercurique une combinaison insoluble même à chaud; le chlorure de calcium lui-même fait naître un précipité qui se redissout quand on chauffe. L'adéninate argentique est peu soluble dans l'eau et dans l'ammoniaque. Le précipité que le nitrate d'argent forme à chaud dans la solution ammoniacale d'adénine répond à la formule $C^5 H^4 Ag Az^5$. A froid il a pour composition $C^5 H^4 Ag Az^5$, $Ag^2 O$; avec le nitrate d'argent en excès, l'adénine donnerait un précipité de formule $C^5 H^5 Az^5$, $AzO^3 Ag$. La précipitation d'une liqueur par une solution ammoniacale de nitrate d'argent entraîne complètement toute l'adénine.

Le *chloromercurate* d'adénine $(C^5 H^4 Az^5)^2 Hg Cl^2$ précipite quand on ajoute une solution concentrée de sublimé à une dissolution bouillante d'adénine. C'est une poudre fine, granuleuse, soluble à chaud dans HCl étendu. A froid on obtient le précipité $C^5 H^4 Az^5 Hg^2 Cl^2$.

Le *sulfate* d'adénine forme de beaux cristaux, assez solubles dans l'eau chaude, répondant à la composition $(C^5 H^5 Az^5)^2$, $SO^4 H^2$, $2H^2O$. Le *chlorhydrate* est cristallisé; il se dissout dans 42 p. d'eau. Le *nitrate* $C^5 H^5 Az^5, AzO^3 H + 1/2 H^2O$ est en aiguilles étoilées solubles dans 110 p. d'eau.

L'*oxalate* est peu soluble. Le *picrate* s'obtient en versant une solution de picrate de sodium dans du chlorhydrate d'adénine. C'est un précipité d'un jaune clair, peu soluble, cristallisant dans l'eau bouillante, répondant à la composition $C^5H^5Az^5,C^6H^3Az^3O^7,H^2O$. Il se déshydrate à 100°. Le picrate de soude permet aussi de séparer l'adénine de la sarcine dont le picrate ne précipite pas[1].

Le *chloroplatinate* répond à $(C^5H^5Az^5, HCl)^2 PtCl^4$. Il est en petites aiguilles jaunes cristallisées. Bouilli avec de l'eau, il se change en une poudre jaune répondant à $C^5H^5Az^5,HCl,PtCl^4$. Le chloromercurate d'adénine se précipite à chaud en flocons de composition $C^5H^5Az^5,HgCl^2$.

Chauffé au bain-marie, après acidulation, avec du nitrite de potassium, le sulfate d'adénine se change en sarcine : si l'on porte le mélange à l'ébullition, et qu'on ajoute de l'ammoniaque en excès et du nitrate d'argent ammoniacal, il se fait un précipité qui repris par l'acide nitrique chaud, donne par refroidissement, des cristaux d'adénine argentique, lesquels décomposés par l'hydrogène sulfuré, donnent la sarcine en quantité théorique (*Kossel*) :

$$C^5H^5Az^5 + AzO^2H = H^2O + Az^2 + C^5H^4Az^4O$$

Adénine   Sarcine

Chauffée à 180° avec douze fois son poids d'acide chlorhydrique (d=1,19) l'adénine se décompose exactement en ammoniaque, glycocolle, acide carbonique et acide formique :

$$C^5H^5Az^5 + 8H^2O = 4AzH^3 + CO^2 + C^2H^5AzO^2 + 2CH^2O^2$$

Adénine   Glycocolle   Acide formique

Avec l'acide chlorhydrique dilué ou l'acide iodhydrique concentré, l'adénine, un peu au-dessus de 190°, s'hydrate et s'oxyde à la fois en formant de l'ammoniaque :

$$C^5H^5Az^5 + 5H^2O + 5O = 5CO^2 + 5AzH^3$$

---

1. BRÜHNS, *Bull. soc. chim.*, t. V, p. 281. Toutefois, d'après Kossel, le picrate serait assez soluble.

Si on la fait bouillir avec du zinc et de l'acide chlorhydrique, elle donne un produit très instable qui rougit à l'air et laisse définitivement une matière rouge brun insoluble ayant les plus grandes analogies avec l'acide azulmique. L'hypoxanthine donne la même réaction.

L'un des atomes d'hydrogène de l'adénine peut être remplacé par des radicaux métalliques ou alcooliques. On connaît des *méthyl-*, *éthyl-*, *acétyladénines.*

Si sur de la bromadénine $C^5 H^4 Br Az^5$ on fait agir du chlore en présence de l'eau, on obtient de l'acide oxalique, de l'urée et de l'alloxane. De la formation de ce dernier produit on doit conclure que l'adénine contient une chaîne de trois atomes de carbone unis entre eux (C-C-C), et à deux atomes d'azote[1]. Notre formule de constitution

$$ CH \left\langle \begin{array}{c} AzH - C \cdot AzH \\ \overset{..}{C} \\ Az - \overset{..}{C} \cdot AzH \end{array} \right\rangle C : AzH $$

répond à ces observations, aussi bien d'ailleurs que la formule

$$ CH \left\langle \begin{array}{c} Az = C - AzH \\ Az - C \\ \overset{..}{C}H - AzH \end{array} \right\rangle C : AzH. $$

L'adénine paraît se produire presque partout dans l'économie. On l'a trouvée dans les urines des leucocythémiques.

D'après Guareschi, injectée aux animaux, elle traverse leur organisme et passe inaltérée dans les urines. Elle doit se former chaque fois que se détruisent les noyaux cellulaires.

Adéno-sarcine $C^5 H^5 Az^5, C^5 H^4 Az^4 O.$ — Cette singulière combinaison doit être signalée ici, ne fût-ce que pour montrer

1. *Bull. soc. chim.*, (3), t. VIII, p. 878.

les difficultés que présente la séparation de ces bases, et expliquer la complexité de quelqu'une d'entre elles, telles que les deux leucomaïnes $C^{11} H^{24} Az^{10} O^5$ et $C^{12} H^{25} Az^{11} O^5$ dont nous parlions (p. 240). L'adéno-sarcine entrevue par Kossel dans les extraits de viande s'obtient, d'après Brühns[1], en refroidissant une solution chaude de parties égales d'adénine et de sarcine. On obtient ainsi des masses semi-transparentes, comme amylacées, qui deviennent ensuite opaques. Leur solution dans l'ammoniaque donne, par évaporation, de petits globules formés d'aiguilles radiées contenant de l'eau de cristallisation. L'adéno-sarcine est bien plus soluble dans l'eau que chacun de ses composants. Elle forme un chlorhydrate cristallisé spécial; l'addition de chlorure d'or fait apparaître le chloraurate caractéristique d'adénine. On peut obtenir un sulfate d'adéno-sarcine, mais les acides sulfurique ou nitrique et mieux encore picrique, permettent de séparer les deux bases par cristallisations fractionnées.

Guanine $C^5 H^5 Az^5 O$.

Cette base fut découverte dans le guano par Unger en 1844. On la rencontre à côté de l'adénine dans le testicule, le thymus et la plupart de nos glandes, dans le poumon, dans la chair musculaire en très minime proportion, dans les excréments de beaucoup d'oiseaux, d'arthropodes, d'arachnides. On l'a plus tard signalée, mêlée à la sarcine et à l'allantoïne, dans les jeunes pousses des végétaux, le gazon, le pollen, la levure. Elle semble se déposer autour des articulations de certains goutteux. Elle dérive, comme l'adé-

1. *Berichte deutsch. chem. Gesel*, t. XXIII, p. 225.

nine, la xanthine, etc., du dédoublement de nucléïnes spéciales et se rencontre partout où il y a rapide prolifération cellulaire. Schülze et Bosshard, en 1886, ont extrait des vesces, du trèfle, de l'ergot, une base, la *vernine*, répondant à la formule $C^{16}H^{20}Az^8O^8$ que l'acide chlorhydrique étendu dédouble en donnant de la guanine.

Pour obtenir cette base on épuise le guano avec un lait de chaux tant que les liqueurs restent colorées; le résidu est repris plusieurs fois par une solution bouillante de carbonate sodique; les lessives sodiques sont additionnées d'acétate de soude, puis d'acide chlorhydrique en léger excès. L'acide urique et la guanine se précipitent lentement; On lave ce précipité à l'eau acidulée, et on le traite par l'acide chlorhydrique bouillant; la solution filtrée et concentrée fournit le chlorhydrate de guanine. On en précipite la base par l'ammoniaque; on la redissout dans l'acide azotique bouillant qui détruit ce qu'elle peut encore contenir d'acide urique; l'azotate de guanine cristallise par refroidissement. L'ammoniaque en précipite la guanine.

C'est une poudre blanche, amorphe, peu soluble dans l'eau, insoluble dans l'alcool. Elle se dissout facilement dans les acides, très difficilement dans l'"ammoniaque. Elle forme avec les acides concentrés des sels définis mais instables. Le chlorhydrate $C^5H^5Az^5O,HCl+H^2O$ est en fines aiguilles. Il perd son eau à 100° et son acide chlorhydrique à 200°. Il forme avec le chlorure de platine un chloroplatinate cristallisé, jaune orange, peu soluble, $C^5H^5Az^5O,HCl, PtCl^4+2H^2O$.

Le chlorure de mercure donne le précipité insoluble $(C^5H^5Az^5O, HCl)^2HgCl^2+H^2O$.

Le sulfate est en longues aiguilles jaunâtres que l'eau décompose en en séparant la base à l'état d'hydrate.

Le *picrate*, peu soluble, se forme bien quand on ajoute une solution saturée d'acide picrique à une solution chaude et acidulée de guanine. Il se présente en écailles jaunes qui se dissolvent, puis se reprécipitent en cristaux acidulés. Le ferrocyanure de potassium donne aussi un précipité d'aiguilles cristallines. L'acide azoteux transforme la guanine en xanthine :

$$C^5H^5Az^5O + AzO^2H = Az^2 + H^2O + C^5H^4Az^4O^2$$
$$\text{Guanine} \qquad\qquad\qquad\qquad\qquad \text{Xanthine}$$

La guanine résiste à l'oxydation par l'acide nitrique chaud; mais traitée par un mélange de chlorate de potasse et d'acide chlorhydrique, elle donne de l'acide parabanique, de l'acide carbonique et de la guanidine :

$$C^5H^5Az^5O + H^2O + O^3 = CH^5Az^3 + C^3H^2Az^2O^3 + CO^2$$
$$\text{Guanine} \qquad\qquad\qquad \text{Guanidine} \quad \text{Acide parabanique}$$

Il se fait en même temps une petite quantité de xanthine (*Strecker*) et d'acide oxalurique. Cette transformation correspond point par point à celle qui, par l'oxydation de l'acide urique, donne de l'acide carbonique et de l'acide parabanique.

La guanine s'unit aussi aux bases. Ses solutions dans les alcalis, ou l'eau de baryte bouillante, lorsqu'on les traite par l'alcool laissent précipiter des guaninates cristallisés.

Lorsqu'on ajoute du nitrate d'argent à une solution de guanine on obtient un précipité $C^5H^5Az^5O, AzO^3Ag$. On produit de même les composés peu solubles $C^5H^5Az^5O, HgCl^2, 5/2H^2O$.

La guanine additionnée d'acide nitrique, évaporée, puis mêlée d'un peu de potasse et évaporée cette fois à sec, donne la belle coloration indigo que la xanthine produit dans les mêmes conditions.

La guanine ne paraît pas douée d'action toxique; elle traverse l'économie en s'y transformant en partie en acide urique et en urée.

Pseudoxanthine : $C^4H^5Az^5O$.

La pseudoxanthine a été découverte par l'auteur de cet Ouvrage dans le tissu musculaire où elle existe à côté de la créatine, de la sarcine et des xanthocréatinine et cruso-créatinine.

Lorsque, après avoir précipité, par l'alcool à 95° cent., l'extrait ou le bouillon de viande concentré dans le vide, on évapore de nouveau la solution alcoolique, si l'on reprend par l'alcool fort le résidu qu'elle abandonne, l'éther précipite de cette nouvelle solution les diverses leucomaïnes musculaires ci-dessus étudiées, leucomaïnes longtemps confondues avec la créatine (Voir page 217). Les eaux mères de ces cristaux, bouillies avec l'acétate de cuivre, donnent un précipité qu'on lave et décompose à chaud par l'hydrogène sulfuré. En filtrant la liqueur bouillante on obtient par refroidissement un précipité formé de grains microscopiques cristallins hérissés de pointes. Cette substance, fort peu soluble à froid, se dissout dans l'acide chlorhydrique et donne un chlorhydrate qui cristallise comme celui de sarcine en forme de pierres à aiguiser à faces courbes ou en prismes trapus souvent associés en étoiles. Comme la sarcine et la xanthine, cette base se dissout aussi dans les liqueurs alcalines.

La solution aqueuse de ce corps donne à froid, par le chlorure de mercure un précipité très soluble dans l'acide chlorhydrique; elle précipite par le nitrate d'argent un pseudoxanthate gélatineux. Elle ne précipite pas par l'acétate de plomb, mais seulement par l'acétate ammoniacal.

Traitée par l'acide nitrique, évaporée, puis reprise par la potasse très diluée, la pseudoxanthine développe une belle couleur orangée.

Ce corps jouit de la plupart des propriétés physiques et chimiques de la xanthine avec laquelle il a dû souvent être confondu; de là le nom de pseudoxanthine que je lui ai donné.

Lorsqu'on oxyde l'acide urique par l'acide sulfurique concentré on obtient, en même temps que de l'acide hydurilique et du glycocolle, une substance amorphe peu soluble, à laquelle Behrend et Schultzen qui l'ont découverte ont aussi donné le nom de pseudoxanthine. Il ne faut pas confondre cette dernière substance avec celle que je viens d'étudier et que j'ai extraite des tissus musculaires.

Sarcine ou hypoxanthine $C^5 H^4 Az^4 O$.

Cette substance dont nous ne ferons ici qu'une description sommaire (la plupart des auteurs la décrivant suffisamment) a été découverte dans la rate par Scherer et dans les muscles par Strecker. On en trouve des traces dans les urines humaines (*Salomon*). Elle accompagne l'adénine et la guanine dans les tissus et les glandes des animaux, sauf dans le pancréas et le thymus où l'adénine seule semble exister. On l'a rencontrée dans le sang de leucocythémiques, dans le cerveau, le sérum, le cœur, les testicules, la laitance de poisson; on la trouve aussi dans les jeunes pousses des végétaux, dans le pollen, en diverses graines, dans la levure, etc., et en général, dans tout tissu riche en nucléïnes. Elle se produit durant la putréfaction de la levure, de la fibrine ou de l'adénine

$$C^5 H^5 Az^5 + H^2 O = C^5 H^4 Az^4 O + Az H^3.$$

Suivant Salomon et Chittenden, la sarcine se formerait encore lorsque la fibrine est mise à digérer avec les sucs gastriques et pancréatiques, ou lorsqu'on la chauffe avec de l'eau acidulée, ce qui s'explique sans doute par la décomposition de nucléoalbumines.

Il est possible que dans l'organisme la sarcine provienne en partie de la guanine qui en s'oxydant donne la sarcine, la xanthine et l'acide urique. On sait qu'elle peut dériver aussi de l'oxydation de la carnine. Nous avons vu qu'il est facile de transformer l'adénine en sarcine par le nitrite de soude qui permet de remplacer AzH par O. Nous rappellerons enfin que l'hydrogénation de l'acide urique donne encore de la sarcine.

On peut préparer cette base en partant des urines ou de l'extrait de viande[1]. Après qu'on a obtenu les nitrates d'adénine et d'hypoxanthine (voir p. 251 *Adénine*), on neutralise presque la solution, et on la précipite par le picrate de soude en léger excès. Le picrate d'adénine se sépare en flocons jaunes clairs ; celui de sarcine reste dissous. On ajoute alors dans la solution bouillante du nitrate d'argent jusqu'à décoloration, et l'on obtient le précipité picroargentique $C^5 H^3 Ag Az^4 O, C^6 H^2 (Az O^2)^3 OH$ qui peut même servir à doser la sarcine ; on décompose ce précipité par H Cl et l'on enlève l'acide picrique à la liqueur par l'éther. Le

---

1. Voir mon *Cours de Chimie*, t. III, p. 236.

chlorhydrate de sarcine reste dissous. On précipite enfin la sarcine par un peu de carbonate de soude sans excès ou par l'acétate de soude.

C'est une poudre blanche formée de granulations cristallines vaguement octaédriques, solubles dans trois cents parties d'eau froide et neuf cent cinquante parties d'alcool. Ces solutions sont neutres.

Elle peut être chauffée jusqu'à 150° sans se décomposer, puis elle se sublime. Par distillation sèche, ou chauffée avec les alcalis, elle donne de l'acide cyanhydrique et des cyanures, en même temps que des acides carbonique et formique et de l'ammoniaque.

Elle se dissout dans la potasse, l'ammoniaque, l'hydrate de baryte. On connaît la combinaison cristalline $C^5 H^4 Az^4 O, Ba(OH)^2$.

Elle forme aussi des sels définis avec la plupart des acides qui la dissolvent. L'acide phosphomolybdique la précipite de ces solutions acides. Le chlorure de platine forme avec la sarcine le chloroplatinate peu soluble $(C^5 H^4 Az^4 O, H Cl)^2 Pt Cl^4$.

L'azotate d'argent ammoniacal donne le composé

$$C^5 H^4 Az^4 O, Az O^3 Ag.$$

L'acétate de cuivre précipite la sarcine à chaud. Le sous-acétate de plomb, même ammoniacal, la laisse en dissolution. Le sublimé en grand excès forme avec elle un précipité floconneux, soluble dans les acides.

Les solutions de sarcine ne précipitent pas les picrates.

Le *chlorhydrate de sarcine* $C^5 H^4 Az^4 O, H Cl + H^2 O$ forme des cristaux et des prismes nacrés. Le *sulfate* est en petites aiguilles; l'*azotate* en grains cristallisés. Tous ces sels se dissolvent dans l'eau. Le *chloroplatinate* est jaune et cristallisé; il répond à la formule $C^5H^4Az^4O, HCl, Pt Cl^4$. Le *picrate* est très soluble.

La combinaison peu soluble, $C^5H^2Ag^2Az^4O, 3H^2O$ (et H^2O), que cette base forme avec l'azotate d'argent en liqueur neutre et sans excès[1], est cristalline et permet de séparer la sarcine de la xanthine, qui l'accompagne généralement, mais dont le dérivé argentique correspondant ne se dépose que peu à peu. Le composé $C^5H^4Az^4OAg, AzO^3$ (contenant 35,29 °/₀ d'argent) s'obtient en dissolvant à chaud dans l'acide nitrique (Densité $= 1,1$) le précipité ci-dessus obtenu avec la solution ammoniacale de sarcine et le nitrate d'argent et laissant refroidir. On connaît aussi des combinaisons peu solubles de sarcine et de chlorure mercurique.

Cette base possède toutes les propriétés et répond à tous les précipitants généraux des alcaloïdes.

Oxydée par l'acide nitrique, la sarcine ne paraît pas donner de xanthine, contrairement à ce qu'avait dit Strecker; mais cette transformation se produit sous l'influence du permanganate de potasse (E. Fischer et Kossel). La sarcine pure ne répondrait pas à la réaction des corps xanthiques.

Si l'on traite la sarcine par de l'eau de chlore et par une trace d'acide nitrique, qu'on évapore à siccité quand a cessé le dégagement d'azote, et qu'on expose le résidu sous une cloche dans une atmosphère d'ammoniaque, on obtient une coloration d'un rose foncé (*Weidel*)[2].

Dans l'économie, la sarcine paraît dériver d'une nucléïne; dans l'organisme des oiseaux de proie elle se transformerait en acide urique.

---

1. $3 H^2 O$ s'il y a un excès d'ammoniaque.
2. Kossel assure que cette réaction provient de la xanthine et que la sarcine pure ne la donne pas.

Quant à son action physiologique, 50 à 100 milligrammes de sarcine produisent chez la grenouille, au bout de 6 à 20 heures, une excitation des réflexes avec attaques tétaniques. Chez le poulet auquel on a enlevé le foie, l'injection sous-cutanée de sarcine augmente la sécrétion de l'acide urique.

Xanthine $C^8 H^4 Az^4 O^2$.

Elle a été découverte en 1823, par W. Marcet, dans un calcul urinaire, mais elle se rencontre presque partout accompagnée de sarcine et d'adénine, et plus particulièrement dans les glandes. On l'a trouvée dans les plantes, le lupin, le thé, le malt, quelques champignons. C'est un des produits de la digestion pancréatique de la fibrine. Les urines normales n'en contiennent que de très minimes quantités. On peut la retirer des guanos, et même des urines humaines après l'emploi du bain sulfureux ou dans la néphrite. Le sang de cheval en contient quelquefois jusqu'à 2,5 millièmes. Elle paraît dériver, comme la base précédente, de la décomposition des nucléïnes.

On peut préparer la xanthine en partant de l'extrait de viande : On le dissout dans le moins d'eau possible et on le précipite par l'alcool à 95° cent. en abondance. On obtient un résidu poisseux qu'on redissout dans l'eau et qu'on traite par l'acétate de plomb sans excès. La liqueur filtrée chaude débarrassée de plomb par l'hydrogène sulfuré et réduite de volume, précipite abondamment de la créatine. Les eaux mères sont traitées par le sous-acétate de plomb ammoniacal *sans excès* qui précipite la xanthine ; l'hypoxanthine reste dissoute. Le précipité de xanthinate plombique est décomposé par H²S, à chaud; la liqueur bouillante est filtrée, additionnée d'acétate de mercure et portée à l'ébullition; le précipité qui se forme, est décomposé par H²S. On filtre de nouveau à chaud. En évaporant on obtient la xanthine qui se sépare en croûtes jaunâtres.

Pour retirer la xanthine des urines, Neubauer ajoute à 50 litres de ce liquide quantité suffisante de baryte et de nitrate barytique; il filtre, évapore à consistance sirupeuse, et précipite par le nitrate d'argent ammoniacal. Le précipité formé est lavé et décomposé par l'hydrogène sulfuré en présence d'acide chlorhydrique. Le chlorhydrate de xanthine cristallise par concentration.

La xanthine prend naissance lorsqu'on réduit l'acide urique par l'amalgame de sodium; cette base peut à son tour se transformer ainsi en hypoxanthine; mais cette dernière ne donne pas de xanthine par réaction inverse[1].

On peut encore préparer la xanthine par putréfaction de la guanine, ou bien en faisant agir sur celle-ci l'acide azoteux, comme on l'a dit plus haut. Il se fait en même temps un peu de nitroxanthine qu'on réduit, en solution ammoniacale, par le sulfate ferreux. Après action de l'acide azoteux, on filtre, on évapore à siccité, et reprend par l'eau qui enlève le sulfate ammonique et laisse la xanthine qu'on redissout à chaud dans le carbonate d'ammoniaque. La xanthinate d'ammoniaque additionné d'acide acétique laisse précipiter la xanthine.

J'ai réussi à faire la synthèse de la xanthine, en même temps que celle de la méthylxanthine, en chauffant l'acide cyanhydrique avec de l'eau et un petit excès d'acide acé-

1. RHEINECK, *Ann. Chem. Pharm.*, t. CXXXI, p. 121.

tique à 145°. Ces deux substances se produisent d'après l'équation :

$$11\ HCAz + 4\ H^2O = C^5H^4Az^4O^2 + C^6H^6Az^4O^2 + 3\ AzH^3$$

La xanthine se dépose par le refroidissement de ses solutions en flocons blancs formés de grains microscopiques non cristallins. Elle se dissout lentement à froid dans 14000 parties d'eau et dans 1160 parties à chaud. Elle est insoluble dans l'alcool et dans l'éther. La xanthine se comporte à la fois comme une base et comme un acide faible : elle s'unit aux acides qui la dissolvent; elle se dissout aussi dans l'ammoniaque concentrée et même dans son carbonate et dans les carbonates alcalins, mais non dans les bicarbonates. L'acide carbonique la précipite de ses solutions alcalines. Elle se sépare de l'ammoniaque par ébullition. La chaleur détruit la xanthine à partir de 156° en donnant du cyanure d'ammonium, des acides carbonique et formique et du glycocolle.

Sous l'influence de l'hydrogène naissant, la xanthine se change en sarcine.

Les solutions aqueuses de xanthine précipitent le chlorure mercurique, l'azotate d'argent (précipité gélatineux), l'acétate de cuivre, mais celui-ci, seulement à chaud. Elles ne précipitent pas par l'acétate de plomb neutre. La solution ammoniacale traitée par le nitrate d'argent donne la combinaison $C^5H^4Az^4O^2$, Ag^2O insoluble dans l'eau et dans l'ammoniaque, réductible à chaud. La solution nitrique de xanthine forme avec le même réactif un précipité floconneux soluble à chaud dans l'acide nitrique, cristallisable par refroidissement en petites aiguilles caractéristiques. La xanthine est entièrement précipitée par le sous-acétate de plomb ammoniacal, caractère qui permet de la séparer de la sarcine que ce réactif ne précipite pas.

Le *chlorhydrate* de xanthine $C^5H^4Az^4O^2$, HCl forme des aiguilles soyeuses et des plaques hexagonales qui donnent avec le chlorure de platine un chloroplatinate soluble en prismes jaunes. Le *sulfate* de xanthine

$$C^5H^4Az^4O^2,\ SO^4H^2 + H^2O$$

est en écailles que l'eau décompose. L'*azotate* forme des mamelons jaunes. Le *chlorate* est caractéristique.

La xanthine, dissoute dans l'hydrate de soude en quantité juste suffisante, forme le composé $C^5H^2Na^2Az^4O^2$ qui, traité à chaud par l'acétate de plomb, donne la xanthine plombique $C^5H^2PbAz^4O^2$. Ce dernier composé, lorsqu'on le traite en tubes scellés par l'iodure de méthyle en excès, donne la diméthyl-xanthine ou théobromine.

On connaît la combinaison barytique $C^5H^4Az^4O^2,\ Ba(OH)^2$.

Chauffée avec un excès d'acide chlorhydrique, la xanthine donne naissance au glycocolle, à l'acide formique, à l'ammoniaque et à l'acide carbonique :

$$\underset{\text{Xanthine}}{C^5H^4Az^4O^2} + 6H^2O = 3AzH^3 + \underset{\text{Acide formique}}{CH^2O^2} + \underset{\text{Glycocolle}}{C^2H^5AzO^2} + 2CO^2$$

Si l'on traite la xanthine par un peu d'acide nitrique, qu'on évapore, puis qu'on ajoute au résidu un peu de potasse ou de soude étendues, on obtient une coloration orangée rouge. Lorsqu'on dissout la xanthine dans l'acide nitrique étendu de son demi-volume d'eau, qu'on évapore, qu'on traite goutte à goutte le résidu sec par de la potasse jusqu'à dissolution, puis qu'on sèche à chaud, on obtient une masse bleue indigo qui, à l'air humide, passe au pourpre, au rouge et enfin au jaune. Lorsqu'on projette un peu de xanthine dans un mélange d'hypochlorites alcalins et d'hydrate de soude, il se fait une mousse d'un vert foncé qui devient ensuite brune et disparaît. Cette réaction la distingue de la sarcine.

R. Behrend a obtenu en réduisant à froid le diazoisonitrosométhyluracile en présence de chlorure de zinc une substance de même composition que la xanthine, l'*isoxanthine*, substance insoluble dans l'eau, cristallisant en aiguilles feutrées, mais dont nous ne nous occuperons pas ici, cette matière n'étant pas une leucomaïne[1].

Comme la sarcine, la xanthine paraît être un excitant des muscles et du cœur. Elle produit chez la grenouille la contracture musculaire et la paralysie de la corde spinale. La dose mortelle n'atteint pas un demi pour mille du poids de l'animal.

Hétéroxanthine et métylxanthine $C^6 H^6 Az^4 O^2$.

L'*hétéroxanthine* se rencontre en petite quantité dans les urines du chien, à l'exclusion de la paraxanthine ; on la trouve aussi en très minime proportion dans les urines humaines (Salomon). Elle peut être séparée de la paraxanthine et d'autres corps xanthiques qui l'accompagnent, grâce à l'eau ammoniacale qui la dissout bien. Elle précipite déjà à la température ordinaire par l'acétate de cuivre.

C'est une poudre blanche, amorphe, neutre aux papiers, peu soluble dans l'eau froide, insoluble dans l'alcool, assez soluble à chaud. Le nitrate d'argent en solutions acides ou

---

1. Behrend, en partant du méthyluracile, obtint artificiellement une base, l'hydroxanthine $C^5 H^6 Az^4 O^3$, qui diffère de la xanthine par les éléments $H^2 O$ en plus et que l'oxydation change en alloxane.

ammoniacales, l'acétate de plomb ammoniacal, la précipitent, mais non l'acide picrique. Chauffée, elle se volatilise sans fondre en donnant de l'acide cyanhydrique. Évaporée avec de l'eau de chlore contenant un peu d'acide nitrique, elle laisse un résidu qui, par l'ammoniaque, prend une belle coloration rouge devenant bleue par addition d'alcali (*Réaction de Weidel*).

Le nitrate d'argent donne dans ses solutions ammoniacales ou faiblement nitrique, un précipité soluble à chaud dans un petit excès d'acide.

Le *chlorhydrate* d'hétéroxanthine est peu soluble ; il forme des touffes de cristaux que l'eau rend opaques et décompose lentement. Le chlorure de platine, et celui de mercure donnent avec ce chlorhydrate des sels doubles peu solubles. Le dernier est gris jaunâtre, amorphe ; il cristallise petit à petit.

L'hétéroxanthine forme avec les alcalis des combinaisons cristallines peu *solubles* que décomposent les acides, ce qui la distingue des bases analogues : xanthine, paraxanthine, guanine, etc[1].

La *méthylxanthine*, isomère de la base précédente, a été obtenue par l'auteur de cet Ouvrage en chauffant l'acide cyanhydrique avec l'acide acétique et l'eau à 140°. Elle est insoluble, et ne précipite qu'à chaud par l'acétate de cuivre.

Paraxanthine $C^7 H^8 Az^4 O^2$.

Cette base isomère de la théobromine, de la théophylline et de la dioxydiméthylpurpurine de E. Fischer, est un homo-

1. Voir SALOMON, *Bull. soc. chim.*, t. XLVI, p. 538.

logue des précédentes. Elle a été observée en 1883, par Salomon dans l'urine normale de l'homme[1]. Pour l'obtenir, on concentre ce liquide au cinquième; on l'alcalinise avec de l'ammoniaque, on filtre et précipite par $0^{gr},6$ de nitrate d'argent au litre. Le précipité qui se forme, bien lavé, est décomposé par $H^2 S$. La liqueur est évaporée jusqu'à cristallisation abondante d'acide urique. La partie claire étant décantée, on l'alcalinise de nouveau par l'ammoniaque et on reprécipite après deux ou trois jours par le nitrate argentique. Le dépôt, dissous à chaud dans l'acide nitrique de densité 1,1, donne par refroidissement des cristaux d'hypoxanthine argentique, tandis que les eaux mères contiennent la xanthine et la paraxanthine. On précipite ces deux substances à l'état de sel d'argent par l'ammoniaque, et on décompose ce précipité par $H^2 S$. On alcalinise enfin par l'ammoniaque la liqueur qui a été filtrée bouillante, on évapore et filtre encore à chaud. La xanthine se dépose d'abord, la paraxanthine cristallise ensuite des eaux mères concentrées. 1200 litres d'urine ont ainsi donné $1^{gr},2$ de paraxanthine.

Elle forme des tables hexagonales brillantes groupées en rosaces ou en faisceaux soyeux. Ses cristaux contiennent de l'eau de cristallisation qu'ils ne perdent entièrement qu'à 120° en devenant opaques. La paraxanthine est neutre, peu soluble dans l'eau froide, insoluble dans l'alcool. Elle se sublime en partie vers 180° et fond à 284° en émettant une odeur de carbylamine.

Elle donne des combinaisons cristallines avec les alcalis qui précipitent de ses solutions concentrées des aiguilles

1. SALOMON, *Bull. soc. chim.*, t. XL, p. 460 et t. XLVI, p. 538.

ou des tables solubles dans l'eau chaude, reprécipitables à froid. De ces solutions, les acides précipitent la paraxanthine sous forme de petits cristaux. Cette base se dissout dans l'eau ammoniacale et dans l'eau acidulée. Évaporée en présence d'eau de chlore et d'une trace d'acide nitrique, elle se colore en rose au contact des vapeurs ammoniacales (*Réaction de Weidel*).

Le sous-acétate de plomb ammoniacal, l'acétate de cuivre à chaud, le nitrate d'argent, en liqueurs acides neutres ou ammoniacales, précipitent la paraxanthine. Le composé argentique est gélatineux, insoluble dans l'acide nitrique faible; il cristallise, par refroidissement de l'acide en aiguilles soyeuses. Le chlorure mercurique *en excès* précipite la paraxanthine, mais ce chloromercurate se redissout dans un excès d'eau. Le *picrate* est peu soluble.

Le chlorhydrate de paraxanthine cristallise difficilement et donne un chloroplatinate orangé soluble.

La paraxanthine est toxique : dissous dans de la soude faible, 10 milligrammes de cette leucomaïne injectés dans les muscles d'une souris blanche de 15 à 20^{gr} la tuent en 1 h. 20. La mort est précédée de la paralysie du train de derrière avec diminution progressive des réflexes et opisthotonos. La dyspnée s'observe dès le début. Le cœur ne paraît pas atteint, sauf dans les dernières phases de l'empoisonnement[1].

Caféine $C^8 H^{10} Az^4 O^2$ — *Théobromine* $C^7 H^8 Az^4 O^2$.

Ces bases, homologues précédentes, n'ayant pas été retrouvées dans les tissus et les humeurs animales, nous ne

1. G. SALMON, *Zeitsch. physiolog. Chem.*, 1889, p. 187.

les décrirons pas ici. Nous ne les signalons en passant que pour indiquer leur parenté avec les bases précédentes et rappeler qu'il résulte des travaux de E. Fischer que la théobromine est une *diméthylxanthine* $C^5 H^2 (C H^3)^2 Az^4 O^2$ et la caféine, une *triméthylxanthine* $C^5 H (C H^3)^3 Az^4 O^2$. La synthèse de ces deux bases a été faite en traitant à chaud les dérivés plombiques de la xanthine par l'iodure de méthyle :

$$C^5 H^2 Pb Az^4 O^2 + 2 C H^3 I = C^5 H^2 (C H^3)^2 Az^4 O^2 + Pb I^2.$$
Xanthine plombique   Théobromine

Il peut être utile de signaler ici en passant que la théobromine est un diurétique des plus puissants. On l'ordonne à la dose de 3 à 4^{gr} par jour.

Carnine $C^7 H^8 Az^4 O^3$.

En 1871, Weidel retira cette base de l'extrait de viande américaine où elle accompagne la xanthine, la sarcine, la crusocréatinine, la xanthocréatinine, la créatine. Il ne l'a pas trouvée dans le tissu musculaire lui-même[1]. M. Schutzenberger l'a rencontrée dans la levure de bière ; G. Pouchet, dans les urines normales. Krukenberg et Wagner l'ont extraite de la chair de quelques poissons d'eaux douces.

Pour l'obtenir, on précipite l'extrait de viande dissous dans l'eau par l'hydrate de baryte sans excès, et l'on traite le filtratum par du sous-acétate de plomb. Le précipité qui se forme est repris par l'eau bouillante pour dissoudre une combinaison de carnine et d'oxyde de plomb. On fait passer dans cette solution chaude de l'hydrogène sulfuré, on filtre bouillant et l'on concentre. A la liqueur refroidie on ajoute du

---

1. *Ann. der Chem. u. Pharm.*, t. CLVIII, p. 353.

nitrate d'argent qui précipite du chlorure d'argent et de la carnine argentique $(C^7H^7Az^4O^3Ag)^2$, AzO^3Ag insoluble dans l'acide nitrique et dans l'ammoniaque. En faisant digérer ce précipité avec un excès d'ammoniaque, le chlorure d'argent se sépare. La carnine argentique restée insoluble est ensuite décomposée au sein de l'eau bouillante par H^2S; enfin la liqueur évaporée et décolorée avec un peu de noir, laisse cristalliser la carnine.

C'est une base formée de cristaux blancs, neutres aux papiers, de saveur amère, très peu solubles dans l'eau froide, insolubles dans l'alcool et dans l'éther. Elle répond à la formule $C^7H^8Az^4O^3$, H^2O. Elle se déshydrate à 100°. La baryte en présence de l'eau ne l'altère pas, même à l'ébullition. L'acétate neutre de plomb ne la précipite pas; le sous-acétate donne un précipité soluble dans l'eau bouillante. L'acétate de cuivre forme avec elle, à chaud, un précipité vert bleuâtre; le chlorure mercurique, un précipité blanc.

Le *chlorhydrate* $C^7H^8Az^4O^3$, HCl se dépose en aiguilles brillantes de sa solution dans l'acide chaud et concentré. Le *chloroplatinate* $(C^7H^8Az^4O^3, HCl)^2$ $PtCl^4$ forme une poudre jaune d'or. La carnine ne paraît pas former de picrate.

Traitée par l'eau de brome ou par l'acide azotique, la carnine donne du bromure ou de l'azotate de méthyle et se change en bromhydrate ou azotate de sarcine :

$$C^7H^8Az^4O^3 + Br^2 = C^5H^4Az^4O, HBr + CH^3Br + CO^2.$$

Avec l'acide nitrique, il se fait de l'acide oxalique et de la sarcine.

Évaporée en présence d'eau de chlore contenant un peu d'acide nitrique, la carnine laisse un résidu qui prend une coloration rose ou rouge par l'ammoniaque.

La carnine, comme les bases précédentes, n'a pas d'action sensiblement nocive sur l'économie. Elle paraît constituer un excitant musculaire à la façon de la caféine et provoquer à plus haute dose quelques troubles du cœur.

Autres bases xanthiques.

Pour terminer avec les bases xanthiques, nous nous bornerons seulement à énumérer ici celles qui n'ont été trouvées que chez les végétaux ou qu'on n'a produites qu'artificiellement. Ce sont :

L'*arginine* $C^6H^{14}Az^4O^2$ extraite par Schulze et Steiger, en 1888, des cotylédons du lupin et des graines de zucca.

La *vernine* $C^{16}H^{30}Az^8O^8$, $3H^2O$ retirée par Schultze et Bosshard, en 1887, du trèfle et de la vesce. Elle paraît se dédoubler sous l'influence de l'acide chlorhydrique étendu et chaud en donnant de la guanine [1].

La *théophiline* $C^5H^2(CH^3)^2Az^4O^2$, corps isomère de la théobromine, que Kossel a extraite du thé et du café.

L'*isoxanthine* $C^5H^4Az^4O^2$, produit de réduction du diazo-isonitrosométhyluracile (*Behrend,* 1881).

La *xanthinine* $C^4H^3Az^3O^2$ artificiellement produite avec le thionurate d'ammoniaque.

La *caféidine* $C^7H^{12}Az^4O$ formée par l'action de la baryte sur la caféine ;

Enfin diverses autres bases : hypocaféine, apocaféine, etc., dérivées aussi de la caféine.

1. *Berichte d. chem. Gesell.*, t. XIX, p. 261 et 498 (1886).

CHAPITRE QUATRIÈME

Leucomaïnes à chaînes grasses — Lécithines
Amines acides — Leucomaïnes indéterminées.

Leucomaïnes à chaînes grasses.

Il suffira de les énumérer ici; elles se rencontrent toutes, en effet, parmi les produits de la vie des microbes anaérobies, et nous les avons, par conséquent, décrites dans la *Première Partie* de cet Ouvrage. Ce sont :

La *triméthylamine* signalée dans les urines, le sang de veau, diverses sécrétions cutanées, etc. Elle paraît, dans l'économie, provenir du dédoublement des lécithines (Voir plus loin).

La *neuridine* $C^5 H^{14} Az^2$ trouvée par Brieger dans le cerveau humain frais et dans le jaune d'œuf à côté de la *névrine* et de la *choline*, mais en faible quantité. Elle provient peut-être aussi de l'action des réactifs sur les lécithines.

La *cadavérine* $C^5 H^{14} Az^2$, de même composition que la précédente, qui paraît avoir été extraite en petite proportion de l'infusion de pancréas frais (*Werigs*).

La *gérontine* $C^5 H^{14} Az^2$, isomère des deux précédentes, trouvée par Grandis dans le foie d'un chien âgé, mais qui a été depuis observée à l'état de cristaux, probablement de phosphate, dans les noyaux des cellules. C'est un liquide épais résinifiable, très alcalin, d'odeur désagréable. Elle peut cristalliser en aiguilles solubles dans l'eau et dans l'alcool. Elle répond aux réactions générales des alcaloïdes. Son *chlorhydrate* $C^5H^{14}Az^2$, $2HCl$ forme de petits prismes déliquescents, solubles dans l'alcool, même éthéré. Son *chloroplatinate* $C^5H^{14}Az^2$, $2HCl, PtCl^4$ cristallise en grosses aiguilles très solubles dans l'eau. Son *chloraurate* est très soluble. Son *chloromercurate* est déliquescent. Son *picrate* forme des cristaux lenticulaires jaunes, solubles[1].

La gérontine paraît exercer une action paralysante sur les centres nerveux, sans affecter les nerfs eux-mêmes, ni les muscles.

Lécithines.

En 1846, Gobley retira un corps complexe, qu'il nomma *lécithine,* du jaune d'œuf de poule, des œufs et de la laitance de poisson, du cerveau, du sang[2]. Depuis, on retrouva cette substance, ou des principes très analogues, dans la bile, dans les globules rouges et blancs du sang, dans la plupart des tissus animaux et même végétaux en petite quantité. On la rencontre en plus forte proportion dans une foule de graines et de racines, en particulier dans celles où l'on a signalé la névrine et la choline.

Pour extraire la lécithine du jaune d'œuf on délaye ce jaune dans de l'éther et on l'épuise par ce dissolvant tant que celui-ci se colore. La solution éthérée est évaporée, et son résidu repris par l'essence de pétrole. La partie dissoute et filtrée est agitée à plusieurs reprises avec de l'alcool à

1. V. GRANDIS, *R. Acad. dei Lincei,* 1890.
2. *Journ. de Pharmacie et de Chimie,* 3ᵉ série, t. IX, p. 5 et 81 ; t. XI, p. 409 ; t. XII, p. 5 ; t. XVII, p. 401 ; t. XVIII, p. 107 ; t. XIX, p. 406.

75° centésimaux. Cette solution alcoolique est privée d'éther
de pétrole par distillation, puis laissée quelques jours au
frais. Il s'en sépare de la cholestérine mêlée d'un peu de lécithine. La solution claire est décantée, décolorée par le noir et
évaporée vers 50° dans le vide jusqu'à consistance sirupeuse.
Le résidu est repris par l'éther; celui-ci étant évaporé,
la lécithine se sépare à l'état presque pur. On la reprend
par aussi peu que possible d'alcool absolu tiède, et on la fait
recristalliser à — 5°.

C'est une substance qui s'altère rapidement, surtout lorsqu'on la chauffe. Sous l'action des alcalis ou des acides, elle
se dédouble en donnant à la fois des acides phosphoglycérique, stéarique, oléique, margarique et de la choline,
quelquefois d'autres bases. Strecker assigne à la lécithine
qu'il a analysée la formule $C^{42} H^{84} Az P O^9$. Il la fait dériver
de l'union, avec déshydratation, des acides phosphoglycérique, oléïque et margarique à la choline :

$$Az \begin{cases} (CH^3)^3 \\ C^2H^4(OH) \end{cases} \cdot OH + C^{18}H^{33}O^2 \cdot H + C^{16}H^{31}O^2 \cdot H + PO \begin{cases} OH \\ OH \\ O \cdot C^3 H^5 (OH)^2 \end{cases}$$

Choline — Acide oléïque — Acide margarique — Acide phosphoglycérique

$$= 3H^2O + PO \begin{cases} O \cdot C^2 H^4 \cdot Az (CH^3)^3 \cdot OH \\ OH \\ OC^3 H^5 {<} \begin{matrix} C^{18}H^{33}O^2 \\ C^{16}H^{31}O^2 \end{matrix} \end{cases}$$

Lécithine

Il existe des variétés de lécithines donnant toutes de la
choline et de l'acide glycérophosphorique en se dédoublant,
mais pour lesquelles les proportions relatives d'acides
oléïque, stéarique, palmitique qui se forment sont variables,
etc., suivant que les radicaux de ces acides gras se remplacent les uns les autres en proportions différentes dans
ces molécules complexes,

L'étude des lécithines d'origine végétale due à Hoppe Seyler (1879), Schulze, Heckel, Lickiernik, Lippmann (1891) a conduit à une autre remarque très importante. Schulze et Lickiernik ont trouvé à ces lécithines végétales la même composition qu'aux lécithines animales. Mais Lippmann a observé que dans certains cas, le principal produit basique de dédoublement, la choline, pouvait être remplacé par d'autres alcaloïdes. Avec les lécithines de la betterave, par exemple, il a obtenu de l'acide phosphoglycérique, des acides gras et de la *bétaïne;* dans d'autres cas il obtenait les mêmes produits, sauf que la bétaïne était en partie ou en totalité remplacée par la choline. Les mêmes faits de coexistence des deux lécithines ont été observés pour les graines du cotonnier, ou pour l'*agaricus muscarius*. Il est très probable qu'il existe dans les divers protoplasmas et dans les noyaux cellulaires d'autres lécithines où la choline et la bétaïne sont remplacées à leur tour par des bases créatiniques, xanthiques ou autres. Ces lécithines font partie de corps plus complexes encore, tels que le *protagon* ou la *sinalbine,* qui donnent des lécithines ou de la choline parmi les produits de leur décomposition [2].

Amines acides.

La plupart des acides amidés que nous avons rencontrés dans les produits de fermentation bactérienne se retrouvent aussi dans les tissus, les glandes et les humeurs de l'économie. On a montré (p. 147) comment ces acides amidés dérivaient des albuminoïdes. Nous les avons déjà décrits

1. *Berich. chem. Gesel.*, t. XX, p. 3206.
2. Voir la *Note*, p. 125.

et nous ne faisons, pour ainsi dire, que rappeler ici leurs noms. Ce sont :

Le *glycocolle* $C^2H^3(AzH^2)O^2$. Il a été trouvé en grande quantité dans la moule comestible et chez quelques mammifères. S'il ne se rencontre que dans quelques rares cas dans l'organisme humain, c'est qu'il n'y peut rester libre : une partie s'unit à l'acide benzoïque qu'apportent beaucoup d'aliments végétaux ou qui résulte peut-être en petite proportion de l'oxydation des albuminoïdes et de quelques-uns de leurs dérivés (tyrosine); cette portion s'échappe par les urines à l'état d'acide benzoylamidoacétique ou acide hippurique; une autre partie contribue à former l'acide glycocholique, acide biliaire rejeté par le foie; une autre enfin est changée en ammoniaque, urée et acides oxygras.

On rappellera qu'il se fait du glycocolle lorsqu'on traite l'acide urique $C^5H^4Az^4O^3$ par l'acide iodhydrique :

$$C^5H^4Az^4O^3 + 3HI + 3H^2O = C^2H^5AzO^2 + 3AzH^4I + 3CO^2$$

La *sarcosine* est du méthylglycocolle $CO^2H \cdot CH^2 \cdot Az(CH^3)H$. Elle ne se rencontre pas dans l'économie, mais on peut la dériver de la créatine qui, par l'hydratation, se change en sarcosine et urée.

La *leucine* $C^6H^{13}AzO^2$, ou acide amidocaproïque, a été trouvée dans la glande thyroïde, le thymus, les glandes lymphatiques et salivaires, le cerveau, mais surtout dans le pancréas, le pus, le sang des leucocythémiques. On l'a rencontrée aussi dans celui des veines porte et sus-hépatique au cours des affections du foie. On l'a signalée dans la chrysalide du sphinx, chez les arthropodes, les écrevisses, etc.

La *butalamine*, ou *acide amidovalérique* $CO^2H \cdot C^4H^8(AzH^2)$, a été trouvée dans les produits de la digestion pancréatique, dans le pancréas lui-même, dans la levure de bière, etc.

Ces deux derniers amides semblent, comme les autres acides amidés gras, provenir de la dislocation des groupes fondamentaux qui, d'après M. Schutzenberger, entrent dans la constitution des albuminoïdes :

$$> Az \cdot CO \cdot CO \cdot Az < \begin{array}{l} CO \cdot C^4 H^8 \cdot CH^2 \cdot AzH \cdots \\ CO \cdot C^3 H^6 \cdot CH^2 \cdot AzH \cdots \end{array} + 2H^2O =$$

Groupe emprunté à la molécule d'albumine

$$\begin{array}{l} CO \diagup Az < \\ CO \diagdown \quad Az \diagup \end{array} + \begin{array}{l} OH \cdot CO \cdot C^4 H^8 \cdot CH^2 \cdot AzH^2 \\ OH \cdot CO \cdot C^3 H^6 \cdot CH^2 \cdot AzH^2 \end{array}$$

Radical oxamique   Glycocolle et butalanine

La *tyrosine* $C^9 H^{11} Az O^3$ ou *acide paroxyphenyl-α-amido- propionique* $C^6 H^4 < \left(CH^2 \cdot CH < \begin{array}{l} OH_{(1)} \\ AzH^2 \\ CO^2 H \end{array} \right)_{(4)}$ est un composé doué à la fois de fonctions acides et basiques faibles. Elle se produit chaque fois que les matières albuminoïdes sont soumises à une puissante hydratation, en particulier, sous l'action des ferments digestifs. On la trouve, accompagnant la leucine et d'autres acides amidés, dans le foie, la rate, le pancréas, le sang des veines sus-hépatiques (fig. 9). On l'a signalée chez les arthropodes et dans la cochenille.

Fig. 9. — Tyrosine.

Il n'est presque pas douteux qu'on doive la rencontrer aussi dans le règne végétal. En tous cas, on a signalé un homologue de la tyrosine, la *ratanhine* $C^{10} H^{13} Az O^3$ dans le ratanhia.

La description de la tyrosine est donnée par tous les auteurs classiques ; je ne la répéterai donc pas ici. Son *chlorhydrate* est cristallisé, très acide, dissociable par l'eau. On a pu préparer un *chloroplatinate* de tyrosine déliquescent.

La tyrosine ne paraît pas avoir d'action physiologique sensible.

La *taurine* $C^2 H^7 Az SO^3$ (ou amide éthylénosulfureux) $C^2H^4 \diagup{Az\,H^2} \diagdown{OSO^2H}$ jouit aussi de propriétés faiblement basiques. On la rencontre toute formée dans les poumons, le foie, la rate, les muscles des mollusques, les reins de la raie, l'urine du bœuf, les matières fécales, etc., mais toujours en petite quantité, quoiqu'elle se produise un peu partout dans l'économie. Elle disparaît, en effet, sous forme d'acide tauro-cholique qui s'écoule par la bile dans l'intestin. D'autre part, une partie de la taurine se convertit dans l'économie en acide iséthionique $C^2H^4 \diagup{OH} \diagdown{OSO^2H}$ et acide taurocarbamique $C^3 H^7 Az^2 S O^6$.

L'*acide kynurénique* $C^{10} H^7 Az^2 O^3$, H^2O est monobasique ; il fut découvert par Liebig dans l'urine de chien. C'est encore un corps à la fois acide et basique. Lorsqu'on le distille avec de la poudre de zinc, il donne de la quinoléine, ce qui en fait un acide carboxyquinoléique $C^9 H^5 Az (C O^2 H) (O H)$. Il cristallise en aiguilles soyeuses, solubles dans l'eau. Il peut s'unir aux acides pour former des sels.

L'*acide urocanique* a été rencontré par Jaffé dans l'urine des chiens bien portants. Il répond à la formule $C^{12} H^{12} Az^4 O^4$, $4 H^2O$. Il forme des aiguilles presque insolubles dans l'eau froide, fusibles à 212°, dédoublables un peu au-dessus de cette température, en acide carbonique et *urocanine* $C^{11} H^{10} Az^4 O$, base fortement alcaline et fluorescente.

Nous pourrions enfin ajouter à cette énumération rapide les *acides uramiques* qui, d'après E. Salkowsky, résultent de l'union, dans l'économie, des éléments de la carbimide $CO Az H$ (différant elle-même de l'urée par $Az H^3$ en moins

aux acides amidés, tels que le glycocolle, la taurine, la
sarcosine, etc., soit directement, soit avec élimination
d'eau; et l'acide *carbamique* ou plutôt le carbamate d'ammoniaque, que Nencki a signalé dans le sang après l'opération
dite de la fistule de Eck, qui a pour effet de faire directement passer le sang de la veine porte dans la veine cave,
sans que ce sang traverse le foie. Le carbamate d'ammoniaque
est très vénéneux : introduit dans la circulation, il produit
l'incapacité des mouvements volontaires, l'assoupissement,
la maladresse. A doses plus élevées, l'animal titube; il
perd la vue; il est atteint d'excitations brusques, de cata-
lepsie, d'insensibilité, de convulsions avec dilatation des
pupilles, enfin de mouvements tétaniques et d'arrêt de la respiration. Les carbamates introduits par l'estomac ne produisent pas ces effets, à moins que l'animal n'ait subi
l'opération de la fistule de Eck; dans ce cas, les phénomènes d'intoxication par ces composés se manifestent.

LEUCOMAÏNES DE CONSTITUTION INDÉTERMINÉE.

Nous décrirons dans ce paragraphe, la spermine, les
plasmaïnes, la protamine, la cystine et diverses leucomaïnes
non analysées retirées des organes des animaux.

Spermine.

Schreiner, en 1880, retira cette base du sperme des
mammifères et elle existe, en partie du moins, à l'état de
phosphate cristallisé insoluble ou peu soluble[1]. On peut

---

1. SCHREINER, *Liebig's Ann. der Chem.*, t. CXCIV, p. 68.

l'en extraire, grâce aux acides affaiblis, après avoir épuisé le sperme par l'alcool. La solution de phosphate naturel de spermine, acidulée d'acide sulfurique et traitée par l'eau de baryte, donne la base libre lorsqu'on évapore à basse température. On précipite de nouveau la spermine en saturant exactement ses solutions un peu concentrées avec de l'acide phosphorique ordinaire. Il ne tarde pas à se former ainsi un précipité cristallin caractéristique (fig. 10) d'un phosphate peu soluble qu'on lave à l'eau et à l'alcool et qu'on traite enfin par la baryte en léger excès pour mettre la base en liberté. Après avoir, grâce à quelques gouttes d'acide sulfurique dilué, enlevé à la liqueur filtrée la baryte restante, on évapore dans le vide (*Poehl*).

Fig. 10.

Phosphate de spermine d'après Poehl
(Cristaux de Charcot-Robin-Leyden).

La spermine pure ainsi séparée en partant de son phosphate ne répond pas à la formule C^2H^5Az de l'éthylénimine, ni à la formule double de la pipérazine $C^4H^{10}Az^2$ comme l'avait avancé Fraenkel et comme avaient cru l'avoir démontré Ladenburg et Abel en se fondant surtout sur des considérations théoriques. Sa formule, d'après Poehl, est $C^5H^{14}Az^2$, ou peut-être $C^{10}H^{28}Az^4$. Son *chloroplatinate* répond à $C^5H^{14}Az^2, 2HCl, PtCl^4$, ou $C^{10}H^{28}Az^4, 4HCl (PtCl^4)^2$. Voici les nombres trouvés par Poehl, et le calcul de la formule théorique :

Calcul pour
$C^5H^{14}Az^2, 2HCl, PtCl^4$

C	11,89	11,73
H	3,36	3,13
Az	5,89	5,47
Cl	» »	41,63
Pt	38,21	38,04

C'est une substance à réaction alcaline énergique, très soluble dans l'eau et dans l'alcool, insoluble dans l'éther. Elle possède une franche odeur de sperme, surtout lorsqu'elle vient d'être récemment mise en liberté. Traitée par la potasse concentrée, elle dégage de l'ammoniaque. Elle précipite par le chlorure de zinc, le tanin, les sels des métaux précieux, les acides phosphotungstique et phosphomolybdique. Elle fournit un chlorhydrate cristallisé soluble dans l'eau, cristallisable dans l'alcool et dans l'éther en aiguilles jaunes peu solubles répondant à $C^5H^{14}Az^2, 2HCl$. Elle donne un chloraurate en lames quadratiques, et un chloroplatinate soluble. Le nitrate d'argent la précipite de ses sels.

L'étude physiologique de la spermine employée à l'état de chlorhydrate, a été faite par les professeurs Poehl, Tarchanoff, Maximowitch, Weljaminoff, Joffroy, etc. Il semble résulter de leurs expériences que cette base injectée à petites doses dans l'économie possède une action dynamisante, tonifiante des nerfs.

Poehl a démontré que, sans être par elle-même un oxydant, la spermine détermine à son contact une accélération des oxydations tant minérales qu'organiques. Que l'on place dans un vase quelques gouttes de chlorure d'or très étendu et du magnésium en poudre, il n'en résulte qu'un peu de gaz hydrogène et de chlorure de magnésium; mais dès qu'on vient à ajouter une trace de chlorhydrate de spermine, aussitôt l'hydrogène se dégage abondamment et une mousse abondante d'hydrate de magnésie remplit le vase, en même temps que se dégage l'odeur du sperme humain. Le chlorhydrate de spermine dilué au 1 000ᵉ et même au 10 000ᵉ produit cet effet, et la solution, si on la filtre pour en séparer la magnésie formée, reproduit les mêmes phénomènes. D'après Poehl, à qui sont dues ces observations[1], c'est par son contact seul que la spermine favorise ainsi l'oxydation du magnésium. Il paraît en être de même des oxydations organiques : du sang *très dilué*, et même déjà en partie putréfié, additionné d'un peu de chlorhydrate de spermine, oxyde très rapidement à l'air la teinture de gayac qui bleuit à son contact comme en présence de l'eau oxygénée.

On sait que beaucoup de substances, chloroforme, oxyde de carbone, protoxyde d'azote, matières extractives de la bile, des urines, etc., diminuent le pouvoir oxydant du sang. En ajoutant à du sang mis sous l'influence de ces corps une très minime quantité de spermine, on lui restitue, d'après Poehl, la propriété de transporter l'oxygène sur les tissus. Cette aptitude de la spermine rappelle les phénomènes dits de catalyse, et mieux encore les oxydations provoquées par les ferments oxydants de Jacquet ou de G. Bertrand, d'autant que l'action de la spermine paraît, dans ces expériences, être presque indépendante de la quantité employée.

La spermine exciterait donc, d'après A. Pœhl, les oxydations organiques. Elle augmenterait les proportions d'azote complètement oxydé, diminuerait les quantités de leuco-

---

1. Voir *Compt. rend. Acad. sc.*, t. CXV, p. 130 et 518.

maïnes qui passent dans les urines et agirait ainsi comme un agent *tonique* et *nervin*. Les injections sous-cutanées de spermine amènent une sensation de force et de bien-être général. Tarchanoff appuye et confirme ces conclusions de Poehl[1] ; Weljaminoff a constaté l'effet tonique de la spermine employée préventivement au cours d'une série d'opérations chirurgicales très graves.

Les effets les plus remarquables de cette base ont été observés dans les maladies nerveuses compliquées d'anémie (*neurasthénie*) ; dans l'hémiplégie, le *tabes dorsalis*, etc. La spermine serait donc, d'après Poehl, un tonique des plus efficaces de la cellule animale et un excitant de la nutrition. Injectée sous la peau à la dose de 5 à 15 centigrammes, pendant quelques jours, son action se ferait sentir jusqu'à 10 et 15 jours après.

Plasmaïne $C^5 H^{15} Az^5$.

Outre une faible quantité de sels ammoniacaux et de triméthylamine, le sang contient encore à l'état normal des bases auxquelles R. Wurtz, qui les a signalées, a donné le nom de *plasmaïnes*[2]. La plus abondante répond à la formule $C^5 H^{15} Az^5$. Pour l'extraire, en même temps que de petites quantités d'autres alcaloïdes analogues, le sang au sortir de la jugulaire du bœuf est battu, défibriné, et jeté aussitôt dans deux fois son volume d'eau chaude acidulée de 4 millièmes d'acide oxalique, le tout est porté un quart d'heure presque à l'ébullition ; il se produit un magma

---

1. *Bull. de la soc. des médecins russes*, 7 fév. 1891.
2. R. WURTZ, *Thèse de doctorat en médecine*, Paris 1889. Ce travail a été fait dans mon laboratoire.

noirâtre qu'on exprime dans de la toile neuve lavée à l'eau bouillante. Sous l'influence de la pression, il s'écoule un liquide rougeâtre ou couleur chair. La liqueur aqueuse est distillée dans le vide à 60°. Le résidu sec est repris par de l'alcool absolu qu'on laisse plusieurs jours au contact de cette poudre en la soumettant de temps en temps au broyage. L'alcool étant distillé, il reste un nouveau résidu qu'on reprend encore une fois par de l'alcool absolu froid. Il s'empare entre autres produits des oxalates des bases. On distille encore, on sature le résidu par de la chaux éteinte et l'on reprend par l'eau. A cette solution aqueuse, qu'on mélange de son volume d'alcool, on enlève par l'acide oxalique un peu de chaux qui s'était dissoute, on concentre, puis on ajoute du carbonate de potasse tant qu'il se fait un précipité. La liqueur agitée avec de l'alcool amylique pur, lui cède une matière rouge orangée très alcaline. L'épuisement subséquent de cet alcool avec de l'eau légèrement chlorhydrique lui enlève les bases dissoutes. L'évaporation de la liqueur aqueuse acide laisse un chlorhydrate qui cristallise en rosaces et en houpes. Le *chloroplatinate* correspondant, de forme octaédrique, répond à la formule $C^5 H^{15} Az^5$, $2 HCl, PtCl^4 + H^2O$. Il est médiocrement soluble. Le *chloraurate* peu soluble se réduit rapidement. Le *chloromercurate* est insoluble.

L'auteur propose, sous toutes réserves, la formule de constitution :

$$Az H : C \diagup_{\diagdown}{\overset{Az H^2}{\underset{Az H \cdot C H}{}}} \diagup_{\diagdown}{\overset{C H^2 \cdot C H^3}{\underset{Az H \cdot C H^2 \cdot Az H^2}{}}}$$

formule où l'on voit apparaître à la fois le groupe caractéristique des guanidines, une chaîne $C H \cdot C H^2 \cdot C H^3$ apte à se détacher à l'état d'acide lactique en s'oxydant, et un groupement

Az II·C H²·Az H² pouvant donner par hydratation de la méthylamine, de l'ammoniaque et de l'urée. Il suffirait d'oxyder
ces différents groupes et de fermer les chaînes latérales en
les réunissant par la chaîne centrale à trois atomes de
carbone pour obtenir des corps de la série xanthique.

Comme il fallait s'y attendre, étant donnée son origine,
l'action physiologique du chlorhydrate de cette base est
peu marquée. Chez les grenouilles et les cobayes elle ralentit
légèrement le rythme respiratoire. Une très faible quantité
placée sur le cœur de la grenouille diminue, puis arrête
complètement ses battements, le cœur en systole; la respiration devient irrégulière, puis s'arrête; l'animal ne répond
plus aux excitations. Il suffit d'une trace de chlorhydrate
placé sur le cœur pour tuer l'animal en trente à soixante-
quinze minutes. Une dose de 5 milligrammes sous la peau
ne produit aucun effet sensible. Les cobayes ne paraissent
rien éprouver de l'injection sous-cutanée de 3 centigrammes
de chlorhydrate de plasmaïne.

Lorsque, dans la préparation de la plasmaïne, après
épuisement par l'alcool du bouillon de sang desséché à
basse pression, puis évaporation du dissolvant, on reprend
le résidu par de petites quantités d'alcool à 95° centésimaux, si l'on vient à précipiter cette nouvelle solution
par un grand volume d'éther, il reste dans la solution éthéro-
alcoolique ainsi obtenue une nouvelle base. Pour l'extraire,
on évapore cet éther alcoolique, on ajoute au résidu de
l'hydrate de chaux en poudre et l'on agite avec de l'alcool
amylique pur. L'épuisement de ce dissolvant avec de l'eau
très légèrement chlorhydrique dissout une substance, qui
par évaporation laisse un *chlorhydrate* cristallisant en
prismes courts disposés en croix. Le *chloroplatinate* est

formé d'aiguilles déliquescentes solubles dans l'eau et dans l'alcool ; le *chloraurate* est lamelleux. Un milligramme injecté sous la peau d'une grenouille fait tomber, après 5 minutes, le nombre des battements du cœur de quarante à vingt. L'excitation musculaire reste normale. Sur une grenouille de 25 grammes, 2 milligrammes de la même base suffisent à tuer l'animal ; ils arrêtent complètement le cœur en 23 minutes.

Cette seconde base n'a pas été analysée. Peut-être se confond-elle avec la névrine ou la choline.

La proportion de ces leucomaïnes dans le sang de bœuf normal ne dépasse pas 3 grammes par 100 litres.

Protamine $C^{16}H^{35}Az^9O^{11}$.

La protamine a été découverte en 1874, par Miescher, dans la laitance mûre de saumon où elle paraît combinée sous forme de nucléïne. La laitance de carpe et le sperme de taureau n'en contiendraient pas.

Pour l'extraire, la laitance de saumon recueillie en décembre, débarrassée par l'alcool de ses corps gras, de sa lécithine et de sa cholestérine, est mise à digérer durant six heures, en agitant souvent, avec de l'acide chlorhydrique à 1 %. Tout d'abord les traitements par l'eau acidulée n'enlèvent que du chlorhydrate de protamine ; de la sarcine, de la xanthine, et de la guanine se dissolvent ensuite. Les premières liqueurs acides sont neutralisées par la soude, et versées goutte à goutte dans une solution de chlorure de platine. Il se précipite, sous forme de grains cristallisés, un chloroplatinate insoluble dans l'eau et dans l'alcool. On le lave et le décompose par H^2S à chaud. Le chlorhydrate qui reste en solution est purifié par une nouvelle précipitation grâce au chlorure de platine.

La base peut être mise en liberté en traitant ce chlorhydrate par l'hydrate de plomb et reprenant par l'eau.

C'est une masse gommeuse, non volatile, soluble dans l'eau, insoluble dans l'alcool et dans l'éther, très alcaline. Elle forme avec l'oxyde d'argent une combinaison insoluble. D'après Miescher [1], elle répondrait à la formule $C^9H^{21}Az^3O^3$ et d'après Picard à $C^{16}H^{33}Az^9O^4(OH)^2$.

Cette base est douée des caractères généraux des alcaloïdes. Son chlorhydrate est très soluble et incristallisable. L'ammoniaque ne trouble pas sa solution. L'iodomercurate de potassium, le chlorure mercurique, le ferrocyanure de potassium, la précipitent.

La protamine donne avec les solutions de nucléine un précipité lourd, pulvérulent, globuleux. La matière ainsi obtenue, par la façon dont elle se comporte avec les réactifs, ainsi qu'avec le sel marin qui la gonfle, semble identique à celle qui forme la tête des spermatozoïdes. Elle renferme de 4 à 6 % de phosphore.

Leucomaïnes extraites des diverses sécrétions.

Leucomaïnes des urines normales. — On savait depuis longtemps que les urines, même normales, injectées aux animaux, surtout après concentration, produisent des troubles divers, et l'on avait supposé que dans les maladies des reins les accidents de l'urémie étaient causés par la rétention de ces substances dans le sang. On reviendra avec

1. Le produit analysé par Miescher paraît avoir été mélangé de sarcine et de guanine.

détail sur la toxicité des urines dans la *III° Partie* de cet Ouvrage. En 1882, Bocci concluait de ses expériences que l'urine humaine normale jouit de propriétés toxiques comparables à celles du curare, propriétés d'intensités variables suivant l'alimentation, le moment de la journée, l'exercice ou le repos, la pleine ou la médiocre santé.

On a longtemps cherché à définir la cause de la nocivité des urines. Leur toxicité a été successivement attribuée à l'urée, à l'acide urique, aux matières colorantes, aux substances extractives, aux sels de potasse. En 1879, G. Pouchet, dans sa thèse de doctorat sur les *matières extractives des urines,* démontrait que les substances non dialysables et incristallisables des urines sont très toxiques. Il parvint à en séparer une minime quantité d'un alcaloïde dont le *chlorhydrate* se présente en pinceaux de fines aiguilles groupées autour d'un point. Cet alcaloïde précipitait en blanc jaunâtre le réactif de Nessler qu'il ne réduit pas, formait un *chloroplatinate* cristallisé en larges prismes orthorrhombiques jaune d'or, solubles dans l'eau, insolubles dans l'alcool; un *chloraurate,* en longues aiguilles jaunes très solubles dans l'eau. G. Pouchet ne caractérisa pas davantage cette base. Quelque temps après je démontrai que cet alcaloïde appartient à la classe des ptomaïnes que j'avais découvertes peu d'années auparavant. Je reconnus aussi qu'il doit être rattaché aux bases pyridiques. Il peut provenir des tissus, ou avoir été résorbé dans le tube intestinal aux dépens des matières fécales en putréfaction.

En 1884, M. G. Pouchet[1] reprenant ses anciennes études parvint à extraire des urines, en les précipitant par le tanin, une nouvelle substance alcaloïdique dont le chloro-

---

1. *Monit. scient. de Quesneville,* 1884, p. 253.

platinate conduit à l'une ou l'autre des formules $C^7H^{12}Az^4O^2$ ou $C^7H^{14}Az^4O^2$.

A l'époque où je publiais mes premières recherches sur les alcaloïdes des tissus normaux, M. Bouchard reprenant à son tour la question du poison des urines[1] arrivait aussi à cette conclusion que cette excrétion contient, même à l'état normal, des produits alcaloïdiques. Il résumait son Mémoire dans les conclusions suivantes :

« Il existe à l'état normal des alcaloïdes dans le corps des individus vivants.

« Ces alcaloïdes sont fabriqués dans le tube digestif et sont vraisemblablement élaborés par des organismes végétaux, agents de la putréfaction intestinale.

« Les alcaloïdes des urines ne sont qu'une partie des alcaloïdes de l'intestin, absorbés à sa surface et éliminés par les reins.

« Les maladies qui augmentent la putréfaction intestinale augmentent par ce procédé les alcaloïdes de l'urine.

« Tout en considérant comme probable que les sels alcaloïdes peuvent, dans certaines maladies infectieuses, avoir pour origine les microbes répandus dans les tissus ou dans les tumeurs, il paraît certain que dans la fièvre typhoïde une partie des alcaloïdes urinaires, au moins, soit de provenance intestinale. »

Aujourd'hui nous savons, par mes recherches sur les alcaloïdes normaux de l'organisme, recherches déjà en partie faites avant celles que je viens de mentionner, que ces conclusions sont trop étroites, et que les leucomaïnes se forment dans toute cellule qui vit et fonctionne, et sans qu'intervienne dans les tissus aucun microbe. Tout

1. BOUCHARD, *Revue de médecine*, 1882, p. 825.

en admettant qu'une petite quantité des alcaloïdes putréfactifs de l'intestin sont absorbés à la surface de cet organe[1],
nous avons toujours pensé que la majeure partie de ceux
que l'on extrait des tissus normaux, et en particulier les
alcaloïdes oxygénés, n'ont pas cette origine.

Il ne faudrait pas croire que l'action toxique des urines
soit attribuable à une seule substance, ni même tout particulièrement aux composés alcaloïdiques. Nous verrons dans
la *IIIe Partie* que les sels de potasse, les matières extractives
non alcaloïdiques, et certaines toxines à fonctions chimiques
mal définies, sont les principes les plus actifs de cette excrétion. C'est ce qu'avaient déjà établi, en 1879, pour les
matières organiques, les expériences de G. Pouchet, et ce
qu'ont indirectement confirmé les essais de M. Villers. Il
a montré, il est vrai, par une méthode insuffisante[2], que les
alcaloïdes n'existent que rarement dans les urines normales,
au moins en quantités sensibles ; huit fois sur dix chez les
hommes bien portants il ne les a pas trouvés ; mais que
survienne une légère bronchite, le moindre malaise, et ces
alcaloïdes vénéneux apparaissent, plus ou moins abondants.

Au cours des états pathologiques les urines deviennent
plus toxiques grâce à ces produits extractifs indéterminés.

1. E. Roos a trouvé de la putrescine et de la cadavérine dans les urines
de deux malades atteints de malaria grave avec troubles gastriques. Ces
deux substances, très probablement d'origine intestinale, étaient, chose
remarquable, accompagnées de cystine.

2. Il concentrait les urines, les reprenait par l'alcool, évaporait ce
dissolvant et reprenait encore une fois le résidu par l'alcool fort. Il dé-
plaçait alors, de ce second extrait, les substances alcaloïdiques par un
carbonate alcalin, agitait avec de l'éther, ajoutait une goutte d'acide
chlorhydrique et évaporait. Le chlorhydrate des alcaloïdes restait comme
résidu. On voit que par cette méthode les bases non déplacées par le
carbonate alcalin et non solubles dans l'éther ne sont pas recueillies. La
même observation doit être faite *à fortiori* à la méthode suivie en 1882
par M. Bouchard.

partie résiduaire incomplètement oxydée des substances protéiques, grâce aussi à l'exagération des substances alcaloïdiques qui s'y rencontrent dès que les oxydations normales sont entravées. D'après Salkowsky, chez les leucémiques, la sarcine augmente beaucoup dans les urines. De la xanthine et de l'hypoxanthine, en quantités relativement considérables, ont été extraites par G. Pouchet des urines de la pachyméningite cervicale hypertrophique et du tabès. Il a trouvé dans ces cas de 8 à 15 centigrammes de ces substances par litre, alors qu'à l'état normal les urines n'en contiennent que 1 centigramme. D'ailleurs, d'une façon générale, les bases xanthiques augmentent dans les urines des fiévreux et des malades atteints de maladies nerveuses.

Il n'en est plus de même des bases créatiniques. En 1860, Schottin[1] avait établi déjà que dans l'urémie la créatinine diminue dans les urines et s'accumule dans le sang, devenant ainsi, en partie du moins, la cause des troubles qu'on observe. Chalvet arrivait aux mêmes conclusions pour les matières extractives; elles *diminuent dans les urines des urémiques*. Au cours de la fièvre typhoïde, les muscles et les exsudats se chargent de ces substances, mais elles passent aussi dans les urines. Munck a montré que la créatinine urinaire augmente dans cette maladie, aussi bien que dans la pneumonie, et qu'elle diminue au contraire au moment de la convalescence. Hoffmann était arrivé aux mêmes conclusions pour les fièvres en général.

Il en est de même de la fatigue excessive et du tétanos, qui font augmenter du simple au double le poids de la créatinine urinaire (*Senator, Sarokin*).

---

1. *Arch. der Heilkunde* 1860 — *Kreatin und Kreatinin durch Harn und Transudats.*

Reprenant et complétant ces études, en 1882, M. Bouchard établit qu'en général les urines récemment émises par les fiévreux fournissent des extraits bien plus toxiques que les urines normales. A ce point de vue, il étudia les urines de la pneumonie, de la pleurésie infectieuse, de la fièvre typhoïde, de la néphrite infectieuse, de la diarrhée, etc. Il démontra que l'exagération de cette toxicité ne tient pas aux alcaloïdes seuls ; qu'ils sont accompagnés de produits toxiques non alcaloïdiques et cependant très actifs, et de sels de potasse qui agissent pour leur propre compte.

Dans quelques cas, on a observé dans les urines la cystine $C^5 H^7 Az S O^2$ à l'état de dépôts blanchâtres ou même de dissolution ; très rarement sous forme de calculs. On ne saurait dire dans quelles conditions se produit ce corps sulfuré très faiblement basique. On l'a rencontré chez les sujets anémiés, affaiblis, chez ceux où le foie fonctionne mal, et, chose remarquable, chez des individus en apparence pleins de santé appartenant à la même famille ; comme si l'aptitude à former de la cystine se transmettait héréditairement.

Udransky et Baumann, ayant trouvé dans les urines des cystinuriques de la tétraméthylènediamine (putrescine), et de la pentaméthylènediamine (cadavérine), ont pensé que peut-être la cystine qui accompagne ces deux ptomaïnes était, comme elles, d'origine microbienne [1]. On a observé enfin la cystine dans les urines des malariques dans quelques cas graves.

Liquide amniotique. — MM. Mouron et Schlagdenhauffen ont trouvé, en 1883, dans le liquide amniotique recueilli par ponction au moment de l'accouchement, une petite quantité

1. *Bull. Soc. chim.*, t. III, p. 469.

d'alcaloïdes bien caractérisés en tant que bases, mais qu'ils n'ont pu reconnaître.

Gaz expirés. — En 1887, MM. Brown-Séquard et d'Arsonval essayèrent de déterminer la nature du poison contenu dans l'air rejeté par les poumons. On sait que l'air confiné, même privé d'acide carbonique en excès, est dangereux à respirer. D'après les auteurs précédents, il contiendrait une substance nettement alcaloïdique, bleuissant le tournesol, réduisant le nitrate d'argent ammoniacal et le chlorure d'or. Les expériences physiologiques les plus intéressantes ont été faites par eux avec le liquide de condensation des gaz expirés. En les injectant sous la peau d'un lapin vigoureux à la dose de 4 à 8 grammes, on observe une faible dilatation pupillaire, une diminution du nombre des mouvements respiratoires, une tendance à la paralysie, surtout du train postérieur, un abaissement rapide de la température variant de 0°,5 à 4° ou 5°. A dose plus élevée (20 à 25^{gr}), l'animal est pris de convulsions généralisées, il se recroqueville, se plie en deux comme pris de coliques ; la faiblesse s'accentue de plus en plus, les pupilles se dilatent ; il y a du nystagmus ; enfin une diarrhée cholériforme s'établit et persiste jusqu'à la mort. A l'autopsie, les viscères sont congestionnés, souvent ecchymosés, avec foyers hémorrhagiques. On ne trouve ni embolie ni infarctus. Les urines sont quelquefois albumineuses, mais jamais sucrées.

Rien ne démontre que ces troubles fonctionnels graves sont attribuables à des composés alcaloïdiques. R. Wurtz, dans mon laboratoire, n'en a jamais trouvé que des traces dans les produits de condensation de l'air expiré, bien exempts, au moyen d'un diaphragme de coton ou d'étoffe, de salive ou d'autres matières empruntées aux parois de la bouche ou du pharynx.

Leucomaïnes indéterminées trouvées dans divers organes.

Œuf ; Sperme. — On a déjà dit que le jaune d'œuf contient à l'état normal une très petite quantité de névrine ;
du moins cette substance apparaît-elle dès qu'on soumet
ce jaune à l'action des réactifs nécessaires pour l'extraction
des alcaloïdes.

On sait que le sperme humain, et celui de la plupart
des mammifères, contient de la spermine ; et qu'on trouve
dans les laitances des poissons diverses bases qu'accompagnent les corps xanthiques, en particulier la protamine de
la laitance de saumon (p. 289).

Cerveau. — Le cerveau humain ou celui des bovidés est
très pauvre en alcaloïdes. La Commission Italienne chargée
au point de vue médico-légal de la recherche de ces substances dans les organes des animaux sains, ne put extraire
de 3700 grammes de cerveau de bœuf frais que des traces
d'une substance alcaloïdique. Il semble pourtant que Brieger
ait isolé du cerveau de l'homme une assez forte proportion
de choline et de neuridine ; mais on peut se demander si
ces bases y préexistaient, et si elles ne sont pas plutôt dues
à l'action de réactifs acides employés.

Foie. — Le foie traité par les méthodes habituelles ne
donne que très peu d'alcaloïdes. En traitant par le bicarbonate de soude la totalité des extraits basiques qui en proviennent, la *Commission Italienne* sus-visée enleva par
l'éther une leucomaïne qui forme un chlorhydrate dont les
solutions acides sont fluorescentes en violet, leucomaïne
qui réduit le ferricyanure de potassium, précipite par l'iodomercurate de potassium, et donne des combinaisons jaunes

cristallines, peu solubles, avec le chlorure d'or et le chlorure de platine. Une seconde base formant un chloraurate jaune pur paraît devoir se confondre avec la névrine.

Dans les nombreux traitements que j'ai faits sur une très grande échelle pour savoir si des alcaloïdes préexistent dans le foie de morue frais, ou si ceux qu'on rencontre plus tard dans les huiles de ce poisson se produisent par un phénomène de fermentation ou de dédoublement consécutif, j'ai observé qu'on ne trouve dans cet organe que des traces d'alcaloïdes, probablement de névrine, lorsque le foie vient d'être enlevé à l'animal et même, durant l'hiver, quelques jours encore après. Les leucomaïnes qui accompagnent ces traces de produits basiques sont celles que l'on rencontre dans les autres tissus, et dont nous avons parlé plus haut à propos des muscles : créatine, crusocréatinine, xanthocréatinine, guanine, xanthine, sarcine, adénine, etc.

Rate. — En 1885, M. Morelle parvint à extraire, dans mon laboratoire, des rates de bœuf, et par les méthodes que j'ai indiquées (p. 57 et suiv.), un alcaloïde donnant un chlorhydrate cristallisable en aiguilles déliquescentes ; un chloroplatinate qui cristallise en tétraèdres à angles abattus ; un chloraurate en faisceaux d'aiguilles arborescentes.

La rate traitée comme pour l'extraction des alcaloïdes par de l'eau très légèrement acidulée, donne une solution, et par évaporation, un résidu qui repris par l'alcool laisse une partie insoluble et une soluble. La partie insoluble reprise par l'eau et injectée aux grenouilles produit tout d'abord chez elles une excitation généralisée, puis la fatigue et l'immobilité ; les autres fonctions ne paraissent pas atteintes. L'extrait soluble dans l'alcool jouit de propriétés toxiques. Il provoque comme l'extrait aqueux, mais plus rapidement que lui, une excitation générale bientôt suivie de collapsus et de perte de sensibilité. Les nerfs ne répondent plus aux excitations électriques : l'animal succombe rapidement dans un état congestif qui part du point injecté et s'étend aux autres organes ; il y a des ecchymoses sous-pleurales et une infiltration de sang dans les reins, la rate et le foie.

Ces phénomènes sont-ils dus aux leucomaïnes seulement ? Cela ne nous paraît pas probable, et nous savons que le foie, comme la rate, quoiqu'ils ne contiennent pas d'autres leucomaïnes que les bases que l'on trouve dans les muscles et beaucoup d'autres organes, fournissent, grâce à leurs toxines, des extraits très actifs.

Sang. — Nous avons vu qu'il contient, en petite quantité, une base peu toxique, la *plasmaïne*, accompagnée d'une minime proportion de névrine signalée déjà par divers auteurs.

Dans les divers *états morbides* les leucomaïnes toxiques paraissent s'accumuler dans les organes. Villiers a isolé des poumons, du foie et des reins d'enfants morts de bronchopneumonie survenue au cours de la rougeole ou de la diphtérie, deux alcaloïdes liquides et volatils, dont l'odeur provoque l'éternuement. Leur saveur est caustique. L'éther les enlève à leur solution aqueuse préalablement traitée par le bicarbonate de soude. Leurs chlorhydrates sont cristallisés. Ils précipitent par l'iodomercurate de potassium et par le sublimé, ainsi que par l'eau bromée, mais non par le chlorure de platine, le tanin ou l'acide picrique.

Des divers organes de cholériques, et particulièrement de leurs intestins, le même auteur est parvenu à extraire un alcaloïde à réaction alcaline, de goût âcre, d'odeur d'aubépine, dont les sels ne sont pas décomposés par le bicarbonate de soude. Son *chlorhydrate* est neutre, il cristallise en longues aiguilles fines et déliquescentes. Ses sels précipitent par l'iodure de potassium et de mercure, le sublimé, le tanin, l'eau bromée, l'acide picrique. Cette base donne un *chloraurate* peu soluble, blanc jaunâtre; un *chloroplatinate* soluble. Elle ne précipite que lentement le bleu de Prusse par la réaction qui caractérise généralement les ptomaïnes.

Injecté sous la peau d'une grenouille à la dose de 2 milligrammes, cet alcaloïde n'occasionne qu'un ralentissement passager des battements cardiaques et quelques secousses musculaires fugitives. La mort ne survient qu'après quatre jours. La surface pulmonaire est ecchymosée; le cœur est en diastole et plein de sang.

Tous ces faits doivent être signalés en passant. Il est regrettable toutefois que les auteurs n'aient pas complété leurs expériences en isolant les alcaloïdes qu'ils ont entrevus en quantité suffisante pour en faire connaître la composition et essayer de les identifier avec les bases déjà connues.

TROISIÈME PARTIE

LES TOXINES

CHAPITRE PREMIER

Définition des Toxines. — Leur nature. — Distinction et séparation des Toxines et des Ptomaïnes.

Dès qu'on eut remarqué que les matières vénéneuses originaires des microbes ne paraissaient pas toujours être de nature alcaloïdique, un nom nouveau, celui de *toxines*, qui se borne à indiquer leur caractère offensif, fut attribué aux substances toxiques autres que les poisons basiques issus des êtres anaérobies.

Plus tard on observa que, chez les animaux, certaines glandes produisent aussi des poisons très actifs, tels que les venins ; que les matières dites *extractives* que l'on retire des tissus et des humeurs normales sont douées de propriétés vénéneuses; que les végétaux phanérogames peuvent fournir quelquefois des substances douées des propriétés des poisons non alcaloïdiques sécrétés par les microbes, etc., et l'on généralisa ce nom de *toxines*. Aujourd'hui l'on doit comprendre sous cette dénomination l'ensemble des substances organiques, à caractères chimiques mal déterminés, qui n'agissent le plus souvent sur l'économie qu'après un certain temps, à la suite d'une sorte d'incubation, et qui sont aptes à provoquer dans l'organisme des modifications profondes, plus ou moins durables, de la nutrition et de la santé.

Les microbes réagissent sur nous par les matières qu'ils sécrètent. C'est là une vérité actuellement admise à peu près par tout le monde, mais qui n'est pas venue d'emblée et comme tout naturellement à l'esprit. Au moment où Pasteur faisait les mémorables découvertes qui nous ont révélé le monde nouveau des microbes et qui nous ont appris à cultiver, sélectionner, atténuer ces agents, à les transformer en vaccins, l'illustre savant émettait diverses hypothèses pour essayer d'expliquer la surprenante activité des bactéries pathogènes. Il attribuait successivement les désordres qu'elles provoquent à une sorte de traumatisme des tissus et des vaisseaux, à des embolies occasionnées par l'incroyable rapidité de leur multiplication, aux épanchements séreux et sanguins qu'elles entraînent, à une action asphyxique, etc. Avant cette époque, Panum avait cependant remarqué que la cause de la plupart des accidents de la septicémie putride paraissaient attribuables à un poison chimique, résistant à l'action de la chaleur et soluble dans l'eau (p. 5). Mais rien n'avait été dit de bien précis au sujet de ce poison (Voir p. 9); en particulier, aucune explication de son origine n'avait été tentée, ni même conçue, par le savant danois. Aussi les observations de Panum, depuis longtemps méconnues, sinon oubliées, ne prirent de l'importance qu'à la suite de la découverte des ptomaïnes. En 1874, mes premières recherches sur les produits de l'altération des albuminoïdes par les microbes anaérobies établirent définitivement que la vénénosité des cultures bactériennes et des extraits de cadavres putréfiés tient, en partie du moins, à de vrais poisons chimiques, à ces alcaloïdes putréfactifs que sécrètent les microbes anaérobies. Ces ptomaïnes, ces poisons chimiques, je les isolais alors pour la première fois d'une façon définitive, je les séparais à l'état de composés définis et cristallisés et je démontrais directement à la fois leur réalité, et leur rôle dans la vénénosité des microbes qui les forment.

Il ne s'agissait pas alors, il est vrai, d'étudier plus particulièrement le poison des bactéries ou des vibrions de telles ou telles maladies spécifiques, mais il restait établi définitivement par ces expériences que les microbes anaérobies, les bactéries putréfactives, dont l'action sur l'économie est essentiellement pathogène et provoque entre autres maladies la septicémie, doivent leur puissance aux poisons chimiques qu'ils excrètent[1].

---

1. Voir *Historique* (p. 10 et suivantes). — « L'action nuisible des produits bactériens, dit M. BOUCHARD (*Action des produits sécrétés par les microbes pathogènes*, hommage à la Faculté de Médecine de Montpellier à propos de son 6e centenaire, Paris, 1888, p. 8), « affirmée sans preuves par Tous-« saint le 16 avril 1878; formulée hypothétiquement par Chauveau le 10 no-« vembre 1879, a reçu un commencement de démonstration quand Pas-« teur, le 3 mai 1880, provoqua des symptômes morbides, et en particulier « le pelotonnement et la somnolence, par l'injection d'un extrait de cul-« ture du choléra des poules. »
Dans cette note à l'*Académie des Sciences* relative au *choléra des poules* (*Compt. Rend.*. t. XC, p. 1030), que vise ici M. Bouchard, on peut voir quels étaient, encore en 1880, les doutes de Pasteur au sujet du mécanisme des effets nocifs des microbes. « *Par les actes de sa nutrition*, dit

En 1881 et 1883, généralisant ces premières recherches, j'examinai les matières extractives de l'organisme, la salive, les urines, les ferments, les venins, et j'observai que les cellules de nos tissus peuvent aussi produire, même à l'état

« Pasteur (p. 1031), *le microbe fait la gravité de la maladie et amène la mort.*
« On peut aisément le comprendre ; le microbe est aérobie, il absorbe pen-
« dant sa vie de grandes quantités d'oxygène... Tout annonce que cet
« oxygène nécessaire à la vie, il le prend aux globules sanguins, à tra-
« vers les vaisseaux, et la preuve en est que l'on voit la crête des ani-
« maux malades devenir violacée. Ce genre d'asphyxie serait un des
« traits les plus curieux de la maladie qui nous occupe. Quoi qu'il en soit,
« l'animal meurt par les désordres profonds qu'amène la culture du para-
« site dans son corps ; par la péricardite et autres épanchements; séreux
« par les *altérations dans les organes internes,* par l'*asphyxie ;* mais l'acte du
« sommeil correspond à un produit né pendant la vie du microbe agissant
« sur les centres nerveux : *L'indépendance des deux effets* (sommeil et
« asphyxie) *dans les symptômes de la maladie est établie encore par cette
« circonstance que l'extrait d'une culture filtrée du microbe endort les poules
« vaccinées au maximum.* »

On voit par cette citation que Pasteur, en 1880, tout en reconnaissant que les produits solubles des cultures du choléra des poules provoquent certains symptômes de cette maladie, tels que le sommeil, attribue les désordres qui caractérisent cet état morbide à la désorganisation du sang, à l'asphyxie, aux altérations des organes internes, et qu'il insiste sur l'*indépendance* des effets provoqués par les produits solubles de culture du microbe, effets qui se reproduisent même chez les poules vaccinées, et qui ne sont pas conséquemment, dit-il, *les désordres essentiels de la maladie.*

Je ne puis donc être de l'avis de M. Bouchard en ce qui concerne l'antériorité des idées de Pasteur relativement à l'importance des sécrétions microbiennes dans la genèse des accidents morbides des maladies infectieuses. L'explication formelle du mécanisme chimique de l'action nocive des microbes n'est venue qu'après mes observations et celles de Selmi, sur la production des ptomaïnes et leur rôle en pathogénie.

En ce qui touche M. Chauveau, ce qui lui revient dans cette doctrine de la virulence, c'est d'avoir le premier démontré que dans les virus ce sont les particules figurées et non les parties solubles, albuminoïdes ou autres, qui constituent l'élément essentiel, spécifique, virulent et vivant. Il a fait cette démonstration, dès 1868, pour le virus vaccinal, pour ceux de la morve et de la variole ou clavelée. Pour lui, l'élément figuré est la partie active qui transmet et reproduit la maladie. (Voir *Compt. Rend. Acad. sciences,* t. LXVI, p. 289; t. LXVII, p. 746, et t. LXVIII, p. 828.) Il faut remarquer cependant que, déjà en 1866, Pasteur avait démontré l'influence des corpuscules de la *pébrine* dans la transmission de cette maladie aux vers à soie.

normal, des matières toxiques plus ou moins analogues aux ptomaïnes. En 1874, déjà, sans faire de ces substances extractives ou de ces ferments un examen plus approfondi, je les avais comparées aux venins de serpents[1]. Plus tard, étudiant ces venins eux-mêmes[2], je faisais remarquer qu'ils ne doivent pas leur principale activité à des alcaloïdes, mais bien à des principes azotés encore mal définis, analogues à ceux que l'on trouve dans les extraits, incristallisables des urines et de la plupart des sécrétions normales. Ces poisons, sécrétés par les microbes, par les glandes, par les animaux venimeux, par les cellules de nos tissus, qu'ils soient alcaloïdiques ou non, étaient pour moi dès cette époque les agents chimiques grâce auxquels se produisent les troubles fonctionnels et se généralise l'état morbide[3].

1. J'écrivais alors : « Il se produit dans l'économie, aux dépens des ma« tières albuminoïdes, des substances que l'on a confondues avec elles…
« Je veux parler des divers *ferments solubles* ou *diastases* telles que la *pepsine,*
« la *ptyaline,* les *ferments du pancréas,* etc. Ces dérivés ne sont ni la com« position, ni les propriétés générales des matières albuminoïdes. J'ai
« réuni dans le Tableau suivant les quelques analyses qui existent de ces
« singulières substances, ainsi que celles d'un venin et de deux ferments
« végétaux des plus remarquables, l'émulsine et la levure (*Suit le tableau*
« *d'analyse*).… On voit que toutes ces matières ont une composition très
« analogue et, remarque très intéressante faite par J.-B. Dumas, le venin
« des serpents contient les mêmes éléments qu'elles et presque dans les
« mêmes proportions, comme le témoigne l'analyse du venin du Cobra
« que nous avons inscrite au tableau ci-dessus. » (A. GAUTIER, *Chimie
appliquée à la physiologie,* etc., t. I, p. 266. Paris, 1874.)
2. *Bull. de l'Acad. de méd.* (1888), 2ᵉ série, t. X, p. 947 et 776.
3. A propos de mes recherches sur les ptomaïnes et les leucomaïnes, essayant, en 1881, d'expliquer la genèse de l'état morbide, je disais : « Si donc la vie intime de cette partie des cellules animales groupées en tissus et vivant sans oxygène emprunté à l'air est semblable, par la façon dont elle assimile et désassimile la matière organique, à la vie des ferments anaérobies, nous devons dans nos produits d'excrétion, observer les substances mêmes que l'on trouve dans les fermentations anaérobies des mêmes matières albuminoïdes, c'est-à-dire dans les fermentations putrides. Nous retrouvons, en effet, dans nos sécrétions, et

Cette doctrine qui ne visait jusque-là que le mécanisme général grâce auquel s'établit la maladie allait se préciser davantage.

En 1878, M. Toussaint émettait l'opinion que la bactéridie charbonneuse doit ses propriétés spéciales à une matière phlogogène sécrétée par ce microbe. M. Chauveau faisait la même hypothèse en 1879. Ce n'était encore qu'une théorie; elle attribuait au microbe spécifique de l'affection charbonneuse la fonction de produire quelques-uns de ces poisons chimiques dont j'avais démontré la réalité pour d'autres microbes pathogènes, les bactéries putréfactives en particulier. Un pas plus décisif fut fait, en 1880, par Pasteur : il montra que l'extrait filtré des cultures du bacille du choléra des poules injecté à ces oiseaux les fait tomber dans un état de somnolence qui *rappelle l'état des animaux auxquels on a inoculé directement le virus.* Il est vrai que M. Pasteur se hâta de faire observer que cette somnolence n'était pas un symptôme essentiel de cette affection, *car, dit-il, elle frappe aussi les animaux vaccinés au maximum contre cette maladie* (voir Note p. 303). Mais cette importante observation n'en resta pas moins acquise.

presque exclusivement, l'ensemble des produits de la putréfaction proprement dite... Et comment dès lors ne pas s'attendre à rencontrer dans les urines, le sang, les liquides de nos glandes ou de nos tissus ces autres produits si importants de la putréfaction, ces alcaloïdes organiques toxiques dont l'histoire sommaire fait le sujet de ce Mémoire? Je viens, en effet, de les signaler dans les urines, les venins, la salive, et l'on ne peut manquer de les retrouver dans les liquides musculaires, les sécrétions glandulaires, le sang, où ils paraissent s'accumuler dès que les reins, la peau, le tube digestif ne ne les éliminent plus. En agissant alors sur les centres nerveux, ces principes deviennent l'origine d'une suite de phénomènes d'ordre pathologique qui se déroulent et se succèdent nécessairement, et dont l'ensemble contribue à former le tableau de chaque maladie. » (A. GAUTIER, *Journal d'anatomie et de physiologie de Ch. Robin*, septembre-octobre 1881, p. 361.)

La démonstration expérimentale de cette importante vérité, incontestée aujourd'hui, que les microbes pathogènes occasionnent, par les produits spécifiques qu'ils sécrètent et versent dans les organes, l'ensemble des troubles qui caractérisent les maladies correspondantes, demandait à être encore précisée et complétée. Le mérite en revient à M. Charrin. Il établit, en 1887, que si l'on injecte chez le lapin des cultures du bacille pyocyanique préalablement stérilisées par le filtre ou la chaleur, on reproduit chez cet animal *tous les troubles que l'on observe lorsqu'on inocule avec prudence et directement le virus lui-même riche en bacilles vivants.* Dans les deux cas, on voit apparaître la diarrhée, l'albuminurie, la fièvre, l'amaigrissement, une paralysie spasmodique, sans lésions apparentes, y comprise celle de la vessie. M. Bouchard rendit cette démonstration tout à fait définitive en montrant que les urines des animaux atteints de la maladie pyocyanique (urines, qu'il reconnut dépourvues de tout microbe) reproduisent, chez les animaux auxquels on les injecte, l'ensemble des symptômes caractéristiques de cette même affection. Le poison chimique circule donc dans l'organisme, et sa présence suffit, à l'exclusion de l'élément figuré et vivant, pour faire éclater tous les troubles qu'occasionnerait le microbe lui-même.

La découverte des ptomaïnes et des produits nocifs qui les accompagnent, avait établi avec certitude la formation de poisons chimiques par les microbes putréfactifs et infectieux ; celle des leucomaïnes, et l'étude des venins, avait montré que les cellules de l'économie elle-même peuvent produire des composés nuisibles de nature diverse et contribuer au développement des désordres pathologiques. Les observations de Charrin établissaient à leur tour définitivement que l'on peut reproduire tous les symptômes de la maladie pyocyanique en injectant dans le sang ou sous la peau, les produits filtrés et stérilisés du microbe correspondant, et que par conséquent les désordres observés dans cette maladie sont bien dus, et dus seulement à l'empoisonnement de l'économie par les produits solubles sécrétés ou formés par le microbe spécifique. La démonstration était désormais complète, du moins pour ce cas particulier. Elle fut partiellement généralisée lorsqu'en 1888, MM. Chantemesse et Widal en firent aussi preuve pour le virus de la fièvre typhoïde; MM. Roux et Yersin pour celui de la diphtérie dans le remarquable travail qu'ils publièrent la même année[1].

On est allé plus loin : on a pu expliquer à son tour, par l'action des substances pyrétogènes sécrétées par les microbes, le phénomène de la fièvre dont on avait jusque-là vainement tenté d'éclairer le mécanisme. On sait aujourd'hui depuis les expériences de Panum et surtout de Chauveau relatives aux effets pyrétogènes des produits putrides que beaucoup de substances toxiques microbiennes peuvent provoquer l'élévation de la température et l'état fébrile. Depuis, on a fait la remarque que ces effets sont dus en partie à certains alcaloïdes putrides, particulièrement à ceux que l'éther dissout[2]. La mydaléine de Brieger, les produits toxiques stérilisés du bacille pyocyanique (*Charrin* et *Ruffer*, 1889), la vératrine, et même les extraits de muscles sains injectés aux animaux produisent la fièvre. Enfin M. Roussy établit,

---

1. Voir *Annales de l'Institut Pasteur*, t. II, p. 632 et t. VIII, p. 611.
2. GIANETTI et CORONA ont fait cette observation en 1880. Ces alcaloïdes peuvent élever la température de plus de 2 degrés en même temps qu'ils accélèrent beaucoup les battements cardiaques.

en 1888, que diverses levures, et particulièrement la levure de bière, contiennent aussi des substances pyrétogènes, qui ne sont autres que les *ferments solubles* spécifiques que sécrètent ces organismes. Cette démonstration que la matière essentiellement pyrétogène est, dans un grand nombre de cas, un *ferment soluble* (l'*invertine*, s'il s'agit de la levure de bière et de diverses moisissures), était un pas décisif fait dans cette question intéressante de l'origine de la fièvre. Nous y reviendrons.

Ce rapide historique nous conduit aux conclusions suivantes :

Les microbes infectieux agissent sur l'organisme par les produits vénéneux, ou *toxines,* qu'ils sécrètent.

Ces produits sont des poisons chimiques aptes à être filtrés, précipités, redissous. Ils sont analogues aux principes actifs de venins et aux matières dites *extractives* de nos excrétions.

Ces toxines sont généralement complexes : elles se composent d'une faible proportion de matières alcaloïdiques accompagnées de produits azotés très actifs, intermédiaires, ainsi que nous le verrons, entre les alcaloïdes véritables et les matières albuminoïdes, et jouissant souvent du pouvoir diastasique.

Les toxines sécrétées *in vitro* sont, ou peuvent être, de même nature que celles que forme le microbe pathogène lorsqu'il se développe dans l'organisme vivant lui-même.

Certaines toxines sont produites par les organismes sains, tels que les muscles et diverses glandes, ou formées par des êtres non infectieux, tels que la levure de bière.

Parmi ces toxines il en est qui excitent la fièvre. De ces substances pyrétogènes les mieux connues sont les alca-

loïdes putréfactifs solubles dans l'éther, la mydaléine, la vératrine, et surtout l'*invertine*, principe qui jouit des propriétés
des diastases ou ferments solubles, et qui constitue un type
particulier très remarquable et très répandu de substances
pyrétogènes, la fièvre paraissant être due, dans la majo-
rité des cas, ainsi qu'on le verra, à l'extravasation dans le
sang de zymases de cette nature.

LA NATURE DES TOXINES.

Par leur origine albuminoïde, les toxines proprement dites
se relient aux ptomaïnes et aux leucomaïnes. Elles s'en
rapprochent aussi, comme on va le voir, par leurs caractères chimiques généraux et par la présence constante de
l'azote parmi leurs éléments.

Mais il est nécessaire de faire tout de suite une distinction entre les diverses substances vénéneuses, qu'elles
soient d'origine microbienne ou animale.

Au cours de mes recherches sur les venins de serpents,
sur les extraits urinaires, sur les matières extractives du
muscle, j'ai montré que les produits nocifs originaires des
êtres vivants se composent, en général, de deux parties
principales, l'une *alcaloïdique*, les ptomaïnes ou les leucomaïnes, l'autre douée de propriétés qui les rapprochent plutôt
des albuminoïdes, ou du moins de leurs plus prochains dérivés, et que l'on ne saurait qu'indirectement réunir à la
classe des alcaloïdes. Ces dernières substances, ainsi que je
l'ai fait remarquer depuis longtemps à propos des matières extractives des urines (1874) ou des produits qui se
forment en même temps que les ptomaïnes, sont souvent

plus actives sur l'économie que les principes alcaloïdiques qui les accompagnent[1]. En terminant la communication *sur les ptomaïnes et les leucomaïnes* que je présentais à l'Académie de médecine le 19 janvier 1886, je disais : « Ce Mémoire est consacré surtout à l'étude des alcaloïdes animaux. Mais chemin faisant, nous nous sommes convaincu que quelque actifs que soient ces poisons sur l'économie, il existe à côté d'eux des substances azotées non alcaloïdiques, qui les accompagnent toujours et qui sont douées d'une activité bien autrement grande... Ces substances, plus importantes en quantité que les ptomaïnes et les leucomaïnes, oxydables et azotées comme elles, méritent qu'on les étudie de près. Leur jour viendra, et j'ai la conviction que leur étude sera l'une des plus fécondes qui soit réservée à la médecine de l'avenir. » On voit par ce passage que, loin de faire jouer aux ptomaïnes le rôle principal dans l'intoxication morbide, j'avais indiqué la présence des toxines qui les accompagnent presque toujours, et prévu leur importance, bien avant même qu'on ne leur eût donné un nom[2].

Il convient donc dès à présent de distinguer parmi les substances toxiques produites par les microbes, ou qui naissent du fonctionnement des cellules animales, d'une part, les *ptomaïnes et leucomaïnes,* principes à fonctions basiques bien définies, aptes à former des sels cristallisables; de l'autre, les *toxines proprement dites,* que nous nous bor-

---

1. A propos des alcaloïdes du venin de cobra, je disais : « Ces alca-« loïdes sont stupéfiants. Ils sont accompagnés d'une matière jouissant « de propriétés très toxiques et que je ne crois pas de nature alca-« loïdique. » (*Bull. acad. méd.,* 2e série, t. X, p. 779; Paris, 1881.)

2. On remarquera, en effet, que ces lignes sont de 1886; que le beau travail de MM. Roux et Yersin sur la toxine diphtérique est de 1888; que celui de Hankin sur celles du charbon est de 1889; que les études de Brieger et Fraenkel sur les toxalbumines charbonneuses sont de 1890.

nerons pour le moment à séparer des matières précédentes
par ces deux caractères négatifs qu'elles ne paraissent pas
généralement douées de propriétés alcaloïdiques franches,
et qu'elles ne semblent pas être constituées par des principes
uniques et définis : ce sont presque toujours des mélanges
complexes formés surtout des dérivés les plus prochains
des albuminoïdes ou des nucléoalbumines.

Il importe cependant de se demander au point de vue
de la conception précise de la nature et du mécanisme de
l'action des toxines, dans quelle classe entrent ces substances,
quelles fonctions chimiques elles jouent. Doivent-elles être
définitivement distinguées, éloignées, des alcaloïdes? Sont-ce
des matières albuminoïdes spéciales? Sont-elles de la nature
des nucléines? Serait-ce des substances azotées non albuminoïdes. mais appartenant à la classe des amides les plus
complexes? Doit-on les rapprocher des zymases ou ferments solubles?

Il convient de remarquer d'abord que rien ne fait présumer
à priori que les toxines proprement dites jouissent toutes
des mêmes fonctions ou aptitudes chimiques générales. Il
est au contraire, bien plus probable (en mettant de côté
les poisons alcaloïdiques, les seuls bien définis à cette
heure), que les autres matières vénéneuses d'origine microbienne doivent jouir d'aptitudes chimiques variées. C'est
ainsi, par exemple, que la *phlogosine* sécrétée par le
streptocoque n'est ni un alcaloïde, ni une matière albuminoïde; qu'il en est de même de la tyrotoxine; que les acides
oxylactiques produits au cours des fermentations putrides
sont souvent vénéneux, etc. Bornons-nous donc à essayer de
débrouiller, au moins en partie d'abord, le problème de la
nature réelle des toxines proprement dites, en déterminant

d'abord le rôle chimique, la *fonction* à laquelle se rattachent celles qu'on a le mieux étudiées. En même temps, et au point de vue de leur mode d'activité, demandons-nous si les toxines sont des poisons chimiques proprement dits, agissant directement en raison de leur masse, ou bien si ce sont des zymases ou ferments solubles, aptes à produire, lorsqu'elles n'existent même qu'en proportion à peu près impondérable, une suite de désordres presque indéfinis.

Pour répondre à ces questions, choisissons parmi ces toxines celles qui semblent le mieux connues.

Des cultures du charbon bactéridien, Hankin, en se servant des précipitants salins neutres, parvint à extraire *une matière albumineuse douée des propriétés générales des propeptones,* matière très toxique, apte, lorsqu'on l'injecte aux animaux avec précaution, à faire naître chez eux l'immunité contre le microbe spécifique de cette maladie[1]. De semblables constatations furent faites la même année par M. Arloing sur les produits solubles du *bacillus liquefaciens bovis*[2], par Brieger et Fraenkel en Allemagne[3], par Sydney Martin en Angleterre[4], sur les toxines du charbon et du tétanos. Grâce aux moyens classiques connus (précipitations par l'alcool; par les sels neutres, en particulier par le sulfate d'ammoniaque et par celui de magnésie; purification par dialyse, etc.), ces savants retirèrent des cultures des microbes spécifiques de ces affections des toxines paraissant de nature albuminoïde, globulines ou

---

1. HANKIN, *British med. Journ.*, 12 octobre 1889.
2. *Comptes rendus de l'Académie des sciences*, t. CVI, p. 1365 et 1730.
3. *Berlin. klin. Wochen.*, 1890, p. 241 et 268.
4. SYDNEY MARTIN, *On the chemical products of the growth of the bacillus anthracis...* En *Proceedings of the Roy. Society*, 22 mai 1890 et 21e *Annual Report of the medical officer to the government Board*, p. 170.

propeptones analogues par leurs caractères aux hétéroalbu-
moses, protoalbumoses et deutéroalbumoses de Khüne. En
raison de ces caractères, ils donnèrent à ces composés vénéneux albuminoïdes le nom des *toxalbumines*.

Des constatations de même ordre, quoique s'appliquant à
des poisons de tout autre origine, avaient été déjà faites,
dès 1883, par les docteurs Weir Mitchell et Edward T. Rei-
chart de Philadelphie, dans leur remarquable premier
travail sur *la nature des principes toxiques des venins des
serpents*, venins que nous verrons être entièrement comparables aux toxines microbiennes. Ils observèrent que les
venins du serpent à sonnettes et du serpent mocassin peuvent
être portés à la température de 100° sans perdre leur dangereuse activité, mais non sans subir une sensible transformation dans leur activité ; en particulier, leurs propriétés
convulsivantes disparaissent après chauffage. Pour d'autres
venins, celui du crotale adamantin, par exemple, toute
efficacité se perd vers 80°. Il semblait donc que ces matières
altérables fussent composées de principes divers juxtaposés.
Les auteurs ci-dessus cités parvinrent à extraire, en effet,
de ces poisons trois *substances protéiques* spéciales, une
peptone, une *globuline* et une *albumine ;* cette dernière
inoffensive, les deux premières très vénéneuses. Trois ans
après, le docteur R. Norris Wolfenden, de l'*University Col-
lege* de Londres, étudiant à peu près de même les venins
du cobra capello et de la vipère, arrivait presque aux
mêmes conclusions. Les matières actives du venin de
cobra se composent, d'après lui, d'une globuline, d'une
sérum-albumine et d'un acidalbumine, quelquefois d'une
trace de peptone. La sérum-albumine tue par paralysie
ascendante de la moelle, la globuline attaque les centres

respiratoires et détruit le pouvoir coagulant du sang, propriété que possède à un degré moindre l'acidalbumine [1]. Ces importantes observations relatives à la nature albuminoïde des venins de serpents, rapprochées de celles qui furent faites quelques années après par Hankin sur la composition toute comparable des toxines du charbon, par Brieger et Fraenkel sur celles du tétanos, permettaient, dès cette époque, de comparer les toxines des microbes à celles des venins et de conclure de l'action et de la nature chimique des unes à celle des autres.

Lorsque, après sa découverte du bacille spécifique de la tuberculose (1882), Koch voulut connaître le poison qu'il sécrète, il fit seul d'abord, puis avec l'aide de Brieger et de Proskauer [2], des recherches qui amenèrent ces savants à peu près aux mêmes conclusions que ci-dessus.

La substance principale, la toxine sécrétée par le bacille de Koch se prépare comme il suit : les cultures du microbe spécifique, faites dans le bouillon de veau glycériné à 4 °/₀, peptonisé et très légèrement alcalinisé, sont tenues six à sept semaines à 35° et filtrées ensuite sur biscuit de porcelaine. Dans ce liquide, on verse une fois et demie son volume d'alcool absolu. Au bout de 2 heures, on sépare le précipité floconneux qui se forme et l'on ajoute à la liqueur son volume d'alcool à 60° cent. Le précipité produit est recueilli, lavé à l'alcool fort, redissous dans l'eau, repréci-

---

1. Voir à ce sujet *The landsmarks of snake poisons literature*, by Vincent RICHARDS (2ᵉ édition), Calcutta, 1886, p. 159 et suiv. Je profite de cette occasion pour remarquer que V. Richards et N. Wolfenden me font dire que la matière active du venin de cobra est alcaloïdique, tandis que j'ai fait expressément observer que, quoique ce venin contienne une trace de poisons alcalins, sa partie la plus active *n'est pas alcaloïdique*. (V. note, p. 315.)

2. *Deutsche medicin Wochenschrift*, 22 octobre 1891.

pité de nouveau par la même dose d'alcool à 60° cent., enfin lavé à l'alcool absolu. On obtient ainsi une masse d'un blanc de neige, grisâtre quand elle est sèche, dont 2 milligrammes suffisent à tuer un cobaye. Cette substance jouit de tous les caractères des albuminoïdes : réactions du biuret, de Millon, d'Adamkiewitch, xanthoprotéique, etc. L'acide phosphotungstique, l'acétate ferrique, le tanin, le sulfate d'ammoniaque en excès la précipitent complètement de ses solutions. L'acide acétique faible la louchit, puis redissout le louche. L'alcool la précipite aussi, mais seulement en présence des sels neutres, en particulier du sel marin. L'acide picrique donne dans ses solutions un précipité floconneux soluble à chaud, etc. Toutes ces propriétés font notoirement de la tuberculine un albuminoïde se rapprochant particulièrement des caséines [1].

Mais on remarquera que la tuberculine la plus pure, préparée par Brieger, laisse à l'incinération de 16 à 20 pour cent de matières minérales. Déduction faite des cendres, elle répond à la composition centésimale :

$$C = 47,02 \ \text{à} \ 48,1$$
$$H = 7,06 \ \text{à} \ 7,55$$
$$Az = 14,45 \ \text{à} \ 14,73$$
$$S = 1,14 \ \text{à} \ 1,17$$

composition qui l'éloigne assez des albumines proprement dites et même des caséines, mais qui la rapproche singulièrement des *nucléines*, d'autant que cette tuberculine paraît contenir près de 4,3 °/₀ de phosphore [2].

---

1. Hammerschlag, tout en reconnaissant la complexité du poison sécrété par le microbe de la tuberculose, était arrivé, de son côté, en 1888, à attribuer à une toxalbumine la plus grande part de l'action du poison qu'il sécrète.

2. En effet, on a trouvé 20 °/₀ environ de cendres contenant la moitié de leur poids d'acide phosphorique, ce qui répond à 4,3 °/₀ de phosphore,

Remarquons aussi la grande analogie de composition de cette substance avec les matières actives des venins de serpent, avec les ferments salivaires et pancréatiques et même avec les matières extractives et indialysables des urines normales :

	Nucléine du lait (Lubavine)	Trypsine (Hüfner)	Venin de cobra (H. Armstrong)
C =	48.57	46,57	45,76
H =	7,14	7,17	6,60
Az =	13,35	14,95	14,30
S =	»,»	0,95	2,5
Ph =	4,6	Non dosé.	Cendres phosphorées.

De ces constatations, il résulte que la tuberculine se rapproche beaucoup des nucléines par sa composition, sa richesse très probable en phosphore déduite de la composition de ses cendres, ses propriétés générales. En un mot, c'est un albumoïde spécial.

La toxine phlogogène extraite des cultures de l'orchiocoque par MM. Hugounenq et Eraud ne contient que 11,45 p. 100 d'azote (déduction faite d'un peu de cendre), mais *on n'y trouve pas trace de soufre* Elle est, comme les nucléines, très riche en phosphore. Elle présente la plupart des caractères généraux des substances albuminoïdes, quoique l'absence complète de soufre ne permette pas de la confondre entièrement avec elles.

Il suit de ces constatations qu'un certain nombre de principes actifs spécifiques issus des cultures des microbes pathogènes (charbon, tétanos, tuberculose), ou extraits des

dont une partie, certainement unie à la matière organique, a été transformée en acide phosphorique grâce à l'incinération. Or on sait que les nucléines, qui possèdent du reste la composition centésimale précedente, contiennent de 2 à 4,5 % de phosphore.

venins qui ressemblent aux toxines à tant d'égards, paraissent de nature albuminoïde ou nucléoalbuminoïde; que d'autres (tuberculines) sont nucléiniques ; que d'autres (toxines du tétanos de Sydney Martin), tout en gardant encore les principaux caractères qualitatifs des corps protéiques, se rapprochent davantage des véritables alcaloïdes; que d'autres enfin, telle que la toxine principale sécrétée par le gonocoque de Neisser, doivent être classés à côté des dérivés issus de l'hydrolyse des matières albuminoïdes dont ils se rapprochent beaucoup par l'ensemble de leurs propriétés et par leur composition, à cette remarque près qu'ils peuvent être exempts de soufre.

Mais il est certain que quelques substances très actives d'origine bactérienne s'éloignent beaucoup plus des albuminoïdes, telles sont la phlogosine sécrétée par le streptocoque, la tyrotoxine, substance extraite de quelques fromages vénéneux, l'invertine ou matière pyrétogène de la levure, etc., substances auxquelles on peut ajouter la plupart des ptomaïnes.

On a émis l'hypothèse que de ces toxines, celles qui répondent aux caractères des albuminoïdes ou des nucléoalbumines (et c'est la majeure partie) ne devraient leur puissance qu'à des matières encore inconnues d'une toxicité extrême qui n'existeraient dans ces substances qu'à l'état de traces; ces prétendues matières albuminoïdes toxiques ne seraient en réalité que la gangue, le véhicule, d'une quantité minime de la vraie substance active; en se précipitant sous l'action des sels neutres, de l'alcool, etc., les albuminoïdes des bouillons de culture entraîneraient avec elles le vrai poison qu'aucune méthode ne serait encore parvenue à en dégager.

Rien de précis ne permet de confirmer à cette heure cette opinion purement hypothétique. Elle revient au fond à l'explication des faits par ce qu'on a longtemps appelé les *actions de présence ;* car si une matière très active, telle que la tuberculine, agit déjà à l'état de très faibles quantités, et si cette matière n'est elle-même qu'un support inerte qui ne contiendrait que des traces du principe réellement actif, ces traces de la vraie matière active, que rien n'a pu encore nous permettre d'isoler, calculées pour les quantités déjà très minimes de toxine brute qui suffisent à produire des désordres graves, ne représenteraient plus que des masses infinitésimales et devraient être dès lors douées d'une puissance presque infinie, en tous cas incommensurable.

Il faut toutefois reconnaître que certaines substances toxiques d'origine microbienne agissent à des doses si petites que cette idée de puissance illimitée attribuable à des quantités inappréciables de matière peut venir à l'esprit. On a même été plus loin, et soutenu que la vénénosité des toxines n'était pas l'apanage de matières spécifiques, mais une sorte de propriété surajoutée, une vibration, un ébranlement imprimé à la molécule par le microbe qui lui conférerait ainsi ses qualités nocives, à peu près comme le rayon de lumière ou le flux calorique lui donne l'éclat lumineux, ou l'aptitude, en s'échauffant, de transmettre la chaleur que cette molécule aurait reçue. Ce n'est encore là que pure hypothèse.

Voici quelques exemples de l'extrême activité des toxines. D'après Kalning, Preusse et Pearson, Nocard, etc., la toxine de la morve obtenue en cultivant le microbe spécifique de cette maladie dans du bouillon de veau peptonisé et glycériné, puis stérilisant par la chaleur et filtrant, est d'une activité telle que un quart de centimètre cube de sa liqueur de culture suffit à provoquer une fièvre intense chez le cheval déjà en possession, à l'état latent, de la maladie correspondante. Or, en admettant, ce qui est un maximum impossible à atteindre, que toute la peptone (soit 10 grammes par litre) employée pour faire ce bouillon de culture ait été entièrement transformée en principe actif, en *malléine,* par le microbe spécifique de la morve, un quart de centimètre cube de culture ne contiendrait encore que $0^{gr},0025$ de substance active. Ces 25 dix-milligrammes modifieraient donc très activement un cheval de 500 kilogrammes, c'est-à-dire qu'ils influenceraient profondément 200 millions de fois leur poids d'animal vivant. Chez le cheval sain, un dix millionième du principe actif suffirait, au maximum, pour provoquer une réaction fébrile.

D'après les recherches de M. Vaillard, la toxine tétanique agit encore à des doses moindres : deux gouttes de culture filtrée sur biscuit, ou $0^{gr},1$ peuvent tuer un cheval vigoureux. Remarquons que cette culture ne saurait contenir même 1 p. 100 de principe actif, 99 pour cent étant représentés par l'eau, les matières salines, les substances organiques banales (sucres, leucines, etc.). Il suit de là que 1 milligramme au maximum de ce venin tue 500 000 grammes de cheval, c'est-à-dire qu'il est mortel pour 500 millions de fois son poids de matière vivante. A dose égale, un gramme de ce poison suffirait à tuer soixante et quinze mille hommes !

De telles constatations ne militent pas en faveur de l'opinion de ceux qui admettent que, quoique en apparence albuminoïdes de composition, les vraies matières actives des cultures tétaniques (et les autres toxines de composition et d'origine analogues) doivent leur nocuité à des doses insensibles, inappréciables, des véritables matières actives qu'elles entraîneraient. Admettre que ces toxines tiennent ces propriétés redoutables de substances inconnues mélangées en si faible proportion qu'elles nous échappent, alors que nous venons de voir qu'elles tuent déjà à des doses inférieures à un cinq cent millionième du poids de l'animal, serait attribuer, sans preuves, une puissance presque infinie à des matières que nous n'avons jamais même entrevues. D'ailleurs les analyses des toxines présumées albuminoïdes les mieux purifiées, celles des venins soumis aux procédés les plus subtils de l'analyse immédiate, celles de ces diastases ou zymases spéciales qui agissent pour dédoubler les albuminoïdes et que nous savons être aussi des composés vénéneux lorsqu'on les introduit directement dans la circulation, toutes ces substances, à mesure qu'on les soumet, comme on l'a fait pour la papaïne de Wurtz, à des purifications successives, se rapprochent de plus en plus des matières albuminoïdes, et quand elles sont à leur maximum de purification et d'efficacité, elles finissent par se confondre avec elles, ou avec les nucléines, comme composition et propriétés[1].

1. Il n'en est plus de même de l'invertine, de la diastase du malt, de l'émulsine, etc., en un mot de zymases *qui ne sont aptes à transformer que des substances non albuminoïdes*. Ces ferments sont encore azotés, mais ils ont une composition très sensiblement différente de celle des albuminoïdes dont ils se séparent aussi par leurs propriétés générales. Pour en faire juge le lecteur, nous citerons ici les analyses de l'*invertine* : celle préparée par le procédé de Barth ne donne pas la réaction de biuret; elle ne se trouble pas à l'ébullition, même après addition de sel marin et d'acide acétique. Celle qu'on prépare par la méthode de Donath répond à la réaction de Millon, mais pas à celle d'Adamkiewics. Nous rapprochons de ces données la composition de la *diastase* du malt : Celle que Zulkowski analysa avait été extraite, par la glycérine, du malt préalablement épuisé à l'alcool à 96° cent.; elle avait été ensuite séparée de la glycérine par un mélange d'alcool et d'éther. Elle précipitait par le sulfate de magnésie en excès mêlé d'acide acétique, donnait

Cette puissance des toxines, qui peut paraître presque illimitée, amène à se demander si ces poisons ne seraient pas de la famille des enzymes ou ferments solubles, qui agissent aussi sous un très faible poids, et qui possèdent d'ailleurs, comme on vient de le dire, une composition et des propriétés très analogues à celle de ces toxines elles-mêmes.

L'analogie des toxines et des enzymes résulte, non seulement de leur composition et de leur analogie d'action, mais souvent aussi de leur origine commune, de leur altération facile et toute semblable par une chaleur modérée, de la sensibilité très grande des toxines et des zymases à l'action de l'air qui les oxyde surtout en présence de la lumière. Cette analogie va plus loin encore : à la façon de presque toutes les toxines et de la plupart, sinon de tous les venins, les ferments solubles peuvent être impunément, ou presque impunément absorbés par la voie intestinale, tandis que leur injection sous la peau ou dans le sang est fort dangereuse. Enfin, de même qu'un grand nombre de ferments solubles injectés dans le sang sont pyrétogènes,

une légère réaction de biuret, mais ne répondait pas aux réactions générales des albuminoïdes. La diastase de Lintner avait été extraite du malt grâce à de l'alcool à 20 %, précipitée de cette solution par l'alcool absolu et purifiée par redissolution dans l'alcool et reprécipitations successives. Elle ne réduisait plus le réactif cupropotassique.

	Invertine		Diastase du malt	
	Barth	*Donath*	*Zulkowski*	*Lintner*
C	44,20	40,48	47,57	46,66
H	8,50	6,88	6,49	7,35
Az	6,4 à 5,5	9,47	5,14	10,41
S	0,63	"	3,16	1,12
O	»	"	} 37,64	» 4,79

Cendres (20 pour 100 et plus surtout des phosphates.)

de même la plupart des bactéries pathogènes produisent des substances qui allument la fièvre[1].

Dans leur beau travail sur les toxines de la dipthérie, MM. Roux et Yersin établissent que l'agent pathogène spécifique sécrété par le bacille de Lœffler est une véritable diastase[2]. Entre autres preuves, ils montrent que la chaleur de 58° diminue très sensiblement son action immédiate qui semble même disparaître complètement à 100°. Nous savons que les mêmes observations ont été faites pour les ferments solubles et pour les venins de serpents. Mais, chose remarquable, les animaux qui reçoivent dans les veines ou sous la peau de notables quantités du liquide toxique qu'un chauffage à 100° paraissait avoir rendu complètement inerte, finissent par succomber presque toujours au bout de quelque temps; ils maigrissent, dépérissent, sont frappés de paralysie des membres postérieurs et finalement succombent. Cette intoxication à longue échéance semblerait exclure l'hypothèse d'un poison chimique proprement dit, d'un poison défini analogue aux ptomaïnes, aux alcaloïdes végétaux, aux glycosides vénéneux, etc., dont les effets sont immédiats ou presque immédiats, tandis que l'action des toxines, chauffées ou non chauffées, demande toujours un certain temps pour devenir manifeste.

Une autre différence entre les toxines proprement dites et les poisons chimiques, c'est que ces derniers agissent à la fois et par injection hypodermique et par ingestion, du moins lorsqu'ils peuvent être absorbés dans l'intestin. Il n'en est pas ainsi, avons-nous vu, des poisons microbiens.

---

1. Voir à ce sujet KREHL, *Recherches sur la production de la fièvre* (*Arch. f. exper. Pathol.*, t. XXXV, Bd, 2 et 3).
2. *Annales de l'Institut Pasteur*, t. II, p. 629 et 661, et t. III, p. 273 et 288.

D'autre part, les toxines, ou du moins un grand nombre, ne gardent leur activité que si le milieu chimique favorise leur action par son alcalinité, plus rarement par son acidité. Les cultures de la diphtérie n'ont de propriétés toxiques que lorsqu'elles sont devenues ou rendues alcalines. Dans un milieu acidule, il faut des doses énormes de ces cultures filtrées pour produire des accidents. Rien de pareil avec les poisons chimiques, pourvu qu'ils restent solubles. On sait, au contraire, que les mêmes remarques ont été faites pour les diastases : les unes agissent bien en milieu acide, telles sont la pepsine, l'invertine; les autres en milieu alcalin, telles la trypsine, le ferment intestinal, etc. C'est donc encore là, entre ces deux ordres de substances, un nouveau rapprochement.

Enfin, comme les diastases, les toxines sont facilement entraînées de leurs dissolutions par les précipités colloïdes; elles se déposent en proportions sensibles sur les parois, en apparence inertes, de biscuit, de plâtre, d'amiante, etc., qui servent à les filtrer. La toxine diphtérique, que nous prenons encore ici comme exemple, présente aussi la propriété d'être entraînée de sa dissolution par l'hydrate d'alumine et mieux encore par les phosphates bibasique et tribasique de chaux. C'est à peu près ce qui se passe pour la pepsine.

Toutes ces observations militent en faveur de l'opinion qui veut que la toxine de la diphtérie soit placée dans la classe des zymases; il en est certainement de même de beaucoup d'autres d'origine comparable. La toxalbumine ou tétanine du tétanos, de Brieger et Fränkel, celle de Tizoni et Catani, sont aussi des zymases par toutes leurs propriétés. Les belles recherches de Vaillard et de ses collaborateurs ont établi que le poison microbien du tétanos est enrayé dans son activité par la chaleur et la lumière comme le poison diphtérique ; comme lui, l'alcool le précipite entièrement ; il dialyse lentement ; il adhère aux précipités gélatineux. Comme pour les diastases, la matière active de ces cultures agit sous un poids extrêmement faible. Un demi-milligramme (0^{gr},0005) du précipité de phosphate de chaux que l'on fait naître au sein d'une liqueur de culture de tétanos filtrée sur biscuit, contient à peine 0^{gr},00015 de matière organique entraînée ; ce demi-milligramme de précipité suffit pourtant à donner au cobaye un tétanos mortel. Comme celle de la diphtérie, cette toxine n'agit pas directement sur l'organisme, *même lorsqu'on l'injecte sous la peau à dose élevée,* il lui faut une incubation de vingt-quatre à quarante-huit heures, ce qui montre que son action doit être distinguée de celle des poisons chimiques ordinaires (*Courmont et Doyon*). Enfin, et chose remarquable qui rapproche encore cette substance des diastases et des venins, cette toxine tétanique si puissante, introduite dans l'estomac, ne produit aucun effet apparent[1].

Il semble donc naturel de considérer les deux toxines les mieux étudiées, celle de la diphtérie et celle du tétanos, comme appartenant à la classe des zymases. Elles ne peptonisent pas la viande, elles ne transforment pas l'amidon en sucre, ni la saccharose en glycose, mais elles possèdent les caractères principaux des ferments solubles, en particulier une puissante activité sous un poids presque

---

1. Hankin et F. Werbrook ont démontré qu'il se produit des ferments liquéfiant la gélatine dans les cultures du charbon. Mais on ne sait si ces ferments se confondent avec les toxines correspondantes. (*Annales Inst. Pasteur*, t. VI, p. 633.

impondérable, une grande altérabilité à la chaleur qui les détruit ou les modifie beaucoup, enfin une extrême sensibilité à l'influence du milieu, acide ou alcalin, où elles opèrent.

D'autre part, l'ensemble des recherches que nous signalions plus haut, rapproche les diastases aptes à peptoniser les viandes, et par conséquent les toxines elles-mêmes, des matières albuminoïdes.

Il est vrai qu'on a voulu trouver dans la grande altérabilité de ces poisons à la lumière, surtout en présence de l'air qui les oxyde, un caractère qui les séparerait des albuminoïdes. Mais l'on sait aujourd'hui que plusieurs matières protéiques, la fibrine, la musculine par exemple, jouissent de la même propriété.

Nous concluerons donc que les toxines paraissent souvent être de nature albuminoïde et se rapprocher plus particulièrement des nucléoalbumines, souvent aussi elles semblent devoir être rangées dans les classes des nucléïnes ou des albumoïdes. Au point de vue de leurs propriétés physiologiques, il faut les comparer à ces ferments solubles ou zymases, qui jouissent de l'aptitude de dédoubler et peptoniser les corps protéiques.

On sait qu'à côté des albuminoïdes proprement dits, existe un groupe de composés à réactions chimiques analogues ou très rapprochées, les albumoïdes. Quelques toxines, encore imparfaitement étudiées il est vrai, paraissent devoir être distinguées des albuminoïdes ordinaires, tout en gardant la plupart des caractères qualitatifs de ces dernières substances. C'est ainsi qu'en étudiant les toxines produites par le charbon dans divers milieux de culture, F. Werbrook a signalé, lorsque la bactéridie se reproduit dans des bouillons albumineux, la formation de proto- et deutéroalbumoses, tandis que lorsqu'il cultivait ce microbe dans de l'asparaginate de sodium mêlé de divers sels, il se produisait une toxine douée des mêmes effets physiologiques et pathogènes, mais ne répondant que faiblement à la réaction xanthoprotéique et ne donnant pas celle du biuret. Cette toxine ne faisait évidemment plus partie du groupe des substances protéiques, quoiqu'elle en fût très rapprochée[1]. Tel est aussi le cas de la toxine de l'orchiocoque, matière *exempte de soufre*, et de la *mycoprotéine,* substance active albumoïde du protoplasma des bactéries putréfactives.

Mais en général les toxines sont des dérivés plus ou moins prochains des albuminoïdes ordinaires. Remarquons du reste qu'entre celles-ci et les peptones, la différence est déjà notable; qu'elle s'accentue davantage entre les peptones et ces corps à fonctions mal définies, mais encore doués de la plupart des caractères qualitatifs des albuminoïdes, tels que le chondromucoïde, la fibroïne, la substance amyloïde, la colloïdine, la chitine, la mycoprotéine, etc. Or l'on sait que de ces corps, albuminoïdes ou albumoïdes, on arrive insensiblement aux vrais alcaloïdes par voie de simple hydratation. Je rappellerai, comme exemple, le passage du chondromucoïde du cartilage à la chondrosine et à la glycosamine, qui sont des bases assez puissantes[2]. Les diastases, et avec

1. M. Guinochet cultive dans de l'urine le microbe de la diphtérie ; il observe que cette liqueur ne contient, ni avant ni après la culture du bacille de Löffler, *aucune matière albuminoïde sensible* tout en étant très vénéneuse ; il paraît donc très probable que la toxine ainsi formée n'est pas de nature albuminoïde (*Comptes rendus Soc. Biol.*, 1892, p. 488). Remarquons seulement que l'auteur de cette observation n'a pas recherché spécialement dans les produits de ces cultures les peptones ou les nucléines ; or l'on sait que celles-ci forment, ou paraissent former, le plus souvent la partie essentiellement active de ces poisons.

2. Voir A. GAUTIER, *Chimie de la cellule vivante*, p. 105, Paris. 1894.

elles beaucoup de toxines, semblent occuper dans cette échelle de composés successifs une place singulièrement rapprochée des albuminoïdes proprement dits et des nucléoalbumines.

La différence la plus importante qu'on puisse invoquer pour séparer les ptomaïnes des toxines, c'est que celles-ci se comportent généralement comme des ferments dont la chaleur altère profondément l'activité, alors que les ptomaïnes semblent peu accessibles à l'élévation de température. Mais cette différence est plus apparente que réelle : tandis que les toxines de la diphtérie et du tétanos, par exemple, sont rendues presque inertes à la température de 100°, celles du charbon symptomatique, du vibrion septique, de la tuberculose, de la morve, etc., peuvent supporter sans s'altérer sensiblement la température de 110° et même de 120°. Par contre, nous avons vu que les névrines, qui sont des ptomaïnes, se changent, lorsqu'on les chauffe modérément, en cholines douées d'une activité beaucoup moindre. De même l'hyoscyamine, l'atropine, l'aconitine, etc., qui sont des alcaloïdes végétaux, sont modifiées dans leur constitution et leurs propriétés par la chaleur de 100° et l'eau.

Remarquons encore que les bouillons de culture des microbes paraissent contenir le plus souvent les termes successifs de transition qui, des albuminoïdes proprement dits, passent aux alcaloïdes véritables ou ptomaïnes. Le Dr Lando-Landi, en étudiant dans mon laboratoire les produits toxiques de la bactéridie charbonneuse, parvint à séparer du sang et des organes des animaux malades, grâce à la précipitation par les sels neutres et la dialyse, d'une part des

1. Voir A. GAUTIER, *Chimie de la cellule vivante*, p. 105. Paris, 1894.

principes toxiques répondant aux caractères ordinaires des albuminoïdes, de l'autre une substance douée des mêmes propriétés vénéneuses caractéristiques, mais s'unissant de plus à l'acide chlorhydrique pour donner un chlorhydrate bien défini et un chloroplatinate cristallisable[1]. Cette toxine était évidemment à la limite des deux classes de corps, albuminoïdes et alcaloïdiques.

Il en est à peu près de même de la matière colorante toxique complexe fabriquée par le bacille pyocyanique ; elle rentre dans la famille des ptomaïnes.

Ainsi entre les toxines proprement dites et les ptomaïnes, la démarcation absolue qu'on a voulu tracer n'existe pas : on passe d'autant plus facilement et insensiblement des unes aux autres que les corps albuminoïdes ordinaires peuvent être regardés eux-mêmes comme des alcaloïdes très faibles. Depuis les travaux de Millon et Commaille, on sait en effet que les substances protéiques sont aptes à s'unir aux acides, à précipiter par le tanin et l'émétique, à se combiner aux chlorures et cyanures de platine, de palladium, d'or, de mercure à la façon des alcaloïdes proprement dits. On connaît même quatre matières albuminoïdes au moins, la protomyosine, la deutéromyosine et les deux albumoses des cultures de l'anthrax de Sydney Martin qui, quoique notoirement albuminoïdes, sont de vraies bases s'unissant aux acides, *et même bleuissant le tournesol,* sans que les précipitations successives par l'alcool ou la dialyse fassent disparaître cette remarquable propriété. Ce sont donc là de vrais *alcaloïdes albuminoïdes ;* des corps qu'on doit classer à la fois dans les toxines protéiques, aussi bien que dans les ptomaïnes albuminoïdiques.

1. Voir *Comptes rendus Soc. biol.*, 1891, p. 632.

Les toxalbumines, et *à fortiori* les toxines, ne sont donc le plus souvent que des ptomaïnes compliquées ou mal définies. C'est une classe nouvelle et fort intéressante de cette grande famille des alcaloïdes microbiens que je découvrais il y a une vingtaine d'années et que dès le début je reconnus être accompagnées de matières plus toxiques encore et plus complexes que les alcaloïdes proprement dits ou ptomaïnes [1]. Ces toxines albuminoïdes et diastasiques, presque toutes douées de fonctions basiques, qui passent insensiblement aux ptomaïnes, représentent donc simplement quelques-unes des formes chimiques plus complexes, souvent incomplètement interprétées, sous lesquelles la matière pétrie et modifiée par les microbes pathogènes se charge de puissance et de vénénosité.

Si les fonctions chimiques des toxines les rapprochent le plus souvent des alcaloïdes, il serait toutefois inexact d'affirmer que toutes les substances toxiques produites par les microbes ou par le fonctionnement des organes, sont alcaloïdiques ou même albuminoïdes. Mais l'on peut dire qu'en général les toxines répondent à la réaction xantho-protéique, à celle du biuret, à celles de Millon et d'Adamkiewics, etc. Presque toutes se séparent de leurs solutions par le sulfate de magnésie (*globulines*) ou par le sulfate d'ammoniaque (*sérines*, *albumoses*) employés en poudre et en excès. Elles précipitent par le ferrocyanure de potassium acétique, partiellement par le sublimé, plus complètement par le nitrate de mercure, l'azotate d'argent, l'acétate d'urane, les iodures doubles de sodium et de mercure ou de bismuth, le sous-acétate de plomb. Elles sont précipitées par l'alcool

---

1. Voir A. GAUTIER, *Journ. de physiol. et d'anal. de Ch. Robin*, septembre-octobre 1881, p. 361.

fort. Elles sont insolubles dans l'éther et dans le chloroforme. Elles ne sont pas volatiles. Elles se dissolvent assez bien dans la glycérine et peuvent s'y conserver. Leurs solutions aqueuses s'altèrent par la chaleur, les unes vers 50°, les autres (tétanos, morve, etc.), au-dessus de 110° seulement. Toutes les toxines sont azotées ; le plus souvent elles contiennent aussi du soufre et du phosphore au nombre de leurs éléments, ainsi qu'une proportion considérable de chaux et de magnésie qui semblent faire partie nécessaire de leur constitution.

Au point de vue de leur action, beaucoup se comportent comme des zymases, à la façon des ferments pepsiques ou trypsiques, mais, en général, sans qu'elles digèrent par elles-mêmes les albuminoïdes et sans qu'elles modifient les hydrates de carbone.

Elles paraissent issues des dédoublements hydrolytiques des albuminoïdes et des nucléoalbumines, et être chimiquement intermédiaires entre ces corps, dont elles gardent les caractères généraux, et les alcaloïdes proprement dits ou ptomaïnes dont elles possèdent aussi les principales aptitudes chimiques et physiologiques, entre autres celles de se comporter comme des bases faibles, et d'être douées comme elles d'une extrême énergie.

SÉPARATION DES TOXINES ET DES PTOMAÏNES.

Généralement les toxines proprement dites, albuminoïdes ou nucléiniques, sont accompagnées d'alcaloïdes proprement dits, les ptomaïnes, formées en même temps qu'elles et complétant leur action. Pour séparer ces deux classes d'agents, voici la méthode que je suis et que je recommande.

Les liqueurs de culture de microbes, les sérosités, excrétions, etc., dont on veut extraire à la fois les alcaloïdes et les toxines albumineuses ou nucléïniques sont filtrées d'abord sur du papier. Le filtratum est légèrement acidifié (s'il ne l'est déjà naturellement) par de l'acide lactique, et rapidement évaporé dans le vide, sans dépasser 40°, jusqu'à consistance sirupeuse. A ce sirop on ajoute de l'alcool à 75° centésimaux, tant qu'il se produit un trouble. On dissout ainsi (*A*) les parties alcaloïdiques[1], les vraies peptones et les sels minéraux très solubles, et l'on précipite (*B*) toutes les substances albuminoïdes, avec quelques bases xanthiques et les sels inorganiques insolubles dans l'alcool.

La solution (*A*) contenant les alcaloïdes est additionnée d'alcool absolu tant qu'elle se trouble ; au besoin on ajoute 2 à 3 pour cent d'éther. On précipite ainsi les peptones vraies qu'on laisse déposer et qu'on lave à l'alcool absolu. Les alcaloïdes proprement dits restent tous à l'état de sels dissous dans les liqueurs alcooliques. On les sépare par la méthode générale donnée p. 216 et suiv. de cet Ouvrage.

Les peptones qui ont été précipitées sont alors reprises par l'eau, soumises vingt-quatre heures à la dialyse pour chasser les sels solubles, et enfin séparément examinées[2].

Le précipité (*B*) ci-dessus, séparé par addition d'alcool[3],

1. Seules quelques leucomaïnes, parmi lesquelles surtout les bases xanthiques, sont ainsi précipitées ou restent insolubles. Nous avons dit (II° Partie, p. 216 et suiv. et p. 259) comment on les sépare. On doit ici rappeler que ces bases xanthiques ne sont que peu ou pas toxiques, et qu'elles existent presque toujours dans les cultures microbiennes aussi bien que dans les extraits de viande, les extraits de glandes, etc. En un mot, ce sont des substances banales que l'on peut, dans bien des cas, négliger.

2. Voir leurs propriétés distinctives dans mon *Cours de chimie*, t. III.

3. L'alcool doit rester le moins possible en contact avec lui, sous peine d'en insolubiliser une partie.

contient toutes les substances albuminoïdes, sauf les peptones. On le redissout dans un peu d'eau à 35-40° et l'on filtre. La liqueur est additionnée avec soin de sulfate d'ammoniaque pur en poudre fine ; ce sel précipite des flocons albumineux qu'on lave avec une solution saturée du même sel ; ils sont ensuite essorés sur plaque de plâtre ou de biscuit et repris par le minimum d'eau possible. On sature cette solution de sulfate de magnésie en poudre qui précipite (*C*) les globulines et les propeptones et laisse dissous (*D*) les albumines et sérines proprement dites.

Le mélange (*C*) de globulines et de propeptones est lavé avec une solution saturée de sulfate de magnésie, et le précipité est traité par de l'alcool à 50° centésimaux froid qui dissout les propeptones et laisse les globulines.

La liqueur (*D*) saturée de sulfate de magnésie, contient les albumines proprement dites ; en l'additionnant de quelques gouttes d'acide acétique, on précipite toutes les substances albumineuses qu'on lave avec une solution concentrée de sulfate d'ammoniaque et qu'on purifie par dialyse.

Cette méthode doit être suivie lorsqu'on veut faire l'étude détaillée d'un bouillon de culture, d'un sérum, d'un extrait, d'un produit actif, quelle qu'en soit l'origine, etc..... ; mais les recherches faites jusqu'à cette heure ont manqué de précision, au moins au point de vue chimique, et malgré l'intérêt et l'importance des résultats acquis, il faut désirer voir l'exactitude scientifique qui seule conduit aux progrès complets et définitifs, s'introduire dans les recherches à venir.

On peut encore recourir à une autre méthode fondée sur cette observation que lorsqu'on fait digérer un tissu, bien broyé avec du sable, dans 2 à 3 fois son poids de glycérine pure, celle-ci enlève par endosmose les parties solubles du tissu qui passent dans la glycérine. Si l'on filtre alors la glycérine et qu'on la précipite par l'alcool très concentré, on sépare les matières albuminoïdes et même les peptones dissoutes, au moins en partie, tandis que les substances alcaloïdiques et autres restent dans la glycérine alcoolisée.

On peut enfin, soit pour concentrer les toxines, soit même pour les séparer suffisamment des composés cristallisables, entre autres des ptomaïnes, enfermer la liqueur aqueuse qui les contient dans un sac de parchemin végétal trempant dans de l'alcool à 80° centésimaux. Celui-ci absorbe l'eau assez rapidement sans passer en quantité sensible à l'intérieur du sac. L'eau et les toxines cristallisables (en général alcaloïdiques) diffusent seules dans l'alcool ; au contraire, les toxines albumineuses ou diastasiques se concentrent et restent dans le sac.

Généralement grâce à la dialyse ordinaire en présence de l'eau on sépare les toxines en deux parts : 1° celles qui sont cristallisables, dialysables et non albuminoïdes ; 2° celles qui sont albuminoïdes et qui ne traversent pas ou difficilement les dialyseurs. L'alcool fort permet de faire à peu près la même séparation, comme on a dit plus haut ; il précipite les toxines non dialysables.

On a vu (*Ire Partie*, p. 63 et suivantes) comment on parvient à diviser en groupes spécifiques les toxines basiques cristallisables et définies ou ptomaïnes. Quant aux incristallisables (globulines, albumines, peptones, nucléines, ferments, etc.), on les sépare grâce à leur précipitation successive par le sel marin, le sulfate de magnésie, le sulfate d'ammoniaque, etc., employés en poudre et en excès. Mais rien ne peut être indiqué en ce sens de tout à fait général.

A propos de chaque toxine, nous dirons, lorsque ce sera possible, comment on l'a séparée ou purifiée[1].

Distinction sous le microscope entre les toxines albuminoïdes et les albuminoïdes. — Ainsi qu'on l'a vu, la distinction entre les matières albuminoïdes et les alcaloïdes proprement dits est souvent très délicate. Elle est rendue plus difficile encore si l'on n'a que de très petites quantités de matière, lorsque sous le microscope, dans une cellule, une coupe, sur une granulation, un précipité même souvent nuageux ou trop faible pour être recueilli, on veut déterminer la nature soit alcaloïdique, soit albuminoïde, de la minime quantité de substance dont on dispose. La plupart des réactifs généraux qui précipitent les alcaloïdes, précipitent d'ailleurs les matières protéiques. Mais on peut distinguer ces deux ordres de substances au moyen de l'alcool acidulé d'acide tartrique (1^{gr} acide tartrique cristallisé, 20 cent. cub. alcool absolu). Ce réactif dissout bien les alcaloïdes sans toucher aux matières protéiques qu'il coagule au contraire. Après macération des préparations microscopiques dans cette liqueur alcoolique acidulée, on lave à l'alcool, et l'on peut alors tenter de reconnaître, grâce à leurs réactions caractéristiques, les matières protéiques qui seules restent insolubles[2].

Distinction entre les virus et les toxines. — Les virus sont des substances essentiellement vivantes. Soit que

1. Voir encore à ce sujet la méthode de Hankin pour extraire les toxines des cultures du *charbon*, (IIIe Partie; Chapitre XII*). Voir au même Chapitre la méthode par laquelle Büchner est parvenu à extraire d'un grand nombre de bactéries toxiques une substance protéique pyogène et vénéneuse douée d'un chimiotaxisme très marqué.

2. L. ERRERA. Distinction microchimique entre les *alcaloïdes et les matières protéiques*. Bruxelles, 1889, p. 118.

(virus charbonneux, diphtérique, tétanique, etc.) on y distingue des bactéries ou des spores spécifiques ; soit que (virus syphilitique, varioleux, vaccinal, rabbique, etc.) tout se borne à des granulations indistinctes nageant dans une lymphe liquide. Dans tous les cas, le *virus jouit de ce caractère essentiel que ses parties figurées, ses agents essentiels, se reproduisent lorsqu'on le cultive in vitro, ou lorsqu'on inocule ce virus aux animaux.*

La différenciation des toxines plus ou moins définies d'avec les virus est quelquefois malaisée ; mais le caractère essentiel des virus manque aux toxines proprement dites formées seulement de parties solubles. Elles ont un autre caractère remarquable qui les différencie également. Les virus sont détruits par les antiseptiques ou par l'oxygène comprimé à 7 atmosphères, tandis que les toxines, les ferments solubles, les venins ne sont pas détruits par les antiseptiques, par l'oxygène comprimé à 7 ou 8 atmosphères par l'eau oxygénée, etc.[1] (P. BERT, *Compt. rend. Soc. de biolog.*, 1882, p. 737).

Distinction entre les diverses protéines des virus. — Les protéines albuminoïdes que l'on peut rencontrer dans un virus naturel ou dans une culture virulente, peuvent avoir trois origines : 1° les unes appartiennent au protoplasma même de la cellule infectieuse, et l'expérience a montré que souvent, après la mort du microorganisme producteur,

---

1. Les substances chimiques, aussi bien que les ferments solubles, agissent en présence des essences de moutarde ou d'ail, du thymol, du phénol, de l'acide cyanhydrique, du formol, du chloral, du sulfure de carbone, et de tous les autres antiseptiques, pourvu que leurs fonctions chimiques n'en soient pas atteintes, pourvu qu'ils ne soient pas rendus insolubles, qu'ils n'entrent pas avec l'antiseptique employé dans une combinaison stable.

elles sont offensives ; 2º une autre espèce de toxines dérive du microbe qui les sécrète ; 3º une dernière peut résulter du dédoublement direct, de la modification des matières animales ou végétales préexistantes, sous l'influence de l'agent virulent. S'il est difficile de distinguer entre ces deux dernières sortes de toxines, il est possible de les séparer des premières, des toxines protoplasmiques, grâce à la filtration et au lavage sur biscuit poreux.

Nencki a obtenu et étudié l'une de ces toxines protoplasmiques, la *mycoprotéine*. Il recueillait et lavait les bactéries putréfactives à l'eau d'abord, puis à l'alcool et à l'éther, reprenait la bouillie par de la potasse à 1/2 pour 100, chauffait à cent degrés et filtrait. La liqueur était alors acidifiée d'acide chlorhydrique dilué et précipitée par le sel marin. Ce précipité, lavé avec une solution salée, puis avec un peu d'eau, et séché, répond à peu près à la formule brute $C^{25}H^{42}Az^6O^9$; c'est la mycoprotéine. Elle se présente en flocons amorphes solubles dans l'eau, mais jamais entièrement lorsqu'elle a été longtemps séchée à 100º. Sa réaction est très faiblement acidule. Les alcalis et les acides la dissolvent également. L'alcool ne la précipite pas de ses solutions. Elle donne des combinaisons insolubles avec le chlorure mercurique, l'acide picrique, le tanin. Elle répond à la réaction de Millon et à celle du biuret, mais non à la réaction xanthoprotéique.

CHAPITRE DEUXIÈME

Origine et mode d'action des toxines.

Origine. — Les toxines peuvent avoir une origine microbienne, ou résulter du fonctionnement normal des êtres supérieurs, végétaux ou animaux.

Comme exemple de substances vénéneuses azotées et non alcaloïdiques produites par les plantes ordinaires, nous citerons les toxines de beaucoup de champignons, celles du ricin et de l'*abrus precatorius*. Parmi les toxines issues de la vie normale des organes et de tissus animaux, nous pouvons donner comme exemples les parties incristallisables et indialysables des urines et de la chair musculaire, les albumoses digestives, les toxalbumines des venins, des sangs de murénides, de sauriens, de batraciens, etc.

Les toxines d'origine microbienne sont les plus importantes, celles dont nous nous préoccuperons surtout. Mais, à la façon de quelques auteurs, il ne faudrait pas admettre que les substances albuminoïdes ou albumoïdes d'une culture de bactérie, sont celles-là mêmes qui préexistaient dans le bouillon primitif, modifiées, impressionnées pour ainsi dire par le microbe spécifique, chargées tout au plus des produits toxiques que ce microbe a sécrétés. Les toxines résultent de la vie et du fonctionnement du microbe. Qu'on lui fournisse de la gélatine, de l'albumine,

de la caséïne, de l'asparagine, de l'urée, des sels ammoniacaux même, si le microbe peut se cultiver, se développer,
fonctionner et se reproduire normalement, en général, il
donnera les mêmes toxines ; c'est que les albumoses ou peptones toxiques qui apparaissent représentent, le plus souvent, de vraies sécrétions du microbe, qui s'est servi comme
d'aliments des albuminoïdes et autres corps azotés ou ammoniacaux primitifs dont il disposait et les a transformés
en toxines au sein de ses plastidules spécifiques.

Fermi a démontré qu'on pouvait cultiver le micrococcus
prodigiosus, le bacille pyocyanique, etc., dans des liqueurs
azotées, salines et glycérinées, (liquide de Nœgeli) ne contenant pas trace d'albuminoïdes. Dans ces conditions, apparaissent des ferments liquéfiant la gélatine, digérant la
fibrine, etc. [1]. Comme on le verra plus loin, en cultivant
dans l'urine normale le bacille de la diphtérie, M. Guinochet a produit les mêmes toxines que celles qui se forment
dans le bouillon peptonisé semblablement ensemencé. Out-
chinsky, à son tour, a réussi à cultiver le *bacillus prodigiosus*, le *b. avicide*, le *b. virgule* de Kock, le *b. pyoca-
nique*, etc., dans un milieu uniquement composé pour 1 000
parties d'eau de : glycérine 30 p. ; sel marin 7 p. ; lactate
d'ammoniaque 10 p. ; phosphate de potasse 1 p. ; trace de
chaux et de magnésie. Qu'à ce mélange on ajoute un peu
d'urée et de sucre, les microbes se développeront facilement
et produiront leurs toxines habituelles douées des caractères
albuminoïdes généraux. Il semble donc que, dans ces cas au
moins, ces toxines sont les produits directs de la vie du
microbe et non des principes albuminoïdes qu'il aurait

1. *Centralblatt f. Physiologie*, 1891, p. 481.

modifiés en agissant pour ainsi dire en dehors d'eux, et simplement au contact.

Mais il est tout de suite nécessaire d'ajouter que les milieux où vit chaque microbe peuvent influer sur leur fonctionnement, sur leurs sécrétions et même sur leur race. C'est ce qui a été surabondamment établi pour le bacille pyocyanique, le bacille charbonneux, et tant d'autres. Dans les maigres cultures du *bacillus anthracis* en bouillon de viande, il ne se fait pas de matières toxiques en quantités appréciables, alors qu'elles sont très abondamment produites si l'on cultive le même organisme dans du sang défibriné ou dans du sérum. C'est que, dans ce second cas seulement et non dans le premier, le microbe se développe de sa vie normale et se reproduit abondamment.

Mode d'action des toxines. — Quoique généralement les toxines pathogènes soient sécrétées par les microbes après infection de l'économie par les virus correspondants, et directement versées aux organes, elles peuvent se produire également *in vitro*, ou même à la surface des muqueuses ou des plaies, sans qu'il y ait pénétration dans les tissus de l'agent virulent qui les forme. Formées au dehors de l'économie, elles produisent, lorsqu'on les injecte sous la peau ou dans le sang après filtration sur biscuit ou stérilisation, les mêmes troubles que si elles avaient été formées au sein des humeurs ou des tissus vivants. En un mot, l'action des toxines, une fois produites, est indépendante du microbe spécifique dont elles proviennent. Dans la diphtérie et le tétanos, les microbes virulents ne se répandent pas, ne pénètrent pas directement dans l'économie; ils vivent à la surface de la plaie ou des muqueuses, et seule la matière toxique qu'ils sécrètent et qui peut, à dose très minime, provoquer les troubles de la maladie, pénètre jusqu'aux organes.

On a vu (p. 319, 323 et 325) que dans les cas les mieux étudiés (charbon, tétanos, diphtérie, etc.) cette action toxique paraît différer de celle des poisons purement chimiques par ce double caractère d'agir à des doses presque impondérables et de ne produire ses effets apparents qu'au bout d'un certain temps d'incubation, quelle que soit la dose de substance offensive introduite.

Les toxines des maladies infectieuses se conduisent comme des ferments solubles ou zymases en ce sens que leur action définitive paraît, jusqu'à un certain point, indépendante de leur masse, et que des quantités minimes suffisent à provoquer des troubles considérables dans l'économie et à en modifier profondément le fonctionnement[1].

Sans doute il existe des poisons chimiques qui agissent sous un très faible poids : un milligramme d'aconitine peut être mortel pour un homme adulte, tuant ainsi 70 millions de fois son poids de matière vivante; $\frac{1}{110}$ de milligramme d'ouabaïne arrête le cœur de la grenouille en systole (toxicité $= 2$ millions environ); mais les toxines microbiennes peuvent être bien autrement actives. D'après L. Vaillard[2], deux gouttes de culture *stérilisée* de tétanos suffisent à tuer un cheval vigoureux. En admettant que ces deux gouttes,

1. On verra que certainement quelques toxines se conduisent comme des ferments ; telles sont celles de la diphtérie et du tétanos. Si l'on précipite par de l'alcool à 65° une culture du bacille du choléra dans la gélatine, on sépare les matières protéiques ajoutées : par addition d'alcool absolu à la liqueur filtrée il se fait un nouveau précipité qui est la pepsine qu'a sécrété le microbe du choléra, pepsine capable de digérer la fibrine, etc., à la façon de la pepsine ordinaire (*Fermi*).

2. *Compt. rend.*, t. CXX, p. 1181.

à l'amylase, à la ptyaline, à la pepsine, à la présure, à la trypsine, etc., n'est pas définir cette action ; mais pour tenter une explication valable de leur activité, nous ne pouvons exposer ici que des opinions personnelles et hypothétiques.

Remarquons que les divers ferments solubles paraissent constitués par des molécules chimiques de poids et de volume énormes par rapport aux molécules ordinaires. En effet, non seulement ces ferments répondent souvent à la composition et aux propriétés générales des matières albuminoïdes, dont les poids moléculaires connus varient de 1500 à 18000, mais encore ils sont combinés, ou fortement liés, à un certain nombre de sels qui semblent faire partie de leur constitution si l'on en juge par la difficulté, disons même l'impossibilité, que l'on éprouve à les purifier de ces prétendues impuretés par dialyse, dissolutions, précipitations successives ; si l'on en juge aussi par la constance de composition de ces sels satellites, phosphates de chaux, de magnésie et de potasse, chlorures et sulfates alcalins, etc. Remarquons en passant que la composition de ces substances minérales des ferments est celle même que l'on rencontre dans tout protoplasma vivant. La grandeur des molécules de ces ferments est encore confirmée par ce fait que, quoique solubles, ces substances ne peuvent ni dialyser facilement, ni même toujours passer à travers des filtres physiquement poreux, tels que ceux de plâtre, de biscuit de porcelaine, d'amiante qui les arrêtent partiellement ou totalement : tel est le cas de l'invertine ou sucrase produite par l'aspergillus niger qui, quoique soluble, ne traverse pas du tout le biscuit de porcelaine [1].

1. L'invertine de la levure de bière traverse, au contraire, le biscuit.

Cette grosseur, ce volume énorme de la molécule explique que ces ferments soient entrainés par le lascis que forment les précipités gélatineux de phosphates terreux ou d'alumine.

Comme nous le faisions observer dans notre *Cours de Chimie* (t. III, p. 746) tout concourt donc à nous faire admettre que ces ferments à molécules énormes ne sont pas à proprement parler solubles ; qu'ils sont dans un état de ténuité tel qu'ils restent comme dissous dans les liquides, à la façon des corps colloïdaux, tels que l'empois d'amidon, mais non dans un état comparable à celui des substances réellement dissoutes. La difficulté qu'ils ont à traverser les membranes animales ou même les septums à trous très petits semble bien le démontrer. Nous pensons donc que ces ferments sans être à proprement parler des êtres vivants, *sont déjà doués d'une organisation qui se rapproche singulièrement de celle de la trame du protoplasma de la cellule dont ils dérivent*[1].

1. Deux propriétés essentielles caractérisent les substratums vivants : D'une part, celle *d'assimiler*, c'est-à-dire de transformer à leur contact certains principes différents de leurs substances propres, en substances semblables à celles qui les composent et qui dès lors deviennent aptes à les nourrir ; d'autre part, celle de se *reproduire*. Préoccupé depuis longtemps des idées que j'expose ici pour la première fois, j'ai essayé déjà en 1881, de savoir si les ferments solubles ou zymases jouissaient de ces deux propriétés essentielles, et je suis arrivé à un commencement de preuve positive. Après quelques essais tentés avec les invertines et la diastase de l'orge, je me suis adressé à la pepsine. J'ai pris de la pepsine ordinaire ; celle que j'employais jouissait de la propriété de digérer en huit heures 500 fois son poids de fibrine, c'est-à-dire que dans ce laps de temps, et dans une liqueur aqueuse acidulée à 3 pour 1000 et portée à 38°, la fibrine était dissoute et que la liqueur filtrée ne contenait plus rien de précipitable par le ferrocyanure de potassium acétique. Le temps mis à la digestion permettait donc de mesurer l'activité de la pepsine, ou, si l'on veut, la quantité de pepsine réelle et réagissante. Ces constatations faites, on prend 5 grammes de fibrine humide et 0,01 de la pepsine ci-dessus, dissoute dans 95 grammes d'eau acidulée de HCl

Quel rapport mystérieux existe-t-il entre la constitution,
l'organisation de tels ferments, et l'organisation des tissus
vivants, et comment expliquer qu'à leur contact certaines
des substances constitutives de la cellule normale se transforment, se disloquent, fermentent en un mot. E. Fischer
a remarqué dans ses belles études sur les sucres, que
ceux qui contiennent $C^3, C^6, C^9...$, en un mot, ceux dont le
squelette moléculaire est formé de 3 atomes de carbone
ou d'un multiple de 3 atomes de carbone, sont aptes à
fermenter sous l'influence de la levure de bière, mais que
les sucres en C^4, C^5, C^7, C^8, les *tétroses, pentoses, heptoses,
octoses*, ne fermentent pas. Entre les aptitudes fonction-

à 3 pour 1000; on place à l'étuve à 38° et l'on attend que la digestion soit
terminée. Alors, et sans filtrer, on distrait de cette liqueur 20 centi-
mètres cubes. Ils contiennent donc $\frac{20}{100} \times 0^{gr}.01$ ou $0^{gr}.002$ de la pepsine
primitive. On les additionne de 75 cent. cubes d'eau acidulée nouvelle
et encore de 5 grammes de fibrine fraîche. Ce mélange est à son tour mis
à digérer à 38°. La fibrine diparaît presque avec la même vitesse que
dans le premier cas. Si à ces 100 cent. cubes de la 2ᵉ digestion on emprunte encore 20 cent. cubes, ceux-ci contiendront le 5ᵉ de $0^{gr}.002$ de la
pepsine primitivement ajoutée, soit $0^{gr}.0004$. Si à ces 20 cent. cubes
nouveaux on ajoute encore 75 grammes d'eau acidulée et 5 grammes
de nouvelle fibrine et qu'on place encore à l'étuve à 38°, cette fibrine se
digérera comme dans les cas précédents et l'expérience pourra être
reproduite ainsi plusieurs fois.

Pour expliquer que cette fibrine se digère toujours avec à peu près la
même vitesse en présence de ces quantités de pepsine primitive qui
deviennent rapidement décroissantes et tendent vers zéro, il faut que
cette pepsine se reproduise aux dépens d'une partie de matériaux qu'elle
fait fermenter, c'est-à-dire qu'il faut qu'elle jouisse à la fois des deux
propriétés fondamentales des corps organisés et fonctionnant à la façon
des substratums vivants 1° de se *reproduire* et 2° *d'assimiler les matières
ambiantes* en les transformant en ses principes propres.

La nature des sels minéraux qui accompagnent les ferments avec te-
nacité et qui font certainement partie de leur constitution, et la précipitation de ces sels, même lorsqu'ils sont solubles, sur des matières telles
que la soie, l'alumine, le phosphate de chaux qui n'ont aucune affinité
pour eux, démontre aussi que ces ferments ont une constitution chimique et une organisation analogue à celle des protoplasmas vivants.

nelles, dérivant sans doute de la forme de la trame intime des organites protoplasmiques de la levure de bière, et l'organisation stéréochimique de chacune des familles de sucres, il existe donc un rapport qui fait que tantôt la levure peut se nourrir de ces sucres et les faire fermenter, et que tantôt elle ne le peut pas.

Voici une autre preuve bien plus frappante encore de la nécessité de ce rapport de constitution moléculaire : du dextroglycose ou glycose ordinaire dérivent deux isomères stéréochimiques l'α-méthyl-dextroglycoside et le β-méthyl-dextroglycoside. Or E. Fischer a observé que l'émulsine, ou ferment naturel des amandes, dédouble en alcool et sucre le composé β, tandis que le composé α n'est pas entamé par lui. L'émulsine est donc un ferment, un destructeur, un *poison* si l'on veut, du premier ; elle reste inerte pour le second. Au contraire, l'invertine de la levure de bière détruit le dérivé α et reste sans effet sur le dérivé β. Il peut donc y avoir stabilité ou destruction d'un édifice organique suivant l'accord ou le désaccord stéréochimique, la forme géométrique de l'édifice (ou de la vibration dont il est le siège) et celles des ferments qui tendent à l'ébranler. E. Fischer compare ces zymases à une clef qui s'adapterait ou non à la serrure moléculaire et qui, suivant sa forme, l'ouvrirait ou ne l'ouvrirait pas[1]. Je regarderais plutôt ces ferments comme des instruments, des machines, aptes, suivant leur structure, à transformer l'énergie que leur fournit le milieu ambiant, de telle sorte qu'après

---

1. E. FISCHER, *Berichte Chem. Gesell.* t. XXVII (1894) et *Bull. Soc. chim.* (3ᵉ série), t. XIV. Voir à ce sujet la note de mon *Cours de Chimie*, t. III, p. 4 (1ʳᵉ édition) où je donne, déjà en 1892, à peu près la même explication à propos de l'action du penicilium glaucum sur les deux alcools amyliques levogyre et dextrogyre.

avoir subi cette modification, cette énergie soit ou ne
soit pas en état de réagir sur la molécule fermentescible.
Un coup de vent qui arrive jusqu'à notre oreille ne produit pas d'impressions acoustiques; s'il traverse au préalable un tuyau d'orgue, son énergie transformée en son,
produit en nous une série de phénomènes qui se traduisent dans notre cerveau par une succession de percep-
tions de rapports et par des effets chimiques corrélatifs.
Il en est de même d'un flux de chaleur : Il ne saurait décomposer l'eau ; mais, faisons-le passer à travers une pile
thermo-électrique, et l'eau pourra être détruite, dédoublée
aux deux pôles en ses éléments. Un rayon de lumière
blanche traversant une plaque de quartz taillée perpendiculairement à l'axe ne produira aucune couleur, mais
plaçons un nicol en avant du quartz et les couleurs de
polarisation rotatoire apparaîtront aussitôt, influenceront
notre rétine et provoqueront sur elle, ou sur une plaque
photographique réceptrice, une série de réactions nouvelles.

Il en est peut-être ainsi des ferments. S'ils ne sont que
des commutateurs d'énergie, on comprend que leur quantité
soit à peu près indifférente, ces agents se bornant, dans
cette hypothèse, à transformer, et non à fournir, l'énergie
destructive qui entretient les fermentations ou les effets
toxiques.

Mais il semble que, dans tous les cas, l'action du ferment ait pour condition préalable une véritable combinaison
de ce ferment et du corps à décomposer, ce qui expliquerait
la remarque qui a été faite de la nécessité d'une analogie de
structure entre le corps fermentescible et le ferment. On
sait, depuis A. Wurtz, que la fibrine immergée quelques

minutes dans une solution de papaïne se teint, pour ainsi dire, de cette substance, si bien que les lavages à l'eau sont incapables désormais de l'enlever, et que cette fibrine *impressionnée*, comme dit A. Wurtz, ou plutôt faiblement combinée au ferment, se digère complètement dans l'eau additionnée de un à deux millièmes d'acide chlorhydrique, se transformant ainsi en peptone complète comme si elle était dissoute en présence de la papaïne elle-même. J'ai montré aussi que la soie brute lavée à l'eau acidulée, puis à l'eau pure, s'empare au sein d'une solution filtrée de pepsine brute d'une partie de ce ferment digestif qu'elle fixe à sa surface, sans que l'eau pure puisse en extraire une parcelle. Par des lavages à l'eau acidulée on peut ensuite enlever la pepsine ainsi combinée à la soie.

Ces faits montrent bien que l'action des ferments solubles est précédée de leur union à la matière fermentescible ; cette union ne peut se produire (c'est là le cas de toutes les combinaisons chimiques) que s'il y a concordance de structure et saturation réciproque de fonctions.

Les phénomènes de dislocation ou de fermentation dus aux modifications de l'énergie chimique, calorifique, etc., que reçoit du milieu où il est plongé l'édifice moléculaire complexe ainsi formé par l'union du ferment au corps fermentescible, se produisent dès lors suivant un mécanisme sur la nature duquel rien, à cette heure, ne saurait être précisé, si ce n'est que la fermentation même détruisant l'une des parties de cet édifice, le corps fermentescible, le ferment est par cela même remis en liberté et peut recommencer son œuvre.

Que les toxines ou les ferments agissent sur toutes les cellules ou sur certaines d'entre elles ; que les modifications dues à leur activité se produisent plus particulièrement dans certains organes, les glandes lymphoïdes, les globules blancs, le sang, le foie, le tissu nerveux, etc.; qu'elles soient directement toxiques ou qu'elles ne le deviennent qu'indirectement par les modifications qu'elles impriment à la nutrition de nos tissus ou de nos glandes qui seuls produiraient les agents directement vénéneux ; qu'elles modifient la composition des humeurs et, qu'en particulier, elles diminuent l'alcalinité du sang ; que les toxines agissent plus indirectement encore par l'intermédiaire de centres vasomoteurs modifiant ainsi la circulation et provoquant la diapédèse, ou bien qu'elles agissent sur les centres de calorification pour produire la fièvre ou pour abaisser la température [1] ; que la maladie ne soit que le tableau des désordres qui se déroulent secondairement grâce aux modifications de la nutrition provoquées par la présence des ferments dans l'économie, etc., ce sont là autant de points réservés sur lesquels nous reviendrons et que nous ne pouvons résoudre, ni même aborder, avant d'avoir poussé plus loin ces études.

Dans tous les cas, il est remarquable que contrairement à l'action des poisons ordinaires qui n'agissent généralement qu'autant qu'ils persistent dans le sang ou les tissus, les toxines font sentir leur influence sur le fonctionnement et la nutrition des organes longtemps après qu'elles ont disparu. Elles peuvent imprimer à l'économie des modifications qui se

---

1. Beaucoup de diastases, injectées dans le sang ou par la méthode hypodermique, donnent la fièvre, et, dans beaucoup de cas, ce phénomène remarquable dont le mécanisme est resté jusqu'à nos jours entièrement inexpliqué, doit être attribué à une intoxication des centres nerveux calorigènes par les toxines microbiennes. Il existe cependant des poisons purement chimiques qui peuvent donner la fièvre : la mydaléine, la vératrine, la cocaïne, etc., et même la quinine sont dans ce cas.

continuent et se transmettent même par génération. M. Charrin a montré que si des deux générateurs mâle et femelle
l'un au moins a été influencé par une toxine très active, les
descendants pourront présenter des arrêts de développement
dus à la tare héréditaire ainsi créée chez l'un des ascendants[1].

En assimilant la plupart des toxines aux diastases ou
zymases, nous avons remarqué que, de même que pour ces
dernières, l'action de ces poisons ne paraît pas proportionnelle
à la masse introduite, pas plus que la quantité de matière
fermentescible que décompose en un temps indéfini un ferment soluble n'est proportionnelle à la masse de ce ferment.
Mais il ne faudrait pas croire que les effets d'une toxine sur
l'économie soient entièrement indépendants de sa quantité;
l'expérience prouve le contraire. C'est que s'il est vrai qu'une
même dose de pepsine, par exemple, peut digérer un poids
presque indéfini de viande, il faut se rappeler que la rapidité de ces transformations est proportionnelle, jusqu'à un
certain point, à la quantité de ferment présent. Il en est
de même des toxines. Les désordres qu'elles provoquent,
après *un certain temps d'incubation*, se développent avec
une rapidité en rapport avec la masse introduite. Si dans
le cas de doses faibles, l'économie a, comme on le verra,
le temps de réagir soit par la production d'antitoxines,
soit par l'oxydation du poison introduit, soit par élimination continue avec les excrétions, il n'en est plus de
même si les doses introduites sont considérables. Les désordres qui peuvent ne pas se produire avec les doses
faibles apparaîtront dans ces cas, sans que, de cette constatation nous puissions conclure que l'action des toxines est,

1. *Comptes rendus Acad. sciences*, t. CXXI, p. 266.

comme dans toute action chimique, plus ou moins proportionnelle aux masses réagissantes[1].

Tout le monde sait que les ferments solubles sont rapidement atténués, puis détruits, par la chaleur, mais que le refroidissement, même très intense, ne paraît pas les modifier sensiblement; il en est de même des toxines. Les liquides virulents filtrés sur biscuit de porcelaine, perdent leur activité toxique immédiate entre 45 et 120°; beaucoup entre 45 et 80°. Les venins s'atténuent entre 80 et 120°. La virulence d'une émulsion de moelle rabique disparaît si cette moelle est portée une heure à 50°. Au contraire, des abaissements de température, de 20 à 30 degrés, et plus, au-dessous de zéro, n'atténuent pas l'action des toxines ou des virus.

On sait aussi que les agents chimiques les plus divers, alcaloïdes vénéneux, acide cyanhydrique, chloral, chloro-

1. On ne saurait faire cependant une distinction absolue entre l'action des virus, des toxines, des zymases et celle des médicaments chimiques minéraux ou organiques définis, cristallisés, en un mot, des agents toxiques ordinaires. En effet, d'une part, tout paraît démontrer que ceux-ci agissent aussi indirectement par les centres nerveux, dans quelques cas par certaines cellules spéciales peut-être, tels que les globules blancs, qu'ils influencent électivement et qui, à leur tour, agissent directement sur la nutrition et sur les autres fonctions. C'est ainsi que le bromure de potassium, par exemple, agit comme un spécifique dans quelques graves maladies nerveuses en diminuant l'*excitomotricité* des cellules nerveuses centrales; l'aconitine en agissant sur la bulbe devient aussi un puissant modificateur de la vie organique, j'en dirai autant de la quinine, de l'iode, etc. L'action de ces médicaments, et de beaucoup d'autres, paraît donc indirecte; ce sont des transformateurs de la nutrition dont l'influence se fait souvent sentir longtemps même après que l'agent chimique a disparu. Bien plus, à la façon des virus, ils ne paraissent pas agir immédiatement, mais seulement après un certain temps, une sorte d'incubation, qu'explique le mode indirect d'activité de ces modificateurs de la nutrition générale. Enfin on sait que pour les médicaments chimiques, comme pour les virus et les venins, il peut s'établir en chaque individu une véritable accoutumance.

forme, nitrate d'argent, alcool en proportion sensible, etc., pourvu que ces agents ne précipitent ni n'altèrent chimiquement les substances agissantes, n'empêchent pas l'action des ferments solubles : il en est de même des toxines et des venins. D'après mes expériences sur le venin de cobra, le mélange fait d'avance avec ce poison des agents chimiques les plus variés (alcool, nitrate d'argent, sublimé, acide cyanhydrique, phénols, etc.) n'en entrave pas l'action. Le permanganate de potasse (*Lacerda*), le chlorure d'or, et les hypochlorites (*Calmette*), paraissent seuls efficaces. Il en est de même des toxines; on peut les précipiter par l'alcool, les laisser en contact avec lui durant plusieurs jours, les mélanger de chloroforme, d'acide cyanhydrique, de phénol, etc., la toxine, après qu'on en aura chassé ces agents chimiques, et même en leur présence, recouvrera ou conservera toute son activité. Au contraire, le permanganate de potasse, et peut-être le chlorure d'or et le sublimé corrosif, paraissent modifier l'action de beaucoup de liquides toxiques d'origine microbienne, par exemple, l'émulsion de moelle rabique.

L'analogie des toxines avec les diastases et les venins va plus loin encore. On sait que l'acidité ou l'alcalinité du milieu où ils agissent rend efficace ou inactive la puissance des ferments. La pepsine ne digère la chair musculaire qu'en liqueur acidulée; un excès d'acidité minérale entrave son action; l'alcalinité du milieu la fait disparaître. La trypsine digère mal en solutions acides ; elle n'opère bien qu'en solutions alcalines. Il en est de même des venins et des toxines. J'ai observé que le venin de cobra, très actif en milieu acidule, actif même en milieu légèrement alcalinisé par le carbonate de soude, perd désormais toute activité s'il a été placé un instant en milieu rendu alcalin par une trace (1 %) de potasse caustique. Une émulsion de moelle rabique rendue nettement acidule aux papiers réactifs par l'acide acétique, ou bien alcalinisée avec un peu de carbonate sodique, devient tout à fait inoffensive, même à fortes doses. Ces observations nous montrent l'influence que le milieu où elles agissent exerce sur l'action des toxines comparables encore à cet égard aux ferments solubles.

On a dit plus haut que les toxines, comme les venins, paraissent inoffensives quand on les introduit non plus sous la peau ou dans le sang, mais par le tube intestinal[1]. On avait pensé que ces substances étaient digérées et rendues ainsi inoffensives. Il n'en est rien, du moins pour les venins. J'ai montré qu'introduit dans l'estomac d'un chien, ou digéré à 28° par du suc gastrique frais, le venin de cobra, loin de perdre son activité, semble, au contraire, acquérir une activité nouvelle. D'ailleurs, aucun des liquides digestifs ne possède une action marquée, soit *in vitro*, soit dans l'intestin, sur les toxalbumines végétales (abrine, ricine[2]).

Pour expliquer l'innocuité des toxines prises par la voie intestinale on a, sans la démontrer, fait l'hypothèse qu'introduits par l'estomac les toxines ou venins n'étant absorbés que fort lentement, vu leur très faible dialysabilité, vaccinent ainsi peu à peu l'économie, l'habituent à l'action du poison, permettent aux antitoxines dont on parlera plus loin de se produire et de réagir contre l'empoisonnement. L'abrine, par exemple, très toxique, si elle est introduite sous la peau ou dans le sang, n'est pas vénéneuse quand on

---

1. Il faut faire une exception pour les toxines du choléra, pour celle de la fièvre typhoïde et pour la ricine.

2. RÉPIN, *Annales Institut Pasteur*, t. XIX, p. 322.

l'introduit dans l'estomac ou lorsqu'on la fait absorber par des instillations répétées sur la conjonctive qui ne laisse pénétrer que lentement ce poison dans l'économie[1].

Cette explication n'exclut pas la remarque faite pour beaucoup de poisons que le foie et beaucoup d'autres organes glandulaires, et même de simples tissus, retiennent les corps toxiques ou les éliminent en les oxydant. On a supposé que le foie, auquel on a reconnu d'abord la propriété de neutraliser certains poisons, devait cette propriété surtout à ce qu'il les éliminait par la bile. Mais ce mécanisme ne s'applique certainement pas à tous les toxiques; car, d'après les expériences de MM. Courmont et Doyon, ainsi que celles de M. Guinard, les effets des poisons du pneumobacille ou de la diphtérie, introduits dans la veine porte ou dans l'une des veines mésentériques, sont non pas diminués, mais aggravés par le passage de ces toxines à travers la glande hépatique[2].

---

1. Cette explication ne s'appliquerait pas, en tous les cas, à la ricine, qui est très dangereuse même par la voie intestinale. Il faut remarquer encore ici que certains poisons minéraux, tels que les sels de bismuth, *très toxiques* s'ils sont introduits sous la peau, perdent toute toxicité quand on les donne par le tube digestif.

2. *Compt. rend. Acad. sc.*, t. CXXI, p. 223.

CHAPITRE TROISIÈME

Élimination des Toxines.

Après avoir été absorbées, avoir influencé la nutrition cellulaire et produit un état nouveau, morbide ou vaccinal, les toxines sont détruites, compensées ou rejetées hors de l'économie.

Oxydation des toxines. — Leur destruction paraît surtout se faire par oxydation, soit qu'elle ait lieu dans le sang sous l'influence d'un ferment d'oxydation, soit qu'elle se produise dans certaines cellules spéciales, telles que celles des glandes closes.

J'ai pour la première fois appelé l'attention sur ce processus de désinfection de l'économie dans mon mémoire sur les leucomaïnes présenté, en 1881, à l'Académie de médecine.

L'existence des ferments d'oxydation ne saurait plus être aujourd'hui mise en doute. En 1892, Jacquet montra qu'en présence de l'oxygène de l'air, le sang pur extrait des vaisseaux n'oxyde pas, ou presque pas, les corps les plus oxydables, tels que l'alcool benzylique, l'aldéhyde salicylique, etc.; mais si l'on ajoute à ce sang un peu de pulpe de divers organes (poumons, reins, muscles), même après que ces tissus ont subi l'action du froid ou des phénols, ou si l'on fait passer le sang chargé de matières oxydables à travers le rein ou le poumon, l'oxydation de ces matériaux se produit rapidement[1]. Les mêmes phénomènes de fermentation oxydante ne se constatent plus si l'on chauffe vers 80° à 100° les extraits de tissus. Le ferment d'oxydation n'a été ni défini, ni extrait à l'état de pureté par Jacquet ; on sait seulement qu'il est soluble dans l'eau, insoluble dans l'alcool qui le précipite et qu'il est détruit à une température inférieure à 100°[2]. Ce ferment est inégalement réparti dans les divers organes : d'après les observations de MM. Abelous et Biarnès[3], il est plus abondant chez les animaux jeunes ; on le trouve surtout dans le poumon, les reins, le foie, le testicule, la rate ; en moindre proportion dans la glande thyroïde, le thymus, les capsules surrénales ; en quantité moindre encore dans les muscles ; il n'existe ni dans le cerveau, ni dans le pancréas. Ce ferment a pour effet de rendre actif l'oxygène du sang, à peu près comme la lumière excite l'activité de l'oxygène humide. Nous avons vu combien les diastases et les toxines sont sensibles à cette oxydation.

Des ferments semblables existent dans les végétaux[4].

De son côté, M. de Rey Pailhade a fait la remarque que les jeunes cellules animales ou végétales, et plus particulièrement les tissus en train de proliférer, jouissent de la propriété de dégager un peu d'hydrogène sulfuré lorsqu'on

---

1. *Compt. rend. Soc. biologie,* 18 mars 1892.

2. Un ferment semblable a été trouvé dans les plantes et les tissus animaux par MM. Rohmann et Spitzer. Il produit de l'indophénol en présence du naphtol et de la paraphénylènediamine en solution sodique.

3. *Archives de physiologie norm. et pathol.,* janvier 1895, p. 195, et *Mémoires de la Soc. biolog.,* 1892, p. 55.

4. Depuis les observations de Jacquet, G. Bertrand a séparé du latex de l'arbre à laque du Japon, et d'un grand nombre d'autres végétaux, un ferment auquel il a donné le nom de *laccase.* Il jouit de la propriété d'oxyder rapidement les corps organiques, en particulier les phénols (Voir *C. rend. Acad. sciences,* t. CXX, p. 266). Ces ferments d'oxydation jouent donc certainement un rôle important dans les deux règnes (Voir encore à ce sujet MARTINAUD, *ibid.,* t. CXXI, p. 502).

les broie avec du soufre en poudre. Ces mêmes tissus absorbent aussi très avidement l'oxygène. Il a donné le nom de *philothion* à la substance (ou au groupe de substances) douée de ces propriétés. On peut séparer le philothion de la levure de bière, de la chair musculaire, etc., à l'état encore impur, il est vrai, *grâce à sa solubilité dans l'alcool étendu* dont le précipite l'alcool concentré. Le philothion PiH^2 contiendrait, d'après M. de Rey Pailhade, deux atomes d'hydrogène spéciaux très instables, ceux que le soufre enlève à l'état d'hydrogène sulfuré; en s'oxydant, le philothion PiH^2 perdrait ces deux atomes d'hydrogène pour donner le radical, ou *philothion actif* Pi, capable en décomposant l'eau de redonner le philothion blanc ou complet PiH^2 et de l'*oxygène naissant* et cette réaction se reproduirait ainsi indéfiniment; de sorte que ce philothion, ou les corps analogues, seraient des espèces de ferments d'oxydation indirecte[1].

Nous verrons dans le paragraphe suivant que les sucs extraits des organes sains et le sérum normal, jouissent de la singulière propriété de détruire ou de diminuer considérablement l'activité toxique des virus. Le professeur Poehl, de Saint-Pétersbourg, pense qu'ils doivent en grande partie cette propriété à la présence d'une substance faiblement basique, la *spermine*, rencontrée d'abord par Schreiner dans le sperme des mammifères, mais dont M. Poehl a démontré la présence dans la plupart des sucs d'organes, et tout particulièrement dans les glandes lymphoïdes, le sang, et sur-

---

1. DE REY PAILHADE, *C. Rend. Acad. sciences*, t. CVI, p. 1683; t. CVII, p. 43; t. CVIII, p. 356. Nous ne donnons que sous réserves cette théorie du philothion qui rappelle, jusqu'à un certain point, celle de Hoppe Seyler, ou même celle de Lœw sur la constitution de la matière protoplasmique à l'état vivant (Voir mon *Cours de chimie*, 1re édition, t. III, p. 761.

tout les globules blancs (Voir p. 283). Or cette spermine
$C^{10}H^{28}Az^4$ se conduit, d'après Poehl, comme un ferment
d'oxydation indirecte. On a vu (p. 285) que des traces
de ce principe suffisent à provoquer l'oxydation du magnésium en présence de l'eau et d'un peu de chlorure d'or.
Du sang *très dilué*, additionné d'une faible quantité de
chlorhydrate de spermine, oxyde rapidement la teinture de
gayac qui, à ce contact, bleuit comme en présence d'ozone
ou d'eau oxygénée. Mis en présence du chloroforme, de
l'oxyde de carbone, des extraits urinaires ou biliaires, les
tissus perdent en tout ou en partie l'aptitude de subir l'action
oxydante du sang; ils se réoxydent, au contraire, à son
contact, si l'on fait en même temps intervenir une minime
proportion de spermine ou de l'un de ses sels solubles. Cette
substance presque partout répandue, surtout dans les testicules et les ovaires, dans les glandes vasculaires sanguines
(thymus, glandes thyroïdesurrénales), et dans les globules
blancs, agirait donc comme un véritable ferment d'oxydation. C'est à la spermine, et grâce à l'oxydation des matières
extractives et toxiques qu'elle provoque, que Poehl attribue
surtout les effets bienfaisants de la thérapeutique séquardienne par les sucs extraits du testicule ou d'autres glandes
closes. Suivant lui, la spermine entretiendrait et exciterait
le fonctionnement de l'organisme en favorisant l'oxydation
des produits de déchet, et détruisant les toxines soit autonomes, soit produites par les microbes pathogènes. Ces
effets paraissent avoir été constatés non seulement par
Poehl, mais aussi par le prince professeur Tarchanoff, par
Senator, Maximowitch, Weljaminoff, etc., sur les ané-
miques, les diabétiques, les scorbutiques, les neurasthéniques, les hystériques, etc., dont les urines sont très riches,

on le sait, en extraits toxiques. L'action bienfaisante de
ce même principe a été observée aussi chez les malades
atteints d'affections du poumon, chez les opérés avec grands
traumatismes, etc. (Voir p. 285).

D'autre part, la spermine paraît perdre toute efficacité
dès qu'elle passe à l'état insoluble, comme il arrive chez les
chlorotiques et les phtisiques. Cette base se rencontre, en
effet, chez ces malades sous forme de cristaux de phosphate insoluble, ou presque insoluble (Cristaux de Charcot-
Leyden, p. 284). Elle tend à passer sous cette forme inerte
chez tous les malades qui éliminent une abondante quantité
de phosphore à l'état d'acide phosphorique et chez ceux
dont le sang tend à s'acidifier. L'expérience avait d'ailleurs
depuis longtemps démontré que l'alcalinité des humeurs
favorise l'oxydation des tissus.

Nous verrons enfin, dans un des chapitres suivants, que
certains leucocytes jouissent de la propriété de détruire
les microbes producteurs de toxines, et c'est précisément
dans ces leucocytes qu'on a rencontré la plus grande proportion de spermine.

Pour toutes ces raisons, M. Poehl admet que sous sa forme
soluble la spermine constitue un agent puissant d'oxydation
qui contribue à débarrasser l'économie de ses produits de
désassimilation aussi bien que de ceux d'origine microbienne, en hâtant et provoquant leur oxydation[1].

Aussi cet auteur attribue-t-il en grande partie l'immunité
directe ou acquise contre les intoxications microbiennes à

1. Voir à ce sujet POEHL, *Deutsche Med. Wochenschrift*, 1892, p. 49. *Bulletin de l'Acad. des sciences de St-Pétersbourg*, t. XIII, 22 avril 1892. *Comptes
rendus Acad. sciences*, Paris 11 juillet et 10 octobre 1892 ; 20 mars 1893. —
Journal de méd. chim. et pharmacologique (russe), 1893, p. 157 et 176 ; 283,
307, 468, 483. — *Zeitschrift für klin. Medic.* ; *Band* XXVI, *Heft.* 1 et 2. —
Deutschen medicinische Wochenschrift, 1895, n° 6.

l'intervention plus active de leucocytes abondamment pourvus de cette spermine existant dans les globules blancs sous sa forme très active.

Quelle qu'en soit la cause, directe ou indirecte, l'oxydation favorise considérablement l'antisepsie des tissus et le jeu régulier des organes. On pressentait depuis longtemps, mais d'une façon vague et insuffisante, le rôle nocif des produits de désassimilation et l'intervention bienfaisante de l'oxygène. J'ai particulièrement appelé l'attention sur ce dernier point en 1881 et 1883. Aujourd'hui l'on sait que la fatigue musculaire, la fièvre, les désordres nerveux et circulatoires occasionnent de véritables intoxications que l'oxydation des produits toxiques formés ou versés dans l'économie tend à faire disparaître. Un muscle soustrait à l'animal mais encore vivant, se contracte mieux et plus longtemps dans l'air ou dans l'oxygène que dans un gaz inerte. Dans ce second cas, les produits de son fonctionnement, non éliminés et non oxydés, deviennent pour lui de véritables toxiques[1].

Élimination urinaire des toxines. — Les toxines ne sont pas seulement détruites par oxydation ; elles sont éliminées *en nature* par les urines.

On connaissait depuis longtemps la toxicité des *extraits* urinaires. J'avais, en 1874, après J.-B. Dumas, insisté sur ce point[2]. En 1876, G. Pouchet avait, dans mon laboratoire, démontré que les parties incristallisables et indialysables des

---

1. Voir à ce sujet J. Tissot, *Semaine médicale*, 1895, 332. Rappelons encore que le D⁺ Barkan (de Brooklyn), dit avoir employé avec succès à l'intérieur, dans les cas d'infections microbiennes et même de tuberculose, de l'eau colorée en rose vif par du permanganate de potasse qui agirait comme un oxydant énergique (*Semaine médicale*, 21 août 1895.

2. Voir mon *Traité de chimie appliquée à la physiologie*, t. I, p. 263 ; t. II, p. 371 et 372.

urines jouissent de propriétés toxiques comparables à celles des poisons et des venins les plus violents.

On savait avant lui que dans certaines maladies ces matières extractives incristallisables deviennent plus toxiques encore.

C'est M. Ch. Bouchard qui le premier donna la preuve expérimentale et définitive que les toxines d'origine infectieuse définie s'éliminent *en nature* par les urines. En 1885 il annonçait que les extraits des urines de malades atteints de choléra asiatique, injectées dans les veines du lapin produisent (outre les désordres ordinaires qu'occasionnent les extraits d'urines normales) la cyanose, l'hypothermie, les crampes prolongées des membres postérieurs, une diarrhée qui s'établit presque immédiatement après l'injection, diarrhée d'abord stercorale, puis blanchâtre, avec rétention biliaire, albuminurie, anurie, etc., symptômes qui précèdent de peu la mort. C'était, en un mot, tout le tableau caractéristique de l'attaque de choléra[1].

On sait aussi par les travaux de M. Charrin qu'inoculé au lapin le bacille pyocyanique, ou les produits de ses cultures *in vitro*, produisent chez cet animal la fièvre, l'amaigrissement, la diarrhée, l'albuminurie, enfin des paralysies spasmodiques. M. Bouchard a reproduit l'ensemble de ces symptômes en injectant à l'animal sain les extraits des urines de lapins atteints de cette maladie.

De même MM. Roux et Yersin sont parvenus à provoquer la paralysie diphtérique en injectant au chien l'urine stérilisée d'un enfant atteint de croup.

---

1. *Archives de physiologie*, 5e série, 1889. — *Comptes rendus des séances de l'Association française pour l'avancement des sciences*, 1885. — Voir aussi *Soc. de biolog.*, 1888, p. 513.

Il reste donc établi que le rein élimine en quantité très sensible non seulement les matières toxiques dues au fonctionnement normal ou anormal des organes, mais les produits d'origine pathologique, et particulièrement les matières toxiques microbiennes.

D'autre part on sait, depuis les expériences de Schiff et Lautenbach, puis de Roger, Stender, Schmul, Kotliar, etc., que le foie jouit de la propriété de détruire certains toxiques et en particulier les alcaloïdes, le curare, le carbamate d'ammoniaque. Les observations faites sur les animaux porteurs d'une fistule abouchant la veine porte dans la veine cave (fistule de Eck) sont venues confirmer et éclairer ces observations[1].

Une grande partie des substances toxiques qui traversent le foie paraissent être aussi éliminées avec la bile.

L'oxydation et l'excrétion des toxines ne sont pas les seules défenses de l'économie contre les poisons sécrétés par les microbes infectieux, passés ou non dans le sang. Un autre mécanisme, et des plus remarquables, intervient encore. Je veux parler de la production des *antitoxines*. Mais avant d'aborder cette singulière fonction, il est nécessaire de faire connaître le phénomène de l'immunisation et le rôle des vaccins.

---

1. Voir à ce sujet, ROGER, *Comptes rendus Soc. biolog.*, 1886, p. 63 et 307. LUZANNA, *la sperimentale*, 1872. — STENDER, SCHMUL..., *Arbeiten der Pharmac. Instit. zu Dorpat*, t. VII; et surtout KOTLIAR, *Arch. des sciences biol. de St-Pétersbourg*, 1893, p. 587, pour l'action du foie sur les toxines intestinales.

CHAPITRE QUATRIÈME

L'immunisation et la vaccination.

Dans un ouvrage destiné à exposer l'état de nos connaissances actuelles sur les poisons issus de l'organisme animal, ou qui agissent sur cet organisme au cours des maladies infectieuses, on ne peut avoir la prétention de faire l'étude, même résumée, de ces maladies, de leurs origines, de leurs traitements et des vaccins qu'on sait leur opposer. A propos de l'immunisation et de la vaccination, nous nous bornerons dans ce Traité à dire ce qui nous paraît indispensable pour définir le rôle que les toxines, les antitoxines et les matières vaccinantes jouent dans l'économie vivante, et à montrer comment elles se comportent vis-à-vis les unes des autres.

Tout le monde connaît aujourd'hui la constitution des virus. Un grand nombre doivent leur spécificité et leur activité originelle aux microbes vivants qu'on y rencontre généralement et qui s'y reproduisent; d'autres paraissent tenir leur puissance de propagation des granulations, ou plastidules organisées mais sans forme microscopique définie, qu'on y rencontre, car leur activité spécifique disparaît du liquide filtré dont on sépare soigneusement toutes les particules sensibles (*Chauveau*). Parmi ces derniers virus, citons ceux de la syphilis, de la rage, de la vaccine, etc.

Ces virus introduits dans certains organismes vivants s'y développent, s'y diffusent et versent partout leurs toxines:

ou bien, comme ceux de la diphtérie ou du tétanos, ils déposent leurs sécrétions dans la plaie qui absorbe ces poisons sans que le microbe pénètre plus avant. Ce sont les produits toxiques formés par les organismes virulents qui provoquent ensuite les désordres nutritifs vasomoteurs, caloriques, paralytiques, stupéfiants, etc., qui, en se déroulant et se succédant, forment le tableau de la maladie.

Pasteur a découvert que l'on peut atténuer l'action de ces virus, soit en les faisant passer par l'organisme de certains animaux, soit en les chauffant modérément, soit en les laissant se dessécher et s'oxyder partiellement à l'air, etc. Des méthodes nouvelles d'atténuation ont été trouvées après lui et variées de bien des façons : on mélange les virus avec des matières antiseptiques[1], on les expose à l'air et à la lumière ; on leur fait subir une conservation prolongée en milieu antiseptique ; on les dilue, on les dialyse, etc.

Dans ces derniers temps, MM. d'Arsonval et Charrin sont parvenus à transformer les sécrétions virulentes en vaccins par un moyen des plus intéressants en ce sens qu'il peut être tenté sans danger, même lorsqu'il s'agit des toxines qui circulent dans l'économie au cours des maladies infectieuses. Ces savants soumettent ces poisons aux *courants électriques alternatifs de haute tension* (d'une intensité supérieure à 50 ampères) *et de très grande fréquence.* La densité moyenne du courant traversant les solutions de toxines était, dans leurs expériences, de 250 milliampères par centimètre carré. Dans ces conditions, les toxines diphtériques et pyocyaniques perdent toute action nocive, elles paraissent même, lorsqu'on les injecte aux animaux après

1. *Annales Institut Pasteur*, t. V, p. 501.

qu'elles ont subi l'action puissante du flux électrique, les
protéger, comme le feraient des vaccins, contre les affections correspondantes[1]. Les mêmes observations ont été
faites par M. Phisalix sur les venins qui sont, à tant d'é-
gards, les analogues des virus et que les courants de haute
fréquence transforment aussi en vaccins.

Un virus suffisamment atténué par l'une ou par l'autre
de ces nombreuses méthodes peut être impunément injecté
dans le sang d'un animal ou dans son tissu cellulaire. Que
cet animal réagisse ou non par un ensemble de phénomènes d'ordre morbide tels que fatigue, perte d'appétit,
fièvre, éruptions diverses, etc., il se rétablira généralement
avec facilité alors qu'avant son atténuation, le virus était
mortel si on l'injectait même à faible dose. Bien mieux,
à cet animal ainsi préparé par une première impression du
virus fortement atténué, on pourra maintenant injecter ce
même virus dans un état d'atténuation moindre, habituer
peu à peu l'économie à l'action de l'agent de plus en plus
virulent et faire absorber enfin à l'animal des doses très
fortes du virus le plus virulent sans qu'il en soit désormais
sensiblement indisposé.

On dit alors que l'animal est *racciné* contre ce virus.

Un virus ne contient pas nécessairement un microbe,
ainsi que nous l'avons observé plus haut. Le virus du
charbon, les virus pneumococcique ou érysipélateux, laissent pénétrer leurs microbes spécifiques dans l'économie.
Les virus diphtérique ou tétanique, quoique cultivables
in vitro, lorsqu'on les dépose à la surface d'une plaie ne
pénètrent pas plus profondément ; mais, comme dans le

1. *Compt. rend. Acad. sciences*, t. CXXII. p. 280 (1896).

cas des virus précédents, les toxines et ferments qu'ils sécrètent, absorbés par les lymphatiques, arrivent aux cellules et en modifient la nutrition et la vitalité. Les virus sans
microbes définis, tels que ceux de la rage et de la syphilis,
paraissent agir de même par leurs diastases toxiques, et
se *reproduire au sein de l'économie vivante*. La *reproduc-
tibilité* est la propriété caractéristique des virus. Cependant
nous verrons qu'il convient de rapprocher de ces agents
d'autres composés très actifs, qui doivent leur puissance
à des diastases toxiques, à savoir les *venins* et les *toxalbumines végétales* (abrine et ricine), matières auxquelles
on ne donne pas le nom de virus, mais simplement celui
de venins ou de toxiques, car on admet qu'ils ne se reproduisent pas dans l'économie de l'animal à qui on les injecte (Voir *Note*, p. 345). Mais la comparaison des virus avec
les venins et les toxines végétales n'en est pas moins fondée : de même qu'on peut vacciner par les virus à microbes
atténués, ou par introduction de très petites doses de virus
ordinaires extrêmement dilués, on peut aussi vacciner
contre les venins, du moins contre le venin de vipère[1], en
injectant sous la peau des animaux ce venin préalablement
chauffé vers 80 ou 100°. Les sujets ainsi traités peuvent
supporter ensuite des doses mortelles de venin normal. De
même les injections de très faibles quantités d'abrine ou de
ricine, faites avec de grandes précautions et par quantités
successivement croissantes, habituent l'organisme et finissent par le vacciner contre ces poisons.

Ces phénomènes d'atténuation des virus et des venins,

---

1. PHYSALIX et G. BERTRAND, *Compt. rend. Acad. sciences*, 5 février 1894.

aussi bien que les vaccinations par ces virus et venins atténués, sont donc entièrement comparables[1].

Les virus atténués agissent, en tant que vaccins, par leurs produits solubles qui, soit directement, en modifiant la nutrition de certaines cellules, soit indirectement, en provoquant les réactions des centres nerveux qui président à cette nutrition, transforment profondément les conditions de la vie et font naître l'état pathologique ou l'état vaccinal.

Pour reconnaître ce que sont ces agents vaccinants, s'ils se confondent ou non avec les toxines, s'ils sont organisés, s'ils sont spécifiques en chaque cas, etc., il est nécessaire de consulter attentivement les faits.

Ils démontrent d'abord que le sang, ou même le sérum, (quelquefois certaines sécrétions telles que le lait, les urines ou les sucs d'organes) des animaux rendus réfractaires à un virus sont douées de propriétés immunisantes contre ce même virus[2].

Cette observation fondamentale date de l'époque (1877) où Maurice Raynaud démontrait que le sang des génisses vaccinées par le cowpox, inoculé à des génisses nouvelles leur conférait l'immunité vis-à-vis de cette maladie, en un mot les vaccinait[3]. Plus tard, en 1888, MM. Richet et

---

1. On doit les rapprocher aussi de ceux que l'on a signalés pour les zymases ou ferments solubles les mieux connus, tels que celui de la diastase de l'orge germée, diastase qui traitée par la chaleur s'atténue, et ne peut plus conduire l'amidon jusqu'à l'extrême limite de ses transformations, c'est-à-dire jusqu'à son changement en sucre. Elle ne donne plus alors que des dextrines. BOURQUELOT, *Annales de l'Inst. Pasteur*, t. I, p. 337.

2. Voir sur les théories relatives à l'immunité acquise les idées professées vers 1889, dans *Annales de l'Inst. Pasteur*, t. II, p. 494, *Revue critique*.

3. *Compt. Rend. Acad. sciences*, t. LXXXIV, p. 453. M. Raynaud, après avoir exposé ses expériences, ajoute : « Il en résulte que ce sang peut

Héricourt observèrent que le sang des chiens ou des lapins ayant résisté à l'inoculation d'un streptococque spécial, vaccinait les mêmes animaux contre ce virus. Mais l'importance de ces faits ne fut bien comprise qu'en 1890, après les beaux travaux sur le virus tétanique de Behring et Kitasato[1]. Ces savants démontrèrent que le sang des lapins rendus réfractaires au tétanos est capable d'empêcher l'évolution de cette maladie chez les lapins neufs auxquels on l'inocule, quelquefois même d'arrêter ses effets lorsque la maladie commence à évoluer. Ils reconnurent aussi que cette propriété vaccinante réside dans le plasma et le sérum de ce sang *débarrassé de tout élément figuré par filtration sur biscuit de porcelaine.*

La même démonstration fut faite par ces deux auteurs pour la diphtérie avec des preuves aussi convaincantes, quoique avec des succès douteux lorsqu'on s'adressait aux animaux ou aux malades déjà atteints.

Ces faits furent confirmés en 1881, en France, par MM. Vaillard et Roux; en Italie, par MM. Tizoni et Catani. Depuis la démonstration en a été surabondamment établie par M. Roux, surtout à propos de la diphtérie. Le sang et le sérum des animaux vaccinés contre le tétanos ou contre la diphtérie, protègent les animaux contre ces deux affections et peuvent en arrêter l'évolution alors même que la maladie a déjà commencé[2].

dans certaines conditions données être considéré comme un puissant véhicule du virus vaccinal, ou *tout ou moins d'un principe capable de transmettre l'immunité.* »

1. *Deutsch. med. Woch.* Décembre 1890.

2. Voir *Contribution à l'étude de la diphtérie,* par E. ROUX et L. MARTIN, *Annales de l'Inst. Pasteur,* t. VIII, p. 609. Voir aussi sur les propriétés bactéricides et immunisantes du sang des vaccinés, le mémoire de MM. CHARRIN et ROGER, *Compt. Rend. soc. biolog.,* 1892, p. 620 et 924.

Il est donc démontré que les humeurs d'un animal vacciné, même lorsqu'elles ont été privées par filtration sur biscuit de toute partie organisée sensible au microscope, contiennent des principes aptes à protéger directement ou indirectement les animaux neufs contre la maladie que provoquerait le virus correspondant.

Les matières protectrices vaccinales ne s'accumulent cependant pas dans le sang ou dans les humeurs. M. Bouchard a démontré, en 1884, que la substance vaccinante s'élimine par les urines qui *peuvent à leur tour, et durant plusieurs jours, servir à vacciner des animaux sains.* La démonstration fut faite d'abord par lui pour le virus du bacille pyocyanique[1]. MM. Charrin et A. Rüffer ont observé que, dans ce cas, il faut quatorze jours environ pour que les matières vaccinantes s'éliminent par le rein ; mais *après leur élimination, l'immunité reste acquise à l'animal qui est désormais protégé contre le virus correspondant.*

Depuis 1884, on sait que le sang, le plasma, le sérum, la lymphe, les sérosités pleurales ou péricardiques des animaux non vaccinés, même lorsqu'elles sont exemptes de tout élément figuré, ont la propriété de faire subir aux microbes pathogènes qu'on y introduit une dégénérescence, une atténuation, une dégradation fonctionnelle qui empêchent ces organismes de se reproduire ou les tuent définitivement[2]. C'est ce que l'on a nommé l'*état bactéricide* des humeurs. Chez les animaux que l'on a vaccinés, cet état bactéricide arrive à son maximum vers le quatrième

---

1. *Compt. rend. Acad. sciences,* 4 juin 1888. Voir aussi du même auteur les *Microbes pathogènes,* p. 131 et 200.

2. Voir à ce sujet le résumé des travaux de Grohmann, Fodor, Nuttall, Flügge, Nissen, dans Ch. BOUCHARD, les *Microbes pathogènes,* Paris, 1894, p. 53.

ou cinquième jour; il se maintient durant deux semaines, puis diminue beaucoup[1]. Mais l'état bactéricide des humeurs n'est pas la cause de la résistance du vacciné au virus correspondant. Généralement les microbes spécifiques se développent bien, *in vitro*, dans *le sérum* ou les humeurs d'un animal vacciné. Si la culture du virus est tentée non plus dans le flacon de laboratoire, mais dans le corps même des animaux naturellement réfractaires et non vaccinés, *non seulement le microbe se développe bien dans leur sang ou leurs organes, mais encore il y conserve toute sa virulence, et même il y acquiert souvent une virulence plus grande*[2]. Ces résultats ont été observés par le Dr Sanarelli et par M Metchnikoff sur le *Vibrio Metchnikovi*, le *coccobacillus suinum* du *hog-cholera*, le *charbon*, etc... M. Metchnikoff a montré que chez les animaux vaccinés, les virus non seulement ne s'atténuent pas, mais que bien plutôt ils se renforcent. Inoculant le charbon dans la chambre antérieure de l'œil ou sous la peau de lapins vaccinés et réfractaires, il a vu la bactéridie se conserver avec toute sa virulence, car portée ensuite directement dans le tissu cellulaire d'animaux semblables, elle les tue rapidement. L'organisme réfractaire finit bien par tuer le microbe, mais il ne semble pas exercer sur lui d'influence atténuatrice graduelle[3]. M. Sanarelli a

---

1. Cet état bactéricide du sérum disparaît par le chauffage à 50° (*Nuttall*) par dialyse dans l'eau distillée (mais non dans l'eau salée a 6 0/00), ou par dilution dans les mêmes milieux (*Büchner*). Il résiste à la neutralisation par l'acide acétique (*Ann. Institut Pasteur*, t. V, p. 506).

2. VAILLARD, *Institut Pasteur*, t. VI, p. 393 et 677. — SANARELLI, *Ibid.*, t. VII, p. 230 et 260. — ROUX, *Ibid.*, t. V, p. 525 et 472.

3. *Ann. Institut Pasteur*, t. V, p. 526. Ce résultat ne s'observe pas pour tous les virus. Fodor a vu la bactéridie charbonneuse perdre peu à peu sa vitalité chez les animaux immunisés. Emmerich, Mattei ont reconnu que le rouget du porc disparaît après quelques heures chez les animaux vaccinés. Mosny a observé l'atténuation du pneumocoque dans les hu-

démontré de son côté que les vibrions cultivés dans le sérum des cobayes *vaccinés* non seulement ne s'atténuent pas, mais que leur virulence tend plutôt à s'exalter.

On ne saurait donc invoquer en chaque cas l'*état bactéricide* des humeurs de l'animal réfractaire ou vacciné pour expliquer l'incapacité du microbe spécifique à reproduire chez eux la maladie. On ne saurait dire aussi que, chez le vacciné, le microbe ne sécrète plus ses toxines, car il continue quelque temps à vivre sans s'atténuer, et il produit bien son poison[1]. On ne saurait invoquer davantage un état antitoxique des humeurs du vacciné, car si l'on injecte à un animal neuf les produits, stérilisés par filtration, des cultures *in vitro* d'un microbe toxique, mélangés d'avance d'une quantité même surabondante de sérum d'un animal vacciné pour ce microbe, la mort n'en arrive pas moins dans le même laps de temps que si l'on avait injecté à l'animal les produits de culture de ce microbe sans addition du sérum du vacciné[2].

On ne saurait invoquer enfin l'accoutumance de l'organisme vacciné au poison microbien, son insensibilité en un mot à ce poison, car si l'on injecte tout à coup et à dose assez forte à un animal vacciné le produit stérilisé de la culture, faite *in vitro*, d'un virus toxique, l'animal vacciné n'en meurt pas moins. Les expériences de Gamaleia, Charrin[3], Pfeiffer, Metchnikoff[4], Sanarelli ont démontré à l'évidence

meurs des animaux réfractaires (*Arch. méd. exp.*, 1893). Charrin a fait les mêmes observations pour le bacille pyocyanique qui se détruit peu à peu chez les animaux ayant acquis l'état réfractaire.

1. *Annales de l'Inst. Pasteur*, METCHNIKOFF, t. V, p. 476.

2. *Ibid.*, t. VII, p. 234, et VIII, p. 377.

3. *Soc. de biologie*, 24 mai 1890.

4. Metchnikoff, et bien d'autres avant lui, avaient songé à l'accoutumance au poison. Voir *Institut Pasteur*, t. V, p. 572.

que les animaux vaccinés non seulement sont atteints par les toxines microbiennes *toutes formées*, mais qu'ils paraissent être aussi sensibles à ces poisons et quelquefois même plus sensibles que les animaux neufs[1].

Il faut donc renoncer à ces diverses hypothèses. Les animaux vaccinés ne possèdent pas au bout de quelques jours des humeurs particulièrement bactéricides. Leur sang, ou leurs tissus ne contiennent pas normalement une sorte d'antidote tout formé qui s'oppose à l'action de la toxine que sécrète le microbe spécifique; celui-ci persiste, quelque temps du moins, dans les humeurs du vacciné et ne s'y atténue sensiblement pas ; enfin l'économie n'a pas paru aux observateurs être *mithridatisée*, accoutumée au poison à la suite d'une vaccination antérieure.

Il ne reste plus que deux hypothèses à faire :

Ou bien, le microbe introduit chez le vacciné, est incapable d'y prospérer, ou du moins d'y produire ses toxines habituelles ;

Ou bien, l'agent virulent, tout en produisant ses toxines chez le vacciné durant tout le temps qu'il est présent, provoque chez lui la formation de substances d'activité contraire, de véritables contre-poisons produits par l'économie du vacciné grâce à l'incitation du virus[2].

L'expérience confirme à la fois ces deux hypothèses, et l'on sait aujourd'hui, surtout par les belles observations

1. *Annales Inst. Pasteur*, t. VII, p. 238.

2. Ceci ne contredit pas ce que nous disions plus haut de la vulnérabilité de l'animal vacciné aux toxines du virus correspondant produites *in vitro*. Comme on va le voir, le vacciné réagit contre les toxines par la formation de substances douées d'activité contraire ; mais c'est là un fait physiologique, une sorte de sécrétion qui *demande un certain temps à se produire*, et le vacciné n'en mourra pas moins si l'on fait tout à coup pénétrer dans son sang une dose considérable de toxine toute formée.

de Metchnikoff, d'une part, par celles de Behring, de l'autre, que l'économie se défend contre l'intoxication microbienne par les deux mécanismes de la *phagocytose* et de la *production des antitoxines*.

Prenons deux animaux d'une même espèce, aussi semblables que possible, et vaccinons l'un d'eux contre un virus tel que le *V. mechnikowi*, celui du *hog-choléra*, ou le virus pyocyanique, virus à microbes aptes à pénétrer dans l'organisme. Inoculons ensuite à ces deux animaux le virus le plus fort : chez celui qui n'a pas été vacciné, nous voyons après un certain temps d'incubation, souvent à la suite d'une légère réaction locale, la maladie se généraliser rapidement ; l'invasion du vibrion toxique se fait d'organe en organe, sans obstacle, rapidement ; les tissus envahis deviennent le siège d'une multiplication énorme du vibrion spécifique, les leucocytes n'apparaissent qu'assez rares, et l'infection générale aboutit à la mort. Chez le vacciné, comme dans le cas précédent, l'invasion microbienne commence généralement à la suite d'une légère réaction locale ; mais bientôt elle se limite : de nombreuses cellules lymphatiques mobiles s'avancent vers le foyer de l'infection et font obstacle à l'expansion du microbe. En peu de temps les leucocytes, appelés comme par une attraction spéciale, ont englobé dans leurs tissus amiboïdes une grande quantité de bactéries infectieuses encore vivantes. Ces globules blancs les absorbent et les digèrent ; grâce à ce mécanisme, elles empêchent leur multiplication et l'envahissement de l'économie. C'est à ce phénomène singulier que Metchnikoff, qui l'a découvert en 1887, a donné le nom de *phagocytose*[1].

1. *Sur la lutte des cellules de l'organisme contre l'invasion des microbes*, par METCHNIKOFF, *Institut Pasteur*, t. I, p. 321. Voir à ce sujet les nom-

Cette aptitude constitue une fonction remarquable et complexe de certains globules blancs.

Les cellules phagocytaires dissolvent lentement les microbes et les détruisent par digestion intérieure; mais d'autre part, ces phagocytes, et peut-être d'autres cellules encore de l'économie, sécrètent un véritable antidote, une *antitoxine* destinée à combattre les effets du poison microbien pendant tout le temps que ce poison peut se former. Remarquons, en effet, que les éléments figurés du virus introduit ne disparaissent pas immédiatement des tissus. Même chez le vacciné, ils se reproduisent plus ou moins, et l'une des conditions nécessaires de ce fonctionnement et de cette reproduction est la formation des toxines. Celles-ci lentement formées pénètrent partout grâce à la circulation. C'est contre le venin ainsi versé aux tissus que l'organisme sécrète une antitoxine. Voici la démonstration de cette curieuse aptitude.

Prenons trois animaux de même espèce, en tout semblables entre eux et non vaccinés; injectons au premier un virus très actif, au second ce même virus, mais après qu'il aura été laissé quelque temps, *in vitro,* au contact du sérum d'un animal de même espèce. Injectons enfin au troisième sujet, après l'avoir inoculé avec ce même virus, un sérum, stérilisé par filtration sur biscuit, provenant du sang d'un animal déjà vacciné contre cette maladie. Chez le premier, l'intoxication se développera normalement et les microbes pulluleront bientôt dans tous les tissus. Chez le second, l'invasion des microbes suivra presque la même

breux et remarquables mémoires publiés, d'année en année, dans le même recueil par ce savant. Voir aussi les mémoires de la *Soc. de biolog.,* 1889, p. 627.

marche, peut-être au début avec une légère atténuation
due aux qualités légèrement bactéricides du sérum préalablement mélangé ; chez le troisième, l'évolution de la maladie et la reproduction du microbe s'arrêtera aussitôt.
L'animal traité par le sérum du vacciné aura contracté
une *immunité passive momentanée*, comme dit Behring ;
il ne sera pas vacciné à fond, mais il le sera au moins
pour cette fois, et durant quelque temps, grâce aux substances spéciales que lui a fournies le sérum du vacciné[1].
Ces substances antitoxiques, quelles qu'elles soient, ne
peuvent provenir du microbe, car si elles en provenaient
elles se retrouveraient aussi dans les produits de ses cultures
faites *in vitro* dans le sérum de la même espèce ; or, la
maladie reste normale chez l'animal qui a reçu les produits
de culture du virus cultivé dans ce sérum (Second cas ci-
dessus). Il ne se forme donc pas d'antitoxine *in vitro* mais
seulement dans les organes du vacciné.

L'antitoxine ainsi produite chez le vacciné jouit de la
propriété ou de détruire ou de compenser l'action du poison, car la maladie ne se généralise pas et les troubles
fonctionnels sont nuls ou à peine sensibles.

Cette substance qui empêche ainsi l'action des toxines,
cette *antitoxine*, est sécrétée, pensons-nous, surtout par le
globule blanc, par le leucocyte phagocytaire. Lorsqu'un virus
actif a été introduit dans l'économie, que l'animal soit neuf
ou vacciné, les phagocytes sont appelés par une force que
nous essayerons de définir tout à l'heure. Chez l'animal non
vacciné, la lutte s'établit entre le microbe pathogène et
le leucocyte ; mais celui-ci ne peut généralement pas ré-

---

1. Voir *Ann. Institut Pasteur*, t. VIII, p. 708.

sister; il est intoxiqué par le poison microbien qui finit par forcer cette barrière et se répand dès lors rapidement dans tous les organes où il pullule. Chez le vacciné, la même toxine est aussi produite tout au début par le microbe virulent. Comme chez le non vacciné, elle appelle le globule blanc, mais dans ce second cas celui-ci résiste; le venin microbien ne l'intoxique plus, et si dans cette première phase de la lutte où nous ne voyons agir l'un sur l'autre que le microbe et le phagocyte celui-ci ne succombe pas comme chez le non vacciné, il faut bien qu'il possède ou qu'il forme les matières antitoxiques qui lui permettent d'annuler les effets du poison qui tend à le détruire[1]. Il résiste grâce à ce mécanisme et peut arriver ainsi à englober et digérer rapidement ces microbes qui, avant toute vaccination, étaient mortels pour lui. Ainsi sécrétée par le phagocyte (et par d'autres cellules, sans doute) cette antitoxine est versée dans les vaisseaux; elle va imprégner les organes du vacciné et se répandre dans ses humeurs. C'est ainsi que son sang, et le sérum qui en provient, devient antitoxique. L'animal non vacciné auquel on injecte en même temps le microbe mortel et le sérum de l'animal vacciné contre la même maladie, reçoit donc à la fois la toxine et l'antitoxine. Celle-ci paralyse les effets de celle-là; elle donne au phagocyte le temps de produire à son tour momentanément, la dose d'antitoxine nécessaire pour qu'il puisse entrer en lutte avantageuse avec le virus dont il détruit bientôt tous les éléments microbiens.

A côté de la phagocytose si brillamment mise en lumière par les travaux de Metchnikoff, il convient donc de placer,

1. Cette opinion est presque la même que celle de Hankin et de Kanthack et Hardy qui admettent que les cellules leucocytaires œosinophites d'Ehrlich, secrètent le poison qui tue le microbe Voir *Phil. Transact.*, t. CLXXXV, p. 279-318 (1894.

pour bien expliquer l'immunité et la résistance des phagocytes du vacciné à l'action des poisons sécrétés par les microbes, le mécanisme important de la production des antitoxines.

Il est, avons-nous dit, deux maladies au moins, le tétanos et la diphtérie, dont les microbes spécifiques ne pénètrent pas dans les tissus. Ils se bornent à verser à la surface de la plaie ou des muqueuses leurs zymases vénéneuses que la circulation transporte ensuite aux divers organes. Or l'on sait aujourd'hui que l'inoculation aux individus en puissance de diphtérie, quelquefois même de tétanos, d'une petite quantité de sérum stérilisé provenant d'animaux préalablement immunisés contre ces maladies, suffit à contrebalancer, à annihiler la redoutable toxicité des poisons de ces deux sortes de microbes. Dans ces cas, il ne saurait être question de phagocytose, les microbes ne pénétrant pas, en effet, dans les organes; ou si cette phagocytose a lieu, comme dans le cas de la diphtérie, c'est d'une façon indirecte par pénétration du phagocyte dans la fausse membrane superficielle qui contient le microbe spécifique.

Introduit dans l'économie, le virus agit donc à double titre : d'une part il appelle les phagocytes sur le lieu où il a été déposé; de l'autre il excite les cellules normales à produire ces substances antitoxiques qui annihileront l'action des toxines microbiennes pourvu qu'elles soient sécrétées à temps en proportion suffisante, ce qui n'arrive que chez les vaccinés ou chez les organismes doués d'une immunité naturelle.

Remarquons maintenant que cette excitation des cellules par les sécrétions virulentes, dont la conséquence est la production de l'antitoxine, peut ne pas amener *nécessaire-*

*ment en chaque cas la formation d'un contre-poison spéci-
fique* répondant au virus spécial qui provoque sa formation.
Nous voyons en chimie générale une même substance en
précipiter ou en insolubiliser une foule d'autres. En thérapeutique, un même antidote, le café par exemple, peut défendre utilement l'économie contre une foule de poisons
différents. De même le vaccin qui imprime aux cellules de
l'économie l'aptitude à sécréter l'antitoxine, et ces antitoxines elles-mêmes, peuvent ne pas être nécessairement
spécifiques. On conçoit même que l'excitation du phagocyte
ou d'autres cellules de l'économie à sécréter des toxines,
puisse être amenée par d'autres moyens que par l'irritation
que provoque un vaccin d'origine animale ; par exemple,
par un vaccin purement chimique qui exciterait également
les réactions de la cellule vivante.

Ces deux conséquences importantes sont aujourd'hui démontrées et ceci nous amène à parler des vaccins consi-
dérés en eux-mêmes.

CHAPITRE CINQUIÈME

Les vaccins.

Nous sommes actuellement arrivés à cette conclusion que les matières vaccinantes introduites dans l'économie d'une part excitent la phagocytose, de l'autre créent ou exagèrent pour longtemps, l'aptitude des globules blancs, et d'autres cellules peut-être, à produire des substances antitoxiques capables de balancer ou de détruire l'action nocive des toxines que tend à verser aux organes du vacciné toute nouvelle introduction de virus [1].

Le vaccin est donc un agent apte à imprimer aux cellules de l'économie vivante une modification durable qui les fait réagir efficacement contre les intoxications corres-

1. On a déjà remarqué qu'il en est de même des toxines ou du moins de certaines toxines. Elles agissent comme des ferments et leur effet immédiat se borne à provoquer la formation dans l'organisme des véritables agents vénéneux directs. Les toxines ne paraissent donc être vénéneuses qu'indirectement. On peut provoquer chez un cheval le tétanos mortel après trois jours par deux gouttes d'une culture du bacille de Nicolaier ; mais injectât-on 300 cent. cubes de cette même culture, l'animal n'aurait aucun accident tétanique *immédiat*. Le poison direct n'existe pas, en effet, dans cette culture ; il ne se forme qu'après *incubation, fermentation spéciale* dans les organes vivants ; dès lors, quand le poison strychnisant, le vrai poison chimique et direct s'est formé, l'injection du sang de l'animal en *état d'intoxication actuelle* à un animal sain provoque *directement et immédiatement* chez celui-ci les accidents d'intoxication tétanique (Voir à ce sujet l'important mémoire de J. Courmont et Doyon, *Soc. de biologie,* 1893, p. 294.)

Les vaccins n'agissent pas autrement.

pondantes. Ce n'est pas un agent direct. Il excite les cellules et leur imprime la modification nutritive ou sécrétoire dont procède le phagocytisme et la formation des antitoxines. Mais avant de dire ce que nous savons de ces modifications, examinons le vaccin en lui-même.

On vient de dire qu'il agit directement en excitant les sécrétions cellulaires et en particulier celles des globules blancs. Cette excitation est-elle due à la partie toxique du vaccin, à ses diastases ou à toute autre cause ?

Les matières vaccinantes habituelles sont généralement des virus atténués ; à ce titre, par conséquent, leur composition est extrêmement complexe aussi bien que leurs effets.

Et d'abord le microbe vivant, atténué ou non, ne constitue pas l'agent vaccinant essentiel. Soit qu'on recoure à la chaleur ou à la filtration[1], soit qu'on additionne le vaccin d'essences diverses (ail, moutarde, eucalyptus, etc.) douées d'un pouvoir microbicide puissant, mais n'agissant ni sur les alcaloïdes, ni sur les albuminoïdes, ni sur les diastases, etc., on peut supprimer le microbe, enlever ou détruire ce qui est vivant dans le vaccin, sans que celui-ci perde ses propriétés essentielles. On peut même, comme l'ont fait Behring et Kitasato, mélanger le virus filtré sur biscuit avec du trichlorure d'iode, ou, suivant la méthode que Roux et Vaillard ont appliquée au virus tétanique, le filtrer et l'additionner d'iodure de potassium iodé[2]; par ces divers moyens, on obtient des vaccins efficaces en partant de

---

1. Atténuation du virus de la rage par la chaleur. *Annales Institut Pasteur*, t. X, p. 212.

2. *Annales Institut Pasteur*, t. VII, p. 72. L'action de l'iode (qui peut même être en excès dans l'iodure de potassium ioduré qu'on emploie), se produit instantanément dès que le mélange avec le virus est fait.

virus primitivement très toxiques. On peut agir de même avec le sang charbonneux, le virus de la pneumonie extrait des organes des animaux morts de cette maladie, le virus tétanique, etc., etc[1].

On peut atténuer encore les virus (quelquefois au contraire les rendre plus virulents) grâce à son passage d'une espèce à l'autre : c'est ainsi que, d'après M. Gibier, le virus de la rage en passant par la poule peut devenir vaccinal[2]. Il en est de même lorsqu'on expose et dessèche à l'air ce même virus[3].

La partie toxique du virus est-elle celle qui, en s'atténuant, se transformerait en vaccin ? Non certainement. Rappelons-nous, en effet, que la matière vaccinante s'élimine par les urines ; que sa quantité dans l'organisme atteint un maximum immédiatement après la vaccination, et qu'à ce moment elle est incapable de protéger l'animal. Au contraire, lorsque après 13 à 14 jours elle a complètement disparu, éliminée par les urines, et lorsque le sang ne contient plus aucune des substances toxiques introduites avec le vaccin, l'immunité est atteinte, elle est à son apogée, et, le plus souvent, elle persiste ensuite des années. Les toxines vaccinales ne sont donc pas les agents protecteurs du vaccin. Elles pourraient, il est vrai, être les agents actifs de la production de la substance qui fait naître l'immunité ; mais il ne paraît même pas en être ainsi. On peut atténuer un virus, lui enlever toute, ou presque toute action toxique sensible, sans qu'il cesse d'être

1. *Annales Institut Pasteur*, t. V, p. 519.
2. *Société de biologie*, 1885, p. 235.
3. Non desséché il peut se conserver longtemps. Galtier a même démontré qu'il résistait plus de 45 jours à la putréfaction des organes (*Soc. biolog.*, 1888, p. 671).

vaccinant. Tel est le cas du virus de la vaccine ordinaire
et du virus pyocyanique. Duenschmann a démontré que
les cobayes qui ont reçu à doses successives les toxines du
charbon symptomatique, loin d'être vaccinés, deviennent
plus sensibles à l'action de ce virus ; au contraire, le suc
musculaire des cobayes qui ont éprouvé cette maladie,
quoiqu'il soit beaucoup moins toxique que le virus lui-
même, est cependant doué des propriétés vaccinantes[1]. On
sait d'ailleurs que dans les cas les plus ordinaires la vaccination se produit sans amener de troubles graves, sans
intoxiquer sensiblement l'économie ; le vaccin ordinaire confère généralement l'immunité contre la variole sans qu'il y
ait de troubles sensibles en dehors de l'éruption vaccinale.

L'efficacité d'un vaccin ne paraît donc pas liée à son
degré de toxicité. Il en est de même des venins qui ressemblent aux virus à tant d'égards. Après chauffage à 80°,
celui de la vipère a perdu son action toxique ; au contraire,
il a acquis une efficacité vaccinale remarquable contre les
blessures de ce même venin (*Phisalix* et *Bertrand*). Le
sérum de sangs d'animaux inoculés avec précaution et à
diverses reprises avec du poison de serpent à doses non
mortelles est antivenimeux, c'est-à-dire que mélangé à des
venins et injecté aux animaux, il les protège contre l'envenimation sans troubles sensibles de leur santé. Si l'on chauffe
ce sérum à 68°, sa propriété antivenimeuse disparaît tandis
que reparaît la toxicité du venin qui avait été inoculé à
l'animal ayant fourni ce sérum ; le cobaye ou le lapin à
qui on injecte le mélange ainsi chauffé préalablement meurt
intoxiqué. La matière protectrice de ce sérum était donc

1. A. CALMETTE, *ibid.*, t. IX, p. 250.

différente de la substance toxique du venin qui avait primitivement servi à la produire[1].

Lorsqu'on injecte à un animal vivant du virus phéniqué, en place du même virus vivant, on réduit considérablement l'action toxique de ce virus, car celle-ci se borne dès lors aux effets des toxines préexistantes dans la faible proportion de virus introduit; mais l'on ne fait pas diminuer ou disparaître l'action vaccinante qui se montre encore ici indépendante de la toxicité[2].

Nous avons dit plus haut les raisons qui nous font admettre que les divers vaccins n'agissent qu'indirectement en excitant les cellules de l'économie. Ils peuvent donc ne pas être essentiellement spécifiques, car l'on conçoit que cette même excitation puisse se produire par des moyens très divers.

Une première preuve nous en est fournie par la vaccine Jennerienne elle-même : on sait que l'on n'a jamais pu passer de ce vaccin à la variole et réciproquement. Le virus vaccinal paraît donc être d'une nature spécifique différente du virus varioleux, tout en constituant son vaccin le plus efficace.

Au cours de ses expériences sur le choléra des poules, Pasteur est parvenu à conférer à ces animaux l'immunité contre le charbon en les vaccinant contre le choléra aviaire[3].

Emmerich et Paulowsky paraissent avoir produit chez les animaux un état réfractaire au charbon en les inoculant avec le virus de l'érysipèle et celui du pneumocoque de

1. *Ann. Institut Pasteur,* t. VIII, p. 426.
2. Expérience sur les vaccins phéniqués de Haffkine par TAMAMCHEFF, *Inst. Pasteur*, t. VI, p. 716.
3. *Compt. rend. Acad. sciences.* 1880, t. XCI, p. 315.

Friedlander. Le sérum des animaux vaccinés contre le vibrion aviaire possède une action préventive contre le vibrion du choléra ; celui des animaux vaccinés contre le bacille typhique d'Eberth est immunisant contre le bacille du choléra asiatique[1]. M. Duentschmann a constaté que le sérum des sujets immunisés contre le charbon symptomatique agit sur le bacille de la septicémie aiguë dont il empêche le développement. Les sérums antitétaniques, et surtout celui des lapins vaccinés contre la rage, sont antitoxiques vis-à-vis des venins de serpents[2]. Le sérum antirabique mélangé *in vitro* à beaucoup de venins les rend inoffensifs ; injecté préventivement, il protège les animaux contre l'envenimation.

De tous ces faits nous concluons que les substances vaccinantes n'ont pas de spécificité absolue.

Malheureusement, nous savons encore fort peu de chose au sujet des vaccins. Ils paraissent posséder les caractères des zymases en ce sens qu'ils sont très sensibles à l'action de la chaleur même au-dessous de 80 degrés[3] ; en raison aussi de cette considération qu'ils agissent en quantités souvent impondérables. Les essences d'ail, de moutarde, de menthe, le thymol, l'acide cyanhydrique, le phénol, etc., en un mot les antiseptiques les plus énergiques peuvent, comme pour les ferments solubles, être mélangés aux vaccins sans diminuer leur efficacité.

Si l'on en juge par les moyens, encore grossiers, qu'on a tentés pour en séparer les principes actifs, la plupart des vaccins d'origine animale seraient des mélanges d'albumines,

---

1. Sanarelli, *Inst. Pasteur*, t. IX, p. 161, 162 et 163.
2. Roux, *ibid.*, t. VIII, p. 727.
3. A l'état sec, ils paraissent supporter, sans s'altérer sensiblement une température de 100 à 115°.

de globulines et peut-être d'albumoses. Leur partie active paraît difficilement dialysable. Ils précipitent par l'alcool fort, et ce précipité se redissout dans l'eau pourvu qu'il ne soit pas resté trop longtemps en contact avec l'alcool concentré. Les substances essentielles de ces vaccins semblent se bien dissoudre dans les solutions concentrées de glycérine dont un excès d'alcool les précipite. Leur solution aqueuse se trouble par la chaleur.

Beaucoup de ces caractères appartiennent aux albuminoïdes ; mais il reste très douteux qu'ils s'appliquent nécessairement à la substance vaccinante essentielle plutôt qu'au mélange de cette substance avec les corps protéiques d'action banale qui l'accompagnent toujours.

L'expérience des vaccins phéniqués de Haffkine [1], ou celle des vaccins précipités par l'alcool, redissous dans l'eau et filtrés au filtre de biscuit, vaccins qui malgré ces traitements conservent toute leur activité, démontre que ces agents n'empruntent pas leur activité aux corps organisés ou vivants qui les accompagnent dans les vaccins bruts ordinaires [2].

L'hypothèse que la puissance vaccinante devait être attribuée à des substances solubles purement chimiques, mais fabriquées par les microbes, fut émise pour la première fois par M. Toussaint à la suite de ses expériences de vaccination au moyen du sang charbonneux chauffé à 58 degrés [3]. Il abandonna plus tard cette idée dont M. Chauveau se fit à son tour le défenseur [4]. Elle fut partiellement démontrée,

1. *Institut Pasteur*, t. VI, p. 713.
2. Voir toutefois, à propos de ce point délicat, la *Note*, p. 345.
3. *Comptes rend. Acad. sciences*, t. LXXXVI, p. 978 et 833, avril 1878.
4. Sur les travaux de M. Chauveau à ce sujet, voir *Compt. rend. Acad. sciences*, t. XC, 28 juin 1880 ; t. XCI, 19 juillet 1880 ; t. CXVI, 6 février 1888. — *Revue de médecine*, t. VII, p. 177. — *Annales Institut Pasteur*, t. II, p. 66.

en 1885, par Salmon et Smith dans leurs essais de vaccination contre le *hog-cholera* au moyen des liqueurs de cultures stérilisées [1], puis plus parfaitement par Charrin (25 octobre 1887), qui, avec les produits solubles du bacille pyocyanique filtrés ou chauffés à 115°, parvint à immuniser le lapin contre la maladie correspondante [2]. En décembre 1887, MM. Roux et Chamberland démontrèrent que le cobaye qui a reçu les cultures du vibrion septicémique chauffées à 105-110° est vacciné contre ce virus [3]. En février 1888, la même démonstration était faite par M. Roux pour les virus du charbon symptômatique et du charbon ordinaire. Depuis, MM. Chantemesse et Widal, Bruschettini, Stern ont de façon semblable vacciné contre la fièvre typhoïde ; Roger, Marmorek, contre le streptocoque ; Belfanti, Klemperer, Mosny, contre le pneumocoque, etc...

On remarquera que dans toutes ces observations la matière vaccinante est fournie par un être vivant, par un microbe, spécifique ou non de la maladie à combattre. Le principe actif de ces vaccins est une sorte de ferment soluble, une diastase qui, d'une part excite l'économie à produire ses antitoxines, de l'autre réveille la phagocytose, puis disparaît elle-même. Cette *excitation spécifique* de

---

1. On a objecté, il est vrai, aux essais de Toussaint et de Salmon et Smith qu'ils n'avaient chauffé leur sang charbonneux ou leurs cultures qu'à 58 ou 59°, température qui ne tue pas les spores. Ils n'en établissaient pas moins qu'ils parvenaient à communiquer ainsi l'immunité (ou un certain degré d'immunité) grâce aux produits virulents eux-mêmes dont Salmon et Smith ont prouvé d'ailleurs la stérilité.

2. M. Charrin concluait ainsi : « Ce que l'on peut dire en s'en tenant strictement aux faits, c'est qu'il est possible d'augmenter la résistance du lapin à un microbe déterminé, de rendre cette résistance plus ou moins complète et durable, soit en inoculant au préalable ce microbe par une autre voie, *soit en injectant au préalable les produits solubles des cultures* » (*Comptes rendus Acad. sciences*, t. CV, p. 759).

3. *Ibid*, t. I, p. 561, et t. II, p. 405.

l'économie pourrait-elle se produire, se réveiller, sous l'influence d'une matière chimique définie, organique ou minérale ? Rien ne nous paraît s'opposer *à priori* à la réalisation de cette hypothèse [1]. Il est possible que certains médicaments, tels que le fer, l'iode, l'arsenic, le mercure, etc., se comportent comme des excitants de certaines sécrétions internes ; qu'à la façon des diastases vaccinales, ils agissent indirectement pour défendre l'économie contre les causes spéciales de maladies, telles que la chlorose, la leucocythémie, la scrofulose, le goitre, la malaria, la syphilis. Ce sont là des hypothèses, il est vrai, mais qui sont dignes des recherches de l'avenir.

1. Il semble même qu'elle ait été réalisée, en partie, pour les vaccins au moyen des hypochlorites de soude ou de chaux qui agissent non seulement *in vitro*, mais même dans l'économie, lorsqu'on les injecte directement, et qui empêchent l'envenimation. Des expériences analogues ont été faites par MM. Roux et Vaillard avec le chlorure de chaux et les produits de culture du tétanos. Voyez *Institut Pasteur*. t. VIII, p. 278.

CHAPITRE SIXIÈME

Moyens de défense de l'organisme contre les toxines : phagocytose ; antitoxines. — Sérothérapie.

On a déjà vu (p. 368 et suiv.) qu'atteint par les toxines qu'excrètent les microbes virulents, l'organisme se défend, avec plus ou moins de succès et de vigueur suivant qu'il est ou non vacciné, qu'il est ou non réfractaire, grâce à deux puissants mécanismes : la *phagocytose* et *la production d'antitoxines*. Quoique les phénomènes de la phagocytose ne comportent pas, au moins pour le moment, de grands développements chimiques, et qu'en ce qui touche aux substances antitoxiques il semble qu'on ne devrait s'en occuper dans cet Ouvrage que pour en donner les propriétés physiques et les caractères qualitatifs, nous allons présenter ici le rapide exposé des deux moyens principaux de défense que l'organisme oppose à l'intoxication. C'est un chapitre de physiologie générale dont les développements sont réservés à la chimie biologique du XXᵉ Siècle.

Phagocytose.

La lutte des cellules de l'organisme, et en particulier des globules blancs du sang et des globules lymphatiques, contre l'invasion des microbes a été pour la première fois clairement signalée par E. Metchnikoff vers 1885 [1]. On savait avant lui que dans le monde microscopique inférieur, plusieurs animaux unicellulaires, les amibes, les rhizopodes, les infusoires flagellés ou cilliés... se nourrissent des différentes bactéries qu'ils rencontrent dans les infusions ; il en est de même des éponges. Chez les animaux plus élevés, cette digestion intracellulaire est remplacée par une digestion extracellulaire ; mais le mode primitif de digestion élémentaire intracellulaire continue chez eux à s'observer pour les cellules qui sont issues du mésoderme ; comparables, sous beaucoup de rapports, à des amibes ou à des actinophryens, ces cellules conservent la faculté d'englober non seulement les petits corps solides inertes qu'elles rencontrent, mais les microbes vivants qu'elles dissocient et détruisent avec une extrême rapidité, probablement pour s'en nourrir.

Les faits précédents éclairent le phénomène de la phagocytose. Constamment, à l'état normal, une migration de cellules lymphatiques se produit vers la surface interne des muqueuses. D'autre part, et malgré l'intégrité des épithéliums, les microbes saprophytes ou pathogènes qui se trouvent dans la bouche, l'estomac, l'intestin, les poumons, etc., tendent à traverser lentement ces muqueuses ; mais chemin faisant, ces organismes rencontrent les cellules lymphoïdes qui les englobent et les digèrent. C'est par ce mécanisme que le sang normal et les tissus en sont sans

---

1. Voir à ce sujet *Annales Institut Pasteur*, t. I, p. 197 et 320. — *Wirchow's Arch., für pathol. Anat. u. Physiolog.*, 1887, Bd. CVII, p. 209 et 249. — *Ann. Inst. Pasteur*, t. VIII, p. 706. — Avant Metchnikoff, Meisser avait observé que les gonocoques de la blennorrhagie pouvaient être englobés par les leucocytes, mais il n'avait tiré aucune conclusion ou généralisation de cette remarque. J'en dirai de même des observations de Kovalewsky.

cesse débarrassés, ainsi que Pasteur l'avait depuis longtemps reconnu. Mais qu'on introduise, par inoculation directe, un virus microbien, la bactéridie du charbon par exemple, sous la peau d'un animal, grenouille ou poule, réfractaire à cette maladie, dès le lendemain, autour du foyer infecté, les lymphatiques seront remplis d'une quantité énorme de globules blancs venus de divers côtés après avoir traversé les tissus par diapédèse. Ils forment comme une véritable barrière autour du point où le virus a été déposé ; et si l'on examine les leucocytes qui se pressent en foule aux abords de ce foyer, on les trouve remplis de bactéries dont une partie reste encore vivante. Les jours suivants tous, ou presque tous, les bacilles charbonneux sont englobés dans les globules blancs en train de les dissoudre ou de les digérer.

L'expérience est facile à suivre, en injectant un peu de culture charbonneuse dans la chambre antérieure de l'œil, non plus d'un animal réfractaire, mais d'un vacciné. Au bout de quelques heures on voit se développer dans l'humeur aqueuse une masse de bactéridies filamenteuses ; mais bientôt cette liqueur se remplit de leucocytes venus d'ailleurs et qui entrent aussitôt en lutte avec les bactéridies. Très rapidement le nombre de ces dernières diminue et l'animal guérit. Les mêmes observations peuvent être faites avec le virus érysipélateux et son streptocoque ; avec les spirilles du typhus à rechutes ; avec le coccobacille de la peste d'Orient, le petit bacille de l'influenza, le vibrion du choléra, et même sur les hématozoaires de la fièvre malarique. Quant aux bacilles de la diphtérie qui ne pénètrent pas dans les tissus, les phagocytes traversant les muqueuses, s'introduisent dans la membrane diphtéritique elle-même pour envelopper et dissoudre le microbe infectieux.

La fonction phagocytaire est ordinairement dévolue à deux sortes de cellules : les unes, les *leucocytes microphages* de Metchnikoff, sont à noyau bilobé ou multiple ; ce sont les plus petites. On les trouve surtout dans le sang et la lymphe, ou plus ou moins dispersées dans tous les tissus. Les autres, les *macrophages*, sont constituées par les cellules fixes du tissu conjonctif, les cellules épithéliales des alvéoles pulmonaires ou d'autres organes (foie, rate). Elles sont capables aussi d'englober les microbes et les corpuscules solides. Celles-ci sont munies d'un seul grand noyau[1]. Les leucocytes adultes à noyau polymorphe, compact, paraissent être les plus efficaces.

On a constaté que les bactéridies charbonneuses directement injectées dans le sang des lapins en assez grand nombre sont presque en totalité, *au bout de quelques minutes*, englobées par les phagocytes (*Verigo*). Les bacilles de la tuberculose, un quart d'heure à peine après l'inoculation intravasculaire, se retrouvent dans les globules blancs et sont ainsi soustraits à l'action directe des poumons (*Borrel*).

1. Metchnikoff, *Wirchow's Arch.*, 1888, t. CXIII, et *Annales de l'Inst. Pasteur*, t. II, p. 505. Voir aussi au sujet des diverses espèces de leucocytes et de leur pouvoir d'englober les microbes, *Même recueil*, t. VII, p. 105 et 181. — Sur les globules à granulations *éosinophiles* ou lymphocytes, voir *Annales Inst. Pasteur*. t. IX, p. 289. — Les granulations protoplasmiques de nature albuminoïde de ces globules, ne fixent que les couleurs d'aniline acides. On n'en trouve que 2 à 4 pour cent dans le sang, mais leur proportion est beaucoup plus grande dans la lymphe. Les cellules blanches d'Ehrlich ne sont pas aptes, malgré leurs propriétés amiboïdes, à englober les microbes.

Lorsque, sur la lamelle du microscope, on traite une préparation de globules de sang par un mélange d'aurantia, d'induline et d'éosine dissoutes dans la glycérine, l'hémoglobine prend la couleur orange de la première, les noyaux des cellules le bleu noir de l'induline, tandis que les granulations des cellules éosinophiles se teignent en rouge d'éosine.

Ces phénomènes de phagocytisme se produisent alors même que les microbes sont incapables d'infecter utilement l'animal, par exemple, si l'on injecte la bactéridie charbonneuse sous la peau de la grenouille ou l'épiderme de l'escargot, animaux qui sont réfractaires au charbon.

Les microbes englobés par les phagocytes restent plus ou moins longtemps vivants dans ces cellules, ainsi que Metchnikoff l'a surabondamment prouvé. Certains même, quoique absorbés, peuvent ne pas être digérés et se reproduisent dans le leucocyte qui les englobe. C'est le cas des microbes de la septicémie de la souris, de la lèpre, de la tuberculose. Quoique saisis par le phagocyte, ils résistent et restent offensifs grâce aux toxines qu'ils continuent à sécréter et qui paralysent sans doute l'action des globules blancs. C'est le cas tout particulièrement dans la diphtérie : vingt-quatre heures après l'infection, on voit un grand nombre de leucocytes nécrosés par les toxines que continuent à sécréter les microbes diphtériques déjà englobés (*Gabritschewsky*).

Lorsqu'on dépose un virus ou même les cultures stérilisées de ce virus, en un point de l'économie, les phagocytes affluent vers lui de tous côtés comme nous l'avons vu. Quelle est la force qui les y attire? Pfeffer a, le premier, désigné sous le nom de *chimiotaxis* une curieuse propriété des organismes inférieurs doués de mobilité, propriété qui se manifeste par des mouvements rapprochant ou éloignant ces organismes de certaines substances dont la présence, même lointaine, paraît les impressionner comme par une sorte de sens comparable à l'olfaction. Pfeffer a démontré qu'il existe pour ces organismes des excitants pour ainsi dire spécifiques qui les appellent. C'est ainsi que chez les végétaux inférieurs, l'acide malique attire les filaments séminaux des fougères et des sélaginelles. Il est aussi des substances qui les éloignent, qui ont une chimiotaxie négative, telles sont l'alcool, l'acide lactique, etc. Pour les bactéries mobiles, offensives ou non, toute bonne *substance nutritive* possède des propriétés attractives. Les bactériacées, les ciliaires et les volvocinées sont énergiquement attirées par les peptones, l'extrait de viande ; moins activement par la créatine, la taurine, la sarcine, la carnine, l'urée (faiblement), la glycose, le salicylate de soude, la morphine, les sels de rubidium, la papayotine, etc. Au contraire, l'alcool, le chloroforme, les acides libres, en particulier l'acide lactique, les alcalis, divers sels alcalins concentrés, la quinine, la bile, l'infusion de jequirity possèdent une chimiotaxie négative et repoussent les microbes. Les substances à chimiotaxie indifférente sont, l'eau distillée, les solutions faibles de sels alcalins, l'antipyrine, la phloridzine, le glycogène, le sang, l'humeur aqueuse[1]. Le chloral et le chloroforme diminuent beaucoup l'impressionnabilité des leucocytes par les matières chimiotaxiques.

Pekelharing et, dans la même année, J. Massart, ont montré que les globules blancs *sont attirés par les produits que sécrètent les microbes, pathogènes ou saprophytes*[2]. De tout petits tubes capillaires en verre, introduits sous la peau de l'animal, contiennent les substances dont on veut étudier les effets sur les globules blancs ; lorsqu'on les remplit d'un virus, par exemple, ou des produits stérilisés de culture

1. Ainsi que les peptones et le bouillon d'après Gabritchewsky, *Institut Pasteur*, t. IV, p. 257. Voir aussi t. VIII, p. 44.

2. Voir *Semaine médicale*, 1889, p. 184. — *Archives de Physiolog.*, t. IX, p. 515. — *Journal de la Société royale des Sciences de Bruxelles*, 1890. — Voir aussi *Annales de l'Institut Pasteur*, t. IV, p. 346 et t. V, p. 417.

de ce même virus, les leucocytes pénètrent en masse dans
ces tubes, attirés qu'ils sont par les matières qu'élaborent
les microbes. D'après M. J. Massart les microbes peu virulents ou leurs produits attirent plus vivement les phagocytes
que les virus très actifs. Cette inégalité d'effets ne saurait
tenir à ce que les microbes très pathogènes ne produisent pas
assez de matière attirante; en effet, si l'on dilue leur virus,
ou les produits stérilisés de leurs cultures, l'attraction se
manifeste avec beaucoup plus d'activité. Il faut donc qu'à
côté des matières attirantes, le microbe nuisible sécrète
aussi des matières répulsives aptes à éloigner le phagocyte[1].
C'est à cette substance, qui paralyserait aussi les centres
vaso-dilatateurs et qui par là s'opposerait à la diapédèse et
à la phagocytose, que Ch. Bouchard a donné le nom d'*anec-
tasine*.

Les anesthésiques tels que le chloral, le chloroforme, etc.,
les acides, le froid, entravent la chimiotaxie positive des
phagocytes. On comprend dès lors comment ces agents, le
froid en particulier, favorisent dans bien des cas l'infection
de l'organisme par les microbes que nous portons tous sur
tout le parcours du tube intestinal, à l'entrée du poumon, etc.[2].

On est encore mal renseigné sur les substances à chimiotaxie positive ou négative sécrétées par les microbes; on
sait seulement que leurs principes toxiques (tuberculine,
albumotoxines, tétanine, malléïne, etc.) excitent la diapé-

---

1. *Annales de l'Institut Pasteur*, t. VI, p. 323. C'est aussi l'opinion de
Ch. Bouchard, fondée sur ses expériences personnelles. Voir sa publication, *Les Microbes pathogènes*, p. 94. Voir aussi les recherches de MM. Vail-
ard et Vincent sur le phagocytose dans le tétanos en particulier, *Inst.
Pasteur*, t. V, p. 36.
2. BOUCHARD, *Les microbes pathogènes*. p. 179.

dèse et l'exsudation séreuse en agissant sur les centres vasodilatateurs. Ces substances, qui paraissent de nature protéique, sont douées de chimiotaxie positive; elles favorisent la phagocytose.

M. Leber a isolé des cultures du staphylocoque pyogène une substance cristallisée de composition relativement simple qu'il a nommée *phlogosine* et qui possède à un haut degré la propriété d'attirer les leucocytes. Nous ne savons rien de la nature de cette substance, sinon qu'elle est définie et qu'elle provoque la phagocytose à la façon de la créatine, de la taurine, de la sarcine, de la carnine, etc.

La destruction des microbes par phagocytose a pour complément leur destruction dans les liqueurs et plasmas de l'organisme où les phagocytes déversent abondamment, chez les animaux vaccinés surtout, les produits de leur élaboration. Dans la lymphe des vaccinés auxquels on inocule un virus, on peut voir les microbes se transformer, en dehors même des phagocytes, en petites granulations, qui les font peu à peu disparaître. Tel est le phénomène dit de Pfeffer que Metchnikoff explique en admettant que cette dissolution des microbes est due aux sécrétions, ou peut-être à la destruction, d'une partie des phagocytes eux-mêmes qui répandent ainsi leur matière active dissolvante dans les liquides où l'on a constaté cette propriété[1]. On va voir que ce curieux effet ne peut être complètement expliqué qu'en tenant compte d'une considération nouvelle, celle de la sécrétion des *antitoxines*.

1. *Annales Institut Pasteur*, t. IX, p. 433.

Les Antitoxines.

Nous avons déjà donné (p. 368 et suiv.) les preuves qu'en même temps que se produit le phénomène de la phagocytose, à la suite de la pénétration d'un virus dans l'économie il apparaît dans les plasmas et dans les tissus des substances antitoxiques douées de la propriété de combattre les effets des poisons formés par les microbes[1].

Sous l'influence de l'excitation de ces toxines, avec difficulté et parcimonie chez l'animal non vacciné, avec surabondance chez le vacciné, ces antitoxines sont sécrétées par les phagocytes[2] ou par d'autres cellules spéciales, et

[1]. Tous les organes, tous les protoplasmas, toutes les cellules possèdent la propriété de se reproduire, de revenir à un type, et par conséquent de se défendre contre les causes qui tendent à les altérer. C'est toujours, mais cette fois éclairée par les travaux modernes, l'antique et profonde vérité de la *nature médicatrice*. On peut dire que tous les organes sont producteurs d'antitoxines ; ils tendent par *réaction normale* à revenir à l'état de santé, réparant les destructions mécaniques et annulant de façon ou d'autres les effets des poisons qui les assaillent. C'est ce qui a été démontré directement pour le foie et d'autres organes (ROGER, *Arch. de physiol.*, octobre 1895). Mais c'est là la constatation d'une propriété générale, d'une réaction chimico-vitale que fait naître toute cause qui tend à éloigner la cellule de son état normal, que la cause agissante soit physique (comme la chaleur), mécanique (comme le choc ou l'attrition), chimique (comme le sont les poisons). Pour faire naître le contre-poison, *l'antitoxine*, ces excitants n'ont pas besoin d'être de nature microbienne. Qui ne sait qu'on s'habitue à la fumée de tabac? Qui ne connaît les exemples de mithridatisation, en particulier la tolérance pour l'acide arsénieux, la morphine, etc.?... Ch. Bouchard a démontré que le sérum des lapins qui ont été peu à peu accoutumés aux sels de potasse contient une sorte d'antitoxine qui fait résister les animaux neufs auxquels on injecte ce sérum à l'action de ces mêmes sels. La production des antitoxines est donc un des mécanismes généraux essentiels de la cellule : une conséquence de sa stabilité vitale, de son atavisme. Elle se rattache à ce grand principe général que toute action tend à produire une réaction égale et de signe contraire qui modère ou compense les effets produits par l'action et qui tend vers l'équilibre primitif.

[2]. Par les éosinophiles, d'après Hankin, Hardy, Kanthack. Toutefois Mesnil a démontré que les poissons qui n'ont pas de globules éosinophiles peuvent fournir des antitoxines.

rencontrent dans le sang et les autres humeurs les toxines produites par les microbes. Elles détruisent ces toxines, ou plutôt, comme on le verra, elles compensent leur action, mais à la condition qu'elles soient produites en quantités suffisantes.

Si les choses se passent bien ainsi, le sérum ou le sang de l'animal qui, sans succomber, a subi l'atteinte d'une maladie infectieuse, doit contenir, soit au moment de l'inoculation, soit après que les toxines de cette maladie ont réagi sur l'organisme, une ou plusieurs substances capables de combattre les effets du microbe correspondant. Cette conséquence logique de la théorie précédente se réalise en effet; elle a eu pour résultat la belle découverte des sérums antitoxiques sur laquelle nous reviendrons.

L'étude de la nature chimique précise des antitoxines ainsi versées dans le sang et les humeurs du vacciné n'a donné que de vagues enseignements. On sait seulement que ces substances ne sont que peu ou pas dialysables; qu'elles ne paraissent généralement pas être de nature alcaloïdique, ou que, du moins, les alcaloïdes qui les accompagnent souvent ne sont pas doués de propriétés antitoxiques[1]; ces substances précipitent par le sulfate d'ammoniaque en excès; on peut les redissoudre dans l'eau pure, et mieux encore après addition d'un peu de carbonate de soude étendu, et séparer ensuite, par dialyse, les sels ajoutés. On sait aussi que les antitoxines sont modifiées par la chaleur; qu'elles sont précipitées par l'alcool à 95° et que, même

1. On verra cependant que la glande thyroïde contient, d'après S. Fränkel, une substance qui s'oppose aux phénomènes toxiques dont l'économie devient rapidement le siège lorsqu'on extirpe totalement cet organe, et que cette antitoxine thyroidienne (très spéciale, il est vrai) est un alcaloïde bien caractérisé paraissant appartenir à la famille des guanidines.

après quinze jours de contact, ce liquide n'altère pas leur
solubilité dans l'eau, propriété qui leur est commune avec
les peptones. Les antitoxines sont entraînées par les précipités amorphes (particulièrement par le phosphate de chaux)
produits au sein des liqueurs qui les contiennent. Elles
paraissent de nature diastasique. Elles résistent assez bien
à l'acide chlorhydrique affaibli, au sel marin, à l'extrait de
sangsue, etc., mais elles sont détruites par la lumière et
l'air, les bases, les acides forts, etc. ; elles sont modifiées
par la dialyse elle-même et par la dilution dans l'eau qui
les hydrolyse peu à peu. Toutes ces propriétés sont communes aux antitoxines et aux toxines elles-mêmes.

Seule l'immunité que confère chaque antitoxine est spécifique. L'antitoxine diphtérique produit une immunité immédiate contre l'empoisonnement dû aux toxines déjà formées,
aussi bien qu'au microbe spécifique qui végète à la surface
des muqueuses atteintes ; de même l'antitoxine tétanique
empêche les désordres du tétanos. *Mais l'immunité que
confèrent les antitoxines n'est pas durable comme celle que
font naître les vaccins ;* elle disparaît au bout de quelques
jours quand l'antitoxine préformée introduite dans l'organisme a disparu elle-même[1].

Chez l'animal qui a été vacciné, l'antitoxine se reproduit.
On peut retirer, en effet, en peu de temps d'un lapin immunisé contre le tétanos un volume de sang égal au volume
total de celui qui circule chez cet animal, sans que le
pouvoir antitoxique de son sérum s'amoindrisse sensible-

---

1. On a fait la curieuse remarque que le sérum des animaux vaccinés
contre la rage n'a pas de pouvoir préventif contre cette maladie, mais
qu'il peut détruire le virus rabique, *in vitro,* après un contact assez prolongé.

ment. L'antitoxine se reproduit donc au fur et à mesure des besoins de l'organisme préalablement impressionné par le vaccin.

Les expériences suivantes dues à MM. Roux et Vaillard tendent à prouver que *la toxine et l'antitoxine annulent leurs effets réciproques, mais ne se détruisent pas ;* qu'elles coexistent à la fois dans l'économie du vacciné comme dans le mélange des virus toxiques et des sérums antitoxiques.

Des cochons d'Inde reçoivent d'abord chacun un cent. cube de sérum antitétanique préventif très actif, capable d'immuniser ces animaux sous une dose mille fois plus faible. On leur injecte alors une dose mortelle de toxine tétanique ; ils restent bien portants. Si l'on prend alors quelques-uns de ces cobayes et si on les inocule avec *d'autres microbes* capables d'affaiblir leur résistance ou leurs réactions vitales, tels que les microbes du choléra, le bactérium coli, le *b. prodigiosus,* le streptocoque de la gourme, etc., ces cochons d'Inde prennent bientôt le *tétanos* (*Roux*). La toxine tétanique n'était donc pas détruite en eux par l'antitoxine injectée en excès. Elle était simplement tenue en échec, compensée dans ses effets par l'action contraire de l'antitoxine. De même une quantité de sérum antidiphtérique amplement suffisante à préserver des cobayes neufs contre une dose mortelle de la toxine du microbe de Lœffler ne retarde pas la mort des cobayes de même poids ou de même portée qui ont subi des inoculations dont ils sont en apparence parfaitement rétablis, mais chez lesquels les réactions leucocytaires ou cellulaires sont diminuées par une maladie antérieure. La toxine existe dans les deux cas, mais l'empoisonnement diphtérique n'éclate que chez ceux de ces animaux qui sont affaiblis.

Des observations semblables ont été faites pour le charbon symptomatique[1].

Voici une autre preuve de la coexistence des toxines et des antitoxines dans les mélanges rendus inertes, en apparence, des deux agents contraires.

On sait que le sérum du sang des animaux immunisés contre les venins de serpents est antitoxique contre ces venins. Fait en proportion convenable, le mélange de sérum antivenimeux et de venin reste inoffensif : l'agent toxique n'est pourtant pas détruit, car on rend toute sa toxicité au venin additionné de sérum antivenimeux en chauffant ce mélange à 70°. C'est qu'en effet, l'expérience a démontré que le venin de serpent ne perd pas sa toxicité quand on le chauffe à cette température, tandis que dans ces conditions l'antitoxine est altérée. Il fallait donc que les deux substances coexistassent dans le mélange en apparence inerte, pour que la chaleur en détruisant l'une d'elles ait rendu toute son activité à l'autre.

On peut démontrer que l'antitoxine persiste aussi dans le mélange à côté de la toxine : en effet, il existe des animaux qui jouissent d'une immunité naturelle contre les venins, tels sont les serpents venimeux eux-mêmes et le hérisson. Ils possèdent en général un sang venimeux ; mais on a démontré qu'à côté de la toxine capable d'empoisonner les autres espèces quand on leur injecte ce sang, existe aussi une antitoxine à laquelle est due l'immunité naturelle de l'animal. Le sang de vipère, de crotale, de naja, perd sa toxicité à 68°; celui de hérisson la perd à 58°. Mais chose remarquable, si l'on injecte les sangs ainsi chauffés à des

____

1. *Annales Institut Pasteur*, t. VIII, p. 725 et p. 423.

animaux sensibles aux venins, ils acquièrent l'immunité, du moins passagèrement, et résistent à une envenimation ultérieure. La chaleur a mis en évidence l'antitoxine qu'elle a séparée de ces sangs venimeux[1].

Chez l'animal en puissance de virus vivant, la toxine qui se forme sans cesse, au moins au début, et grâce au développement même des microbes virulents, consomme ou contrebalance l'action d'une quantité équivalente de l'antitoxine qui tend à se produire; et si celle-ci ne se reproduit pas, ou n'est pas sécrétée en quantité suffisante, la maladie suit son cours. On voit alors le pouvoir antitoxique du sang diminuer puis disparaître et l'empoisonnement suivre son cours[2].

Comme nous l'avons dit du vaccin, les toxines paraissent stimuler les cellules de l'organisme qui réagissent et se défendent grâce aux antitoxines qu'elles sécrètent contre les altérations dues au poison. Il est probable que les globules blancs produisent les substances antitoxiques en quantité plus ou moins grande suivant chaque individu, et surtout suivant qu'il y a eu, ou non, vaccination préalable. Mais l'aptitude à former ces contrepoisons n'est pas dévolue à toutes les cellules sécrétantes de l'organisme. Ainsi Klemperer a vu que le jaune de l'œuf de la poule immunisée est antitoxique, tandis que le blanc ne l'est pas.

La puissance thérapeutique de ces antitoxines touche au merveilleux. D'après L. Vaillard, des doses excessivement faibles d'une culture de tétanos très virulente filtrée sur biscuit sont mortelles pour les animaux : ainsi $\frac{1}{100\,000}$ de

1. *Comptes rendus Acad. sciences*, t. LXXI, p. 746, et *Comptes rendus Soc. biol.*, 2 août 1895.
2. *Institut Pasteur*, t. VII, p. 92.

cent. cube tue une souris; deux gouttes, ou 0^{gr},1, font périr un cheval vigoureux. Supposons-le du poids de 400 kilos; 1^{gr} de cette culture suffirait donc à tuer 4 000 000^{gr} (4 000 millions de grammes ou 4 000 kilos) de cheval; et c'est encore la mesure *minimum* de son activité. Mais quelque énorme qu'elle paraisse, la puissance antitoxique du sérum de l'animal immunisé contre la même maladie est bien autrement surprenante. 1^{gr} de ce sérum filtré sur biscuit est capable d'annihiler les effets de 1 000^{gr} de la culture tétanique la plus virulente. Ce gramme de sérum antitoxique saturant 1 000^{gr} de toxine, protégerait donc contre elle 4 000 000 000^{gr} (4 milliards de gr.) ou 4 millions de kilos de cheval. Telle est la mesure de son activité protectrice. Si les choses se produisent à peu près pour l'homme comme pour le cheval, 4 millions de kilos d'hommes, ou 60 mille hommes, pourraient être ainsi immunisés par 1^{gr} de sérum. Il faut réfléchir maintenant que le sérum antitoxique contient 91 pour 100 d'eau et de sels minéraux, c'est-à-dire un dixième à peine de son poids de matière organique. En admettant (ce qui ne peut être) que tout ce qui n'est pas eau et sels soit *entièrement* formé d'antitoxine, 1^{gr} de ce sérum laisserait 0^{gr},1 de matière active, et par conséquent 1^{gr} d'antitoxine suffirait à protéger contre le tétanos 600 mille hommes, c'est-à-dire au moins 40 milliards de fois son poids de matière vivante. Ce n'est encore là qu'une approximation très faible de la puissance de l'antitoxine. D'après L. Vaillard, 1 quintilionième de centimètre cube (0^{cc},000 000 000 000 000 001) de sérum antitétanique par gramme de souris suffirait à préserver cet animal contre une dose sûrement mortelle de toxine tétanique[1]!

1. *Compt. rend. Acad. sc.*, t. CXX, p. 1181.

Malgré cette activité qui tient du merveilleux, le sérum antitétanique appliqué chez l'homme ou chez l'animal au traitement du tétanos *déclaré* est impuissant à guérir les formes aiguës, parce que lorsque apparaissent les premiers symptômes du mal confirmé, l'antitoxine n'est plus apte à supprimer les modifications que la toxine a déjà fait subir aux centres nerveux qu'elle a impressionnés.

L'expérience démontre que, chez les animaux immunisés, les antitoxines existent dans le sang, mais non dans le caillot; dans les sérosités de l'œdème, dans l'humeur aqueuse, mais à un moindre degré; dans l'urine et la salive, en proportion moindre encore. On les trouve dans le lait des femelles en aussi forte quantité que dans le sang. Il ne semble pas que la puissance antitoxique soit concentrée dans tel ou tel organe; elle existe un peu partout, sauf peut-être dans les muscles.

Nous devons ajouter enfin que jusqu'ici la production efficace des antitoxines n'a été établie que pour le tétanos et la diphtérie. Isaeff ne les a pas trouvées dans la pneumonie; Sanarelli, dans la dothinentérie; Pfeffer, dans le choléra; Metchnikoff, dans le *hog-cholera*; etc. On ne sait si ce sont là des différences de quantités ou de mécanismes.

Les antitoxines s'éliminent constamment par les urines, et par le lait chez les femelles en lactation. Si l'on saigne un cobaye ou un lapin en puissance d'immunité, de façon à lui enlever en peu de jours une dose de sang égale au sang total de l'animal, l'antitoxicité du sang qui se reforme et du sérum correspondant, ne diminue pas sensiblement. Il faut donc que l'antitoxine se reproduise, et que l'excitation des cellules provoquée par une première introduction de virus se prolonge et continue à provoquer la sécrétion des substances immunisantes.

Nous avons dit (p. 378 et 384) à propos des vaccins, qu'ils n'agissent qu'indirectement en provoquant les défenses de l'organisme, et nous avons montré qu'ils ne sont pas nécessairement spécifiques contre chaque virus. Il en est de même des antitoxines. Le sérum antirabique immunise les animaux contre la diphtérie et contre les venins de serpents; il n'agit pas sur la toxine tétanique. Le sérum antitétanique de cheval est très nettement actif contre les venins, mais n'a aucune action sur l'empoisonnement par la ricine ou l'abrine. Le sérum des lapins vaccinés contre l'érysipèle est antivenimeux. Les cultures stérilisées de pneumocoque ou du bacille pyocyanique empêchent l'infection charbonneuse [1], etc. Ces curieuses constatations, qui ouvrent un jour si nouveau sur la physiologie de la cellule, sont dues à M. Roux et à M. Calmette.

Le sérum antivenimeux d'âne qu'on a lentement immunisé grâce à l'injection de doses croissantes de venin de naja, est antivenimeux, préventif et thérapeutique non seulement vis-à-vis du venin de ce serpent, mais aussi contre ceux de la vipère céraste, du trigonocéphale, du crotale et des serpents venimeux d'Australie. Les cobayes immunisés contre le venin de vipère de France résistent parfaitement à l'inoculation de doses mortelles de venins de scorpion (*A. Calmette*).

Enfin on a publié la guérison d'un cas de tétanos violent, de cause opératoire, par injection d'extrait de glandes thyroïdiennes à doses répétées [2]. On a même prétendu avoir

---

1. *Annales Inst. Pasteur*, t. VIII, p. 727; t. IX, p. 242 ; t. VII, p. 812.
2. *Journal des Connaissances médic.*, 1895, p. 315.

dans certains cas, protégé les animaux contre le charbon
par la méthode séquardienne, c'est-à-dire grâce à des injections de suc testiculaire[1].

État bactéricide.

A côté de l'état antitoxique des liquides de l'organisme,
état qui s'acquiert par vaccination d'une façon durable et
presque spécifique, le sérum, le sang normal, et en général
les humeurs animales présentent une propriété qu'on a
nommée *bactéricide* et qu'il ne faut pas confondre avec
l'état antitoxique. Ainsi que nous l'avons vu, les microbes
virulents se développent et peuvent pulluler dans le sang
et le sérum du vacciné ; ce sang n'est pas sensiblement plus
bactéricide que celui du non-vacciné. Mais si dans le sang
ou dans le sérum d'un animal neuf, non vacciné, on introduit
les bactéries les plus diverses, elles ne tardent généralement
pas à périr. D'autres résistent, il est vrai, mais ne se développent que tardivement. Les bacilles du choléra, de la fièvre
typhoïde, etc., sont très vite tués dans le sérum de sang
normal, tandis que la bactéridie charbonneuse s'y cultive
au contraire facilement, etc. Le blanc d'œuf est un microbicide par excellence. On trouvera un résumé des recherches
relatives à l'état microbicide du sang normal et des
humeurs aux *Annales de l'Institut Pasteur*, t. II, p. 494 ;
t. III, p. 664 ; t. V, p. 487.

Cette propriété bactéricide des humeurs ne saurait expliquer ni l'immunité acquise ni l'immunité naturelle, car

1. D'après Ogata et Jasuhara, une goutte et même un quart de goutte
de sang de grenouille, ou une demi-goutte de sang de chien, injectée à
la souris la rendrait réfractaire au charbon. Cité par LÖFFLER, *Centralblatt. f. Bacteriol.*, Année 1891.

l'état bactéricide existe aussi bien dans les humeurs des animaux en puissance d'immunité, acquise ou naturelle, que dans les humeurs des espèces ou des individus aptes à être atteints. Les bacilles charbonneux meurent en grand nombre dans le sang des lapins qui sont fort peu résistants à cette maladie, tandis que celui du cheval, animal bien plus réfractaire au charbon, ne les fait périr qu'en petit nombre. Lubarsch, puis Charrin et Roger, ont reconnu que le sang et le sérum d'animaux non réfractaires à un virus peuvent donner un sérum bactéricide pour le microbe correspondant ; au contraire, le sérum de sang d'animaux vaccinés contre une maladie infectieuse (par exemple contre le pneumocoque) peut ne jouir d'aucune propriété bactéricide contre le microbe correspondant.

Le sérum normal du sang des bovidés est bactéricide pour le virus de la morve que ces animaux peuvent cependant contracter[1].

Les humeurs microbicides perdent cette propriété lorsqu'on les chauffe à 50° ; elles la récupèrent lorsqu'on fait traverser ces liquides par un courant d'acide carbonique.

Suivant Ogata, la substance (ou les substances) bactéricide du sérum normal jouit des propriétés suivantes : Elle est facilement soluble dans l'eau et dans la glycérine ; elle se précipite par l'alcool et par l'éther, sans être détruite par ces menstrues ; les alcalis faibles ne diminuent pas ce pouvoir, mais la propriété bactéricide est complètement annulée par de faibles quantités d'acide chlorhydrique ou de phénol. Elle disparaît par chauffage à 50°. La

---

1. *Mém. Soc. biolog.*, 1892, p. 91.

matière bactéricide ne convertit ni la fibrine en peptone,
ni l'amidon en glycose [1].

Suivant Hankin, la substance bactéricide ne serait autre
que la cellulo-globuline β d'Haliburton, matière protéique
contenue normalement dans les globules blancs. Cette substance qui paraît apte à provoquer la formation de la fibrine
dans le plasma sanguin jouit, en effet, de propriétés bactéricides notoires. Elle paraît avoir été retirée par Hankin du
sérum lui-même.

Si l'on diffuse dans de l'eau le sérum bactéricide, il perd
cette propriété, sans que le liquide la gagne. Si l'on fait
diffuser le sérum dans de l'eau salée à 8 gr. de sel marin
par litre en même temps que très légèrement alcalinisée
par du bicarbonate de soude, comme est le sérum sanguin,
la diffusion ne fait pas disparaître la bactéricidité. La disparition du pouvoir bactéricide à la température de 50°,
sans que rien de sensible se manifeste dans le sérum, et
l'influence qu'exerce la diffusion, pourraient faire admettre
que la substance bactéricide est de la nature des ferments
solubles; mais l'action inhibitoire du phénol ne s'accorde
pas bien avec cette hypothèse.

On a fait l'observation que le sérum est plus bactéricide
que le sang correspondant. Si l'on tient compte que dans ce
sérum s'extravase, après la sortie du sang des vaisseaux
et durant la coagulation, une partie des globulines et des
ferments des globules blancs; si l'on tient en compte que
Hankin a démontré l'existence dans ces globules blancs
d'albumoses bactéricides, les *myxosocines* et les *myxophla-
xines*, on arrive à admettre comme très probable que le

___

1. *Centralblatt. f. Bacteriol.*, t. IX, et *Ann. Institut Pasteur*, t. V, p. 506.

sang et les autres humeurs bactéricides de l'économie normale doivent cette propriété à l'extravasation dans le sérum d'une partie des substances que sécrètent les globules phagocytaires pour leur défense et celle de l'économie[1].

Sérothérapie.

Puisque le sang, et surtout le sérum, d'un animal vacciné contre une maladie infectieuse contiennent des substances qui annihilent l'effet des toxines du virus correspondant, on a pensé qu'il y avait dans la transfusion de sang ou du sérum d'un animal vacciné à un animal malade ou en puissance d'infection, un moyen de prévenir et de combattre l'infection imminente ou confirmée. Les premiers essais tentés dans le but d'immuniser les animaux par transfusion du sang des vaccinés sont dus à Maurice Raynaud. Il montra, en 1877, que les bovidés vaccinés contre le cowpox fournissaient un sang et une lymphe, qui injectés aux animaux de même espèce, les protègent contre cette maladie[2]. En 1888, MM. Richet et Héricourt observèrent que le sang des chiens vaccinés contre un certain streptocoque, le *St. pyosepticus*, lorsqu'on l'introduit en petite proportion dans le péritoine du lapin, vaccine cet animal contre ce virus[3]. En terminant leur travail, ces savants remarquaient qu'il ne s'agit pas là d'un cas spécial, mais d'un phénomène probablement général, permettant de

---

1. Voir à ce sujet *Annales Institut Pasteur*, t. IX, p. 466.
2. Étude expérimentale sur le rôle du sang dans la transmission de l'immunité vaccinale par MAURICE RAYNAUD, *Comptes rendus Acad. sciences*, t. LXXXIV, p. 463 et 1517.
3. *Semaine médicale*, 1888, p. 427.

créer d'une façon semblable l'immunité contre les autres virus. L'année suivante, M. Charrin annoncait à la Société de biologie qu'il était parvenu à immuniser les lapins contre la maladie pyocyanique en leur injectant du sang de lapins atteints de cette affection et préalablement stérilisé par la chaleur.

Les travaux d'Ogata sur l'immunité contractée par les animaux auxquels on injecte une petite quantité de sang ou de sérum d'animaux réfractaires de même espèce agrandirent encore ce champ d'observations[1].

En 1890, M. Ch. Bouchard montra que les propriétés curatives du sang des vaccinés résident dans le sérum[2].

Mais toutes ces recherches ne devinrent réellement fructueuses qu'à la suite des belles études de Behring et Kitasato, sur les propriétés antitoxiques et curatives des sérums d'animaux immunisés contre le tétanos et la diphtérie. C'est à la découverte de la production des antitoxines chez les vaccinés du tétanos, découverte due à Behring, qu'il faut faire remonter l'origine des principaux progrès faits dans cette importante question. Quoique les premiers résultats thérapeutiques ne furent pas brillants, il est juste de reconnaître que Behring traita souvent avec succès, par son sérum antidiphtérique, les enfants pris de croup. D'autre part, si les essais de sérothérapie tentés par Kitasato dans les cas de tétanos furent malheureux, il faut dire qu'en Italie et ailleurs des guérisons vinrent couronner, du moins dans les cas peu graves, les efforts faits dans cette voie[3].

1. Décembre 1889 et juin 1890, *Gaz. de l'Inst. impérial de méd. de Tokio.*
2. *Société de biologie,* 7 juin 1890.
3. *Deutsche méd. Woch.,* 1890, p. 1113 et *Semaine médicale,* 1890, p. 452. La même année déjà Fränkel avait annoncé qu'il était parvenu à immu-

Des essais parallèles étaient poursuivis en France, à la même époque, par MM. Roux et Martin. En 1894, au Congrès international de Buda-Pesth, M. Roux annonçait définitivement, au milieu des applaudissements unanimes, les succès qu'il avait obtenus dans le traitement de 300 cas de diphtérie humaine traités sous son contrôle, depuis deux années, dans les hôpitaux de Paris par la méthode des injections de sérum antidiphtérique.

Nous ne donnerons pas ici les détails de ce beau travail, l'étude de la sérothérapie n'entrant que très accessoirement dans le cadre de cet Ouvrage. Nous nous bornerons à renvoyer aux mémoires originaux le lecteur désireux de renseignements plus complets[1]. Il nous suffira de dire que les animaux (plus particulièrement les chevaux) destinés a fournir le sérum curatif, sont préparés en les inoculant avec une culture de bacille diphtérique filtrée et additionnée d'une solution d'iode dans l'iodure de potassium. Lorsque, grâce à des injections successives de la toxine ainsi modifiée, on est arrivé à conférer au cheval l'immunisation maximum, on peut tirer de sa jugulaire chaque 10 à 15 jours, plusieurs litres de sang et obtenir, avec les précautions d'antisepsie voulues, un sérum qui se conserve bien, surtout à l'abri de la lumière, et qui injecté sous la peau des animaux ou de l'homme, à la dose de 20^{gr}, répétée durant plusieurs jours s'il le faut, non seulement confère l'immunité contre la diphtérie, mais encore arrête la maladie lorsque celle-ci a déjà commencé d'évoluer.

niser les cobayes contre la diphtérie en leur injectant sous la peau les produits de cultures du bacille de Loeffer chauffées à 65°.

1. *Contribution à l'étude de la diphtérie,* par MM. ROUX et MARTIN. *Ann. de l'Institut Pasteur,* t. VIII, p. 609. — *Trois cents cas de diphtérie traités par le sérum antidiphtérique,* par MM. ROUX, MARTIN et CHAILLON, *ibid.,* p. 640. — *Sur le sérum antitoxique, ibid.,* p. 722. Voir aussi l'article très documenté de M. Lépine, *Semaine médicale,* 31 décembre 1894, p. 573.

Trois cents enfants atteints de diphtérie confirmée, traités par le sérum antidiphtérique de Roux, ont donné une mortalité de 26 % au lieu de 50 % qui est la mortalité ordinaire. Depuis, des statistiques faites sur plusieurs milliers de cas de croup ont confirmé ces résultats, en particulier en Allemagne. La moyenne de la mortalité s'est abaissée au-dessous de 20 %.

Au point de vue de la *sérothérapie,* nous ne connaissons jusqu'ici, avec quelque certitude, que les effets des sérums antitoxiques des animaux immunisés contre la diphtérie, le tétanos, le streptocoque de l'érysipèle[1], les venins, l'abrine et la ricine. Mais cette méthode a été encore essayée, avec plus ou moins de succès, dans la pneumonie, par injections de sérum d'animaux immunisés contre le pneumocoque[2]. On a tenté aussi de traiter la syphilis par le sérum d'anciens syphilitiques (*Fournier et Gilbert, Burroughs*) ; la tuberculose par le sérum de sang de chèvre, d'âne ou de mulet ayant subi l'action du virus tuberculeux (*Richet et Héricourt ; Redon et Chenot ; Boinet ; Marigliano*). M. Broca a dernièrement publié d'intéressants résultats sur le traitement des tuberculoses cutanées par le sérum de sang de chiens inoculés avec cette maladie. La sérothérapie a été aussi tentée dans la lèpre[3]. D'autre part, cette méthode est restée sans succès sensible dans la fièvre

---

1. *Semaine médicale,* févr. 1895, p. 89, et *Journal des connaissances médicales,* juin 1895, p. 193.

2. KLEMPERER, *Deutsche med. Woch.,* 1893. — Pour la syphilis, voir *Semaine médicale,* 27 avril 1895, p. 181, et pour la tuberculose, *Ibid.,* 10 juillet 1895, p. 298.

3. *Semaine médicale,* 8 janvier 1896, p. 12. Communication du Dr Carrasquilla à l'Académie nationale de médecine de Colombie, 25 nov. 1895. — Le sérum antilépreux dont on ne donne pas encore la préparation paraît avoir eu une efficacité réelle.

typhoïde et le typhus. On doit remarquer que pour la pneumonie et la fièvre typhoïde les résultats de laboratoire obtenus avec les animaux avaient cependant été satisfaisants[1].

Nous ne citerons ici que pour mémoire les essais infructueux de sérothérapie tentés pour le traitement du cancer par le sérum d'ânes ou de mulets préalablement inoculés avec du suc cancéreux (*Richet et Héricourt*)[2], ou qui avaient été immunisés au préalable contre le streptocoque de l'érysipèle[3].

Ajoutons enfin que, dans ces derniers temps, MM. Yersin, Calmette et Borrel sont parvenus à immuniser contre la peste d'Orient les lapins, cobayes et souris, par injections de sérum de sang d'animaux semblables ou de chevaux vaccinés avec des cultures de cocobacilles de cette maladie, cultures stérilisées ensuite par chauffage d'une heure à 58 degrés[4]. Ces résultats paraissent devoir être applicables à l'homme.

1. *Institut Pasteur*, t. VI, p. 749 ; t. VII, p. 91.
2. *Compt. rend. Acad. sciences*, t. CXX, p. 948, et t. CXXI, p. 567.
3. EMMERICH et SCHOLL en *Tribune médicale*, 22 mai 1895. p. 411, et *Semaine médicale*, 11 mai 1895, p. 220.
4. *Ann. Institut Pasteur*, t. IX, juillet 1895.

CHAPITRE SEPTIÈME

Les toxines en particulier. — (a) Toxines végétales.

Dans les chapitres suivants, nous allons entreprendre
l'étude de chacune des toxines, végétales ou animales.
Nous ne comprendrons sous ce nom que les substances
qui, à la façon des venins et des toxines des virus proprement dits, paraissent jouer le rôle de diastases, impressionner l'économie d'une façon durable, et contre lesquelles
on peut généralement protéger par vaccination.

Les toxines ont ce caractère commun que toutes, ou
presque toutes, perdent à peu près leur vénénosité quand
elles sont absorbées par l'intestin. Elles se différencient
donc ainsi de la plupart des poisons ordinaires.

Nous commencerons par les toxines d'origine végétale.

Les substances végétales toxiques connues contre lesquelles on peut vacciner utilement sont l'abrine, la ricine,
la rubine, la lupinotoxine. Mais il doit en exister probablement beaucoup d'autres. Après avoir étudié ces poisons,
nous dirons un mot des quelques diastases d'origine végétale capables, quoique à un moindre degré, d'influencer
l'économie, de produire la maladie ou la fièvre.

ABRINE.

L'abrus precatorius de Linné, la *liane* à réglisse des créoles, le *Jéquirity* du Brésil, est une légumineuse papilionacée, sous-tribu des abrinées, originaire des Indes orientales. Elle est cultivée en Amérique et en Afrique. Sa racine est employée en guise de réglisse. Son fruit, de la grosseur d'un petit pois, irrégulièrement ovoïde, lisse, d'un rouge vif taché de noir au sommet, est utilisé dans quelques pays comme comestible. On savait depuis longtemps que l'infusion dans l'eau tiède de ces graines concassées jouit de la propriété d'enflammer les muqueuses, et en particulier la conjonctive, qui devient purulente à son contact. Plus tard on reconnut que cette substance, inoffensive quand elle est absorbée par le tube digestif, est au contraire très toxique par voie hypodermique. J. Béchamp et A. Dujardin[1], Bordet[2], Manfredi, Klein, Salomonsen et Dirking, Holmfeld, Hardy[3], Bruylants et Vennemann[4], Warden et Waddel, enfin Joly démontrèrent que le principe actif de l'abrus precatorius est un poison chimique et que son action est indépendante des nombreux microbes qui se développent activement dans ses infusions. Warden et Waddel donnèrent le nom d'*abrine* (ou *Jequiritine*) à ce principe actif, qu'Ehrlich reconnut plus

---

1. J. BÉCHAMP et DUJARDIN, *Comptes rendus Acad. sciences,* 1885, t. CI, p. 70 et 190.
2. *Thèse de Doctorat,* Lyon, 1883.
3. HARDY, *Comptes Rendus Soc. biolog.,* 1884, p. 135 et 168. — E. Hardy affirme que cette substance est un glucoside.
4. VENNEMANN, *Semaine médicale,* pour 1884.

tard être de nature albuminoïde[1]. Il paraît accompagné d'une substance cristallisable, chimiquement et physiologiquement indifférente, qui répond à la formule $C^{17} H^{48} Az^4 O^2$[2].

L'abrine n'existe dans la plante que dans la graine. On ne la retrouve ni dans les feuilles, ni dans la tige, ni dans les racines de l'*abrus*

Les propriétés de l'abrine ont été étudiées par MM. J. Béchamp et A. Dujardin (*loc. cit*), puis par Kohbert et Stilmark[3], par Ehrlich[4] et par Répin[5].

L'abrine existe dans l'infusion, faite à 30°, de la graine, germée ou non, débarrassée de son épisperme. Après filtration on peut, par de l'alcool concentré, la précipiter à l'état impur, reprendre par l'eau ce précipité et ajouter du sulfate d'ammoniaque en poudre et en excès qui la sépare. On soumet ensuite la solution de ce précipité à la dialyse qui permet de chasser les sels minéraux et laisse l'abrine purifiée.

Elle jouit des principales propriétés des substances albuminoïdes, en particulier de leur très difficile dialysabilité. Ses solutions se troublent lorsqu'on les chauffe et perdent en grande partie leur activité. Il en est de même lorsqu'on les acidule par une très faible quantité d'un acide organique ou minéral qui les verdit, les trouble et les altère. Les alcalis modifient aussi son activité sans la détruire. Sèche, on peut la chauffer à 100° sans que sa toxicité disparaisse. Son pouvoir rotatoire spécifique est de $[\alpha]_j = 66°8$. Elle

---

1. *Experiment. Untersuchungen über Immünit.* En *Deutsche med. Wochenschrift,* 1891.
2. HECKEL et SCHLAGDENHAUFFEN, Journal *Le Progrès de Genève,* pour 1887.
3. *Arbeiten der Pharmacol. Institut zu Dorpat.* t. III.
4. *Deutsche méd. Wochen.,* 1891.
5. *Annales de l'Institut Pasteur.* t. IX, p. 517.

fluidifie l'empois d'amidon. Les fermentations intestinales, aussi bien que son infusion avec de la bouillie hépatique, ne lui enlèvent rien de son activité.

C'est une substance d'une extrême toxicité lorsqu'on l'injecte sous la peau. A la dose de 1 milligramme et moins elle tue un lapin en 24 heures. 1 dixième de milligramme tue un cobaye en 3 à 6 jours. Absorbée par la bouche, elle est beaucoup moins active, mais non inerte; il faut pour donner la mort par cette voie, des quantités d'abrine au moins cent fois plus fortes[1]. Ce qu'il faut remarquer surtout à propos de cette vénénosité, c'est qu'à la façon des toxines diphtéritiques, tétaniques, etc., *quelle que soit la dose injectée sous la peau*, l'abrine ne tue qu'après une période d'incubation qui généralement dépasse 24 heures; il se fait peu à peu au niveau de l'inoculation un œdème sanguinolent étendu, l'animal maigrit beaucoup; si la dose n'est pas mortelle, une escharre tend à se former autour du foyer d'ulcération; sinon, quelques heures seulement avant la mort, le sujet est pris de diarrhée profuse, souvent sanguinolente, de convulsions cloniques et de paralysie bulbo-médullaire. A l'autopsie, on trouve le cœur et le foie congestionnés, la vessie pleine d'une urine trouble et albumineuse.

L'instillation d'abrine sur la conjonctive détermine une congestion intense, la production de pus, la formation de fausses membranes, quelquefois l'opacification et la nécrose de la cornée.

L'activité de l'abrine n'est ni modifiée, ni détruite, par les sucs digestifs, pas plus que par les microbes qui peuvent vivre dans ses infusions (*Répin*).

---

1. EHRLICH, *Deuts. med. Wochensch.*, 1891, et RÉPIN, *Institut Pasteur,* t. IX, p. 519.

Comme pour les ferments solubles, l'activité de l'abrine ne disparaît pas en présence des antiseptiques, tels que l'essence de moutarde, le phénol, l'alcool, le sulfure de carbone, etc.

On peut, comme on le fait pour les virus, habituer les animaux à l'action de l'abrine, les *vacciner* contre elle, soit en leur faisant d'abord ingérer l'abrine par le tube digestif, puis procédant à des injections sous-cutanées en commençant par un 10ᵉ, ou même un 100ᵉ de milligramme, ainsi que faisait Ehrlich ; soit en employant des injections d'abrine mêlées d'une faible proportion d'alcalis étendus qui diminuent beaucoup son activité. On arrive ainsi, quoique très lentement, au bout de un à deux mois, à faire supporter aux animaux des doses d'abrine 3 à 4 fois supérieures à la dose mortelle.

L'abrine injectée en très faibles quantités sous la peau, et en solutions extrêmement diluées, attire les leucocytes. Durant cette vaccination de l'animal, ils paraissent très sensibles à son contact, s'approchent, disparaissent en partie, puis reviennent et toujours en quantité plus grande (*Chatenay*).

Mélangé à l'abrine, le sérum antivenimeux retarde considérablement l'action toxique de cette substance, et peut même l'enrayer complètement. Les lapins fortement immunisés contre les venins supportent 2 milligrammes d'abrine, alors que un dixième de milligramme tuait les lapins témoins.

Réciproquement, le sérum des animaux lentement immunisés contre l'abrine est antitoxique contre les venins et même contre la toxine diphtéritique, mais non contre celle du tétanos ou de charbon. Ce sérum est apte à protéger aussi contre la toxine contenue dans les graines de ricin[1].

1. *Annales de l'Institut Pasteur*, t. IX, p. 241.

Autres toxines extraites des légumineuses. — Beaucoup de légumineuses sont vénéneuses soit par leurs émanations, soit par leurs alcaloïdes, soit par des toxines proprement dites.

D'après M. Cornevin[1], les *templetonia*, légumineuses arborescentes originaires de la Nouvelle Hollande, fournissent sept espèces dont plusieurs sont vénéneuses. L'infusion de *T. glauca* injectée sous la peau d'un chien provoque au bout de 5 minutes des vomissements répétés. La respiration s'accélère, l'animal est pris de tremblements et de mouvement cloniques; il tombe, incapable de se soutenir. La mort survient par arrêt de la respiration qui s'attarde de plus en plus. Le *templetonia egena* produit les mêmes accidents.

Parmi les *Sophora*, celui du Japon n'est pas vénéneux. Mais le *S. secundiflora* l'est au contraire à un point extrême. L'extrait de 50ᵍʳ de brindilles de cet arbrisseau injecté sous la peau d'un chien, produit d'abord des vomissements; moins d'une minute après, le facies exprime l'anxiété; la respiration est profondément troublée; au bout de 25 minutes l'animal titube et tombe sans pouvoir se relever; il présente des mouvements désordonnés des pattes et des mouvements rythmés de la tête. Il meurt 38 minutes après l'injection.

Beaucoup de cytises paraissent également vénéneux.

On doit remarquer qu'il n'est pas démontré que les poisons fournis par ces végétaux soient de véritables toxines douées de propriétés diastasiques, altérables par la chaleur, n'agissant pas ou mal par le tube digestif. La rapidité même de leur action semblerait les éloigner de la classe des vraies toxines qui généralement n'agissent qu'au bout d'un certain temps.

---

1. CORNEVIN, *C. rend. Soc. biolog.*, 1893, p. 150.

RICINE; RUBINE.

Ricine. — Le ricin, *Ricinus communis* (*Euphorbiacées*) paraît originaire des contrées orientales de l'Asie. Il est cultivé aujourd'hui, surtout pour en extraire l'huile purgative. Ses semences, même privées de leur épisperme, sont toxiques et puissamment éméto-cathartiques. Trois ou quatre de ces graines suffisent à provoquer une gastro-entérite, souvent avec de vastes plaques d'ulcération, accompagnée d'accidents ataxo-adynamiques, d'anurie, de coma, et pouvant se terminer par la mort.

La matière douée de cette extrême activité a été reconnue par Ehrlich et par Kobert être une toxalbumine. On l'extrait en la dissolvant dans l'eau tiède et la précipitant par l'alcool ou par le sulfate d'ammoniaque, puis dialysant pour chasser le sel ajouté.

La *ricine* se dissout dans l'eau et dans la glycérine aqueuse; elle précipite par l'alcool fort. C'est une substance très difficilement dialysable. Ses solutions se troublent à chaud en perdant en grande partie leur activité. Elles précipitent par les acides minéraux étendus et par l'acide acétique, seul ou additionné de ferrocyanure de potassium. La ricine possède les réactions générales des albuminoïdes. Conservée à l'état sec, elle perd peu à peu son activité; on peut, lorsqu'elle est sèche, la porter quelque temps à 100° sans diminuer sensiblement sa toxicité.

Nous avons vu quels sont les effets de la graine entière de ricin. La ricine produit les mêmes accidents, mais à un degré plus élevé, surtout lorsqu'on la fait absorber par injections sous-cutanées : $0^{mgr}03$ (3 centièmes de milligr.)

tuent un lapin, alors qu'il en faut près de 3 milligrammes
pour le tuer par l'estomac. 0^{gr} 2 de ricine, injectés sous la
peau, sont funestes à l'homme.

L'action de la ricine sur l'économie n'est pas immédiate :
comme pour l'abrine et les virus en général, un certain
temps d'incubation est nécessaire. Ehrlich a démontré que
lorsqu'on l'administre avec prudence aux animaux par
l'estomac, puis qu'on l'injecte au bout de quelques jours
par la voie hypodermique, on arrive à créer un état de
tolérance analogue à celui qu'on produit pour les virus dans
les mêmes conditions. Durant la période de vaccination
l'animal est le siège d'une hyperleucocytose qui peut être
suivie d'une diminution du nombre des globules blancs si
le sujet doit succomber (*Chatenay*).

La ricine paraît appartenir à la classe des diastases
végétales[1].

Rubine. — On retire de l'écorce de l'acacia, par les procédés ci-dessus, une substance protéique douée de propriétés toxiques présentant des propriétés semblables à
celles de l'abrine[2].

DIASTASES VÉGÉTALES.

Toutes les diastases végétales, et probablement animales,
injectées sous la peau ou dans le sang produisent des phénomènes d'intoxication. *Toutes aussi élèvent la température :*

1. Tuson (*Journ. f. prakt. Chem.*, t. XCIV, p. 114) a retiré de la graine
de ricin un alcaloïde cristallisé en tables rectangulaires, de saveur amère,
peu soluble dans l'éther, formant avec le chlorure platinique de beaux
octaèdres orangés.

2. Le lupin (*lupinus luteus*) contient aussi une matière protéique vénéneuse, la *lupinotoxine*. Voir *Schmidt, Jahresb.* (1888), t. CCIV, p. 10.

telles sont la papaïne et la pepsine, la diastase de l'orge germée et surtout l'invertine. Nous reviendrons tout à l'heure, à propos de cette dernière substance, sur ce point important de la genèse de la fièvre.

Diastase de l'orge germée. — Dans un grain d'orge qui germe on voit à la loupe, entre l'endosperme et l'embryon, une sorte de bouclier convexe, le *scutellum*, formé de cellules columnaires implantées perpendiculairement à la paroi de ce petit organe. Ce sont ces cellules qui, au moment de la germination de l'orge, sont chargées de sécréter le ferment spécial, la *diastase* proprement dite, dont le rôle est de dissoudre l'amidon en le transformant en dextrine et maltose, hydrates de carbone solubles aptes à nourrir l'embryon.

Cette diastase, qui paraît constituée par plusieurs sortes de ferments[1], est le type des zymases ou ferments solubles. Elle fut étudiée la première et son nom se généralisa et s'appliqua aux autres ferments non figurés. La diastase (ou un ferment analogue) paraît exister dans le foie des animaux et y transformer le glycogène en glycose. Il est très probable qu'absorbées directement par la voie hypodermique, les diastases de l'orge ou du foie agiraient comme des toxines sur l'économie animale ; mais les expériences manquent à ce sujet. On sait seulement qu'elles élèvent la température.

Sucrase ou invertine. — On connaît diverses variétés de ce ferment. Elles sont caractérisées par leur propriété com-

---

1. L'un préexisterait dans l'orge avant toute germination et saccharifierait seulement l'amidon déjà soluble ; l'autre est la diastase ordinaire, qui change l'amidon en dextrine et maltose ; enfin un troisième aurait la propriété de dissoudre la cellulose (Voir *Annales Institut Pasteur*, t. VI, p. 612, 616, 618).

mune de transformer le sucre ordinaire en sucre interverti,
c'est-à-dire en un mélange de glycose et de fructose. De
ces variétés d'invertines, la plus connue est celle de la
levure de bière[1]. Mais la plupart des levures et des moisissures fournissent une zymase semblable; celle de l'*aspergillus niger* a donné lieu à des recherches détaillées (*Fernbach*).
On trouve aussi ce ferment dans la betterave en train de
pousser sa hampe florale. Il est probable qu'il existe dans
presque tous les végétaux.

D'après M. Roussy[2], l'invertine jouit de la propriété très
remarquable de produire la fièvre chez les animaux auxquels on l'injecte par voie hypodermique. Cette propriété,
qu'il signala le premier, lui fit donner à cette zymase le nom
de *pyrétogénine*. L'invertine élève rapidement de plusieurs
degrés la température des animaux auxquels on l'injecte.
Quelques dixièmes de milligrammes par kilogramme déterminent bientôt chez le chien et d'autres espèces un accès
de fièvre type qui dure de 12 à 15 heures sans laisser à sa
suite aucun trouble appréciable.

Pour obtenir le ferment pyrétogène du *saccharomyces
cerevisiæ*, M. Roussy délaye la levure de bière fraîche dans
environ le double de son poids d'eau et la laisse digérer
à basse température durant quelques jours pendant lesquels,
grâce au phénomène de l'autophagie, l'invertine paraît
subir un commencement de transformation. Il filtre ensuite
à la presse et traite par l'alcool à 95° la liqueur acide

1. Elle est secrétée par les cellules de la levure; elle est soluble et
dialysable. Chose intéressante, d'Arsonval a montré qu'elle est détruite
à la température de — 180° à — 200°, tandis que la levure de bière qui
la forme n'est pas tuée à cette basse température.

2. *Bulletin Acad. méd. de Paris,* 12 février et 12 mars 1889. — *Mémoires de
l'Acad. de Méd.,* t. XXXVII, fascicule 1er. — *Comptes rendus des séances de
la Soc. de Biologie,* 30 mars, 27 avril et 25 mai 1895.

obtenue jusqu'à ce qu'elle ne précipite plus ; le magma qui
se forme est recueilli égoutté, et délayé dans son volume
d'eau ; au bout de quelques heures, on filtre sur papier et
de nouveau on traite cette liqueur par l'alcool. Ce second
précipité est encore assez complexe : on y voit au microscope de fines granulations homogènes à reflets jaunâtres
qui en forment la principale partie ; elles sont mêlées de
cristaux, probablement de phosphates acides de potasse,
chaux et magnésie, d'acide succinique, etc. La matière pyrétogène est constituée par la partie amorphe. Grâce à des
traitements successifs, en se servant d'alcool à diverses
dilutions et recourant à la dialyse, on arrive à séparer la
pyrétogénine de la plus grande partie des sels cristallisés.

Lorsqu'on injecte dans une veine de l'oreille d'un lapin
ou d'un chien bien portant un demi-milligramme de cette
substance par gramme d'animal, au bout de 10 à 30 minutes
on remarque de l'abattement avant-coureur du frisson ; puis
le sujet est pris d'un tremblement à type discontinu, qui
dure de 1 à 2 heures. Souvent il survient des nausées, des
vomissements, quelques selles. En même temps, la température s'élève avec le nombre des inspirations et des pulsations ; elle peut arriver à 42°. Le pouls petit, intermittent,
bat 130 fois à la minute ; la peau est sèche. L'animal répand
une odeur forte ; son faciès est hébété. Cette seconde phase
dure environ 4 heures. Enfin 5 à 6 heures après l'injection,
la période de défervescence commence et vers la 10e ou
11e heure, le fonctionnement normal se rétablit.

L'animal émet durant cet accès de fièvre typique une
quantité de chaleur beaucoup plus grande qu'à l'état normal.
L'urée, les matières organiques de l'urine et l'acide car-

bonique excrétés, se produisent aussi en plus grande proportion qu'à l'état de santé.

La *pyrétogénine* est formée de fines granulations amorphes blancs jaunâtres ; humide, elle répand une faible odeur de levure. Elle durcit et brunit à l'air en s'attachant fortement aux parois de verre. Elle est très soluble dans l'eau, insoluble dans l'alcool, la benzine, l'éther, le pétrole. Elle est neutre au papier de tournesol. Elle ne contiendrait qu'une trace de cendres. Un fragment déposé sur la langue donne, au bout de quelques instants, une sensation d'âpreté, de sécheresse, de strangulation, qui s'étend au pharynx. Cette zymase paraît perdre petit à petit ses propriétés actives lorsqu'on la conserve. Les acides phosphomolybdique et phosphotungstique forment dans ses solutions un trouble, et après 24 heures un précipité abondant. Même effet avec l'acide picrique. Le chlorure de platine y fait aussi naître peu à peu un précipité très net. L'iodure de mercure et de potassium, l'iodure de potassium ioduré, les iodures de potassium et de bismuth ou de cadmium, ne précipitent pas cette substance. Elle est très azotée.

On voit que la pyrétogénine n'est pas une base, mais qu'elle devient basique, sans doute en se dédoublant sous les moindres influences. Elle possède *à un haut degré* le pouvoir de transformer, par hydrolyse, le saccharose en glycose et fructose. Elle se confond donc, et par son origine et par ses fonctions physiologiques, avec l'invertine ou sucrase.

Avant les recherches que je viens d'analyser, on savait que l'introduction de certaines substances complexes dans l'économie pouvait allumer la fièvre ; en particulier on connaissait l'influence des extraits de matières animales ou

végétales putrides absorbées par l'estomac et surtout injectées dans les veines (*Panum*), aussi bien que l'action des ptomaïnes cadavériques solubles dans l'éther qu'on savait élever
la température (*Gianetti* et *Corona*); mais la découverte
des propriétés pyrétogènes de l'invertine a très particulièrement éclairé nos théories sur la genèse de la fièvre. Le
travail de M. Roussy a établi pour la première fois clairement que la fièvre peut naître *du déversement dans le
sang d'une substance appartenant notoirement à la classe des
ferments solubles ou zymases*. Or des ferments semblables
existent dans l'économie animale ainsi que nous le verrons;
ils peuvent à un moment donné et sous les influences les
plus diverses quitter les cellules où ils sont normalement
localisés, passer dans le plasma sanguin, arriver aux centres
nerveux et exciter la fièvre. C'est là un mécanisme que
cette découverte a contribué à faire connaître.

Une variété de ferment inversif est normalement sécrétée
par la muqueuse intestinale du chien (mais non du lapin)
ainsi que par les microbes de l'intestin grêle. La muqueuse
stomacale, le foie, la salive n'en contiennent pas[1].

Ferments peptogènes végétaux. — Il est établi aujour-
d'hui que la pepsine, ou des ferments analogues capables
d'agir sur la viande et les albuminoïdes pour les transformer en peptones, existent chez les végétaux comme chez
l'animal. Le fruit du papayer contient une zymase, la
papaïne, qui digère la fibrine et la viande en milieu acide
ou neutre; dans le latex du fruit encore vert du figuier existe
un ferment semblable. On l'a retrouvé dans le plasmodium

---

1. *Sul fermento inversivo nell'organismo animale*, par JAPPELLI, MANFREDI
et BOCCARDI. Naples, 1888. C'est un bon travail.

du *physarum*, de *l'œthalium septicum* et d'autres myxomycètes, ainsi que chez les infusoires inférieurs.

On ne connaît pas bien les effets de ces ferments lorsqu'ils sont injectés dans le tissu cellulaire. On sait seulement que la papaïne (ou les albuminoïdes qui l'accompagnent) est vénéneuse par injection hypodermique[1]. Il est à peine douteux qu'ainsi résorbées la plupart de ces substances ne soient pas toxiques. Les essais faits avec les ferments correspondants mais d'origine animale, ferments doués des mêmes propriétés et des mêmes fonctions physiologiques, semblent bien le démontrer. C'est ce que nous allons développer dans le chapitre suivant.

1. Voir S. MARTIN, *Brit. med. Journ.*, t. II, p. 184 (1889).

CHAPITRE HUITIÈME

Ferments digestifs et autres d'origine animale. — Toxines produites par la digestion.

Ferments digestifs et autres ferments animaux.

Les principaux ferments digestifs : la pepsine, la présure, la trypsine, l'invertine sécrétée par l'intestin, l'amylase pancréatique[1], et les produits eux-mêmes de la digestion des albuminoïdes, albumoses, propeptones, peptones sont plus ou moins nocifs lorsque au lieu de suivre leur voie naturelle ils sont introduits dans le sang directement ou par la méthode hypodermique[2].

[1]. Tous ces ferments se précipitent de leurs solutions par l'alcool absolu. M. Dastre a toutefois remarqué que la plupart des ferments digestifs se dissolvent un peu dans l'alcool étendu. La trypsine et le ferment amylotique du pancréas entrent en solution dans l'alcool de 10° à 50° centésimaux. La myrosine est soluble dans l'alcool assez concentré *Compt. rend. Acad. sciences*, t. CXXI, p. 899 . Les ferments du sang sont peu solubles dans les liqueurs alcooliques.

[2]. On remarquera que plusieurs de ces ferments, tels que le ferment inversif, la pepsine, la présure coagulant la caséine, ou *lab* des Allemands, ont été signalés dans divers microbes : la pepsine dans le charbon, le choléra ; la présure dans les cultures du bacille pyocyanique, du *b. mesentericus vulgatus*, du *b. prodigiosus*, etc.

La plupart des ferments qui digèrent les albuminoïdes, lorsqu'ils sont bien purifiés ont une composition qui se confond presque avec celle des matières protéiques proprement dites, ou quelquefois des matières nucléïniques, que ces ferments soient d'ailleurs d'origine végétale ou animale. A cet égard, voici les analyses du ferment pancréatique préparé par Hüfner en faisant macérer le pancréas dans l'alcool absolu, rejetant

Il ne saurait y avoir de doute à cet égard. Hildebrandt a démontré, il y a peu d'années, que $0^{gr}1$ de pepsine tue un lapin en 2 ou 3 jours. La dose mortelle pour le chien est de 1 à 2 décigrammes par kilogramme : la température s'élève d'abord et un véritable accès de fièvre se déclare une heure environ après l'injection ; elle arrive à son summum au bout de 5 à 6 heures, et peut continuer durant plusieurs fois 24 heures. Le jour qui précède la mort, la température tombe au-dessous de la normale. L'animal intoxiqué est pris de tremblements des membres, sa marche devient incertaine, il a des vomissements, de la dyspnée, du coma. Les lapins qui ont reçu ce ferment sous l'épiderme, maigrissent beaucoup tout en continuant à manger ; ils s'affaiblissent et finalement ils sont pris de convulsions mortelles. A l'autopsie on constate l'altération des muscles du cœur et celle des parenchymes hépatiques et rénaux ; on trouve souvent des hémorrhagies dans les poumons, les reins. le canal intestinal et les glandes de Peyer.

cet alcool, reprenant le résidu par la glycérine. filtrant, précipitant par l'alcool absolu, dissolvant encore le précipité dans la glycérine et représipitant par l'alcool. Ce même ferment a été préparé aussi par Lœw en traitant le pancréas par l'alcool à 40° et précipitant cette solution par l'alcool éthéré. Nous joignons à ces deux analyses celle de la papaïne de Wurtz :

	Trypsine de Hüfner	Trypsine de Lœw	Papaïne de Wurtz
C	43,60	52,75	52,36
H	6,73	7,51	7,37
Az	14,00	16,55	16,94
S	0,88	} 23,19	»
O (par différence)	23,85		»
Cendres	7,04	1,77	2,60

La trypsine de Hüfner est soluble dans l'eau, elle possède les réactions des albuminoïdes ; elle se coagule à l'ébullition, précipite par l'acétate de plomb, l'azotate de mercure, le sublimé, le nitrate d'argent. Elle possède la réaction xanthoprotéique, celle du biuret et celle de Millon. Mais elle est plus riche en oxygène que les albuminoïdes.

Au début de cet empoisonnement le sang est difficilement coagulable, plus tard, au contraire, il se coagule plus facilement.

La *trypsine* introduite sous le péritoine provoque une inflammation hémorrhagique sans suppuration. Injectée dans le sang, elle paralyse le cœur et les nerfs, d'après Rossbach. Introduite sous la peau, elle produit des nécroses.

Quant au ferment inversif d'origine animale, ferment sécrété par le foie, le tube intestinal et d'autres organes peut-être, tous ses caractères sont ceux de l'invertine végétale qui, on l'a vu, exerce une action pyrogénétique très puissante[1].

En parlant du rôle des leucocytes dans l'immunisation, nous avons dit que, grâce à la phagocytose, ces éléments débarrassent le sang et les humeurs des microbes introduits. Or, d'une part Rossbach[2] a trouvé dans les leucocytes des divers organes un ferment transformant l'amidon en sucre (*amylase*); d'autre part, le globule blanc contient aussi un ferment glycolytique apte à détruire la glycose, et c'est de ce globule, qui s'altère après la sortie du sang des vaisseaux, que peut provenir, au moins en partie, le ferment glycolytique signalé par M. Lépine dans le sang extravasé. On ajoutera que Soudakewitch a montré que ces mêmes globules blancs sont capables chez l'homme de digérer jusqu'aux fibres élastiques, et que Danilewsky a remarqué que ceux de la grenouille liquéfient même les hémogrégarines. Ces digestions se font indifféremment dans

---

1. On doit remarquer cependant qu'il existe des variétés d'invertine : Celle de l'*aspergillus niger* ne passe pas à travers les pores du biscuit de porcelaine, tandis que celle de la levure de bière passe au contraire.
2. *Deutsche med. Wochenschrift*, 1890, p. 389.

un milieu neutre, acide ou alcalin, sous l'action d'un ferment analogue à la trypsine. Les expériences de Leber et celles de Berestnew démontrent enfin que dans le sang leucémique complètement mis à l'abri de tout microbe, le caillot fibrineux ne tarde pas à disparaître par suite d'une autodigestion[1].

D'après ce dernier auteur cette faculté digestive appartiendrait indubitablement, non à tous les globules blancs, mais aux globules *neutrophiles* et aux leucocytes mononucléaires dont le rôle phagocytaire a été bien démontré chez les animaux. Les globules dits *œosniophiles* seraient dépourvus de cette puissance.

On voit par ce qui précède que certains globules, en particulier les phagocytes, contiennent plusieurs ferments digestifs, et l'on s'explique ainsi que leur destruction, leurs altérations, leur accumulation dans les organes, leurs modifications nutritives, l'excitation des toxines, etc., puisse, dans certains cas faire transsuder ou extravaser ces ferments qui passent dans le sang et produisent alors les désordres qu'on observe lorsqu'on injecte ces mêmes ferments, ou les ferments analogues, par la voie hypodermique. C'est ainsi que je conçois que l'élévation de température et la fièvre peuvent être la conséquence de cette transsudation de ferments normaux, anormalement passés dans le sang et portés par la circulation jusqu'aux centres nerveux.

Pour en finir avec les ferments des globules et ganglions lymphatiques, disons encore qu'Halliburton a extrait de ces globules une *globuline-β* qu'il pense être le ferment même qui préside à la coagulation de la fibrine du sang

---

1. Voir *Arch. Sciences biolog. de St-Pétersbourg*, 1894, p. 40 et suivantes.

extravasé. Pour l'obtenir. les grosses glandes lymphatiques, la rate par exemple. bien privées de sang et de graisses, sont finement broyées. puis épuisées par une solution de sulfate de soude saturée mêlée de neuf parties d'eau. La globuline-β se dissout ainsi que d'autres albuminoïdes peu solubles ; après 36 heures on filtre et l'on précipite par l'alcool en excès. Le précipité recueilli sur un filtre est lavé à l'alcool à 98° ; on peut alors le redissoudre dans l'eau. Sa solution, examinée par Hankin, jouit de propriétés bactéricides très marquées, et cet auteur pense même que le sérum normal doit ses propriétés microbicides à cette globuline.

Il a été directement démontré par Edelberg, Birk et Köhlar. et d'autres. que le ferment de la coagulation de la fibrine, sécrété comme on le sait par le globule blanc. produit la fièvre lorsqu'on l'injecte en faibles proportions dans le sang. Il est probable que les fièvres de consomption, de surmenage, celles des chlorotiques et peut-être des goutteux et des rhumatisants, celle que provoque la présence des foyers inflammatoires ou suppurés. ont pour cause l'extravasation dans le plasma de cette zymase ou d'une substance analogue.

Ce n'est du reste pas seulement dans les globules blancs ou dans les cellules spéciales des organes digestifs que se rencontrent les ferments qui deviennent toxiques lorsqu'on les introduit directement dans la circulation ; on peut dire qu'ils existent dans presque toutes les cellules. MM. Abelous et Heim ont montré[1] que les œufs, et en particulier ceux de crustacés, contiennent trois sortes de ferments qu'on peut enlever par digestion avec la glycérine : une *amylase* peu active

---

1. *Comptes rendus Société biolog.*, 1891, p. 273.

transformant l'amidon en maltose et dextrine; une *invertine* faiblement active qui change le sucre de canne en glycose et lévulose ; une *trypsine* digérant la fibrine en milieu neutre ou alcalin. Krukenberg avait déjà signalé dans le jaune d'œuf de poule un ferment qui peptonise la fibrine en milieu acide[1]; son extrait aqueux saponifie sensiblement les matières grasses qui s'acidifient à son contact.

Protéoses et autres toxines digestives.

La toxicité de la pepsine et de la trypsine, lorsqu'on les absorbe par la méthode hypodermique, pouvait faire prévoir la nocuité des produits de digestion normale introduits par la même voie. Mais on est tellement habitué à considérer les peptones comme des substances essentiellement nutritives, et par conséquent inoffensives, qu'on a méconnu longtemps leur rôle lorsque pour une raison ou une autre, elles s'introduisent dans l'économie par l'intermédiaire du tissu cellulaire, des lymphatiques ou du sang, et non plus par la voie ordinaire c'est-à-dire par absorption intestinale avec passage par le foie.

L'*hémialbumose*, l'un des produits qui précède la formation des peptones[2], absorbée même en petite quantité par injection sous-cutanée, provoque des accidents comparables à ceux que nous avons décrits pour la pepsine elle-même. Ce qui est plus intéressant encore, c'est que si l'on injecte peu à peu de très petites doses de cette substance, l'orga-

1. *Jahresh. der Thierchemie.* 1879, p. 271.
2. Albuminoïde précipitable par le sel marin en excès, et soluble dans l'eau froide.

nisme arrive insensiblement à en tolérer de beaucoup plus grandes. Cette tolérance, comparable, à quelques égards, à celle qui s'établit pour les virus et les venins, n'a qu'une durée très limitée (24 à 48 heures).

Les peptones des digestions normales, lorsqu'on les fait pénétrer elles-mêmes directement dans le sang, ou qu'on les fait absorber par la voie hypodermique, se conduisent comme de véritables poisons (*Schmidt-Mülheim; Hoffmeister; Politzer, Fano; Gley; Contejean, etc.*[1]). Elles font disparaître la coagulabilité du sang et tomber sa pression dans les vaisseaux. Injectées en quantité un peu grande, elles peuvent devenir mortelles. On sait du reste que la peptonurie a été signalée dans une foule de maladies : les affections mentales, la phtisie, la néphrite, la pneumonie, le croup, l'ostéomalacie, les abcès du foie, les abcès froids, etc., soit que ces peptones ou albumoses dérivent dans ces cas de digestions mal faites, soit bien plutôt qu'elles proviennent du déversement dans le sang des produits extravasés des globules blancs et qu'elles aient été résorbées dans les foyers purulents.

Les peptones sont-elles toxiques par elles-mêmes ou par les produits qui se forment en même temps qu'elles et qui les accompagnent? Brieger raconte que dans ses essais sur l'action physiologique des peptones il a trouvé un seul échantillon de peptone ne paraissant pas doué d'action nocive par injection sous-cutanée. Mais soumise elle-même à l'influence du suc gastrique, cette peptone devenait à son

1. SCHMIDT-MÜLHEIM, *Arch. de physiolog.*, 1880. — G. FANO, *ibid.*, 1881. — CONTEJEAN, *Arch. de physiolog.*, 5e série, t. VII, p. 245. — LEDOUX, *Arch. de biolog.*, t. XIV, p. 63. — GLEY et PACHON, *Arch. de physiolog.*, octobre 1895, p. 711. Les peptones paraissent opposer à la coagulation du sang en provoquant la formation dans le foie d'une substance anticoagulante.

tour toxique. Il est donc possible que cette vénénosité
tienne, non à la peptone même, mais à des produits plus
avancés de digestion: l'on sait, en effet, qu'il se forme par
une digestion continue des albuminoïdes des corps amidés
ayant tous les caractères des alcaloïdes proprement dits[1].

Les recherches de Brieger l'ont conduit à extraire des produits de digestion des albuminoïdes, et en particulier de la
fibrine soumise à l'action du suc gastrique, une substance
qui n'est pas protéique, la *peptotoxine*, qu'on rencontre aussi
dès les premiers jours, parmi les produits de putréfaction
des albuminoïdes. Voici comment avec Salkowsky il a
essayé de l'isoler. On laisse durant 24 heures digérer de la
fibrine avec du suc gastrique frais à 38°. La peptone obtenue
est filtrée, évaporée à consistance sirupeuse et épuisée à
l'alcool bouillant. Le résidu insoluble dans l'alcool est
agité avec de l'alcool amylique qui laisse, à son tour, par
évaporation un extrait brun que l'on traite, après solution
dans l'eau, par de l'acétate de plomb. La liqueur filtrée,
privée de plomb par H^2S, est plusieurs fois reprise par
l'éther, puis évaporée à sec et l'extrait est de nouveau traité
par l'alcool amylique. Ce dissolvant étant évaporé, on redissout le résidu dans l'eau et l'on filtre : la liqueur abandonne
dans le vide une matière toxique qui cristallise très difficilement. C'est un corps neutre, ne répondant pas à la réaction
du biuret, mais donnant par le réactif de Millon un précipité blanc qui devient rouge intense à chaud. Cette toxine
pouvant être extraite par l'alcool amylique aussi bien en

---

1. Büchner a remarqué que les peptones injectées dans le sang ne produisent pas de pus, et n'ont pas d'action chimiotaxique, tandis que la
gélatine est assez fortement active. Pour les recherches de BRIEGER, voir
Berichte. chem. Gesell., t. XIX, p. 3120, et *Verhandl. d. Congr. für innere
Med.*, 1892, t. II, p. 277.

présence des acides que des bases n'est donc pas une ptomaïne. Elle est insoluble dans l'éther, le chloroforme, la benzine. Elle ne se détruit ni à chaud, ni par les alcalis, ni par les acides. Les ferments putrides la décomposent au bout de sept à huit jours. Brieger croit qu'elle constitue un dérivé hydroxylé d'un corps amidé aromatique.

La peptotoxine ne se rencontre pas seulement de temps à autre dans les produits de digestion, mais aussi dans la fibrine, la caséïne, le muscle, le foie, etc. abandonnés quatre à cinq jours aux ferments putrides. Il est très probable qu'elle se forme, et contribue à l'empoisonnement, dans les cas d'indigestions alimentaires et de botulisme.

Quelques gouttes d'une solution étendue de cette substance suffisent à tuer les grenouilles en moins d'une heure : L'animal comme paralysé ne répond plus aux excitants; Les muscles des extrémités sont le siège de tremblements et de secousses tétaniques. L'injection sous-cutanée de $0^{gr},5$ à 1^{gr} de peptotoxine est mortelle pour le lapin. Après quarante à cinquante minutes, il est frappé de paralysie du train postérieur, il tombe dans le coma et meurt[1].

Intoxications alimentaires. — Les accidents d'indigestion et de botulisme s'expliquent suffisamment par la formation de substances toxiques dans le tube digestif, lorsque des conditions nerveuses anormales viennent modifier la composition du suc gastrique surtout en arrêtant le flux de l'acide chlorhydrique, ou lorsque cet acide est saturé ou n'arrive qu'en quantité insuffisante dans l'estomac. Les fermentations

---

1. D'après Tanret, les alcaloïdes que l'on rencontre quelquefois dans les peptones commerciales sont dues à l'action des réactifs, en particulier de la potasse, qui les forme aux dépens des peptones (Voir *Compt. rend. Acad. sciences* pour 1881, t. XCII, p. 1163).

putrides, ou autres, dues à la présence de microbes de toutes sortes dont l'action était enrayée par cet acide antiseptique se développent alors ; elles peuvent donner dès le début ces ptomaïnes très actives que nous savons dériver directement du dédoublement des lécithines (névrine, choline, mydaléine, etc.). En même temps, et grâce au développement des bactéries, d'autres toxines tout aussi dangereuses peuvent se produire. D'autre part, que la digestion se fasse dans de bonnes conditions, mais que grâce à une altération du foie ou de ses fonctions, comme dans l'ictère ou pendant la grossesse, cet organe ne suffise plus à modifier les principes plus ou moins offensifs qui lui viennent des veines mésaraïques et porte, et les phénomènes d'intoxication provoqués par ces produits de digestion complète ou incomplète se dérouleront bientôt.

Les viandes les plus saines peuvent devenir toxiques lorsqu'elles sont mal digérées ou mal *assimilées* : on sait les accidents graves d'urémie qui se produisent chez les chiens auxquels on a réussi à pratiquer la fistule de Eck, c'est-à-dire l'abouchement direct de la veine porte dans la veine cave, opération qui soustrait le sang arrivant de l'intestin à l'action assimilatrice du foie. Ces animaux, tant qu'ils sont nourris de lait et de pain, se portent relativement bien. Ils sont au contraire pris de tristesse avec accès de fureur, convulsions tétaniques, symptômes urémiques graves, etc., dès qu'on les nourrit de viande. Nencki a démontré que ces accidents sont dus principalement à la présence dans leur sang de carbamate d'ammoniaque, l'une des substances qui précèdent la formation de l'urée. Ce carbamate vénéneux peut se rencontrer dans les dérivés de la digestion des viandes *in vitro* ou dans l'estomac.

Si des intoxications résultent quelquefois de l'absorption de viandes saines, mal digérées ou mal assimilées, à fortiori peuvent-elles se produire par l'usage des viandes de mauvaise qualité, telles que celles des animaux surmenés, ou celles qui avaient subi un commencement d'altération. Pour ces dernières la chose est évidente, surtout lorsqu'on se rappelle que c'est au début de la putréfaction que se forment les alcaloïdes les plus actifs, la névrine, la peptotoxine et les toxines-ferments proprement dits. Pour les viandes surmenées, la production plus abondante des leucomaïnes, et peut-être la formation ou le déversement anormal des toxines-ferments dans le sang et les tissus, explique les accidents qu'on a relatés dans ces cas. Les animaux maltraités avant d'être sacrifiés, pris de terreur, de colère, accablés de fatigue, etc., fournissent souvent une viande de consommation dangereuse, même après cuisson, car nous savons que les venins et les toxines ne perdent pas toujours leur activité à 100°, à plus forte raison les ptomaïnes. On a relaté des empoisonnements survenus pour avoir mangé d'un chevreuil mort de terreur ou de fureur en se voyant pris au piège (*Roser*). On a cité l'exemple d'accidents mortels chez des porcs nourris de la chair d'un cheval qui avait succombé aux violences employées à le maîtriser (*Arnould*)[1].

---

1. On sait que la loi juive ordonne de ne manger que des viandes d'animaux tués par saignée après le coucher du soleil. Ce rite peut avoir sa raison d'être et l'état de calme qui suit la journée et qui s'établit la nuit chez les animaux peut être favorable à la qualité de la viande en réduisant au minimum le déversement dans les humeurs des ferments et résidus qui se forment à l'état d'activité ou de fatigue. Dans tous les cas, on a remarqué que les viandes des animaux tués la nuit se conservent mieux.

Dans les cas d'ingestion de viandes altérées et toxiques, on a remarqué que les accidents sont presque toujours précédés d'un temps d'incubation qui peut durer de quelques heures à plusieurs jours. La raison de ce phénomène et de sa variabilité est facile à saisir : les poisons chimiques proprement dits, ptomaïnes et leucomaïnes, agissent immédiatement après l'absorption; les toxines et les venins ne provoquent de réactions qu'au bout d'un certain temps. Les choses se passent ici exactement comme pour l'incubation des virus, à cette différence près que l'absorption par l'intestin est relativement lente et que l'économie a pour ainsi dire le temps de s'habituer au poison, de se vacciner, à moins que la toxine n'arrive en quantité trop massive à la fois ou qu'elle soit trop active de sa nature. Les symptômes de ces empoisonnements alimentaires sont l'extrème dépression des forces, accompagnée quelquefois de parésie des membres inférieurs, les vomissements, le plus souvent avec une diarrhée infecte, les troubles oculaires et particulièrement la mydriase, les sueurs profuses. Dans quelques cas surviennent du ptyalisme et des éruptions cutanées. Le patient ne meurt généralement qu'au bout de plusieurs jours, après être resté, sans paraître souffrir beaucoup, dans un état de fatigue extrême[1].

1. Voir à ce sujet la thèse du Dr A. Fiquet, Paris, 1894.

CHAPITRE NEUVIÈME

Toxines urinaires, sudorales et biliaires.

Toxines urinaires.

La sécrétion urinaire est la voie principale par laquelle l'économie se débarrasse de ses déchets. Ils sont tous encombrants ou offensifs, et depuis longtemps on a observé que les urines et leurs extraits, injectés aux animaux, sont plus ou moins toxiques.

On a successivement accusé de cette toxicité la plupart des éléments de l'urine et nous ne referons pas ici l'historique reproduit un peu partout de la recherche des agents directs de l'intoxication urémique. Mais l'on sait aujourd'hui que l'action toxique des urines doit être attribuée à trois principaux groupes de corps : (*a*) les *principes organiques cristallisables* comprenant diverses ptomaïnes et leucomaïnes ; (*b*) les *principes extractifs non cristallisables* et difficilement dialysables, de beaucoup les plus dangereux, mais les moins connus ; (*c*) enfin les *principes salins,* parmi lesquels les sels de potasse sont les plus actifs.

(*a*). Des *matières organiques cristallisables*, les plus nocives sont : les xanthine et paraxanthine (*Salomon; Gautier*);

les oxalates, les sels ammoniacaux (*Frerichs; Jaksch*), les petites quantités de ptomaïnes et de leucomaïnes que l'on trouve dans toute urine même normale[1] (*G. Pouchet; A. Gautier; C. Bouchard*). Parmi elles, G. Pouchet a distingué la carnine qui est peu active, et une base légèrement alcaline, en cristaux déliquescents, à sels cristallisables solubles dans l'alcool ordinaire, base qui paraît répondre à la formule $C^7 H^{12} Az^4 O^2$, peut-être à $C^7 H^{14} Az^4 O^2$. Son chloroplatinate forme des prismes jaunes, rhombiques, déliquescents. Elle est vénéneuse. Je ne cite ici que pour mémoire les bases que Tudichum a nommées *réducine* $C^{12} H^{24} Az^6 O^3$, *pararéducine* $C^6 H^9 Az^3 O$, *aromine* etc..., substances qui n'ont pas été bien étudiées et dont la réalité même n'est pas assez établie pour qu'on puisse en parler avec quelque utilité[2].

Mais de toutes ces matières organiques, celles qui sont en plus grande abondance, les plus actives, celles qui produisent des troubles rappelant bien ceux que provoque

---

1. Voir ADDUCO, *Arch. ital. de biolog.*, 16 mai 1891 ; — TUDICHUM, *Compt. rend.*, t. CVI, p. 1803.

2. Vers 1882, M. Ch. Bouchard avait essayé de se rendre compte de l'origine des poisons des urines, et en particulier des petites quantités d'alcaloïdes qu'elles contiennent, même à l'état normal, et qui augmentent au cours des maladies. Dans ce travail (*De l'origine intestinale de certains alcaloïdes normaux et pathologiques.* Société de biologie; 1882, p. 825), ce savant concluait que « ces alcaloïdes sont fabriqués dans le « tube digestif et sont vraisemblablement élaborés par des organismes « végétaux, agents de la putréfaction intestinale... Les alcaloïdes des « urines ne sont qu'une partie des alcaloïdes de l'intestin absorbés à « sa surface et éliminés par le rein. » Mais de 1881 à 1883, j'appelais l'attention sur l'importance des phénomènes anaérobies qui se passent normalement dans nos tissus, phénomènes méconnus jusque-là d'où résulte la formation de produits de réduction et d'alcaloïdes plus ou moins vénéneux auxquels je donnai le nom de leucomaïnes. Ces publications, et les recherches que M. Bouchard poursuivit depuis cette époque sur les urines normales et pathologiques, l'ont amené à se rapprocher de mon opinion en ce qui touche à l'origine des poisons organiques de nos humeurs.

l'urine tout entière, ce sont les matières colorantes (*Mairet et Bosc*). 150 à 200 cent. cubes d'urine normale en fournissent assez pour tuer un lapin : on observe le myosis, l'accélération de la circulation, l'hyperthermie, les mictions fréquentes, l'affaiblissement de la respiration, l'affaissement, le coma et la mort[1].

La créatinine qu'on trouve dans les urines ordinaires n'est offensive qu'à un très faible degré. L'urée, l'acide urique, l'acide hippurique, la tyrosine, la taurine paraissent presque inertes.

(*b*). Dans le second groupe, *les matières toxiques indialysables et incristallisables* des urines, se rencontrent les corps de beaucoup les plus dangereux, vénéneux même sous un faible poids. G. Pouchet[2] a établi autrefois dans mon laboratoire que les substances essentiellement extractives, celles que l'on ne précipite par aucun réactif, et qu'on a privées par dialyse de tout principe cristallisable, sont essentiellement toxiques. A faible dose elles agissent à peu près comme les venins de serpents dont leur composition centésimale, sinon leur constitution, semble les rapprocher[3]. Elles déterminent chez les animaux la paralysie et la mort.

Une autre série de recherches sur le même sujet a été faite aussi par un de mes élèves, mais par une autre méthode. Elle est due à Mme Eliacheff : les urines normales sont concentrées dans le vide sans dépasser 40°, après addition d'un peu de sulfure de carbone ou de thymol pour empêcher toute altération; le liquide obtenu est ensuite mis à dialyser

<hr>

1. Mairet et Bosc, *C. rend. soc. de biolog.*, 1891, p. 94 et 1890, p. 699.
2. *Thèse de doctorat*, Paris, 1878.
3. Leur formule $C^3 H^5 Az O^2$ en prenant celle qui correspond le plus simplement aux analyses les rapproche beaucoup de la composition des venins analysés. C'est celle d'une leucéine en $C^n H^{2n-1} Az O^2$.

jusqu'à ce qu'il ne passe plus ni sel marin, ni urée. La partie non dialysable de 42 litres d'urine ainsi traitée, fournit à l'évaporation dans le vide, environ 6ᵍʳ d'extrait sec, soit 0ᵍʳ143 au litre. C'est une masse vitreuse, dure, un peu colorée, hygrométrique, acide, *d'un pouvoir réducteur très prononcé*. Elle ne possède aucun caractère alcaloïdique, et ne contient pas de sels minéraux (ou qu'une trace). Cette substance analysée a donné les nombres : $C = 60,75$; $H = 9,37$; $Az = 10,94$; $O = 12,54$; $P = 3,00$; $S = 3,40$. Elle est donc très phosphorée et très sulfurée. Elle répondrait d'après son analyse à la composition $C^{52}H^{96}Az^8O^8PS$, que nous ne donnons ici que pour aider à faire la comparaison de cette substance avec des produits semblables. L'extrait des urines tuberculeuses (avec fièvre), possède une composition qui se rapproche beaucoup de la précédente.

Injectés aux animaux ces deux extraits sont toxiques; le premier moins que le second. 0ᵍʳ,1 tue un lapin de 2ᵏⁱˡ,200 en 45 minutes; on observe, du myosis au début, des troubles de la sensibilité ; plus tard toute motilité disparaît; il y a de la mydriase et la mort survient avec le cœur en diastole. Dans les poumons on trouve de nombreuses ecchymoses. Ces caractères rapprochent singulièrement l'action de cette substance de celles des venins de serpents.

Parmi les principes extractifs et incristallisables des urines, il faut placer aussi les ferments, pepsine et invertine, que l'on sait depuis longtemps exister dans les urines normales et que nous avons vu être toxiques et, même à petites doses, agir sur la température générale. Sur ce point, disons que M. Roger[1] a montré que les substances dialysa-

---

1. *Société de biologie*, 16 juin 1894, p. 500.

bles des urines, beaucoup moins actives que les non dialysables, sont généralement thermogènes. Les substances non dialysables sont, au contraire, hypothermisantes. Elles peuvent abaisser la température des animaux de 5 à 7 degrés.

c). — La troisième espèce des matières urinaires nocives comprend *les sels minéraux.* D'après Ch. Bouchard leur toxicité représenterait de la moitié aux deux tiers de la toxicité urinaire totale[1].

Un homme moyen de 70 kilos excrète à l'état normal :

	Par litre d'urine.	Par jour.
Chlorure de sodium	10,5	13,65
Sulfates alcalins (et surtout, sulfate de potasse).	3,1	4,03
Phosphates alcalins	1,43	1,86
Phosphate calcique	0,31	0,40
Phosphate magnésique	0,45	0,58
Acide silicique, acide azotique, gaz divers	traces	traces

Le sel marin est donc la matière minérale principale des urines, mais l'expérience a démontré qu'il n'est mortel, pour le lapin en particulier, qu'à la dose de 5^{gr},17 par kilogramme d'animal. Il faudrait injecter dans les veines d'un lapin la totalité du sel marin contenu dans les urines des vingt-quatre heures d'un homme adulte pour le tuer. C'est par conséquent un sel à peu près inoffensif. Il n'en est plus de même des sels de potasse qui, après ceux de soude, tiennent par leur masse, dans les urines, le rang le plus important. Un adulte en excrète près de 6 grammes par jour : or 0^{gr},18 de chlorure ou 0^{gr},26 de phosphate de potassium, par kilogramme d'animal sont mortels pour le lapin; le sulfate est un peu moins toxique. On sait, depuis Claude Bernard,

1. CH. BOUCHARD, *Mémoires de la Société de biologie,* décembre 1884. *Comptes Rendus Acad. sciences,* t. CII. p. 1127, et *Des autointoxications.* Paris, 1887. — LÉPINE et AUBERT, *Ibid..* t. CI, p. 90.

qu'injectés directement dans le sang, les sels de potasse provoquent, même à faibles doses, des convulsions tétaniques et inhibent le cœur.

Les sels de chaux au contraire paraissent sans action ; ceux de magnésie sont peu actifs et n'existent du reste dans les urines qu'en très faible proportion.

Ch. Bouchard a donné le nom d'*urotoxie* à la dose d'urine qui tue un kilogramme d'animal. Le *coefficient urotoxique* est la quantité d'urotoxies produites par kilogramme d'animal en vingt-quatre heures. D'après les déterminations de ce savant, chaque kilogramme d'homme bien portant fabrique en vingt-quatre heures une quantité de poison urinaire suffisante à tuer 464^{gr} de matière vivante ; un homme normal mettrait donc cinquante-deux heures à fabriquer la quantité de poison suffisante pour se tuer lui-même.

L'empoisonnement urinaire se traduit par les symptômes suivants : Quand on injecte de l'urine dans les veines d'un lapin, les pupilles se contractent et deviennent peu à peu punctiformes[1]; la respiration s'accélère, la température s'abaisse, l'animal urine abondamment; il tombe dans le coma et succombe sans convulsions ou quelquefois avec des convulsions très légères. On observe des effets analogues chez l'homme lorsqu'il y a insuffisance rénale : céphalée, désordres de l'ouïe, coma, délire, convulsions, folie brightique. Quant à la température, après s'être abaissée sensiblement, elle se relève rapidement de 1°,5 à 7° et fait place à une hyperthermie qui persiste durant six à sept heures. La température revient ensuite à la normale[2]. On trouvera plus

---

1. Le poison myotique disparaît si l'on chauffe au préalable les urines à 80° (*Soc. de biolog.*, 1894, p. 599).
2. ROGER, *Soc. de biol.*, 17 juin 1893, p. 633.

loin des renseignements sur la substance thermogène des urines.

Si l'on recueille à part les urines du jour et celles de la nuit, celles-ci sont comparativement plus thermogènes, mais l'hypothermie primitive paraît à peu près égale.

En 1884, analysant de plus près encore, au point de vue physiologique, le phénomène de l'intoxication urinaire et de ses causes directes, Ch. Bouchard démontra que les poisons des urines peuvent se diviser en deux parts : ceux que l'alcool absolu dissout quand on traite l'extrait sec par ce dissolvant, et ceux qu'il ne dissout pas, mais qui se redissolvent dans l'eau. La partie de l'extrait urinaire soluble dans l'alcool provoque chez les animaux la somnolence, le coma, la salivation. La substance narcotique à laquelle sont dus ces effets n'est pas fixée par le noir animal. Elle est accompagnée d'une matière sialogène et d'une matière hypothermisante dialysable. La partie insoluble dans l'alcool, mais soluble dans l'eau, provoque des convulsions, du myosis, l'abaissement de la température. Ces derniers effets sont dus à la fois aux sels de potasse et à une substance organique hypothermisante fixable par le charbon animal et indialysable[1].

Suivant Bouchard, les urines sécrétées pendant la veille correspondent à 31 urotoxies, celles de la nuit à 8 seulement. Celles-ci contiennent des produits convulsivants, tétaniques; celles du jour des produits dépressifs et narcotiques.

---

1. Des observations analogues ont été faites par Bouchard lui-même, ou par ses élèves, avec les extraits des différents organes et humeurs de l'animal bien portant. Elles ont conduit aux mêmes conclusions générales. Voir à ce sujet Ch. BOUCHARD, *Autointoxications*, Paris, 1887. — CHARRIN et ROGER. *Toxicité des urines du lapin*, dans les *Comptes rend. soc. biolog.*, 1886, p. 607.

Comme on pouvait le prévoir, la toxicité urinaire varie
avec l'alimentation et, par conséquent aussi, avec l'espèce
animale[1] : un kilogramme de lapin élimine en 24 heures assez
de poison urinaire pour tuer $4^{kgr},18$ de cet animal, alors que
l'urine d'un kilogramme d'homme ne tuerait dans le même
temps que $0^{kgr},46$ de lapin. Si celui-ci est nourri de lait et
non de végétaux, ses urines deviennent beaucoup moins
toxiques[2]. Un kilogramme de cobaye sécrète par jour de
quoi tuer $5^{kgr},66$ de lapin; les urines de un kilogramme
de chien ne tueraient par jour que $3^{kgr},3$ de lapin.

Le travail musculaire actif, en pleine campagne, abaisse
de 30 % la toxicité des urines totales des 24 heures (de
27 % celles de la veille, et de 40 % celles du sommeil).
La suroxygénation diminue encore cette toxicité : après
4 heures de séjour dans l'air comprimé à 116^{cm} de pression
elle s'abaisse de 43 %. Dans les 12 heures qui suivent la
dépression, elle tombe de 66 %. Enfin, fait bien intéressant,
dans les 8 heures qui viennent ensuite, cette toxicité dépasse de 33 % celle de la période correspondante du jour
précédent.

Il va de soi que la toxicité urinaire varie beaucoup avec
les maladies : c'est, en effet, par les reins que s'éliminent
la plupart des poisons morbides spécifiques et les produits
toxiques provenant des combustions imparfaites de l'organisme.

On sait qu'au moment de la défervescence la toxicité
des urines est tout à coup fortement augmentée.

Le passage des matières vaccinantes dans les urines a

1. GUINARD, *Soc. biol.*, 1893, p. 493.
2. Le contraire aurait lieu suivant MM. Lapicque et Marette. *Soc. de
biolog.*, 1894, p. 598.

été démontré par Ch. Bouchard. Les toxines infectieuses et les antitoxines s'éliminent de même, ainsi qu'on l'a déjà dit. Chez les phtisiques la tuberculine paraît passer, en partie du moins, dans les urines[1] (*Bouchard ; Charrin et Le Noir*).

Les observations de Bouchard démontrent aussi que dans les maladies infectieuses les urines sont douze fois plus chargées de toxines que le sérum sanguin. Dans toutes ces affections virulentes la toxicité ordinaire est fortement augmentée ; elle paraît l'être d'ailleurs dès qu'il y a le moindre mouvement fébrile, quelle qu'en soit la cause. Toutefois MM. Roger et Gaume ont observé que durant la période fébrile de la pneumonie les malades éliminent de trois à quatre fois moins de toxines par vingt-quatre heures qu'à l'état normal. Au moment de la défervescence une augmentation brusque de la toxicité urinaire, une sorte de décharge, se produit et dure un jour ou deux ; le plus souvent, pour un même volume d'urine, la quantité de toxique est plus élevée. Les auteurs font remarquer que la dose de sels de potasse alors éliminée suffirait presque à expliquer les augmentations de nocivité de ces urines[2].

Dans la variole la toxicité urinaire oscille autour de la normale durant le stade d'éruption ; elle n'augmente sensiblement qu'au moment de la défervescence[3].

Au cours des maladies du tube digestif la toxicité des urines s'élève en raison même de l'exagération des fermentations morbides ou putrides dont les produits se résorbent dans le canal intestinal (*Bouchard*). Il en est de même dans la plupart des affections hépatiques graves : on sait, en effet,

1. *Comptes rendus soc. biolog.*, 1891, p. 696 et *Ibid.*, 1893, p. 769.
2. *Comptes rendus soc. biolog.*, 1889, p. 257.
3. *Soc. biolog.*, 1894, p. 862.

que le foie détruit, ou excrète avec la bile, un grand nombre de toxines. Chez les cardiaques, la toxicité des urines tantôt s'élève, tantôt diminue.

Chez les nerveux, les neurasthéniques, les hystériques, les urines sont généralement très chargées de matières extractives, de ptomaïnes et d'autres éléments toxiques, peut-être parce que chez eux, un vice de nutrition primitif, dont cette toxicité des urines est le signe, est la cause plutôt que l'effet des troubles nerveux que l'on constate. Chez les aliénés, les urines sont toujours plus toxiques qu'à l'état normal; en particulier chez les maniaques agités, les stupides, les lypémaniaques. Dans la démence sénile, la toxicité urinaire est au contraire moindre qu'à l'ordinaire[1]. Enfin, suivant M. Féré, les urines préparoxystiques produisent, chez le lapin à qui on les injecte, des convulsions à la dose de 20 centimètres cubes, et la mort à celle de 25 centimètres cubes, tandis qu'après l'accès les substances convulsivantes et toxiques disparaissent en grande partie[2].

On trouve dans les urines, même normales, une substance thermogène jouissant, comme les ferments, de la propriété d'être entraînée par les précipités amorphes, et en particulier par le phosphate de chaux, d'être précipitée par l'alcool, et de se redissoudre dans la glycérine. M. P. Binet qui l'a étudiée[3] la prépare comme il suit : on acidule un litre d'urine avec de l'acide phosphorique; on ajoute un peu de chlorure de calcium, puis de l'eau de chaux jusqu'à saturation, enfin une trace de soude; il se fait un précipité qu'on laisse déposer; on le décante,

<hr>

1. *Compt. rend. Soc. biolog.*, 1891, p. 696.
2. *Ibid.*, 1890, p. 257, et 1893, p. 743. *Ibid.*, 1893, p. 769.
3. *Comptes rendus Acad. sc.*, 27 juillet 1891.

on le lave à l'alcool fort, on le sèche et on le met à macérer, deux à trois jours, avec de la glycérine ; on filtre,
et l'on ajoute à cette glycérine quatre à cinq volumes
d'alcool ; il se fait ainsi un précipité floconneux qu'on
recueille sur un filtre et qu'on dissout dans l'eau. La
substance obtenue est pyrétogène, et chose intéressante,
une courte ébullition ne paraît pas détruire cette remarquable propriété.

Cette substance est surtout abondante dans les urines de
fiévreux, et mieux encore dans celles de tuberculeux. Le
maximum de température est atteint trois heures après
l'infection.

Quoiqu'elle soit peu sensible à la chaleur, la précipitation
de cette matière par l'alcool et son entraînement par le
phosphate de chaux, rend très probable qu'elle est formée
surtout de ferments urinaires.

TOXINES SUDORALES.

Suivant Röhrig, 3 cent. cubes de sueur saine injectée
dans les veines du lapin produiraient une fièvre passagère
et de l'albuminurie. Avec l'urine des malades fébricitants,
Queirolo a tué ces animaux en 24 à 48 heures.

POISONS BILIAIRES.

A l'exception de la cholestérine, toutes les parties de la
bile, acides et matières colorantes biliaires, produits dérivés
des lécithines, principes minéraux, etc., sont plus ou moins
vénéneuses. Les acides biliaires le sont même à un point
extrême. D'après MM. Bouchard et Tanret, le glycocholate

de soude tue à la dose de 0^{gr},54, le taurocholate à celle de
0^{gr},46 par kilo d'animal. Les glycocholates accélèrent, les
taurocholates ralentissent le pouls. Quant à la bilirubine,
elle est mortelle à la dose de 0^{gr},05 : ce pigment agit sur
le cœur, il diminue le nombre des battements cardiaques,
puis les accélère; il abaisse la pression sanguine. La bile
entière dissout les hématies, détruit les cellules musculaires et hépatiques, paralyse les centres nerveux, irrite
les muscles et excite le pouls.

Nous savons aussi que dans cette sécrétion existent des
matières complexes analogues au protagon qui par leur altération ultérieure, donnent naissance à des bases vénéneuses,
la névrine et la choline, dont on a parlé dans la Première
Partie de cet Ouvrage.

CHAPITRE DIXIÈME

Toxines extraites de divers organes et des sucs glandulaires.

Toxines extraites des organes.

Toxines musculaires. — C'est en étudiant, au point de vue de la physiologie générale et de la désassimilation, la composition de l'extrait des muscles que j'ai, pour la première fois, en 1881, extrait à l'état de principes définis, un certain nombre de substances de toxicité variable et de nature alcaloïdique, démontrant ainsi que ce ne sont pas seulement les organismes microbiens, mais les cellules normales de nos tissus qui fabriquent des matières toxiques à caractères basiques. Les leucomaïnes ou bases animales sont aujourd'hui bien connues. A cette époque j'ai, pour la première fois, non pas démontré la réalité de cette auto-intoxication révélée depuis longtemps par la clinique, mais le mécanisme grâce auquel elle se produit, en isolant plusieurs des principes définis qui y concourent et insistant sur leur origine et leurs effets[1].

---

1. *Bulletin de l'Acad. de médecine,* de Paris, 2ᵉ Série, 1881, t. X, p. 947, 776, et 599. *Journal d'anatomie et de physiologie de Ch. Robin* (1881), p. 358 et 362. — *Bull. de l'Acad. de méd.,* 2ᵉ Série, t. XV, p. 115.

Les désordres morbides que peuvent provoquer les poisons formés dans nos organes sont dus à deux causes prépondérantes : la non-élimination par les urines d'une quantité de matières toxiques proportionnelle à celle qui se produit grâce au jeu normal de la vie de tissus, et l'oxydation imparfaite des résidus de désassimilation.

Après avoir établi chez l'animal la réalité, jusque-là insoupçonnée, des phénomènes anaérobies, et démontré que c'est à eux qu'il faut faire remonter l'origine des toxines formées dans nos organes, dans mon Mémoire de 1881, à l'Académie de Médecine cité plus haut, je disais, 136 :

« La vie intime de cette partie des cellules animales groupées en tissus et vivant sans oxygène emprunté à l'air, *est semblable par la façon dont elle fonctionne, à la vie des ferments bactériens*. Nous devons donc, dans nos produits d'excrétions, observer les substances même qu'on retrouve dans la fermentation anaérobie des albuminoïdes. Nous retrouvons, en effet, dans nos excrétions normales l'ensemble des produits de la putréfaction proprement dite... et comment ne pas s'attendre à trouver dans les urines et les excrétions de nos glandes ces alcaloïdes toxiques qui font le sujet de ce long mémoire? Je les ai caractérisés, en effet, d'abord dans les urines, la salive, les venins, diverses sécrétions glandulaires, et je viens de les étudier particulièrement dans le muscle. Ils existent dans le sang où ils paraissent s'accumuler dès que, pour des raisons diverses, la peau, les reins, le tube digestif, ne les éliminent plus. C'est alors qu'agissant sur les centres nerveux, ils donnent lieu à une série de phénomènes généraux d'ordre pathologique qui se déroulent et se succèdent nécessairement et dont l'ensemble contribue à former le tableau de chaque maladie... Nous résistons à cette incessante auto-infection par deux mécanismes distincts; l'élimination du toxique et sa destruction par l'oxygène. »

Cette théorie et ces preuves alors bien nouvelles de l'origine toxique des maladies, appuyée sur la démonstration que je faisais de la production incessante de matières nocives définies attribuables à la vie anaérobie des tissus, cette théorie qui ne s'était peu à peu précisée dans mon esprit qu'à la suite de recherches poursuivies à cette époque depuis 14 ans, cette doctrine de l'auto-infection et ces preuves ne pouvaient plus être contestées. Je parvenais à retirer des tissus les poisons, ou du moins un certain nombre des poisons que j'extrayais aussi des urines et des excrétions, et ces substances réinjectées aux animaux déterminaient les troubles morbides dont on cherchait l'origine. Il fallait donc bien reconnaître qu'à côté des maladies infectieuses de cause externe, il est des maladies autonomes, de vraies auto-intoxications de cause interne. Ces doctrines basées surtout sur mes expériences et depuis sur celles de Ch. Bouchard, sont passées dans le domaine de la médecine classique.

En ce qui touche aux muscles, on aurait pu soupçonner depuis longtemps la toxicité de leurs extraits dont la composition se rapproche singulièrement de celle des résidus urinaires. Ch. Bouchard fit faire un pas important à cette question en montrant que, comme pour les urines, l'extrait alcoolique et la partie de l'extrait du muscle insoluble dans l'alcool mais soluble dans l'eau, jouissent l'un et l'autre d'une toxicité réelle quoique différente[1].

Connût-on toutes les substances qui le composent, il serait difficile de préciser exactement ce qui revient à

1. *Leçons sur les auto-intoxications,* Paris, 1887.

chacun de ses principes dans la toxicité de l'extrait musculaire. J'ai rapporté dans la Seconde Partie de cet Ouvrage les essais que j'ai faits pour me rendre compte de l'action qu'exercent sur l'économie quelques-unes des principales leucomaïnes. Leur toxicité est généralement assez faible ; il est probable que dans le tissu musculaire ce sont, comme pour les urines, les substances incristallisables azotées et indialysables, par conséquent les plus complexes et les moins connues, qui possèdent l'action nocive la plus forte. M. Roger[1] a eu le mérite de montrer que les produits primitifs de désassimilation de la substance contractile, les produits diastasiques sont d'une grande toxicité. Il les extrait au moyen d'eau salée à 7 pour 1000, et les purifie en chassant par dialyse les parties minérales salines et les autres substances extractives cristallisables. Le résidu correspondant à 135 ou 200^{gr} de muscle primitif injecté aux lapins provoque chez eux l'extrême fatigue, la somnolence, la diarrhée, la mydriase et la mort sans convulsions ou avec des convulsions très légères. En démontrant que tous ces phénomènes disparaissent lorsque au préalable on porte ces extraits musculaires à 100°, M. Roger a établi que ce n'est ni à des substances alcaloïdiques, ni à des poisons chimiques ordinaires, mais à des toxines-ferments qu'il faut surtout attribuer, en l'absence des sels de potasse, la toxicité de l'extrait du muscle normal.

Le même savant a retiré du muscle des substances qui, injectées dans le sang ou sous la peau, provoquent la fièvre[2]. Ces substances thermogènes varient beaucoup suivant l'état de l'animal qui a fourni la chair musculaire et suivant la

1. *Toxicité des extraits des tissus normaux*, *Soc. de biologie*, 31 octobre 1891, p. 728.

2. *Société de biologie*, 17 juin 1893 ; février 1889, et *ibid.*, 1893, p. 631.

façon dont ces extraits ont été préparés. Mais qu'ils aient été faits à froid ou à chaud, avec ou sans eau salée, ils provoquent toujours une hyperthermie notable : la température monte au bout de 30 à 60 minutes, atteint son maximum vers la 2ᵉ ou 3ᵉ heure, puis s'abaisse plus ou moins rapidement. Les extraits aqueux sont plus thermogènes que les alcooliques; ceux qui sont faits à chaud plus actifs que ceux faits à froid. Les substances thermogènes s'accumulent dans le muscle après la mort.

Avec le Dʳ Landi, j'ai démontré que dans le muscle enlevé à l'animal vivant et mis à l'abri de toute putréfaction, le fonctionnement cellulaire protoplasmique continue à se produire, au moins à partir de la température de 15°, et que de ce fonctionnement anaérobie, comparable à une fermentation telle que celle dont les levures livrées à l'autophagie sont le siège, résulte une augmentation des matières extractives et des bases toxiques de la viande[1], surtout de celles qui appartiennent au groupe des leucomaïnes créatiniques et névriniques. En même temps apparaît dans le muscle de la caséïne qu'on n'y rencontre pas à l'état normal et un peu d'alcool. Les corps albuminoïdes diminuent, le glycogène disparaît, les graisses ne varient pas sensiblement.

Extraits des reins. — Le liquide extrait rapidement des glandes rénales par une forte compression après congélation préalable de l'organe frais, est légèrement alcalin, mais s'acidifie très rapidement. Il contient des substances extractives diverses : xanthine, hypoxanthine, créatine, tyrosine,

---

1. *Archives de physiolog. de Brown-Séquard,* janvier 1893 — *Annales de chimie et de physique,* 6ᵉ série, t. XXVIII, janvier 1893.

taurine, leucine, inosite, cystine, etc. Cette dernière ne se rencontre guère que dans cet organe. On n'y trouve que peu ou pas d'urée ou d'urates, au moins chez les mammifères. Cette composition fait prévoir que cet extrait doit jouir d'une activité physiologique et toxique assez grande.

On trouve aussi dans le rein différents ferments auxquels on a donné le nom d'*histozymes*. Ils s'obtiennent en broyant, avec de la glycérine, le rein frais et lavé par injection à travers ses vaisseaux, filtrant la solution et la précipitant par l'alcool. Le ferment impur ainsi préparé jouit entre autres propriétés de l'aptitude de dédoubler l'acide hippurique en acide benzoïque et glycocolle; fait d'autant plus intéressant qu'il est démontré que le mélange de ces deux substances, que les aliments introduisent dans l'économie, reproduit inversement de l'acide hippurique dans le rein lui-même. On ne sait si ce ferment est identique à celui dont on va parler.

Une substance pyrétogène a été signalée dans le rein normal par Lépine[1]. Ce savant place dans chacun des uretères d'un chien normal, une canule qu'il met en communication avec un réservoir contenant du chlorure de sodium à 7 °/₀₀, et assez élevé pour que, non seulement l'urine ne s'écoule pas, mais que le liquide légèrement salé pénètre sous pression dans les reins et reflue lentement à travers leur tissu. Dans ces conditions le chien ne vomit pas, il n'a pas de diarrhée, mais sa température s'élève progressivement, sa respiration se ralentit, puis s'accélère beaucoup et devient bruyante, il a de petits soubresauts des pattes, il écume. Enfin la température centrale continuant à monter arrive

---

1. *Acad. des sciences*, 13 mai 1889.

en quelques heures à 42° et l'animal succombe. Cette action
toxique et thermogène des sucs intersticiels du rein est
aussi établie par l'expérience directe de l'injection dans les
veines d'un chien sain, du produit de lavage à l'eau stérilisée
de la pulpe de rein broyée. Dans ce cas encore la température centrale s'élève à plus de 40°; il survient de l'oppression.
de la dyspnée, de l'écume à la bouche, etc.

Le suc de quatre reins de cobayes extrait par l'eau et
injecté à un lapin de 825 grammes suffit à produire de la
diarrhée, de la faiblesse, de l'amaigrissement, mais généralement l'animal se rétablit[1].

Toxines du foie. — M. Roger a démontré que l'extrait
obtenu avec la pulpe de foie préalablement lavé à l'eau
stérilisée possède des propriétés toxiques[2]. Les extraits
faits avec de l'eau salée, à 7 %₀₀, peuvent tuer le lapin à la dose
de 15 à 20 grammes de foie par kilogramme d'animal. Les
sujets sont frappés d'une grande lassitude; les pupilles
se contractent; après une à deux heures, il se déclare une
diarrhée abondante, la respiration s'accélère, quelquefois
il survient des convulsions légères et une extrême prostration qui précède de peu la mort. Suivant l'auteur de ces
observations, ces phénomènes toxiques sont attribuables
surtout aux corps albuminoïdes, car la liqueur coagulée par la
chaleur est presque dénuée de toxicité. On pourrait supposer
plutôt qu'ils sont dus aux substances diastasiques que la
chaleur altère très rapidement, et nous pouvons rapprocher
cette toxicité, quelle qu'en soit la cause, de celle que l'on
constate pour presque tous les extraits de cultures de

---

1. *Soc. de biolog.*, 1891, p. 724.
2. *Ibid.*, p. 727.

microbes anaérobies. Nous savons, en effet, par les expériences de Ehrlich[1], que le tissu du foie, les muscles, la portion corticale des reins, le parenchyme pulmonaire, les parties blanches du cerveau et de la moelle, sont des milieux essentiellement réducteurs; mais que le foie est le *plus réducteur* de tous ces organes. Il s'ensuit, et l'expérience le démontre, que c'est aussi celui dont l'extrait à froid doit être le plus vénéneux.

L'extrait hépatique contenait une substance thermogène[2] : six centimètres cubes d'extrait fait avec une partie de tissu broyée à froid avec deux parties d'eau distillée, élèvent la température d'un lapin de 39°,1 à 40°,3; douze cent. cubes occasionnent une augmentation de température centrale de 1°,5. Celle-ci se maintient 30 minutes à son maximum, puis l'excès disparaît peu à peu. Le bicarbonate de soude exagère l'activité de la cellule hépatique ; il active aussi la production de la matière thermogène du foie.

Suc pancréatique. — Le suc obtenu en broyant le pancréas avec du sable puis extrayant avec un peu d'eau glycérinée paraît sans activité sensible. On sait, en effet, que les tissus du pancréas et des glandes salivaires ne sont pas réducteurs (*Ehrlich*). Comparé au suc très vénéneux du tissu hépatique, qui est, au contraire, essentiellement réducteur, c'est là une démonstration frappante des opinions que je soutiens depuis 1881 sur l'origine anaérobie des substances toxiques formées dans les organes. Si l'on injecte à des lapins par la veine auriculaire tout le suc extrait de trois pancréas de cobayes, l'animal ne s'en ressent nulle-

1. Voir ma *Chimie de la cellule vivante*, Paris, 1894, p. 87.
2. ROUQUES, *Thèses de Paris*, 1893, p. 67, et *Soc. biolog.*, 1893, p. 659.

ment; il peut même continuer à augmenter de poids. Dans quelques rares cas on a constaté de l'amaigrissement et de la diarrhée[1].

On a cité un cas de diabète chronique qui après avoir résisté aux médications rationnelles, avait cédé à l'injection répétée de suc de pancréas frais[2].

Suc cérébral. — L'extrait aqueux de cerveau injecté au lapin produit de la diarrhée, une faiblesse très marquée, un peu de somnolence. D'après C. Paul, l'extrait de moelle ou de cerveau augmenterait les forces, la résistance de l'économie et favoriserait l'assimilation. Ces observations discordantes peuvent tenir à des différences de technique ou de quantités.

Suc de moelle osseuse. — L'injection de suc de moelle osseuse améliorerait rapidement la chloroanémie et guérirait l'anémie pseudoleucémique infantile, affection réputée presque toujours mortelle[3].

Toxines du poumon. — Le parenchyme pulmonaire est très réducteur, aussi pouvons-nous nous attendre à y trouver des corps doués d'activité toxique très grande. En effet, 6 cent. cubes d'un extrait de poumon frais fait avec une partie d'organe pour deux d'eau, injectés à un lapin ont élevé sa température de 39°,6 à 40°,9 et l'ont maintenue plusieurs heures à ce niveau ; la fièvre cessa le lendemain[4].

Le suc du poumon provoque de la diarrhée chez le lapin.

---

1. COMBES, *Semaine médicale*, 1895, p. 205.
2. COMBES, *ibid.*, p. 205. On sait que Lancereaux, puis Minkowsky, ont découvert que le pancréas sécrète un ferment apte à détruire le sucre formé dans le foie.
3. *Ibid.*, p. 205.
4. ROUQUES, *loc. cit.*, p. 56 et *Soc. biolog.*, 1893, p. 659.

Toxines du sang. — Le sérum sanguin normal précipite
par l'alcool concentré ; ce dissolvant se charge d'un grand
nombre de substances ; mais cet extrait ne jouit que d'une
faible toxicité ; redissous dans l'eau, il n'est pas coagulant.

Les substances que l'alcool précipite du sérum sont au
contraire très actives. Si, au bout de quelques jours, on
les reprend par l'eau froide, la solution injectée dans les
veines du lapin tend à coaguler le sang et produit chez cet
animal des convulsions et un myosis accentué. Le sérum
normal de l'homme donne la mort au lapin à la dose de
15 cent. cubes par kilogramme : il provoque le ralentissement de la respiration, un état dyspnéique, l'accélération
du cœur, des mictions hématuriques, un peu de myosis, de
l'abattement ; plus tard de la résolution des membres, des
attaques précédées de procursions énergiques, enfin la mort.
Si le sérum n'est pas injecté à doses mortelles (5 cent. cub.
par kilo), on remarque un faible myosis, un peu d'accélération respiratoire avec dyspnée légère et ralentissement de
la respiration, mais surtout une hyperhémie qui peut
persister de 4 à 6 heures et dépasser la température de
2 degrés deux dixièmes[1]. Ces phénomènes d'intoxication
observés par injection du sérum d'un animal à un animal
d'espèce différente, auraient été à peu près les mêmes si
l'on eût injecté le sérum de la même espèce. Nous pensons
qu'ils sont dus surtout au ferment thermogène sorti des globules blancs, après l'extravasation du sang, et passé dans le
sérum. On peut séparer par l'alcool faible (alcool à 30° cent.)
les *ferments coagulants* du sérum et, dans la liqueur alcoolique faible, précipiter les *principes toxiques* par de l'alcool

---

1. MAIRET et BOSC, *Ann. Inst. Pasteur*, t. IX, p. 311, et *Soc. biolog.*, 1894,
p. 487, 543, 588 et 654. — LECLAINCHÉ et RÉMOND, *ibid.*, 1893, p. 1037.

à 50° ou 60° centésimaux. Ces principes, *coagulants* ou *toxiques*, paraissent de nature protéique.

Le sang contenu dans la rate et son sérum sont plus véneux que le sang et le sérum ordinaires.

Dans quelques maladies le sérum du sang peut acquérir une grande toxicité : c'est ainsi que Tarnier a vu dans l'éclampsie 12 cent. cubes de sérum injectés à un lapin de 1900^{gr} provoquer des phénomènes de paralysie et de convulsions qui le tuèrent en quinze minutes[1].

On a dit que le sang des cancéreux, des surmenés, était plus toxique que le sang normal[2]. Chez une femme atteinte d'accidents cardiogravidiques, 8 cent. cub. de sérum tuèrent un lapin de 2 kilos en douze heures; 7 cent. cub. par kilogramme les faisaient succomber en vingt minutes.

Les sangs, ou plutôt les sérums correspondants, des animaux en puissance de maladies microbiennes (rouget, charbon, pneumocoque, etc.), même après stérilisation par chauffage ou filtration sur biscuit, sont très vénéneux : 10 à 15 cent. cub. de sérum de lapin charbonneux suffisent à tuer un lapin ordinaire.

Il en est de même du sang acétonémique qui paraît contenir de l'acide éthyldiacétique. Il provoque le coma et la mort avec hypothermie.

Enfin l'on verra plus loin (*Chapitre* XIe) que le sang de quelques animaux, ceux de reptiles, celui de l'anguille, du hérisson, sont vénéneux à très faibles doses.

1. *Soc. de biolog.*, 1892, p. 626.
2. *Soc. de biolog.*, 1894, p. 822 et 198.

Sucs glandulaires et Sécrétions internes.

Les derniers travaux de Brown-Séquard ont appelé l'attention sur le rôle important des produits que les tissus glandulaires forment et déversent dans le sang, que ces glandes soient munies d'appareils d'excrétion, comme le pancréas ou le testicule, ou qu'elles en soient dépourvues comme les glandes closes : thyroïde, thymus, capsules surrénales, etc. On connaît les expériences que le célèbre physiologiste communiquait, en 1891 et 1892, à l'Académie des sciences relativement à l'activité des injections sous-cutanées de suc testiculaire[1], et nous avons exposé, p. 285 et 358, l'opinion de Poehl qui attribue la principale activité de ce suc à la spermine qu'il considère avant tout comme un ferment oxydant.

Les sécrétions et sucs des diverses glandes contiennent toujours des matières protéiques en partie peptonisées et par conséquent toxiques lorsqu'on les injecte par la voie hypodermique. On y trouve aussi des corps amidés ou alcaloïdiques témoins d'une digestion cellulaire plus avancée, mais qui peuvent être aussi très actifs. Enfin on y rencontre les ferments spécifiques sécrétés par les cellules propres de chaque glande[2]. L'activité de ces extraits tient à ces trois ordres de substances; mais il serait difficile de mieux définir le problème à cette heure. Si l'on commence à connaître, plus ou moins, suivant les cas, l'action en bloc des sucs de

1. BROWN-SÉQUARD, *Compt. rend. de l'Acad. des sciences*, t. CXIV, p. 1237; 1318 ; 1399 ; 1534, et t. CXV, p. 375 ; t. CXVI, p. 856.
2. Brown-Séquard et d'Arsonval ont remarqué (*Soc. de biolog.*, 1891, p. 248) que quand ces sucs ont été *stérilisés* par pression d'acide carbonique à quatre ou cinq atmosphères, ils conservent encore leurs ferments spécifiques tout en perdant leur septicité.

chaque organe, on ne sait généralement pas quels sont chimiquement ses multiples facteurs.

Suc de la rate. — D'après les expériences de Herzen, la rate sécréterait une substance spéciale, une sorte de ferment d'oxydation, qui en se mélangeant au sang qui la traverse va dans le pancréas transformer le *ferment trypsique inactif* qu'il contient, ou *protrypsine*, en *ferment actif*, ou *trypsine* complète, apte à digérer les substances albuminoïdes en milieu neutre ou légèrement alcalin. Cette transformation de la protrypsine en trypsine se produisant aussi sous l'action d'un courant d'oxygène ou d'air dans la bouillie ou l'extrait de glande pancréatique, Herzen en conclut que cette transformation du ferment trypsique inactif en ferment actif consiste en un phénomène d'oxydation[1].

On sait, d'autre part, que l'infusion du tissu de la rate dans l'eau froide salée à 7 pour 1000 est très vénéneuse et qu'il en est de même du sang splénique.

Si l'on fait tomber de la pulpe de rate saine, rapidement broyée, dans de l'alcool à 95° centésimaux, qu'on la laisse quatre jours au contact de cet alcool, qu'on jette le congulum sur un filtre, qu'on dessèche et qu'on épuise le résidu à l'eau stérilisée, on obtient un liquide légèrement alcalin. Une partie correspondant à 38^{gr} de rate injectée à un mouton sain, élève sa température de 1°7 (*Roux* et *Chamberland*)[2]. L'extrait de rate directement obtenu avec de l'eau tiède se comporte de même; on a observé sur le lapin que la température peut monter de 2°,5 et la fièvre durer plus de 24 heures.

1. Voir à ce sujet *Revue générale des sciences*, 15 juin 1895, p. 494.
2. *Annales de l'Institut Pasteur*, août 1888.

Sucs et sécrétions internes de la glande thyroïde. —
Formée de deux lobes réunis par une portion médiane et
placés sur les côtés et en avant de la trachée artère, la glande
thyroïde a longtemps exercé la curiosité des physiologistes
et des médecins. On sait depuis peu que cet organe fait passer
dans le sang une sécrétion douée d'une action puissante
sur les centres nerveux et sur la nutrition.

La plupart des physiologistes pensent que, grâce à cette
sécrétion interne, cette glande détruit ou compense les
effets d'un certain nombre de principes nuisibles issus de
la désassimilation. Ces principes, lorsqu'ils persistent dans
l'économie, provoquent les troubles que l'on voit accompagner toujours la disparition de la glande thyroïde ou ses maladies : abaissement de la température, diminution de la
sensibilité, marche titubante, contractions violentes et in-
cessantes des muscles, affaiblissement de l'intelligence,
altération des humeurs, du sang et de la nutrition, cachexie
strumiprive, crétinisme. La preuve que la glande détruit
un poison, c'est que chez les animaux auxquels on l'enlève
entièrement, les urines, médiocrement abondantes, se
chargent de sels biliaires, et deviennent éminemment toxiques et convulsivantes[1]. Le sang artériel de ces animaux
ne renfermerait pas plus d'oxygène que le sang veineux[2].
Ces urines injectées à des sujets bien portants produisent
l'ensemble des accidents que nous venons d'énumérer (*Gley,
Laulanié, Laud, Maroin*).

Réciproquement chez les animaux thyroïdectomisés l'ingestion de cette glande, et mieux encore l'injection sous-

---

1. *Compt. rend. Soc. biolog.*, 1891, p. 307 et 366, et LAULANIÉ, *ibid.*,
1894, p. 187.
2. ALBERTONI et TIZZONI, *Centralblatt f. die med. Wissenschaft*, 13 juin 1895.

cutanée de son extrait aqueux, font disparaître ces troubles, au moins momentanément, en particulier la tachycardie et les crampes. Cette action se fait déjà sentir au bout de quelques minutes[1].

Chez les animaux sains, le suc thyroïdien injecté à petite dose sous la peau produit le sommeil (*Ewald*); si l'on persiste il en résulte *un amaigrissement notable*[2].

Il accélère l'action du cœur et du pouls, et élève la température : 5 cent. cubes d'extrait de glande thyroïde traitée par 10 fois son poids d'eau, ont fait monter la température d'un lapin de 39° à 40° 8 (*Bouchard* et *Charrin*).

Chez les myxœdémateux, les goitreux, l'injection de ce suc améliore l'état de la maladie.

A dose un peu élevée, il peut devenir à son tour un poison. En agissant alors sur le cœur il peut déterminer la tachycardie et un état syncopal, comme on l'observe, après l'ingestion trop abondante de pulpe thyroïdienne. On a noté aussi dans ces cas, l'élévation de la température, l'insomnie, l'agitation, la polyurie, la glycosurie, l'albuminurie.

Tels sont les faits : essayons de déterminer maintenant quelles sont les substances contenues dans l'extrait de la glande thyroïde qui peuvent produire les phénomènes dont nous venons de parler ?

L'une d'elles, de nature albuminoïde, la *thyroprotéide,* a été extraite par Notkine qui fait jouer à la glande thyroïde un rôle sensiblement différent de celui qu'on lui attribue

---

1. GLEY, *C. rend. soc. biolog.,* 1891. p. 250. Chez les myxœdémateux, les goitreux, l'injection du suc tyrhoïdien améliore l'état de la maladie.

2. VASALE; REVILLAUD. Communication à *l'Acad. de méd.,* 10 septembre 1895.

3. *Séance Soc. de biolog.,* 1895, p. 830.

généralement. D'après cet auteur, elle n'agirait pas par ses sécrétions et pour ainsi dire en dehors d'elle, mais elle contiendrait un ferment spécial apte à faire disparaître au sein de ses cellules propres certains produits toxiques de dénutrition. Notkine a essayé d'extraire ces poisons des glandes thyroïdes de bœufs, moutons, porcs[1]. Lorsque, dit-il, on traite à froid ces glandes par une solution de sel marin à 7 pour 1 000, on dissout une substance d'apparence muqueuse ou colloïde, la thyroprotéïde, qui paraît se différencier de toutes les autres matières albuminoïdes connues. Le perchlorure de fer transforme ses solutions en une gelée semi-transparente. Le tanin détermine dans ses liqueurs acidifiées un précipité floconneux ou gélatineux; l'acide phosphorique précipite la thyroprotéïde sous forme de masses gélatineuses qui se redissolvent dans un excès d'acide. Les solutions d'acide chlorhydrique à 1 ou 2 pour 1 000, ou l'acide acétique, étendu à 1 ou 2 pour 100, dissolvent la tyroprotéïde si celle-ci se trouve en présence de petites proportions de substances salines. Cette réaction la distingue de la mucine.

L'alcool précipite la thyroprotéïde de ses solutions, et le précipité perd rapidement la propriété de se redissoudre.

Cette substance répond à la composition centésimale des albuminoïdes.

D'après Notkine, les lapins sains et intacts supportent bien l'injection de 1 gramme de thyroprotéïde par kilogramme de leur poids. Le seul phénomène constaté dans ces cas est une albuminurie passagère. Si l'on injecte au contraire la thyroprotéïde aux mêmes animaux après ex-

---

1. Voir *Semaine médicale*, 3 avril 1895, p. 138.

tirpation du corps thyroïde principal, ils meurent au bout de 24 heures, frappés d'une paralysie généralisée. Les choses se passent de même si l'on pousse la dissolution de cette substance dans le sang à la dose de $0^{gr},5$ par kilogramme à 12 heures d'intervalle. De petites doses de thyroprotéide injectées d'une manière répétée à des animaux sains et complets provoquent chez eux une intoxication chronique, analogue à la cachexie strumiprive. Son action est d'abord excitante, puis paralysante; sous son influence les contractions du cœur paraissent s'affaiblir et se ralentir, l'animal maigrit, etc.

De ces expériences Notkine conclut que le corps thyroïde a pour effet de séparer du sang cette matière toxique, la thyroprotéide qu'il détruirait au sein de ses cellules grâce à un ferment spécial. Il pense que la maladie de Basedow est le résultat d'une intoxication par le ferment thyroïdien; d'après lui ces malades paraissent favorablement influencés par des injections de suc thyroïdien ou de thyroprotéide.

Quoi qu'il en soit de cette théorie, la thyroprotéide de Notkine n'est certainement pas l'agent actif principal de la glande thyroïde, ni même, comme le veut cet auteur, le poison que cette glande serait chargée de recueillir et de détruire dans ses cellules propres. Il serait déjà fort difficile d'admettre que l'économie produise un poison de dénutrition de *nature albuminoïde,* poison qui ne jouerait pas d'autre rôle que celui d'aller se détruire dans une glande. D'ailleurs le fait de n'agir qu'à hautes doses (un gramme par kilogramme d'animal) et la différence des effets produits par cette substance avec les symptômes caractéristiques du myxœdème, montrent que ce n'est point là la matière spécifique qui, faute d'être détruite, serait la cause des troubles qu'on observe.

Thyréoantitoxine. — Les études que nous allons rapporter ont mieux éclairé cette obscure question du rôle de la glande thyroïde.

Des recherches de Schæffer, de Londres, et de Roos, de Friburg, il résulte que l'action spécifique des extraits de glande thyroïde ne disparaît ni par la cuisson de la glande, ni par le chauffage de ses extraits, ni par le traitement de sa pulpe avec l'acide chlorhydrique étendu ou la lessive de soude à 10 %. Sigmund Frænkel[1] en a conclu que ce principe était de nature purement chimique, et très probablement non albuminoïde, les corps protéiques étant généralement altérés par la cuisson ou par l'action des précédents réactifs. Pour séparer la matière active, S. Frænkel prépare des extraits aqueux faits à froid ou à chaud, de glandes thyroïdes de mouton. De ces extraits l'acide acétique précipite presque en totalité les matières albuminoïdes. Elles sont formées d'albumines, de nucléoalbumines, etc. Ces matières ingérées par le chien ou par l'homme ne produisent pas les effets du suc thyroïdien, en particulier l'amaigrissement. Au contraire, la liqueur filtrée puis neutralisée provoque chez l'homme gras une perte de poids de 300 grammes par jour, en même temps que l'accélération du pouls. Cette liqueur contient donc le principe actif cherché. Par concentration elle donne un sirop qui se prend en une gelée par refroidissement. L'expérience démontre que cette matière gélatineuse reste inerte sur l'économie. On peut donc affirmer qu'aucune des substances albuminoïdes ne

1. *Wiener medizin. Blätter*, n° 48, et *Gesel. d. Aerzte in Wien*, 22 nov. 1893.

constitue le principe actif du suc thyroïdien et par conséquent il est logique de séparer toutes ces matières à
la fois de la macération aqueuse de l'organe faite à chaud.
Dans ce but, on additionne cette liqueur d'acétate de plomb,
on jette sur un filtre, et le produit filtré débarrassé de
plomb par H^2S est refiltré et concentré. Le sirop est
repris par l'alcool : de cette solution alcoolique, on
sépare par addition d'éther, et avec de bons rendements,
une substance qui cristallise après purification et présente
les propriétés suivantes : elle est formée de cristaux très
hygroscopiques; elle se dissout dans l'eau et l'alcool, mais
non dans l'éther ou l'acétone. Sa solution aqueuse est neutre
ou faiblement alcaline. Elle ne précipite pas par les sels de
plomb; avec les réactifs des alcaloïdes (Iodure double de
mercure et de potassium, acides phosphotungstique et phosphomolybdique, etc.), elle donne d'abondants précipités.

La base libre peut être isolée de son phosphomolybdate
par le baryte. L'iodure de potassium ioduré, l'acide picrique,
le tanin ne la précipitent pas; les chlorures d'or, de platine
et de mercure ne donnent qu'un précipité long à se former
et douteux. Mais cet alcaloïde dissous dans l'alcool absolu
et traité par une solution alcoolique de sublimé forme
un précipité blanc très abondant. Avec le réactif de Millon
cette substance précipite mais ne se colore pas en rouge
à chaud. Tandis que l'eau de brome détermine dans sa
dissolution aqueuse un précipité blanc, il ne se fait rien avec
le nitrate d'argent ammoniacal ou le nitroprussiate de soude.
Cette matière forme au contraire avec le nitrate d'argent
un précipité soluble dans l'ammoniaque. La réaction de
Weidel (Eau de chlore et trace d'acide nitrique) ne la
colore pas. Elle ne répond pas davantage à la coloration des

bases xanthiques (action de l'acide nitrique et saturation par addition de soude. Elle ne réduit pas l'oxyde de cuivre, en solution ammoniacale. Par contre, chauffée avec l'acétate de cuivre elle précipite. Elle précipite aussi les sels d'oxydule de cuivre (mélange de sulfate cuprique et de bisulfite alcalin.

L'analyse élémentaire de l'acétate de cette base a donné : $C = 35,64$; $H = 5,56$; $Az = 20,25$ pour cent, ce qui conduirait à la formule empirique $C^6 H^{11} Az^3 O^5$ et pour la base libre à $C^4 H^7 Az^3 O^3$. Jusqu'ici on n'a décrit dans la série grasse, des bases ayant 3 atomes d'azote que parmi les dérivés de la guanidine. Contre cette hypothèse militerait la remarque que cet alcaloïde né précipite pas la solution ammoniacale d'argent; par contre, le fait de précipiter par le brome, par l'acétate de cuivre et par les sels d'oxydule de cuivre, font penser à un dérivé de la guanidine.

Provisoirement, Sigmund Frænkel a donné à cette curieuse leucomaïne le nom de *thyréoantitoxine*.

En attendant le résultat des expériences cliniques qui se poursuivent, les observations physiologiques faites sur le chien, le chat et la grenouille ont conduit à des résultats tels qu'ils permettent à l'auteur d'affirmer que la thyréoantitoxine est bien le principe actif, ou le principal des principes actifs, de la glande thyroïde. En effet, chez les animaux à qui on l'injecte, on reproduit les phénomènes caractéristiques que Gley, et d'autres auteurs, ont observés à la suite des injections hypodermiques de suc thyroïdien. Absorbée par l'estomac la thyréoantitoxine de Frænkel fait maigrir rapidement les animaux. Chez un chien morphinisé auquel on injecta dans la jugulaire quelques milligrammes de cette substance, le pouls s'accéléra aussitôt et de 56 pul-

sations à la minute monta à 80, puis à 120, et jusqu'à 140 pulsations. Chez une grenouille empoisonnée à la muscarine et
dont le cœur s'arrêtait, il repartit aussitôt dès qu'on le toucha
avec une faible quantité de solution de thyréoantitoxine. De
jeunes chats auxquels on venait de faire l'extirpation de la
glande thyroïde furent bientôt pris de contractions et de
crampes caractéristiques; une solution au centième de thyréoantitoxine poussée sous la peau, fit disparaître à l'instant
ces phénomènes et reproduisit l'état normal des muscles et
de la respiration. Les crampes reprirent au bout de quelques
jours, mais disparurent par une nouvelle injection de la
leucomaïne de Frænkel. Mêmes observations ont été faites
par Gley sur les animaux thyroïdectomisés en se servant
du suc thyroïdien tout entier; il paraît donc devoir sa
principale puissance spécifique à la thyroïdantitoxine.

Thyroïodine. — En terminant, nous ajouterons encore
que d'après les recherches toutes récentes de E. Baumann,
la glande thyroïde contiendrait aussi une substance iodée,
la *thyroïodine*, qui participerait aussi à son action. Elle
s'obtient en faisant bouillir la glande avec de l'acide sulfurique au 10° et filtrant à chaud. Il se fait un dépôt brun
qu'on redissout dans la soude caustique à 1 °/₀ et qu'on
reprécipite par l'acide sulfurique étendu. Après lavage et
dessiccation, il reste un corps amorphe représentant en
poids 0,2 à 0,5 °/₀ du corps thyroïde frais. La thyroïodine
contiendrait de 2,9 à 9, 3°/₀ d'iode combiné. Ce corps est insoluble dans l'eau et peu soluble dans l'acool. La chaleur le
décompose en émettant l'odeur de pyridine. D'après Roos
elle exercerait sur l'homme et les animaux l'action spécifique du corps thyroïde tout entier[1].

1. *Zeitsch. f. physiolog. Chemie*, t. XXI, p. 4, 1896.

Suc du thymus. — On sait que le thymus se trouve placé chez l'enfant dans le médiastin antérieur, débordant à peine le sternum. Cette glande arrive à son maximum de développement au moment de la naissance et s'atrophie entièrement vers la 10° ou 12° année.

On connaît fort peu sa composition chimique ; Friedleben y a trouvé des albumines diverses, de la mucine, du sucre, des graisses, de l'acide lactique, des sels, etc., en particulier des phosphates.

Lorsqu'on broye le thymus avec du sable stérilisé et de l'eau, et qu'on filtre à la bougie de biscuit, on obtient une liqueur qui, injectée à la dose de quelques gouttes dans la veine auriculaire du lapin, produit peu de minutes après des convulsions violentes suivies de mort. L'autopsie montre toujours que le sang s'est coagulé dans les tissus de l'encéphale. Un à deux cent. cubes de cet extrait aqueux injectés dans le péritoine du même animal durant plusieurs jours produisent un amaigrissement progressif. Wooldridge et Gramatchikoff attribuent ces résultats à la substance fibrinogène contenue dans la glande[1].

D'après le Dr Mikülicz l'usage interne du thymus exercerait sur le goître des effets analogues à ceux que produit l'ingestion de glande thyroïde[2].

Suc des capsules surrénales. — On sait depuis longtemps que le suc des capsules surrénales est très actif. Les recherches de Langlois, Abelous, Albanese et Zucco, ont fait entrer cette glande dans la classe des organes producteurs d'antitoxines. Elle paraît, comme le foie, détruire les toxines

---

1. Voir *Annales Institut Pasteur*, t. VII, p. 812.
2. *Semaine médicale*, 1er mai 1895, p. 201.

formées durant la vie ou celles que l'on a introduites artificiellement dans la circulation[1] (*Langlois et Charrin*).

Les animaux privés de capsules surrénales sont intoxiqués par le sérum de ceux qui sont surmenés ou malades, ou par les extraits musculaires correspondants, à un degré beaucoup plus grand que si ces animaux étaient restés intacts. Ces capsules paraissent donc détruire un poison dû à la fatigue, poison qui agirait sur les centres nerveux à la façon du curare (*Abelous*)[2].

D'après Foa et Pellacani, puis Gluzinsky[3], l'extrait direct ou glycérique des capsules surrénales provoque par injection sous-cutanée les désordres suivants : paralysie des membres postérieurs avec perte de sensibilité; prostration, convulsions dans la moitié antérieure du corps; respiration fréquente, pupilles dilatées. L'animal meurt suffoqué dans le collapsus.

D'après Dubois, de Nancy, les extraits des capsules surrénales contiennent un poison des systèmes vasculaire et nerveux dont la toxicité paraît varier avec le mode d'alimentation.

M. Gourfein[4] a essayé de séparer de ce suc ses diverses substances actives. Les capsules surrénales fraîches sont finement triturées avec du verre, traitées par de l'eau chaude et mises à digérer au bain-marie; on filtre et l'on exprime la pulpe. Les liqueurs sont évaporées à consistance sirupeuse et additionnées de 4 vol. d'alcool; on filtre après vingt-quatre heures; le résidu que laisse l'alcool redissous dans l'eau et injecté aux animaux reste inactif. Au

<hr>

1. *Soc. de biologie*, 1894, p. 410.
2. Voir aussi P. LANGLOIS, *Soc. biol.*, 1893. p. 444.
3. *Wiener. Klin. Wochensch.*, (1893) n° 14.
4. *Compt. rend. Acad. sciences*, t. CXXI, p. 311.

contraire, le produit de l'évaporation du liquide alcoolique est très toxique ; poussé dans les veines, il fait naître immédiatement une gêne respiratoire qui augmente jusqu'à la mort; les battements du cœur sont faibles, les animaux sont abattus, ils restent immobiles, quoique non paralysés; l'excitabilité électrique des nerfs moteurs et l'intelligence persistent jusqu'à la fin. A l'autopsie, on ne constate que de la congestion pulmonaire. Le cœur s'arrête en diastole.

Ces expériences intéressantes ne sont cependant pas concluantes, la chaleur ayant pu altérer et faire disparaître la toxicité des substances albuminoïdes, ou des ferments, contenus dans ces glandes.

D'après M. Rouques, l'extrait aqueux des capsules surrénales est hyperthermisant : 3 cent. cubes (1 partie d'organe et 2 tiers d'eau salée) élèvent la température des lapins de $1°$ environ. L'ascension du thermomètre est rapide; le maximum est atteint en trois quarts d'heure.

On sait depuis longtemps que la maladie d'Addison est en rapport avec les dégénérescences des capsules surrénales.

Glandes testiculaires et ovariennes. — Tout le monde connaît aujourd'hui les recherches de Brown-Séquard sur l'action du suc qu'on extrait du testicule par de l'eau légèrement salée (7 pour 1 000). Injecté aux animaux et à l'homme, ce suc produit, suivant le célèbre physiologiste confirmé sur ce point par les recherches postérieures d'un grand nombre de médecins[1], une série de phénomènes d'excitation générale : la nutrition et les échanges paraissent s'accélérer, les oxydations augmentent, les produits

---

1. Voir Brown-Séquard, *Comptes rendus Acad. sciences*, t. CV et *Comptes rend. Soc. biolog.*, 1889, p. 415, 420, 430.

fixes de déchet diminuent, les forces s'accroissent, la circulation est régularisée. Je ne parle pas ici de l'action thérapeutique de ce suc qui peut laisser des doutes dans bien des cas, mais qui paraît réelle chez les neurasthéniques, les chlorotiques, les diabétiques, les scorbutiques, les grands opérés, les ataxiques [1]. Relativement aux applications médicatrices du suc testiculaire, il est encore besoin de nouvelles confirmations. On a vu (p. 283) comment le professeur Poehl explique par l'intervention de la spermine, qu'il a si bien étudiée, l'action excitante de la glande génitale. Celle-ci ne se borne pas, en effet, à produire la sécrétion spermatique proprement dite, celle qui est destinée à la reproduction, elle déverse encore dans l'économie par l'intermédiaire du sang qui l'irrigue, les produits de son activité, en particulier ses ferments, et la spermine qui paraît être un de ses principes les plus actifs. C'est un véritable alcaloïde dont nous avons fait déjà l'étude dans cet Ouvrage (p. 283). On a vu qu'il est sécrété aussi bien par les ovaires que par le testicule, et qu'on le trouve aussi dans beaucoup d'autres glandes, mais surtout dans les globules blancs.

Que l'action des produits ainsi formés dans les ovaires ou les testicules se fasse sentir sur toute l'économie et qu'il en résulte une modification de la nutrition générale, on ne saurait en douter lorsqu'on considère les phénomènes qui suivent la castration : augmentation des graisses, arrêt de la croissance dans son ensemble, manque de développement du larnyx et du système pileux, diminution des forces et de l'excitabilité du système nerveux, etc., etc.

1. Voir à ce sujet *Soc. de biol. pour 1892*, p. 501, 503, 508, et *1891*, p. 402.

CHAPITRE ONZIÈME

Venins proprement dits. — Chairs et sangs venimeux.

A la suite de l'étude des matières nuisibles extraites des sécrétions intestinales, des urines, des muscles, des tissus et des glandes, il convient, pour être complet, de faire l'histoire des venins, sécrétions très spéciales il est vrai, et qui ne se produisent qu'exceptionnellement chez les animaux, mais qui par leurs propriétés sont intermédiaires entre les toxines d'origine glandulaire dont on vient de parler, et celles des virus que nous étudions plus loin.

Ces venins sont sécrétés chez les vertébrés, par quelques reptiles, batraciens et poissons. Chez les invertébrés, par les arachnides, les apides, les aranéides, les scorpionides et quelques insectes. Tous les reptiles, batraciens et murénides paraissent avoir aussi un sang venimeux.

Il existe assurément une différence entre les virus et les venins; les premiers contenant des organismes vivants aptes à se reproduire, multiplient ainsi rapidement l'action d'une même quantité initiale de matière active. Les venins ne contiennent, à proprement parler, rien de vivant[1]. M. Kaufmann avec le sang de vipère s'est assuré que recueilli en prenant toutes les précautions antiseptiques d'usage et cultivé

1. *Bulletin de l'Acad. de méd.*, 2ᵉ série, t. X, p. 776 et 947.

sur l'agar-agar peptonisé ou sur la gélatine, il reste toujours stérile. Les venins ne semblent pas se reproduire davantage dans le sang ou les humeurs[1]. Mais si le venin ne peut être assimilé au virus complet, organisé et vivant, il doit être rapproché des toxines sécrétées par les microbes pathogènes. Nous avons déjà vu (p. 352 et suiv.) qu'à la façon des toxines, ils perdent par la chaleur plus lentement et difficilement qu'elles il est vrai, une partie de leur toxicité et qu'ainsi chauffés ils peuvent devenir de vrais vaccins (*Physalix* et *Bertrand*). Les animaux très lentement habitués à de minimes doses de venins, finissent par en supporter des quantités qui, à dose 3 à 4 fois moindres, tueraient des animaux frais[2].

Cette accoutumance, cette vaccination contre les venins a été notée aussi avec les venins d'apides.

1. Le venin n'en circule pas moins dans le sang, et le sang des animaux fortement envenimés peut être lui-même venimeux (*Lacerda*). Toutefois Viaud Grandmarais assure qu'il n'a pu produire les phénomènes d'echidnisme avec le sang des animaux envenimés. Il y a là évidemment une question de mesure.

2. Voir sur *l'accoutumance au venin de cobra*, CALMETTE, 1893, *Annales de l'Institut Pasteur*, t. VIII, p. 281. Ces recherches avaient été précédées, il faut le dire, de celles de SEWALL (*Journ. of Physiolog.*, t. VIII, p. 203) qui en 1887, annonça qu'on pouvait faire supporter peu à peu aux pigeons, en commençant par de très petites doses, des quantités relativement grandes de venins de serpents. Bien plus, dans son remarquable article sur les *serpents venimeux* (*Dictionnaire des sciences médicales*) le professeur Viaud Grandmarais raconte (p. 413) qu'il est de croyance générale dans une grande partie de l'Amérique du Sud, que l'on peut se préserver des suites des morsures de serpents venimeux *par une inoculation préalable spéciale. Les Curados de colubra* du Mexique la pratiquent au moyen d'un crochet de serpent crotale qui leur sert pendant très longtemps; ils ajoutent au traitement l'emploi de l'infusion alcoolique de *dorstenia*. A la Guyane on procède à des inoculations semblables (JACOLOT, Curados de Colubra, *Arch. de méd. navale*, 1867, t. VII, p. 390). Les phylles de l'Inde se disent à l'abri de la mort par morsure de serpents venimeux, *parce qu'ils ont du sang de serpent dans les veines*. C'est probablement qu'ils entendent par là qu'ils ont acquis l'accoutumance soit par inoculation du venin, soit par celle du sang de serpents.

Les venins ressemblent donc aux toxines par ce côté important de l'accoutumance et de la vaccinabilité. Ils leur ressemblent aussi par cette propriété que l'innocuité qu'ils confèrent, quand on les chauffe convenablement, n'apparaît qu'au bout de 24 à 48 heures. Comme pour les toxines, il faut, pour arriver à vacciner l'économie, un temps d'incubation qui peut être assez sensible[1].

Comme les toxines et les diastases, les venins perdent la meilleure partie de leur toxicité lorsqu'ils sont absorbés par le tube digestif. De même qu'on peut avaler des toxines tétaniques ou charbonneuses, pourvu qu'elles soient stérilisées, on sait aussi et depuis longtemps, que les venins peuvent être absorbés sans danger par le tube digestif.

Les venins ressemblent encore aux toxines par la complexité de leur constitution. Comme les toxines complètes, ils contiennent le plus généralement une partie alcaloïdique (salamandre, serpents, abeilles), et une partie qui paraît protéique et qui est souvent la plus active. C'est celle sur laquelle la chaleur agit avec le plus d'efficacité, celle aussi qui paraît jouer le rôle de ferment et présider à la vaccination et à l'accoutumance.

Mais les venins se séparent des virus par la rapidité de leur action. La période d'incubation est très courte. Ils agissent à cet égard presque à la façon des poisons chimiques. Tandis que des doses, même énormes, de virus ne font sentir leurs effets qu'au bout de 1 à 2 jours, les venins produisent presque instantanément leurs transformations zymotiques et d'autant plus vite que leur dose est plus élevée.

1. *Soc. biolog.*, 1894, p. 111.

Ce qui montre mieux que toute autre preuve que les
venins jouent bien le rôle de zymases ou ferments solubles[1].
c'est leur résistance aux agents chimiques les plus divers[2]:
ainsi que je m'en suis assuré par des injections sous-
cutanées de venins de vipère ou de cobra mélangés d'avance
avec les substances dont je voulais examiner l'action inhibitoire ou antitoxique, j'ai observé que le tanin, l'alcool, le
chlore, les phénols, les antiseptiques les plus variés (essence
de thym, girofle, ail, etc.), l'acide borique, les chlorures de
platine, de fer, les sels d'argent, etc., ne parviennent pas à
empêcher l'envenimation, pas plus que ces substances ne
sont aptes à enrayer l'action des toxines *toutes formées*
issues de virus, ni celles des ferments proprement dits, tels
que la pepsine, la trypsine, etc. Bien mieux, comme pour
certains de ces ferments, les substances alcalines, comme
l'ammoniaque ou le carbonate de soude, rendent plus
lente l'action des venins, mais celui-ci n'en agit pas moins
quoique plus difficilement. Par contre, le mélange des
venins avec les hypochlorites solubles, le chlorure d'or ou
les permanganates solubles, et peut-être l'injection de ces
substances autour des points où l'animal a reçu du venin

1. Déjà en 1869 je considérais les venins, et en particulier ceux des
serpents, comme des zymases ou ferments solubles. Dans ma *thèse
d'agrégation, Faculté de médecine de Paris*, 1869. ÉTUDES SUR LES FER-
MENTATIONS, p. 100, je disais : « Une série de substances qui jouent
le rôle de ferments qui s'épuisent en agissant est celle des venins.
Non seulement ils sont actifs à petite dose, mais leur action s'éteint
par la production même de l'effet... Ils remplissent les conditions de tout
ferment d'avoir une grande complication de composition, et d'agir sous
un faible poids *et après un certain temps d'incubation* pour *produire des
transformations isomériques ou des décompositions des principes normaux de
l'économie* ». On voit par cette citation, combien on a eu tort de me faire
dire que les venins devaient leur activité à des alcaloïdes toxiques, alors
que j'ai reconnu expressément d'ailleurs que la faible proportion de
ceux-ci n'expliquait pas l'activité des venins.

2. *Bull. de l'Acad. de méd.*, 2e sér. t. X, p. 776 et 947.

par morsure ou expérimentalement, toutes ces substances, disons-nous, paraissent empêcher que l'intoxication ne se généralise. On sait qu'il en est un peu de même du poison tétanique[1] dont les effets sont partiellement ou totalement enrayés par les hypochlorites solubles (*Calmette; Lacerda; Roux* et *Vaillard*).

Nous avons vu que beaucoup de toxines deviennent inoffensives quand on les chauffe. Il en est de même des venins, mais pour eux comme pour les toxines, cette action de la chaleur est très variable suivant l'espèce. Le venin de vipère chauffé quelques minutes à 95°, ne développe plus d'œdème; il peut être injecté sans accidents graves, du moins presque immédiats, à des doses quatre à cinq fois supérieures à la dose mortelle du même venin non chauffé (*Physalix* et *Bertrand*)[2]. Le venin du *crotale diamant* perd rapidement son activité à 80°; celui de cobra à partir de 98° en vingt minutes; celui d'hoplocéphale est un peu plus résistant; celui de pseudechis devient inoffensif vers 100°. Mais, comme il arrive pour les diastases, si les venins sont préalablement desséchés, ils peuvent sans perdre leur virulence être chauffés bien plus haut.

Les animaux immunisés contre les venins fournissent, comme ceux qui le sont contre les virus, un sérum anti-toxique, c'est-à-dire tel que si on l'injecte dans les veines ou sous la peau d'animaux neufs, ce sérum leur confère durant quelque temps l'immunité contre l'envenimation, ainsi que cela se produit également lorsque l'on inocule avec prudence les toxines des virus[3].

1. *Ann. Institut Pasteur*, t. VIII, p. 279.
2. *Comptes rendus Acad. des sciences*, 5 février 1894.
3. *Annales Institut Pasteur*, t. VIII, p. 284.

Chose plus intéressante encore, et qui rapproche infiniment les venins des zymases vénéneuses, les animaux inoculés contre les venins peuvent l'être en même temps aussi contre certaines toxines microbiennes et fournir un sérum antitoxique ainsi qu'on l'a dit au chapitre des vaccins.

Les animaux qui ont résisté à l'atteinte des venins ne se rétablissent généralement pas bien ; leurs .fonctions languissent, leur température s'abaisse, les jeunes s'arrêtent dans leur développement. etc.; en un mot, la force nutritive et reproductive de l'économie semble avoir été frappée. par cette mystérieuse influence; nouveau et important rapprochement à faire entre l'action des venins et celle de beaucoup de virus.

Comme la plupart des toxines privées de leurs microbes pathogènes, les venins peuvent être absorbés par le tube digestif sans causer d'intoxication ou d'envenimation, à la condition toutefois, que l'estomac et l'intestin soient intacts et que la dose de poison ne soit pas trop considérable. L'économie acquiert ainsi lentement l'immunisation.

La conservation des venins à l'état humide les altère comme elle altère les toxines et, en général, toutes les diastases. J'ai remarqué que du venin de scorpion conservé 2 à 3 mois dans la glande qui avait été détachée au commencement d'octobre, d'un coup de ciseau, de la queue de l'animal bien vivant avait perdu toute son activité, sans qu'il y eût altération chimique apparente. J'ai fait la même observation pour les matières toxiques fournies par le fameux poisson vénéneux du Japon le *fugu*. Ses œufs, sa laitance, et sa chair même, sont si dangereux au moment du frai qu'il est à ce moment défendu de pêcher ce poisson sous peine de mort. Ayant pu, grâce à l'autorisation du gouver-

nement japonais, me faire envoyer de la laitance et des
œufs dans leur état d'activité toxique maximum, je les trouvai
parfaitement inoffensifs quelque temps après leur arrivée
en France, quoiqu'ils fussent en parfaite conservation grâce
à un peu de glycérine alcoolisée. Ils avaient perdu leur
activité après cette conservation de trois mois à l'abri de
toute putréfaction[1].

L'ensemble de ces propriétés démontre à la fois l'analogie
des venins et des toxines microbiennes, et leur rôle commun
d'enzymes ou ferments solubles[2].

VENINS DE SERPENTS.

Espèces venimeuses. — Les principales familles de serpents venimeux sont, d'après Viaud-Grandmarais :

1° Les *protéroglyphes conocerques*, parmi lesquels il faut
citer comme les plus dangereux le *Naja tripudians* ou *Cobra
capello* très répandu dans l'Asie centrale. C'est le plus
redouté des serpents de l'Inde anglaise où, d'après Fayrer[3],

1. On a signalé chez les animaux envenimés qui résistent un état
chronique pouvant ramener des accidents à longue échéance, et même dit-
on, d'année en année, état que les poisons microbiens ou ferments morbides peuvent seuls réaliser. Voir à ce sujet, l'article de *Demeurat*. En
Gaz. hebdom., 1863. *Accidents développés par morsure de vipère se reproduisant régulièrement durant 32 ans.*

2. Il est des animaux qui ne sont que peu ou pas sensibles à l'action
des venins : tels la vipère, le hérisson, le spermophile, etc., qui résistent
à l'action du venin de vipère. MM. Physalix et Bertrand ont montré
que, pour les deux premiers, ce résultat est dû à la présence dans leur
sang de substances antitoxiques qui résistent à la chaleur de 58° à 60°
durant 15 minutes et qui peuvent conférer l'immunité aux animaux
sensibles auxquels on les injecte. *Compt. rend. Acad. sciences*, t. CXXI,
p. 745.

3. FAYRER, *Thanotophidia Indica,* London, 1872. — En ce qui concerne
les venins de serpents, parmi les bonnes publications sur ce sujet
citons : FONTANA, *Traité du venin de vipère*, Florence, 1781. — LUCIEN

près de vingt mille personnes seraient, chaque année, victimes de leurs morsures. Celle du *Naja* est mortelle environ 45 fois sur 100. Elle peut tuer un homme en une heure. Le *Naja haje* ou aspic d'Égypte et de l'Afrique orientale. La *vipère hémachate* ou serpent cracheur de l'Asie Australe. Les *Élaps* dont les plus renommés sont le *serpent corail* et l'*Hamadryas* *Ophiophagus Elaps*) de Cochinchine et Birmanie. Les *Bungares* du Bengale et de Birmanie qui provoquent d'abondantes hémorrhagies.

2° Les *protéroglyphes platycerques* vivent surtout dans l'eau (*Hydrophide*, *Plature*, *Pélamide*, etc.) Les blessures des hydrophides de l'océan Indien sont très redoutées : elles tuent l'homme et plus vite encore les poissons.

3° Les *Solénoglyphes crotaliens*, comprenant les *crotales* ou *serpents à sonnettes* des deux Amériques (genres *Caudisona* et *Crotalus*). Ils tuent un poulet en huit minutes, un lapin en dix à soixante minutes; les bœufs et les chevaux

BONAPARTE, *Gazetta toscana delle Science medicofisice*, 1843, p. 169.— BRAINARD DANIEL, *On the nature and cure of the bite of serpents and the wounds of poisoned arrows*. In Smith's Reports, 1854. — Cl. BERNARD, *Leçons sur les effets des substances toxiques et médicamenteuses*, 1857. — BRAINARD, Compt. rend. Acad. sciences, XXXVII, p. 814. — FAYRER, *Experiments on the poison of Rattlesnacke*, in Med. Times, t. I, p. 371. — GRAY, *Venenous water snakes*, in Proced. zool. Soc., 1837. — GRÜNEVALD, *Beschreibung der wichtigsten giftpflanzen und giftthiere*, 1877. — LACERDA, Compt. rend. Acad. sciences, 30 décembre 1878. — SOUBEIRAN (LÉON), *De la vipère, de son venin et de ses morsures*, Paris, 1855. — VIAUD-GRANDMARAIS, *Études sur les serpents de la Vendée*, etc., Nantes, 1867-69, et *Journal de méd. de l'Ouest*, 1880. — DU MÊME, *Les serpents venimeux*, Dict. encycl. des sciences médicales. — WEIR-MITCHELL, *Researches upon Venom of the rattlesnakes*, Smithsonian contributions, 1860, p. 97, et 1886, p. 136; DU MÊME : *Experimental contributions to the toxicology of rattlesnake venom*, New-York, 1868. — VINCENT RICHARDS, *The Landmarks of snake-Poison litterature*, Calcutta, 1886. Voir cités dans cet ouvrage très intéressant les travaux de N. Wolfenden, p. 133 et suivantes, du *Journ. of Physiolog.*, 1886, p. 327. — LAUDER-BRUNTON, *Snake venom and its antidotes*, London, 1891. — A. CALMETTE, *Le venin des serpents. Traitement des morsures venimeuses*, Paris, 1896.
D'autres sources sont aussi signalées dans le courant de ce chapitre.

assez rapidement. Le *Bothrops lanceolatus* ou *serpent Fer
de lance* de la Martinique et de Sainte-Lucie. Sa piqûre
peut tuer même un bœuf; l'homme meurt en trois à douze
heures. Des infirmités persistantes suivent sa morsure
lorsqu'elle n'est pas mortelle. Le *Surucucu (Jararaca* ou
Lachesis mutus), de la Guyane et du Brésil; il donne la mort
à une vache en moins de deux heures. Le *Trigonocephalus
contortrix (Mocassin tête de cuivre* ou *Copper-head)* et le
mocassin d'eau, l'effroi des nègres de la Floride, du Téxas,
Mexique, Guyane et Brésil. Le *Fira-Kutsi* très redouté au
Japon. Le *Trimeresure* et le *Bothrops viridis* de l'Indo-
Chine, etc.

4° Les *Solénoglyphes vipériens.* — Citons au premier rang
les *Échidnés,* parmi lesquels le *daboia,* ou échidné élégante,
dont les effets sont plus sûrs et plus prolongés, lorsqu'ils
ne sont pas mortels, que ceux du cobra. Un bœuf, un veau,
mordus succombent en moins d'une heure; un homme
vigoureux en moins de vingt-quatre heures, même après
l'amputation du membre atteint. *L'échidné du Gabon.* Les
Cérastes ou vipères cornues des sables de l'Afrique; elles sont
répandues dans tout ce continent. Elles tuent un chameau en
quelques heures. La *vipère heurtante* du Congo, de l'Ogooué,
du Niger, dont les naturels utilisent le venin pour garnir leurs
flèches. La dangereuse *vipère rhinocéros* du Gabon. La *vipère
aspic* de France, dont la morsure est mortelle une fois sur
vingt-cinq, d'après M. Viaud-Grandmarais. La vipère *Pelias
berus* qu'on trouve depuis la Suède jusqu'en France, et qui
est un peu moins redoutable. La *vipère amodyte,* des Alpes
d'Illyrie, de Grèce. L'*acanthophide* d'Australie, mortel pour
l'homme qui le redoute beaucoup.

Toxicité relative des venins. — Chacun de ces serpents produit un venin spécial, mais tous agissent d'une façon analogue, à la façon des ferments toxiques; et sauf des variantes dans leur activité et dans les désordres spéciaux qu'ils occasionnent, ils se comportent comme des agents zymotiques. Généralement, à la suite de l'envenimation, l'animal inoculé tombe dans un état de faiblesse extrême; il survient souvent des vomissements, des hémorrhagies, avec gonflement du membre atteint; le sang devient gélatineux ou incoagulable. Les venins diffèrent cependant très sensiblement entre eux par le détail de leurs effets : les uns provoquent des convulsions (daboia, crotale, etc.), d'autres des hémorrhagies abondantes. Il serait difficile dans cet Ouvrage de nous étendre successivement sur les phénomènes d'empoisonnement que chacun d'eux en particulier occasionne. Nous prendrons pour types les mieux étudiés.

D'après M. Calmette[1] les doses suivantes de venin calculé sec, sont mortelles en trois à quatre heures pour un lapin :

Naja tripudans............	$0^{mgr},47$
Naja haje................	0, 3 à 0,7
Acanthophis antarctica......	1, »
Céraste	1, 70 à 2,0
Hoplocephalus variegatus....	2, 5
Trigonocéphale............	2, 5
Crotale	3, 5
Vipère *pelias berus*.........	6, 5

1. *Ann. Institut Pasteur*, t. VIII, p. 276, et t. IX, p. 229.

Ces nombres, il faut le reconnaître, n'ont rien d'absolu; ils varient avec l'animal inoculé, et aussi avec le moment où l'on recueille le venin.

Environ 10 milligrammes de venin de cobra suffisent pour tuer un chien de 6 à 7 kilos. Il faut deux fois plus de venin pour tuer 900 grammes de lapin que pour tuer 500 grammes de cobaye.

Un crotale dans de bonnes conditions possède plus de $1^{gr},5$ de venin frais dans ces glandes; il en inocule, par morsure, $0^{gr},20$ environ. Un *pseudechis* (*serpent noir* d'Australie) inocule 100 à 150 milligrammes de venin lorsqu'il mord. Un naja dispose de $1^{gr},1$ à $1^{gr},3$ de venin; un trigonocéphale de $0^{gr},3$ à $0^{gr},5$ de venin liquide; une vipère de $0^{gr},15$ seulement.

La densité de ces venins est un peu supérieure à celle de l'eau (1,030 à 1,050). Ce sont des liquides homogènes, à peu près transparents, un peu épais, presque entièrement solubles dans l'eau qu'ils rendent faiblement opaline, insolubles dans l'alcool fort. Ils abandonnent de 20 à 35 % de résidu sec; ils sont tantôt incolores ou jaunâtres, comme ceux de la vipère ou du cobra; verdâtres, comme celui du serpent à sonnettes; quelquefois amers ou âcres. On n'y remarque d'organisé que de rares épithélium de revêtement provenant de la glande à venin. Nous avons dit plus haut que, lorsqu'on les cultive, les venins restent stériles. Desséchés au soleil ou à l'ombre sur une plaque de verre, ils prennent l'aspect de gomme arabique. Humides, ils finissent par se putréfier. Recueillis dans la glande à l'état frais, les venins de serpents sont toujours légèrement acides.

Soumis à la dialyse, puis desséchés, les venins qui ont ainsi perdu toutes leurs parties dialysables deviennent trente à quarante fois aussi actifs qu'à l'état naturel sous le même poids. La matière vénéneuse peut être reprécipitée par le sulfate de magnésie ou par celui d'ammoniaque ajouté à saturation.

Réactions et antidotes des venins. — Les venins de serpents sont neutres au tournesol ou légèrement acides, solubles dans l'eau et la glycérine, insolubles dans l'alcool et l'éther. Les acides et la plupart des réactifs se comportent avec eux comme avec les matières albuminoïdes. Les acides minéraux les précipitent de leurs solutions aqueuses sans altérer leur toxicité.. L'acide tannique, l'iodure de potassium ioduré les précipitent ; un excès d'eau les redissout. L'eau iodée, le trichlorure d'iode, l'acide phénique, le naphtol, le nitrate d'argent, le sublimé, l'hypochlorite de potassium, l'iode, donnent aussi des précipités avec les venins. Presque toutes ces combinaisons, quoique insolubles, restent actives lorsqu'on les introduit sous la peau. L'eau oxygénée, les acides minéraux n'enlèvent pas aux venins leur activité. J'ai observé qu'on peut mélanger le venin de cobra avec du carbonate de soude, de l'ammoniaque, des essences diverses ou le soumettre à l'action digestive du suc gastrique sans altérer ses propriétés vénéneuses. Si au contraire on le laisse en contact, ne fût-ce qu'un instant, avec de la potasse caustique très étendue (1 à 1,5 pour 100), alors même qu'on neutralise aussitôt exactement l'alcali ajouté grâce à une quantité d'acide correspondante, le venin a désormais perdu toute toxicité [1]. En même temps il se dégage une odeur légèrement aromatique, non désagréable.

---

1. M. Calmette pense que la potasse et la soude caustiques étendues ne détruisent pas l'action toxique du venin. Cette opinion n'est pas conforme aux faits que j'ai observés, au moins pour le venin de cobra.

Suivant Winter Blyth[1], puis Lacerda[2], le permanganate de potasse au 100ᵉ serait un bon antidote des venins : 0ᵍʳ05 de venin de cobra mélangés d'avance avec une solution aqueuse de 0ᵍʳ30 de permanganate injectés à un chien sont inoffensifs. Il en est de même si le poison est d'abord inoculé et qu'on injecte, 3 à 4 minutes après, la solution de permanganate ; mais lorsque les premiers symptômes de l'empoisonnement se sont manifestés, le permanganate de potasse ne peut plus arrêter la marche de l'intoxication. Il faut, en un mot, pour être efficace, que le permanganate soit mis en contact direct avec le poison.

M. Calmette a conseillé, comme antidotes des venins l'eau bromée, le chlorure d'or au $\frac{1}{100}$ et surtout les solutions d'hypochlorites solubles : trois gouttes d'une solution au 12ᵉ de chlorure de chaux, ou d'hypochlorite de soude détruisent immédiatement *in vitro* l'activité de 1 milligr. de venin de cobra ou de 10 milligrammes de venin de vipère dissous dans l'eau. D'après ce savant, on peut injecter des quantités suffisantes de ces hypochlorites préalablement dilués, dans les tissus, les séreuses et jusque dans les veines sans provoquer d'accidents[3]. Faites autour du point inoculé, ces injections seraient efficaces même quelque temps après la piqûre. Chez les animaux qui ont reçu une dose de venin qui serait fatale en moins de 2 heures, on empêcherait la mort en injectant 15 cent. cubes de ces solutions étendues par kilogramme d'animal dans les 20 minutes qui suivent la pénétration du poison. Ces dernières observations ont été contestées par MM. Physalix et Bertrand : ils admettent

---

1. WINTER BLYTH, *The Analyst.*, 1877, p. 204.
2. LACERDA, *Comptes rendus Acad. scienc.*, t. XCIII, p. 466, 1881.
3. *Annales Institut Pasteur*, t. VI, p. 175, et t. VIII, p. 278.

bien l'action des hypochlorites *in vitro,* ou l'action locale dans les tissus imprégnés de venins, mais non l'action générale et à distance[1]. On a vu que, d'après MM. Roux et Vaillard, ces mêmes hypochlorites réussissent à détruire *in vitro* la toxine tétanique.

Contre les venins de serpents on a signalé divers autres antidotes, entre autres l'iodure de potassium (*Brainard*). Il convient aussi de ne pas oublier de citer ici le célèbre *Vichmaroundou* de l'Inde, électuaire où entre l'aconitum ferox, les graines de croton, et les sulfures d'arsenic ; ou les *pilules de Tanjore* contenant ce même aconit et l'ophioxylum, à côté du réalgar et de l'acide arsénieux. Ces médicaments terribles paraissent avoir en effet quelque efficacité. Il est curieux de retrouver l'arsenic dans les deux. Comme agent secondaire, le Dr Mueller a préconisé la strychnine qui excite les centres respiratoires et le cœur, etc.

Une substance très singulière, le *Cedron* (cotylédons du *Simaba cedron*), jouit en Colombie de la réputation de guérir les morsures de serpents, et même de préserver contre l'envenimation ceux qui en emploient d'une façon suivie l'infusion faite dans du tafia. Saffray dit avoir eu l'occasion d'en éprouver les vertus curatives. D'après des expériences faites au *Muséum,* il y a quelques années, par Dumont, le cedron avalé par des lapins avant la morsure de la vipère les aurait garantis contre l'envenimation. Ces observations mériteraient qu'on les répète[2].

---

1. Physalix et Bertrand, *Compt. rend. Acad. sciences,* t. CXX, p. 1296. Voir la réponse de M. Calmette, *Ibid.,* p. 1443.

2. Sur les antidotes des venins de serpents, voir Viaud-Grandmarais, article *Serpents venimeux,* du *Dictionnaire encyclopédique des sciences médicales,* p. 414. — Vincent Richard (*Loc. cit.,* note, p. 153). — Lauder Brunton, *Snake Venom and its antidotes,* London, 1891.

Fraser (*Brit. med. Journ.*, avril 1896) réalisant une idée déjà émise avant lui, a cherché et réussi à vacciner contre les venins de serpents en faisant absorber ces poisons par le tube digestif en quantités successivement croissantes. Les animaux finissent par supporter ainsi des doses 500 et 1 000 fois supérieures à la dose mortelle. Leur sang et leur sérum jouit alors de propriétés immunisantes, et cette aptitude s'étend jusqu'à leur progéniture à qui elle est transmise soit par le sang, soit même par le lait.

Le sang des serpents venimeux paraît contenir le même principe antitoxique.

Principes constitutifs des venins ; leur action.

Les matières que l'on trouve dans les venins de serpents sont : du *mucus* provenant de la glande, il est sans action nocive ; des *substances protéiques* dont une très faible portion est coagulable à chaud ; des matières diastasiques qui paraissent être les parties essentielles des venins ; des alcaloïdes que j'ai signalés dans les venins de cobra et de trigonocéphale, mais qui ne se trouvent qu'en très faible quantité dans les venins de serpents[1] ; des traces de *matières grasses ;* une petite quantité d'extractif soluble dans l'alcool ; des sels, en particulier des chlorures et phosphates de chaux, d'ammoniaque et de magnésie ; enfin de l'eau, environ 75 %.

De toutes ces matières les substances protéiques ou zymotiques méritent seules d'être étudiées séparément.

---

1. Nous le retrouverons en quantités prépondérantes dans les venins des batraciens et des apides.

Ce sont les parties essentielles de ces redoutables agents. Déjà en 1843, Lucien Bonaparte avait remarqué que la substance active la plus importante du venin de vipère est un principe de nature protéique auquel il donna le nom de *vipérine* ou *echidnine* (*Loc. cit.* Note; p. 483). Il compara même cette substance à un ferment digestif. De 1868 à 1883, en Amérique, Weir Mitchell, dans ses *Researches upon Venom of the Rattlesnakes*[1], et T. Reichardt confirmèrent et développèrent les idées de L. Bonaparte. Weir Mitchell compara la partie albuminoïde essentielle du venin de serpent à sonnettes et du serpent mocassin à la ptyaline et à la pepsine. Il montra que la *crotaline* était une échidnine ou plutôt une *échidnase*, c'est-à-dire un ferment très analogue à la vipérine. Il paraît en être de même des autres échidnases, car leurs effets sont comparables : elles agissent toutes dans les mêmes conditions, répondent aux mêmes réactions générales, et ont probablement une composition très analogue.

Les échidnases ou échidnines sont solubles dans l'eau et parfaitement neutres, incolores, incristallisables, incoagulables par la chaleur, du moins en grande partie. Elles se colorent en violet par les sels de cuivre en présence de la potasse; elles ne précipitent pas par l'acétate de plomb. Elles répondent à la composition générale des albuminoïdes et sont très putrescibles. Mélangées à l'empois d'amidon, elles ne le saccharifient pas.

Le venin de pseudechis d'Australie contient une matière protéique que coagule la chaleur, des albumoses et peut-être des peptones (*J. Martin* et *Mac. G. Smith*).

____

1. *Travail cité plus haut*, note p. 484.

Les observations ultérieures de Weir-Mitchell et de T. Reichardt (1883) montrèrent que la matière protéique active du venin n'est pas formée d'un principe unique. Ces auteurs annoncèrent avoir isolé du venin de serpent à sonnettes une peptone, une globuline et une albumine[1]. De ces trois substances la dernière, que coagule la chaleur, est inactive et ceci paraît général pour tous les venins; la globuline serait la plus dangereuse ; elle s'attaque aux centres respiratoires et détruit le pouvoir coagulant du sang[2]. Wall reconnut aussi la complexité de ces venins : il observa qu'à 100° le venin du daboia perd son *pouvoir convulsivant mais non sa toxicité,* comme si l'une des matières actives était seule détruite par la chaleur.

A Londres, Norris Woffenden reprenant, vers 1885, les expériences de L. Bonaparte et de Weir Mitchell et Reichardt, confirma leurs observations relativement à la nature protéique essentiellement active du venin. Il montra que dialysé, le venin ne fournit pas, ou sensiblement pas, de peptones, mais qu'il reste sur le dialyseur trois matières albuminoïdes qu'on peut séparer par les précipitants salins, savoir : une *globuline,* une *séroalbumine* et une *acidalbumine* et, dans certains spécimens, une trace de peptone non active. La *séroalbumine* tue, d'après Wolfenden, par paralysie ascendante de la moelle ; la *globuline* atteint et paralyse les centres respiratoires et détruit probablement le pouvoir coagulant du sang ; enfin l'*acidalbumine* agit comme la globuline, mais plus faiblement qu'elle[3].

1. La *peptone* de Reichardt et Mitchell étant précipitable par l'acide acétique faible, est sans doute une globuline ; la *globuline* se dissolvant dans l'eau chaude n'est pas une globuline.
2. D'après Mosso et d'autres auteurs, le sang des animaux empoisonnés par le venin de vipère a perdu aussi la propriété de se coaguler.
3. D'après Kanthack (*Journ. of Physiologie,* 1892, p. 172), la substance

D'autre part, l'analyse physiologique du venin de vipère a fait admettre à MM. Physalix et G. Bertrand[2] que cette sécrétion contient probablement trois substances distinctes : *l'échidnase, l'échidnotoxine* et *l'échidnovaccin*. La première détermine dans le tissu conjonctif un œdème hémorrhagique énorme. *La chaleur la détruit rapidement à 90°*. La deuxième produit les troubles nerveux et vasomoteurs observés dans cet empoisonnement. La troisième, peu toxique, est douée de propriétés vaccinantes. L'indépendance de l'échidnase et de l'échidnotoxine ne fait pas de doute : la chaleur, l'acide chromique détruisent la première seulement. L'échidnase peut d'ailleurs manquer dans certaines saisons et certaines variétés, comme dans le venin de *vipera aspis* du Jura. Quant à la troisième substance, l'échidnovaccin, on pouvait supposer qu'il dérive des deux autres, ses propriétés vaccinantes n'apparaissant que si l'on a détruit ou modifié profondément celles-ci par la chaleur. Il ne paraît cependant pas en être ainsi, car le venin des vipères du Puy-de-Dôme ne peut être transformé en vaccin par la chaleur quoiqu'il renferme l'échidnase et l'échidnotoxine. Il suit de cette analyse que ces trois substances semblent être distinctes et indépendantes.

Chaque venin contient ses substances actives propres pouvant différer suivant les espèces et les variétés. Chacune de ces substances agit plus ou moins rapidement, et peut être associée à des principes différents. De là, la variabilité d'action remarquée dans ces poisons. A cet égard, voici

active de ces venins serait une sorte d'albumose, ce qui ne concorderait pas avec les observations, d'ailleurs bien faites, de Wolffenden.

2. Voir PHYSALIX et BERTRAND, *Arch. de physiolog.*, juillet 1894.

deux exemples empruntés à V. Richards (voir Note p. 484. *Loc. cit.*, p. 146).

VENIN DE COBRA

Il produit au bout de quelques minutes et sans autres symptômes prémonitoires, une paralysie qui frappe les lèvres, la langue, le larynx et les centres respiratoires. La mort est précédée de convulsions résultant de l'asphyxie.

Après une légère accélération, la respiration s'alanguit et disparaît.

Ce venin tue les oiseaux et les reptiles seulement dans le stade paralytique.

Il ne paraît pas agir sur la pupille.

On observe de la salivation.

Ses effets sur le sang sont peu sensibles. Si l'animal survit, rien ne montre que le sang reste envenimé.

VENIN DE DABOIA

Son action débute par des convulsions violentes et générales qui se terminent par la paralysie et la mort[1].

La respiration paraît normale et tranquille au début.

Ce venin tue les oiseaux et les reptiles dans le stade convulsif.

Les pupilles sont dilatées.
Pas de salivation.

Les points qui ont reçu le venin sont le lieu d'une hémorrhagie sanieuse. L'albuminurie est constante. Si l'animal mordu ne meurt pas dans la période convulsive, il passe par une période d'envenimation chronique, dont les accidents secondaires sont dangereux.

Chauffé à 100° le venin de cobra ne se transforme pas en vaccin, il garde presque toute sa toxicité (*A. Gautier*; *Physalix* et *Bertrand*) à moins qu'on ne prolonge longtemps (20 à 30 minutes) l'action de la chaleur. Celui de daboia perd son pouvoir convulsivant, mais non sa toxicité. Le venin d'hoplocéphale est encore toxique même après avoir été chauffé à 100°, mais il perd cette propriété après 15 à 20 minutes. Ceux de *pseudechis* ou de *vipères* sont détruits

---

1. On a vu que si l'on chauffe ce venin, les convulsions du début disparaissent, quoique la toxicité du venin reste la même.

entre 95 et 97° (*Calmette*). Ces écarts s'accentuent si l'on
dilue les solutions.

D'après le Dr Wall, les effets du venin de crotale ressemblent à ceux de la vipère indienne; la principale différence, c'est que les convulsions du début s'observent moins
fréquemment après la morsure du serpent à sonnettes.

A côté de leurs toxalbumines, les venins contiennent
encore, secondairement, des alcaloïdes que j'ai trouvés pour
la première fois dans le venin du cobra capello, en 1883[1].
Ces faits ont un grand intérêt parce qu'ils rapprochent entre
eux les venins dont la partie active est essentiellement
alcaloïdique (Voir plus loin), des venins qui sont surtout
protéiques; et aussi parce qu'ils montrent que comme pour
les toxines virulentes, ces deux sortes de principes vénéneux
se forment généralement à la fois. On obtient les alcaloïdes
des venins de serpents, en très faibles proportions il est
vrai, en pulvérisant finement ces substances avec du carbonate de soude et épuisant méthodiquement le mélange
à 50° par l'éther alcoolique. Les deux alcaloïdes que Wolcott
Gibbs, puis Weir Mitchell et Reichardt, n'ont pas retrouvés
dans le venin de crotale, que Norris Wolffenden n'a pu
extraire de celui de cobra, mais qui existent bien dans ce
dernier venin que j'ai étudié avec soin à ce point de vue,
m'ont fourni des chloroplatinates et chloraurates cristallisés,
et des chlorhydrates cristallisés un peu déliquescents. Ces
derniers donnent du bleu de Prusse en présence des sels
ferriques très étendus et mêlés d'un peu de prussiate rouge.
Ces alcaloïdes sont donc des corps réducteurs analogues aux
ptomaïnes. J'ai décrit leurs singuliers effets.

1. *Bull. Acad. de méd.*, 2e série, t. X, p. 947.

Ces bases sont beaucoup moins vénéneuses que les toxines albuminoïdes qu'elles accompagnent, car la totalité des alcaloïdes retirés de $0^{gr}3$ de venin de cobra n'a pas tué un petit oiseau. Elles n'en agissent pas moins d'une façon très curieuse sur ces animaux : l'une active la défécation et produit de l'essoufflement, et de la stupeur; l'autre plonge l'animal dans une sorte de sommeil calme dont il s'éveille un instant quand on l'excite pour retomber endormi bientôt après. Au bout de 18 heures de cet état, l'oiseau sur lequel j'opérais se réveilla bien portant[1].

Cette analyse chimique et physiologique des venins montre bien que ces produits que nous sommes convenus d'appeler *toxines* ou *venins*, sont des mélanges complexes et variables de matières actives agissant chacune pour leur propre compte, les unes convulsivantes, les autres paralysantes, d'autres stupéfiantes, etc. Parmi les plus actives sont les albumines-ferments et globulines-ferments, quelquefois les nucléo-albumines, qu'accompagnent presque toujours, dans les cultures virulentes ou les venins, des alcaloïdes, peu actifs et peu importants dans les venins d'ophidiens, mais qui deviennent les agents essentiellement actifs des venins d'apidés ou de batraciens[2].

---

1. A côté du *poison putride*, qui ressemble tant aux venins, Panum a aussi trouvé dans la chair putréfiée une substance narcotique que l'on sépare de l'extrait total grâce à sa solubilité dans l'alcool. Injecté dans les veines du chien, cet extrait alcoolique le plonge dans un sommeil profond qui dure plus de 24 heures et dont il se réveille en parfaite santé. C'est tout à fait ce que j'ai observé avec le venin de naja.

2. On m'a fait dire (et l'on a combattu avec raison cette hypothèse) que j'avais attribué l'action des venins à des alcaloïdes toxiques. J'ai fait, au contraire, observer dès le début de mes publications que les deux alcaloïdes que j'extrayais du venin de cobra étaient loin de représenter le pouvoir toxique principal de ce venin qui devait ses effets les plus redoutables à des matières azotées, mais non alcaloïdiques. On m'a

D'après M. Viaud-Grandmarais, dans l'empoisonnement par le venin de vipère de Vendée, les désordres se succèdent dans l'ordre suivant : une heure après la morsure, angoisse profonde suivie de nausées atroces avec douleurs' épigastriques, vomissements de matières alimentaires, de bile, de glaires sanguinolentes, quelquefois accompagnés d'ictère et de diarrhée. Bientôt les sueurs froides, les lypothymies, les syncopes apparaissent. Le pouls est misérable, déprimé, la respiration s'embarrasse, le facies devient hippocratique, la prostration est extrême, enfin arrivent les phénomènes convulsifs de l'agonie précurseurs de la mort. L'intelligence reste intacte.

Les envenimés par les cobras ou les protéroglyphes australiens, aussi bien que par le bothrops ou serpent fer de lance, tombent généralement dans un coma profond. Leur température s'abaisse notablement : chez un homme mordu par un cobra et qui cependant guérit, la température de l'aisselle fut trouvée de 31° deux dixièmes[1]. La pression sanguine diminue généralement aussi : à la suite d'une piqûre de vipère, elle était tombée chez un chien de 155^{mm} à 48^{mm}. Le rythme du cœur reste régulier. On a remarqué que, chez les envenimés, le sang afflue et tend à s'extravaser autour du point qui a reçu le venin et qui se tuméfie. ¡Le caillot de la saignée reste mou et se redissout ensuite. Les globules rouges s'altèrent et laissent échapper leur hémoglobine. Il arrive fréquemment des hémorrhagies

attribué aussi l'opinion que l'action toxique du venin reste entière lorsqu'on lui a enlevé toutes ses matières protéiques. J'ai fait remarquer seulement que le venin de cobra conserve presque toute sa vénénosité lorsqu'on porte sa solution à 100°, quoiqu'on coagule ainsi *l'albumine soluble* qu'il contient.

1. HUTTINEL, *Thèse d'agrégation*, 1880.

et des hématuries. Le sang extravasé est noir, mais il redevient rutilant à l'air.

Le poison paraît s'attaquer particulièrement aux globules blancs, qui sécrètent, comme on le sait, le ferment de coagulation.

Les centres nerveux ne présentent aucune altération visible, même dans les cas suraigus[1].

Si les blessés ne succombent pas, les phénomènes de réaction succèdent à ces désordres : *la fièvre s'allume;* un accès, avec ses stades de chaleur et de sueur profuse, apparaît et dure deux à trois jours; le venin s'élimine peu à peu par les urines et probablement en partie par l'intestin. Fayrer et Lauder Brunton ont, en effet, montré que ces poisons sont des excitants des muqueuses intestinales[2]. Mais la guérison n'est généralement pas complète, surtout s'il s'agit de la morsure des grands serpents venimeux. Les blessés déclinent lentement, leurs fonctions faiblissent, leurs digestions restent lentes, ils sont comme somnolents; ils vieillissent avant l'âge; les enfants s'arrêtent dans leur développement; leur température générale s'abaisse; leur sang est difficilement coagulable, il n'est jamais franchement artériel, il s'extravase facilement. Après une guérison apparente, certains envenimés meurent, au bout de un à deux ans, frappés d'accidents cérébraux. Chez d'autres, le gonflement, la douleur du membre mordu, les phénomènes gastriques, qui ont immédiatement suivi la morsure, reparaissent périodiquement, quelquefois d'année en année. En un mot (et c'est encore là une ressemblance capitale

---

1. Pour la description de l'empoisonnement par le venin de cobra, voir *Annales de l'Institut Pasteur,* t. VI, p. 165.

2. Lauder Brunton. *Snake venom.* London, 1891.

entre l'action des venins et celle des virus; l'économie tout entière a été modifiée dans sa nutrition et dans la plupart, ses réactions vitales, par cette mystérieuse imprégnation du venin.

On sait que certains animaux, les serpents, la mangouste, le porc, le hérisson, présentent une immunité naturelle relative contre les venins de serpents. Le sang des mangoustes contient manifestement une antitoxine. Il paraît en être de même de celui du hérisson.

Sérums antivenimeux. — M. Calmette est parvenu à produire des sérums antivenimeux contenant une antitoxine qui s'oppose à l'envenimation[1].

Dans ce but, il inocule tous les trois jours aux animaux (lapins, ânes, chevaux), des doses de venin qui ne sont que le 20e d'abord, puis le 10e de la dose mortelle. Il vaut même mieux, suivant la méthode de MM. Physalix et Bertrand, et lorsqu'il s'agit du venin de vipère, chauffer au début le venin vers 100° ; mais ce chauffage ne suffit pas pour faire un vaccin de tous les venins. On surveille le poids des animaux et l'on suspend les inoculations s'ils maigrissent. Après 5 à 6 semaines de ce traitement, on laisse les inoculés se reposer quelques jours, puis on leur injecte sous la peau des doses de plus en plus considérables de venin, espacées de 8 à 10 jours chacune, jusqu'à ce qu'on atteigne les doses fortes. Certains lapins, ainsi lentement inoculés, ont pu définitivement résister à 40 milligrammes de venin de naja en une seule injection. Ils fournissent alors un sérum vaccinal.

1. Voir *Annales de l'Institut Pasteur*, mars 1894 et avril 1895, p. 229. Voir aussi *Comptes rendus Acad. sciences*, t. CXXII, p. 203.

Le sérum antitoxique de sang de cheval ainsi successivement habitué aux venins, peut être actif au 20 000°, c'est-
à-dire qu'il suffit d'en injecter $0^{gr}1$ à un lapin de 2 kilogrammes pour l'immuniser contre une dose de venin de cobra
capable de le tuer en 3 à 4 heures.

Le sérum antivenimeux de Calmette a été expérimenté
et reconnu très actif par Hankin, au laboratoire d'Agra,
dans l'Inde, et par le docteur Lépinay à Saïgon. Un
Annamite mordu par un naja à l'index de la main droite,
reçut 1 heure après 12^{cc} de ce sérum, le membre mordu
était déjà enflé et contracturé. Le lendemain tous les
symptômes d'envenimation avaient disparu. Une femme
qui avait été mordue en même temps, mais qui ne fut pas
traitée, mourut au bout de deux heures.

Le sérum antivenimeux est également actif, *in vitro*,
aussi bien que préventivement et thérapeutiquement, contre
la plupart des venins, quel que soit celui qui a servi à préparer ce sérum. Il arrête indifféremment les effets des
venins de naja, de ceraste cornue, de trigonocéphale, de
crotale et des serpents venimeux d'Australie.

VENINS DES BATRACIENS ET DES SAURIENS

Les venins des batraciens et des sauriens doivent toute,
ou presque toute, leur activité aux substances alcaloïdiques
ou leucomaïnes qu'ils contiennent.

Venins de crapauds, grenouilles, etc. — Le venin de crapaud (*buffo vulgaris*) et des espèces qu'il faut en rapprocher
(*Buffo viridis, cinereus, bombinator; alytes obstetricans;*

pelobates, etc.) est sécrété par les glandes du tissu cutané de ces animaux. Il est peu actif lorsqu'on le dépose sur la peau encore revêtue de son épiderme, mais il enflamme rapidement les muqueuses conjonctive, buccale et nasale.

Gratiolet et S. Cloëz, il y a déjà longtemps[1], puis P. Bert, Rainez, Zalewsky, etc., ont étudié ce venin. C'est un liquide jaunâtre, lactescent et visqueux, d'odeur vireuse, d'une amertume insupportable, mais ne produisant pas sur les muqueuses d'autre action immédiate sensible qu'une inflammation locale. Il est fortement acide et caustique.

Desséché, il cède à l'éther une petite quantité d'une substance d'aspect gras qui absorbée par les animaux les plonge dans un coma profond interrompu par des vomissements; cet état peut se terminer par la mort.

Le résidu qui ne se dissout pas dans l'éther se compose de deux parties : l'une inactive insoluble dans l'alcool, l'autre soluble et très active. Celle-ci possède toutes les réactions générales des alcaloïdes. Elle n'est pas albuminoïde[2].

1. *Compt. rend. Acad. sciences*, t. XXXII, p. 592, et t. **XXXIV**, p. 73 (1851).

2. Cette substance est le premier terme authentique bien défini de la classe des leucomaïnes, ou alcaloïdes normalement formés dans les organes des animaux, que je découvrais trente ans après le travail de S. Cloëz. Mais quelle que fût la netteté de l'observation faite par ce savant en 1851, ni lui, ni ses contemporains n'essayèrent d'examiner si, dans l'état de santé ou de maladie, d'autres alcaloïdes pouvaient être produits par les animaux, et l'on trouva dans la nature si exceptionnelle de cette sécrétion venimeuse une explication qui parut suffisante durant bien des années encore de la formation d'un alcaloïde authentique par des cellules animales. C'est là un exemple bien frappant de ce que peuvent les théories sur la marche de la science, suivant qu'elles sont fausses ou exactes.

En traitant le venin de crapaud par la méthode de Stas, Capparelli, refaisant, sans le connaître, le travail des auteurs ci-dessus cités, en a extrait un alcaloïde qu'il a nommé *phrynine*, agissant sur le cœur comme la digitaline. Il me paraît se confondre avec l'alcaloïde de Cloëz.

D'après Calmels [1], le venin des batraciens contient une petite quantité de méthylcarbylamine $C:Az \cdot CH^3$ et d'acide isocyanacétique $C:Az \cdot CH^2 \cdot CO^2H$. Ces corps proviendraient de la décomposition d'une sorte de lécithine; celle peut-être qui constitue cette matière très vénéneuse, d'aspect gras, dont on vient de parler et que l'éther extrait de ce venin.

Sous l'action du venin de crapaud, les animaux, d'abord excités, s'affaissent bientôt sur eux-mêmes. Le chien est pris de vomissements et d'ivresse; il succombe en une heure à peine. Les oiseaux surtout, et même les mammifères de petite taille, peuvent mourir en quelques minutes ou en quelques heures par inoculation sous-cutanée. Les batraciens sont très sensibles à cette sécrétion.

Le venin de crapaud commun (*Buffo vulgaris*) agit surtout en paralysant le cœur et la moelle. L'animal envenimé se hérisse, est angoissé. Il chancelle comme s'il était ivre, ferme les yeux, semble dormir et bientôt tombe mort. Celui du crapaud *agua*, grosse espèce de l'Amérique tropicale, agit aussi en arrêtant le cœur, mais il jouit en même temps de propriétés convulsivantes (*Vulpian*).

La peau de la *grenouille commune* sécrète aussi un poison irritant les muqueuses; il agit à la fois sur la moelle et sur le cœur qui s'arrête en systole [2] (*P. Bert*). On a signalé à la Nouvelle-Grenade une rainette de teinte rouge jaunâtre appartenant à l'espèce dite *phyllobates melanorhinus* dont la peau sécrète assez abondamment, quand on l'excite, un venin blanchâtre dont les Indiens enduisent leurs flèches. Son action toxique semble porter sur les organes du mouvement et non sur ceux de la sensibilité [3].

---

1. CALMELS, *Comptes rendus Acad. sciences,* XCVIII, p. 538.
2. P. BERT, *Société de biologie,* 1885, p. 524.
3. J. ESCOBAR, *Comptes rend. Acad. sciences,* t. LXVIII, p. 1488.

Venins de tritons ; de salamandres. — Le venin des tritons est aussi sécrété par les glandes de la peau de ces animaux. Il est laiteux et devient visqueux à l'air. Son odeur est vireuse, désagréable. Son action est stupéfiante ; il paralyse le cœur (*Vulpian*)[1]. Au microscope on y découvre une foule de globules paraissant constitués comme les globules de lait ; ils éclatent dans l'eau pure. Ils contiennent une lécithine que l'eau hydrate lentement en produisant de l'alanine, de l'acide formique et de l'acide α-isocyanopro-pionique

$$CH_2 \begin{cases} CH_2 \cdot Az:C \\ CO_2H \end{cases}$$

La salamandre aquatique (*triton cristatus*) sécrète par la peau un venin liquide, blanc, crémeux, très amer, acide, partiellement miscible à l'eau, coagulable par l'alcool. Il contient aussi des globules en suspension. Il est très toxique si on l'injecte sous la peau ; la sensibilité générale est d'abord surexcitée, la respiration et les battements du cœur fréquents, puis la respiration se ralentit et le cœur s'arrête en systole.

La salamandre terrestre (*salamandra maculata*) sécrète par les glandes de la peau un venin liquide, blanc, épais, amer, alcalin. Nous avons dit que Zalewsky en avait retiré un alcaloïde très vénéneux, la *salamandrine* ou *samandarine,* déjà décrite dans cet Ouvrage. Les troubles qu'elle produit, semblables à ceux du venin, se succèdent dans l'ordre suivant : anxiété, tremblements, convulsions tétaniques, élévation de la température qui peut atteindre 42 et 43° ; puis paralysie musculaire, résolution et mort par arrêt respiratoire ; le cœur s'arrête en diastole. Ce venin agit sur le cerveau, le bulbe et la moelle[2].

1. Vulpian, *Soc. de biolog.*, 1856.
2. Vulpian, *Bulletin de la Société biolog.*, 1854, p. 133. — Physalix et Bertrand, *Arch. de physiolog.*, 1893, p. 512.

Venins de poissons.

On sait peu de choses précises sur la nature des venins de poissons. A peine a-t-on quelques renseignements sur leur mode de sécrétion et sur leurs effets. Nous empruntons la plupart des détails qui vont suivre à un remarquable travail de M. le Dr Bottard, médecin de la marine, qui a étudié lui-même et manié sur place les poissons venimeux. Il a vu ce qu'il raconte, ou l'a expérimenté au laboratoire. Ce savant n'a pas consacré moins de dix années à ces difficiles recherches[1]. Nous suivrons l'ordre de son travail.

Synancées. — Les synancées (*crapauds de mer*) doivent être placées dans le groupe des acanthoptérygiens, famille des tryglydées. On les trouve à la Réunion, à Maurice, aux Seychelles, à Java, à Taïti, à la Nouvelle-Calédonie, etc. La piqûre faite par les rayons épineux de ce poisson est quelquefois mortelle.

L'appareil à venin siège à la nageoire dorsale (fig. 11) : ses 13 rayons épineux sont creusés d'une cannelure profonde; chacune communique avec deux petits réservoirs; ils sont clos mais éclatent sous l'influence de la pression, par exemple, si l'on comprime l'animal en marchant

---

1. Voir le résumé de ses travaux dans sa thèse inaugurale : *Les poissons venimeux*, Paris, 1889. Ses recherches techniques, faites au laboratoire du Havre, sont insérées dans la thèse du Dr Gressin, 1884. Voir aussi de M. BOTTARD, *Communications à la Société de biologie*, 1885. — *Compt. rend. annuels des travaux du laboratoire du Havre*, 1884 à 1888, etc. — *Compt. rend. Acad. des sciences*, Paris, 1888. — D'ARCOS, *Essais sur les accidents causés par les poissons venimeux*. Thèses de Paris, 1877. — CARRÉ, *Arch. de méd. navale*, 1865, p. 136, et 1881, p. 63. — CORRE, *Arch. de physiolog. norm. et pathol.*, t. IV, p. 405.

dessus. Chacun de ces réservoirs, qui sont au nombre de 26, peut contenir 0ᶜᶜ,5 de venin. Il y est versé par des glandes ramifiées placées dans le tissu conjonctif voisin.

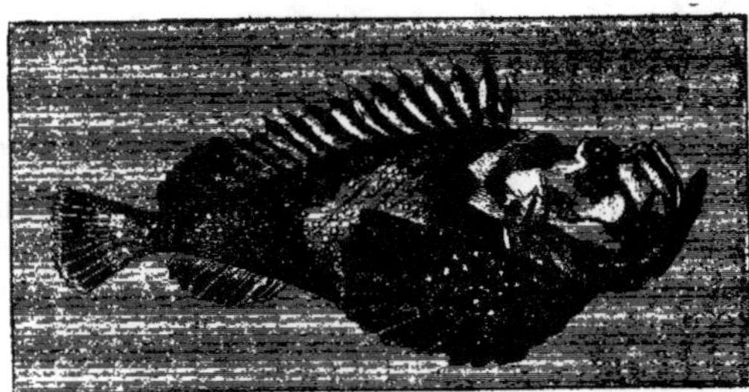

Fig. 11. — Synancée brachion.

Ce venin est clair, légèrement bleuâtre lorsqu'on vient de le retirer de l'animal vivant, sans saveur, à peine acidule. Il se trouble après la mort de l'animal.

Le venin de la synancée produit une mortification rapide des tissus avec douleurs irradiantes atroces. Il agit comme un poison paralysant : sueurs froides, tendance aux syncopes, tremblements nerveux, fièvre. En général, il n'y a ni vomissements, ni diarrhée. La plaie devient phlegmoneuse et se gangrène souvent.

Siluridès. — Quelques siluridès possèdent un appareil à venin, en particulier le phlotose. Il habite les mers du midi de l'Asie et même la mer Rouge; on le trouve à Bourbon, à l'île Maurice. Il vit dans le sable. Son appareil à venin est placé à la base de chacune des épines dorsales et pectorales qui sont canaliculées. La glande est complètement close et ne laisse sortir son venin qu'en se rompant par le fait d'une compression extérieure.

La douleur que cause la piqûre est très vive; quelquefois il y a de la fièvre. Ehrenberg assure qu'on peut en mourir, mais cette terminaison paraît rare.

Espèces du genre vive (*famille des trachynidés*). — On connaît quatre espèces de vives : la *vive vipère* ou *petite vive*, la *vive commune* (l'une et l'autre fréquentant le nord-est de l'Atlantique), la *vive araignée* et la *vive à tête rayonnée* habitant les côtes méditerranéennes. On en a signalé aussi sur celles du Chili. Ce sont des poissons à corps allongé, comprimé latéralement, armés de dents aux deux mâchoires. La vive commune ou grande vive peut avoir $0^m 20$ à $0^m 30$ de long.

Les vives possèdent toutes un double appareil à venin; l'appareil operculaire et le dorsal. Le premier est le plus dangereux; l'épine de l'opercule présente une double cannelure en connexion avec une cavité conique creusée dans l'épaisseur de la base de l'os operculaire. Le fond du cul-de-sac de cette cavité, sorte de glande folliculeuse invaginée dans l'os, est revêtu des cellules spéciales qui sécrètent le venin. Les glandes dorsales ont une structure analogue.

Le venin de la vive pris sur l'animal vivant est légèrement bleuâtre, opalescent; il est louche si le poisson est mort. Ce venin paraît neutre. Il coagule par les acides et par les bases.

Il est plus actif sur les poissons que sur les grenouilles, plus actif sur celles-ci que sur les mammifères, il est moins dangereux encore pour les oiseaux.

Il mortifie les tissus vivants et paraît agir comme un poison paralysant; il porte son action sur le bulbe et la moelle et ralentit les mouvements du cœur. On observe du

tremblement, des convulsions, quelquefois avec spasmes,
suivies de paralysie, de larmoiement. Les rats inoculés
s'amputent souvent à eux-mêmes le membre atteint.

Cottes. — Elles appartiennent à la famille des *triglidés*,
sous-famille des *cottiniens*. On en connaît près de quarante
espèces habitant les parties froides ou tempérées des mers
de l'hémisphère Nord de l'Europe, de l'Amérique et de
l'Asie. On les appelle aussi *chabots, caramassons, scorpions*.
Leur tête (fig. 12) est grosse et déprimée, leur corps épais, leur
peau nue. L'opercule est munie d'une épine forte et aiguë.

Fig. 12. — Cotte scorpion.

Le préopercule porte trois épines. Ces poissons, lorsqu'on
les irrite, gonflent leurs joues et dardent leurs aiguillons.
L'organe à venin siège dans les culs-de-sac que forme la
peau de la tête aux épines operculaires et préoperculaires.
C'est à la troisième épine préoperculaire (en comptant de
haut en bas) que siège l'appareil à venin le plus complet.

*La surface des culs-de-sac n'est revêtue des cellules spéciales,
à sécrétions venimeuses, qu'au moment du frai,* c'est-à-dire
de novembre à fin janvier. En dehors de ces époques l'animal paraît ne pas être dangereux[1].

1. C'est là une observation importante et qui n'est pas isolée : les *callionymes*, de l'ordre des *acanthoptérés*, famille des *gobiidés*, n'ont aussi de

Uranoscopes. — Ils font partie de la tribu des acanthoptérygiens jugulaires, famille des trachinidés, à laquelle appartiennent aussi les vives. On trouve les uranoscopes dans la mer des Indes, le Grand Océan, la Méditerranée. Ils ont le corps cunéiforme tout couvert d'écaillles fines, une grosse tête osseuse, aplatie de haut en bas; les yeux regardent en haut. L'appareil à venin siège à l'épine coracoïdienne à laquelle la peau de l'épaule forme une gaine qui se prolonge en un double cul-de-sac. La surface interne de ce sac est recouverte de cellules à sécrétion peu venimeuse qui se développent surtout à l'époque du frai.

Batrachidés. — Cette famille comprend le genre *batrachus* et le genre *thalassophryne*. Deux espèces de ce dernier genre possèdent un double appareil à venin, operculaire et dorsal. Une épine forte, creusée d'un canal central, termine l'os de l'opercule. La contraction des muscles destinés à mouvoir cet organe fait sourdre le venin. Il sort d'une poche piriforme d'aspect fibreux, sous forme de gouttelette. L'érection des rayons épineux fait aussi sourdre du venin des épines dorsales.

L'action de ce venin nous est encore inconnue; mais elle paraît se rapprocher des effets de ceux de la vive et de la synancée.

Murènes. — Les murénides appartiennent à l'ordre des *physostomes*, groupe des *apodes*. Le genre *murène* a

cellules à sécrétion venimeuse qu'au moment du frai. Il en est probablement de même des uranoscopes et des perches (Voir plus loin).

On rappellera que les œufs de brochet sont vénéneux. On sait aussi que le poisson de l'ordre des tétrodons, appellé *fugu* au Japon, est très vénéneux à l'époque des amours, par sa chair aussi bien que par ses œufs ou son frai, tandis que hors de cette époque il est excellent à manger et inoffensif (*Comptes rend. Soc. biolog.*, 1883, p. 263).

le corps allongé, la peau nue. Ces poissons habitent presque toutes les régions tropicales ou subtropicales. Les murènes n'ont pas de nageoires pectorales ; mais les dorsale et anale sont très longues. De chaque côté du museau sont une ou plusieurs rangées de fortes dents recourbées en crochet.

La *murène hélène* peut avoir 1^m 50 de long. Son appareil à venin siège au palais. Il est constitué par trois à quatre dents en forme de crochets mobiles pouvant s'effacer en arrière, non creusées d'un canal. Le venin s'écoule entre ces dents et les replis de la muqueuse du palais. La glande est divisée en plusieurs loges tapissées de cellules spéciales. Ce venin aurait des propriétés digestives puissantes. La morsure de la murène produit une hémorrhagie souvent suivie de syncope.

Scorpènes et **Pteroïs**. — Ces deux genres appartiennent au groupe des *acanthoptérygiens*, famille des *triglidés*. Le corps des scorpènes est écailleux ; leur tête est grosse et épineuse. Elles vivent dans la Méditerranée (*rascasse, scorpion de mer*), dans la mer des Indes, aux Antilles, etc. L'appareil à venin siège aux rayons épineux de la nageoire dorsale et à ceux de la nageoire anale. Ils sont enveloppés d'une membrane intraradiaire qui leur forme gaine, et creusés d'une double cannelure au fond desquelles sont les cellules qui sécrètent le venin.

Les pteroïs (fig. 13) ont la tête osseuse et épineuse, des rayons simples aux pectorales et

Fig. 13. — Pteroïs volant.

des rayons dorsaux très longs. Les yeux sont grands et placés près de la ligne du front. Le museau et l'orbite portent des lambeaux cutanés. La première nageoire dorsale compte treize rayons épineux à double cannelure profonde dans laquelle se trouvent des amas de cellules à venin.

La piqûre de ce poisson est très douloureuse, elle est accompagnée d'enflure et de congestion, mais elle n'est pas mortelle.

Pélors; Amphacanthes. — Les pélors forment un genre voisin des synancées et des scorpènes. Ils habitent les mers tropicales. La peau de l'animal est molle et spongieuse, hérissée de lambeaux charnus et comme déchiquetés. L'appareil à venin siège aux nageoires dorsales.

Les amphacanthes appartiennent au groupe des acanthoptérygiens, famille des theutiidés. Ils sont tous étrangers à l'Europe. L'appareil à venin est aux nageoires dorsales et anales. Les épines auxquelles la membrane interradiaire forme gaine, sont creusées de deux cannelures au fond desquelles se trouvent les amas de cellules vénénogènes.

Perche. — Ce poisson appartient à la tribu des acanthoptérygiens, famille des *percidès*. La perche a deux nageoires dorsales dont la première, formée de 13 à 14 rayons, est épineuse. Ces rayons présentent sur leurs bords postérieurs une cannelure profonde; entre celle-ci et la membrane intraradiaire qui forme gaine, se trouve un cul-de-sac tapissé, au moment du frai, de cellules à sécrétion. L'épine de l'opercule présente un rudiment d'appareil à venin.

Les blessures de la perche occasionnent une douleur qui s'irradie à tout le membre. Il survient de la tuméfaction, quelquefois de la lymphangite et un phlegmon.

En résumé, les venins de poissons occasionnent une vive douleur, souvent la paralysie motrice, puis sensitive; ils exercent une action sur le cœur qui s'arrête en diastole. Ils sont plus dangereux pour les poissons et les animaux à sang froid que pour les mammifères.

Les feuilles de moutarde et la moutarde en poudre, le tabac, le datura metel, la feuille de pimentier, la racine ou les feuilles de cadoc (*Guilandina Bonduc*), le piment, l'ail, l'*abrus precatorius* (graines ou racines), etc., en poudre, en cataplasmes appliqués sur la plaie agrandie, sont les remèdes qui paraissent avoir le plus de vogue et quelquefois de succès. D'après M. Bottard, l'*abrus precatorius* jouirait d'une réelle efficacité contre le venin de synancée: on verse de l'eau tiède sur les racines d'abrus pilées et l'on en boit l'infusion ; le marc est appliqué sur la plaie élargie. Suivant le Dr Fayel, l'essence de thérébenthine serait une sorte de spécifique contre les piqûres de la vive et sans doute aussi contre les venins de même origine.

VENINS D'ABEILLE ET D'AUTRES HYMÉNOPTÈRES.

Abeille. — L'abeille (*Apis mellifica*), au moins les ouvrières, ainsi que les espèces voisines (bourdons, frelons, guêpes, xylopa, etc.) portent au bout de l'abdomen deux glandes vénénifères formées chacune d'un tube flexueux qui laisse couler le venin dans un petit réservoir fusiforme. Un double canal excréteur le conduit à deux aiguillons protégés par une sorte d'étui. Les deux aiguillons très aigus, adossés l'un à l'autre et munis de barbelures, forment un dard avec lequel l'insecte attaque ou se défend. Le venin introduit dans la plaie coule par la gouttière de la face interne des aiguillons. Il est formé, d'après Carlet, par la liqueur mélangée des deux glandes vénénifiques de l'animal dont l'une sécrète un liquide *alcalin*, tandis que l'autre fournit un liquide *acide*[1]. Le mélange, ou venin complet, reste toutefois légèrement acide. Il se coagule à l'air et il est en grande partie soluble dans l'eau. Il possède une saveur styptique.

L'acide entrant dans la constitution de ce venin est l'acide formique[2] dont une partie semble être unie à de l'un décane $C^{11}H^{24}$ (*Scholl*) ou plutôt, peut-être, à l'alcool secondaire correspondant $C^{11}H^{24}O$.

Les effets du venin de l'abeille sont très variables. On a cité des cas où trois à quatre piqûres ont été mortelles pour l'homme, et surtout des cas plus nombreux où des piqûres multipliées faites par un essaim, ou partie d'essaim, ont entraîné la mort[3]. Le plus ordinairement lorsqu'on est piqué on ressent une douleur vive, il y a de l'enflure du point atteint, quelquefois il se produit un léger frisson, puis tout s'apaise. Dans d'autres cas, on observe des sueurs, de la céphalalgie, des faiblesses. Quand les piqûres sont nombreuses, il peut y avoir des convulsions, des paralysies des membres, des irrégularités dans les battements cardiaques, de la dyspnée, etc.

1. Chez les hyménoptères à aiguillon lisse, les glandes alcalines ne sont que rudimentaires.
2. Les fourmis, comme on le sait, sécrètent aussi de l'acide formique: les fourmis rouges, les fourmis de feu, sont des insectes très incommodes.
3. Delpech, *Rapport au Conseil d'hygiène et de salubrité de la Seine sur la culture des abeilles à Paris* (1878).

Ces accidents peuvent se terminer par la mort[1]. Le venin d'abeille semble agir, par paralysie bulbaire, sur l'appareil respiratoire. Des doses successivement croissantes peuvent créer chez l'animal une immunité relative[2].

Le venin du *xylopa violacea* agirait sur le sang.

Coléoptères, Lépidoptères, Diptères, etc. — Dans le groupe des coléoptères, il faut citer la cantharide, les méloés et les mylabres qui sécrètent la *cantharidine* $C^{10}H^{12}O^4$, substance qui par hydratation se transforme en acide cantharidique $C^{10}H^{14}O^5,H^2O$. C'est sous cette forme qu'elle s'élimine de l'économie par les reins en produisant souvent des néphrites. Dans les cas graves, on observe en même temps du priapisme, de l'hématurie, des hémorrhagies, de la paralysie progressive.

Parmi les diptères, l'un des plus redoutables, la *mouche tsé-tsé*, d'Afrique, fait des piqûres qui peuvent tuer un cheval ou un bœuf. Les animaux atteints maigrissent et finissent par mourir au bout de peu de jours. Au contraire, les animaux sauvages et l'homme lui-même, ainsi que la chèvre et le veau de lait, souvent le porc, résistent à sa piqûre[3]. La piqûre de la *mouche tachetée* ou *simulie (Simulia maculata)* de Hongrie, Serbie, etc., produit une vive douleur avec tuméfaction persistante, fièvre et quelquefois convul-

---

1. PHILOUZE, *Du venin des abeilles, Annales soc. linéene de Maine-et-Loire*, 1860, t. IV.

2. P. BERT, *Bull. Soc. biolog.*, 1865.

3. Il paraît, d'après un tout récent travail du Dr Bruce (*Ann. Institut Pasteur*, t. X, p. 189), que cette mouche n'est pas à proprement parler vénéneuse; mais qu'elle inocule l'hématozoaire de la maladie dite du *nagana*, après avoir piqué des animaux malades. Cet hématozoaire est allongé, transparent, très mobile; il glisse comme un serpent entre les globules et finit par les disloquer. En se multipliant rapidement il produit la fièvre, une infiltration de lymphe au cou, à l'abdomen et aux extrémités et une émaciation extrême.

sions pouvant être suivies de mort. La *petite mouche dorée* des Pyrénées, celle à tête rouge d'Abyssinie, la mouche des sables, les cousins, etc., ont aussi chacune leur venin.

Parmi les diptères, on doit citer encore les punaises qui agissent par leur salive ; les réduves dont les piqûres sont suivies d'engourdissement, etc.

VENINS DES ARACHNIDES; VENINS DES ACARIENS.

Le venin des araignées est contenu dans une glande située au céphalothorax, glande dont le conduit excréteur se termine aux antennes-pinces. Il est constitué par un liquide huileux, acide et amer. Suivant Kobert, il se mélangerait à une toxalbumine provenant de la peau de l'animal.

La morsure des mygales, des araignées, des tarentules peut tuer de très petits animaux. Chez l'homme, elle n'occasionne que de la rougeur, quelquefois des phlyctènes, rarement de la fièvre.

Les araignées malmignates (Ile d'Elbe, Corse, Curaçao, Madagascar, Venezuela, Russie) peuvent tuer les grands animaux et l'homme. La mort arrive dans le collapsus ; elle est précédée de dyspnée, de congestions pulmonaires avec paralysie des extrémités, phénomènes qui se prolongent souvent longtemps après les premiers accidents si le cas n'est pas mortel.

Chez les *acariens*, la punaise de Tabur paraît provoquer quelquefois des accidents mortels.

VENINS DES MYRIAPODES.

Le venin de la scolopendre tue les articulés. Chez les mammifères, il ne produit qu'une douleur persistante, de la rougeur, parfois un peu de fièvre [1].

Les scolopendres des pays chauds (*S. morsitans, S. insignis*) peuvent déterminer, par leur morsure, un œdème énorme, mais non mortel, à moins qu'ils n'agissent mécaniquement, au cou par exemple.

VENINS DES SCORPIONIDES.

Parmi les plus redoutables, il faut citer le *buthus afer* et l'*androctonus funestus* des régions tropicales. Leurs piqûres déterminent de la lymphangite, des vomissements, de 'a diarrhée, de la fièvre, du sphacèle, des accidents tétaniformes tardifs, enfin le coma auquel les animaux succombent.

L'appareil à venin du scorpion ordinaire *buthus occitanus* et *scorpio europeus*), formé de deux glandes adossées, entourées d'une capsule fibro-musculaire, est renfermé dans le dernier segment de l'abdomen. Ce venin sourd par deux petits orifices placés latéralement près de la pointe de l'aiguillon. C'est un liquide incolore, limpide, acide, soluble dans l'eau, peu soluble dans l'alcool, insoluble dans l'éther, légèrement plus dense que l'eau [2]. Un scorpion de forte taille ne paraît pas disposer de plus de $0^{gr},002$ de venin par ampoule.

<hr>

1. SOULIÉ, *Thèses de Montpellier*, 1885.
2. JOYEUX-LAFFUIE, *Thèses de Paris*, 1883.

Cette sécrétion n'est pas toujours active ni surtout également active. Redi a vu un pigeon piqué deux fois par l'aiguillon d'un scorpion de Tunis être pris de convulsions au bout d'une heure et succomber deux heures après. Un chien, piqué par un scorpion du Languedoc, fut pris une heure après de vomissements, d'enflure généralisée, de paralysie des membres, de convulsions; il mourut cinq heures après avoir été piqué. Quelquefois des chiens atteints à plusieurs reprises par des scorpions, des poulets piqués sous l'aile ne sont même pas malades[1]. D'après Blanchard, Bert, etc., la piqûre du scorpion est mortelle pour les insectes *et pour cet animal lui-même*. Les grenouilles piquées sont prises de tétanos, puis se rétablissent ou succombent. En général, les oiseaux sont très sensibles; leur respiration devient irrégulière, ils s'agitent et meurent, ou bien ils se rétablissent mais non sans grand malaise.

P. Bert a étudié le venin des scorpions de Suez. Ils avaient été tués et séchés au soleil[2]. La vésicule d'un seul de ces animaux suffit pour tuer deux grenouilles. Il ne se produit pas d'enflure; l'animal éprouve des convulsions à peu près comme par la strychine, il pousse des cris de douleur; le corps se roidit tout entier; des périodes de calme et d'excitation se succèdent. Comme le curare, ce venin paraît porter son action principale sur les extrémités périphériques des nerfs moteurs et laisser la sensibilité intacte, mais il excite la moelle épinière et fait naître des contractions tétaniques que ce dernier poison ne produit pas.

Sous le microscope, sous l'action de ce venin, les globules du sang paraissent s'agglutiner les uns aux autres; mais le

---

1. *Histoire de l'Acad. des sciences*, 1731, p. 223.
2. P. BERT, Contribution à l'étude des venins, *Compt. rend. Soc. de biologie*, 4ᵉ série, t. II, p. 136, et année 1883, p. 574.

sang extravasé reprend toute sa rutilance lorsqu'on l'agite à l'air. Les globules rouges des oiseaux, poissons, grenouilles, salamandres se dissolvent ; il ne reste que le noyau. En résumé, diminution progressive de la respiration et des battements cardiaques, congestions viscérales, faible abaissement de température, convulsions légères et rigidité cadavérique rapide, tels sont les principaux symptômes de cette envenimation. Une dose de $0^{mgr}5$ de venin de scorpion tue un cobaye en moins de vingt-quatre heures.

M. Calmette a étudié, dans ces dernières années, le venin du scorpion [1]. Il le préparait en triturant avec de l'eau distillée le dernier segment caudal coupé sur l'animal vivant, filtrant et évaporant à sec dans le vide. Vingt-huit scorpions lui ont ainsi donné 46 milligrammes d'un extrait sec qui, repris par l'eau distillée glycérinée, tuait la souris blanche à la dose de $0^{mgr}05$ en deux heures. L'animal était pris de spasmes convulsifs suivis de paralysie et d'asphyxie, phénomènes assez semblables à ceux qui suivent l'inoculation du venin de serpents.

Le venin de scorpions mélangé d'avance d'hypochlorite de chaux étendu, de chlorure d'or, de solution iodoiodurée perd toutes ses propriétés toxiques.

Un milligramme additionné de 3 cent. cub. de sérum antivenimeux de lapin immunisé contre le venin de cobra ne peut plus tuer le cobaye, alors que la même dose mêlée à du sérum ordinaire le tue infailliblement. Deux cobayes immunisés contre le venin de vipère supportèrent parfaitement la dose mortelle de 2 milligr. de venin de scorpion [2].

---

1. *Annales Institut Pasteur*, t. X, p. 232.

2. J'ai reçu en 1881 des queues de scorpions (*Buthus occitanus*), des Pyrénées Orientales ; elles avaient été enlevées en septembre à l'animal bien

TOXINES DES ASCARIDES

On sait depuis longtemps que les ascarides lombricoïdes provoquent souvent des accidents à forme typhique, des phénomènes convulsifs, etc., et on a quelquefois soupçonné qu'ils provoquaient une sorte d'empoisonnement par leurs excrétions. C'était l'opinion de Rosen, de P. Franck, de Davaine, de Hubert. M. R. Blanchard a cité un cas caractérisé par du prurit, une éruption vésiculeuse, un gonflement des oreilles et du cou, de la conjonctivite, de violentes douleurs de tête survenues chez un étudiant qui disséquait des ascarides. M. Vignardou, puis M. Chauson, et leurs aides de laboratoire, ont été victimes dans des conditions pareilles d'accidents analogues : éternuements continus, prurit, du pharynx, aphonie, coryza, conjonctivite; le surlendemain, douleurs pharyngées, difficulté de la déglutition, gonflement des paupières, etc.

Le liquide citrin qui s'échappe du corps des ascarides de porc ou de cheval lorsqu'on les coupe en morceaux, injecté au cobaye dans le tissu cellulaire à la dose de 2 à 4 centimètres cubes, tua un premier animal en deux ou trois minutes avec des accidents convulsifs; un second mourut moins de douze heures après l'injection. Il présenta, presque dès le début, de l'incertitude dans la marche qui se faisait à reculons. Quelquefois la mort est plus lente; elle se fait attendre 50 à 70 heures[1].

vivant et expédiées telles quelles. Elles s'étaient conservées sans alteration apparente. Un mois après, quand je voulus faire mes expériences, je reconnus que ce venin était dénué de toute activité.

1. Voir CHAUSON, *Journ. de clin. et de thérap.*, avril 1896.

SANGS VENIMEUX.

Beaucoup d'animaux ont un sang venimeux : si l'on injecte en petite quantité, ces sangs, ou les sérums correspondants dans les veines d'un autre animal ou dans le tissu conjonctif sous-cutané, ils provoquent des accidents d'empoisonnement. Tels sont les sangs des anguilles, et des murénides, les sangs de crapauds, de grenouilles et en général des batraciens[1], le sang de serpents même non venimeux, celui du hérisson, etc.

Sang des murénides[2]. — D'après A. Mosso, le sang de la murène (*Murena conger*), et des autres murénides, fournit un sérum contenant un albuminoïde toxique, l'*ichtyotoxine*. Un demi-centimètre cube de ce sérum injecté à un chien de 15 kilos le tue en 7 minutes.

Sang d'anguille[3]. — A. Mosso reconnut en 1888 que le sang d'anguille est vénéneux. Injecté sous la peau, son sérum fait périr les animaux à des doses à peine trois fois plus fortes que celles de venin de cobra. Moins de 0⁰⁰3 de sang d'anguille tuent le cobaye auquel on l'injecte. Un chien qui avait reçu dans la jugulaire 0⁰⁰5 de ce sérum frais, s'agita, urina ; 2 minutes après il tombait sur le sol, les pupilles dilatées ; il survint bientôt de l'opisthotonos, des défécations, des convulsions qui durèrent 15 secondes ; l'animal fit quelques mouvements respiratoires

---

1. *Compt. rend. Soc. biolog.* pour 1893, p. 477.

2. A. Mosso, *Atti. d. real. Acad. dei Lincei. Rendiconto.* 4) t. IV, p. 665, 673, et *Arch. ital. de biolog..* t. X, p. 141.

3. A. Mosso. *Arch. ital. de biolog.*, t. X, p. 141 et U. Mosso, *Ibid.*, t. XII, p. 229, et Mosso et Schmiedeberg, *Maly's Jharesber.* t. XVIII, p. 92.

et mourut 5 minutes après l'injection. Aucune lésion à l'autopsie. Le cœur s'était arrêté en diastole. Le sang des animaux tués par l'ichthyotoxine reste incoagulable chez les lapins et les grenouilles (mais non chez les chiens). La rigidité cadavérique apparaît aussitôt après la mort.

L'ichthyotoxine des anguilles et des murénides a été étudiée par U. Mosso. Elle ne dialyse pas à travers le papier parchemin; elle est soluble dans l'eau, précipitable par l'alcool. Elle ne se conduit pas comme une diastase. Par toutes ses propriétés chimiques elle semble se confondre avec la séro-albumine du sang dont elle représente peut-être une simple variété. Son goût, d'abord légèrement salé, laisse au bout de 10 à 30 secondes, une sensation à la fois phosphorée, âcre et brûlante, caractère qui suffirait à différencier cette substance des autres albuminoïdes. Tout réactif qui fait disparaître ce goût, lui fait également perdre ses propriétés vénéneuses. La globuline, les zymases, les matières cristallines ou salines qui accompagnent l'ichtyotoxine dans le sérum d'anguille ne paraissent pas avoir d'action sensiblement vénéneuse. Mais on ne sait pas si l'*ichtyotoxine* de l'anguille est identique à celle du sang des murénides.

Dissoute dans l'eau cette substance n'est pas modifiée par un courant d'acide carbonique; mais les acides minéraux et même organiques (quoique ces derniers plus lentement) lui font perdre son pouvoir toxique alors même qu'ils ne sont employés qu'en petite quantité et à froid. Il en est de même de la soude, de la potasse et de l'ammoniaque qui font disparaître le goût âcre du sérum de sang d'anguille, signe constant de sa toxicité. Lorsqu'on a le soin de neutraliser au moyen d'un acide en quantité juste suffisante l'alcali ajouté au sérum vénéneux d'anguille, celui-ci ne récupère plus sa toxicité. Cette propriété rapproche singulièrement l'ichtyotoxine du venin de cobra où je l'ai constatée depuis longtemps.

La digestion fait disparaître la vénénosité de l'ichtyotoxine.

Portée à 68-78° la solution de cette substance se trouble, se coagule et perd ses propriétés toxiques.

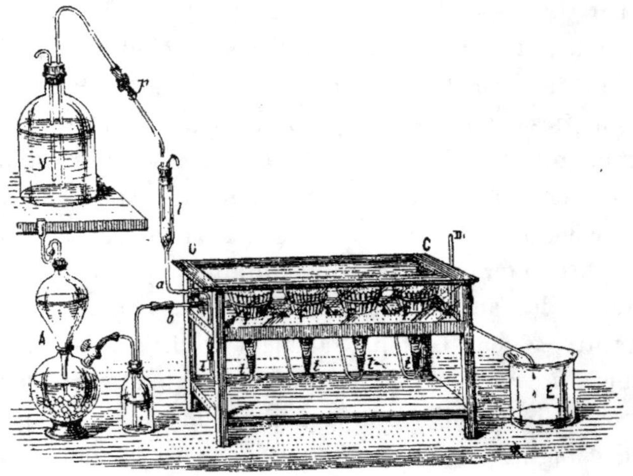

FIG. 11. — Dialyseur continu de A. Gautier.

Le liquide à dialyser est placé dans l'intérieur des filtres en papier parchemin qui garnissent les quatre entonnoirs de verre. Autour de ces filtres communiquant entre eux par les tubes t, t, t, t, circule lentement un courant d'eau qui va du 1er au 4e filtre, il coule goutte à goutte du flacon V. L'appareil A fournit, quand il en est besoin, un courant continu de gaz CO_2, qui passe dans la cage de verre fermée CC contenant les quatre dialyseurs. Les substances qui ont traversé les dialyseurs se recueillent en E.

L'ichtyotoxine pure se prépare en précipitant le sérum de sang d'anguille par le sulfate d'ammoniaque en poudre ajouté jusqu'à saturation, lavant le précipité avec une solution concentrée du même sel, reprenant ce précipité par l'eau distillée, soumettant à la dialyse pour séparer le sel minéral (fig. 14), filtrant alors de nouveau pour enlever les globulines restées insolubles, enfin évaporant dans le vide le liquide filtré. Deux milligrammes de cette substance tuent presque instantanément, par injection sous-cutanée, un kilogramme de chien, et suffisent à tuer un lapin. L'ichtyotoxine n'est pas vénéneuse par ingestion stomacale.

Sang de couleuvre[1]. — Le sang de couleuvre est aussi très vénéneux. Doit-il sa toxicité aux glandes labiales supérieures de l'animal dont l'infusion a été trouvée vénéneuse par Leydig et par R. Blanchard[2]? C'est une opinion qui a été soutenue, mais sans preuves suffisantes. Le sang ou le sérum d'ophidiens injectés dans la cavité péritonéale du cobaye à la dose de $1^{cc}5$, produisent aussitôt des nausées, de la stupeur, de l'immobilité. L'animal est flasque, l'abdomen gonflé, affaissé. Il meurt au bout de 2 heures, le cœur rempli de sang noir, la rate congestionnée.

Du reste, tous les sangs d'ophidiens sont toxiques; leur pouvoir vénéneux paraît être le même, quel que soit l'animal qui l'a fourni[3].

Sang de vipère et d'autres serpents venimeux[4]. — Le sang de vipère et son sérum possèdent la même vénénosité et occasionnent les mêmes troubles que le venin de cet animal. Deux cent. cubes de ce sérum injectés dans l'abdomen d'un cobaye de 480 gr. provoquent immédiatement des nausées, abaissent la température qui de 40° passe à 26°, produisent une grande fatigue et tuent l'animal en 2 heures. L'extrait alcoolique de ce sang ou de son sérum est entiè-

---

1. Physalix et Bertrand, *Compt. rend. Acad. sciences*, t. CVIII, p. 76, et *Soc. biolog.*, 1894, p. 8.

2. *Soc. biolog.*, 1894, p. 357.

3. Calmette, *Annales de l'Inst. Pasteur*, t. IX, p. 233.

4. Physalix et Bertrand, *C. rend. Acad. sciences*, t. CVII, p. 1099 et *C. rend. Soc. biolog.*, 1893, p. 997.

rement sans effets. Le sang de vipère paraît contenir de l'échidnine.

Le sang du *naja tripudians* ou du *naja haje*, ainsi que celui de vipère à cornes tuent aux mêmes doses; par injection péritonéale, la dose mortelle pour le cobaye est de 2 cent. cubes. Ces sangs chauffés à 68° perdent leur vénénosité, ce qui démontre qu'ils ne la doivent pas au venin de l'animal, venin qui résiste à cette température (*Calmette*). D'ailleurs le sang ou le sérum des animaux venimeux ne produit pas les mêmes désordres que les venins correspondants. Ces sangs ne tuent jamais dans un court délai, même à dose élevée. De l'inflammation se produit toujours au point d'inoculation. D'autre part, on peut, grâce à l'injection de sérum antivenimeux de lapin, supprimer l'empoisonnement qu'occasionne ce sang sans supprimer en même temps l'action toxique du venin lui-même de l'animal. Les animaux vaccinés contre les venins ne supportent pas avec facilité l'inoculation de sangs des serpents venimeux ayant fourni ces venins.

Sang de salamandre. — Ce sang est également toxique. MM. *Physalix* et *Contejean* ont démontré qu'il contient aussi une substance possédant des propriétés antitoxiques vis-à-vis du curare. Une grenouille à qui l'on injecte dans le péritoine 1^{cc} 5 de ce sang peut recevoir le lendemain 0^{mgr} 13 de curare sans en être incommodée[1].

Sang de crapaud[2]. — MM. Physalix et Bertrand ont démontré que ce sang est toxique. Cinq cent. cubes inoculés sous la peau entraînent chez le cobaye des accidents rapides.

1. *Compt. rend. Acad. sciences*, t. CXIX, p. 434.
2. *Compt. rend. Acad. sciences*, t. CXVI, p. 1080.

Un cent. cub. suffit chez la grenouille. Le sérum correspondant agit comme le sang tout entier. Les phénomènes sont ceux qu'occasionne le venin cutané : paralysie du train postérieur, ralentissement et arrêt du cœur, rétrécissement de la pupille.

Pour extraire les matières actives du sang de crapaud on l'additionne de 4 à 5 volumes d'alcool à 95° cent., on filtre après 24 heures, on lave et épuise le résidu avec de l'alcool. Ces solutions alcooliques produisent les désordres mêmes qu'on observe avec le sang ou le venin cutané. Le sang de crapaud contient donc des substances toxiques appartenant au groupe des leucomaïnes ou des ptomaïnes et non à celui des albuminoïdes.

Sang de hérisson[1]. — Ce sang contient, d'après MM. Physalix et Bertrand, une matière toxique et une matière antitoxique que l'on retrouve dans le sérum. On peut détruire la première sans modifier la seconde en maintenant le sang à 58° durant 15 minutes : la substance antitoxique reste seule intacte. Le sérum ainsi transformé injecté aux animaux les immunise contre les venins, en particulier contre celui de vipère dont on sait que le hérisson supporte les morsures sans accidents durant la vie.

CHAIRS VÉNÉNEUSES.

Beaucoup de poissons ont une chair vénéneuse quoique souvent excellente au goût, et l'empoisonnement que provoquent ces aliments est quelquefois très prompt. Mais ce qui fait la difficulté et les contradictions qu'on rencontre dans cette étude, c'est que suivant les lieux et surtout l'époque de la

1. Physalix et Bertrand, *Compt. rend. Acad. sciences*, t. CXXI, p. 745.

pêche, correspondant en général avec tel ou tel développement de l'animal, en particulier avec le moment du frai.
le même poisson peut être extrêmement vénéneux ou inoffensif. Tel est le cas du *fugu* ou *tetrodon rubripes* des mers
du Japon dont la chair, mais surtout les œufs et la laitance
deviennent d'une vénénosité extrême lorsqu'ils sont arrivés
à l'état adulte, tandis que ce poisson est mangé sans aucun
inconvénient lorsque les règlements locaux en permettent
la pêche[1]. Tel est aussi le cas du cailleu-trassart *Meletta
thrissa)* que l'on pêche depuis New-York jusqu'aux côtes
du Brésil, et qui, très estimé sur certains points des côtes
des Deux-Amériques, devient très vénéneux sur d'autres
rivages, sans doute lorsqu'il est arrivé à un certain état
de développement. Telle est aussi la bécune *sphyræna
picuda)* qui, suivant Plée qui l'observait à la Martinique,
n'est jamais vénéneuse dans ce pays, mais qui passe pour
dangereuse aux Antilles et au nord du Brésil, probablement
parce qu'elle y arrive à un autre moment de l'année ou
qu'elle s'y trouve dans des conditions de nutrition spéciales.
Toujours est-il que, dans ces derniers pays, la sphyrène
produit des empoisonnements avec tremblements généralisés,
nausées, vomissements, douleurs violentes dans les bras et
les mains. La guérison, d'ailleurs toujours lente, ne paraît
jamais définitive; comme pour beaucoup de venins, ces
accidents peuvent revenir sans cause apparente et même
d'année en année.

Un poisson de la Méditerranée, le tétragonure de Cuvier,
devient souvent dangereux l'été : après en avoir mangé,

1. Voir à ce sujet RÉMY, *Mémoires de la Soc. de biologie*, t. V, p. 1 (1883)
ainsi que MIURA et TAKESAKI, Z. Lokal. d. te trodonsgift, *Virch. Arch.*
(1893), p. 112. — TOGOHOSHI, *Ibid.* (1893-1894), p. 122.

le patient est pris de chaleurs à la gorge, de nausées, de vomissements, de douleurs à l'épigastre.

Parmi les labroïdes, le *lachnolæmus caninus* paraît être très vénéneux. On a constaté aussi des empoisonnements par la bonite caractérisés par des rougeurs avec exanthèmes, céphalalgie, coliques et dévoiement.

La plupart des animaux des genres tétrodon et diodon qui vivent dans les mers tropicales, quelques-uns dans les fleuves (Nil, Amazone), les ostracions ou coffres et certains balistes ont aussi une chair vénéneuse[1].

Dans la famille des clupes comprenant le hareng, la sardine et l'anchois, on trouve l'*anchois bælassa* des rivages de l'Inde, dont la chair occasionne la mort même lorsqu'on ne la consomme qu'à faible dose. La melette vénéneuse se rencontre dans les mêmes mers. Elle peut provoquer des vomissements violents.

Citons parmi les scomberoides, la fausse carangue (*caranx fallax*) des côtes du Brésil dont la chair est vénéneuse une grande partie de l'année.

Enfin, parmi les squales, on doit signaler la chair fortement vénéneuse du *guiet*.

Tout le monde connaît les empoisonnements par les moules vénéneuses. Nous l'avons décrit dans cet ouvrage (p. 133) à propos de la mytilotoxine, alcaloïde qui paraît se former chez ces animaux dans des conditions encore mal déterminées. On sait communément que la chair des huîtres est souvent malsaine aux époques du frai, et j'ai été témoin d'un empoisonnement avec embarras gastrique suivis de dévoiement cholériforme sur tous les membres d'une famille qui

---

1. En particulier le tétrodon du Cap (*Tetrodon sceleratus*) et le *Tetrodon maculatus*.

avaient mangé de ces mollusques à la fin d'août sur les côtes de
Bretagne. Les phénomènes toxiques ne se déclarèrent que
vingt-quatre à quarante-huit heures après l'ingestion. Ces
huîtres avaient été excellentes.

Il ne faudrait pas confondre les empoisonnements par les
chairs vénéneuses, dangereuses à consommer à l'état frais
et après cuisson, avec les empoisonnements occasionnés
par les viandes et autres aliments salés, fumés et conservés
(morue, esturgeon, saumon, conserves de viande, fromage,
etc.), empoisonnements dus à l'action de poisons microbiens
qui se développent ultérieurement dans des aliments primitivement inoffensifs [1].

En même temps que les bactéries détruisent la matière
alimentaire, ils la modifient et y introduisent leurs propres
sécrétions. De divers échantillons de fromages reconnus
vénéneux et qui produisirent sur les chiens et les chats des
vomissements et de la superpurgation, Vaughan après épuisement à l'alcool, reprise du résidu par l'eau et reprécipi-
tation de la liqueur par l'alcool retira une albumotoxine
très vénéneuse dont la solution injectée sous la peau à la
dose de quelques gouttes déterminait les phénomènes d'intoxication précités. Elle avait tous les caractères des albuminoïdes, elle ne précipitait pas par le sulfate sodique ni par
l'acide carbonique, mais par saturation de ses solutions au
moyen du sulfate d'ammoniaque en poudre. Ce n'était donc
ni une globuline, ni une peptone. De semblables protéides
vénéneuses issues des bactéries se rencontrent certainement
dans beaucoup d'autres aliments altérés par les microbes [2].

<hr>

1. Voir SIEBER-SCHOUMOW, *Contribution à l'étude des poissons venimeux*,
Arch. Soc. de biolog. de Saint-Pétersbourg, t. III, p. 226 (1894).
2. VAUGHAN et NOVY, *Ptomaïnes et leucomaïnes*, p. 60 et 61.

CHAPITRE DOUZIÈME

Toxines microbiennes des maladies virulentes.

Les toxines sécrétées par les microbes infectieux, celles qu'ils forment *in vitro* ou qu'ils versent dans les organes au cours des maladies spécifiques, aussi bien que les anti-toxines paraissant se produire sous l'influence de ces toxines, dans les organes envahis qui se défendent contre l'intoxication, toutes ces substances actives ne sont pour la plupart autrement connues que par leurs effets. Nous avons dit (p. 310) les raisons qui nous font admettre que les toxines infectieuses proprement dites et les antitoxines sont généralement de nature protéique, mais nous avons fait aussi remarquer que ces substances doivent être placées sur la limite qui sépare les corps protéiques des alcaloïdes proprement dits ou ptomaïnes. A ce dernier point de vue, on doit en faire une classe à part qu'on pourrait appeler la classe des *ptomalbumines*.

Nous avons vu que le terme de *toxine* s'applique indistinctement à l'ensemble des produits de chacun des microbes pathogènes (toxine dipthérique, toxine tétanique, toxine cholérique, etc.) que ces substances soient des toxines proprement dites, telles que les toxines diastasiques ou albuminoïdes, qu'elles soient de vrais alcaloïdes, des ptomaïnes, ou bien quelles jouent d'autres fonctions, telles que la phlo-gosine, ou l'invertine par exemple. Nous avons fait observer à plusieurs reprises, que généralement les toxines complètes, sécrétées par les microbes ou formées dans certaines glandes, se composent de deux ordres de facteurs principaux : les *toxines* proprement dites ou ferments morbides, le plus souvent albuminoïdes ou nucléiniques, et les *toxines alcaloï-diques* ou *ptomaïnes*. Ces dernières paraissent elle-mêmes procéder des toxines albuminoïdes grâce à une sorte de dédoublement fermentatif que provoque le microbe.

Enfin, nous avons dit (p. 331) comment pour l'étude chi-mique ou physiologique d'une toxine complète, on peut séparer ces deux ordres d'agents nocifs qui mélangés dans les liqueurs de cultures ou dans les humeurs, compliquent et obscurcissent leurs actions propres.

Il est intéressant de remarquer en passant que parmi les toxines protéiques jusqu'ici découvertes toutes, sauf la cholérapeptone de Petri, font partie de la classe des propep-tones ou albumoses.

Avant de dire ce que l'on sait de particulier sur l'action toxique et les autres propriétés des produits vénéneux sécrétés ou formés par chacun des microbes pathogènes spécifiques, il convient de remarquer que deux caractères paraissent leur être communs : la propriété *pyogène* qui fait que ces toxines attirent, puis détruisent les globules blancs et produisent ainsi du pus[1], et la propriété *pyrétogène* qui ne paraît appar-tenir que très indirectement à la substance pyogène.

1. Christmas a constaté que les cultures du staphylocoque doré con-tiennent une matière protéique que l'alcool précipite et qui, introduite dans la chambre antérieure de l'œil du lapin, provoque la suppuration. Arloing a signalé aussi une substance phlogogène dans les cultures de la péripneumonie infectieuse.

Il faut peut-être ajouter une troisième caractéristique très commune, sinon tout à fait générale, des toxines, celle de ralentir les mouvements du cœur : ainsi agissent les toxines diphtériques, celles du *bacillus septicus putridis*, celles du *b. coli communis*, etc.

Büchner a remarqué que beaucoup de bactéries contiennent des substances pyogènes en quantité variable, et sans doute aussi différentes de nature suivant l'espèce qui les forme : le *bacille d'Eberth*, le *b. subtilis*, le *b. lactique*, le *staphylococcus pyogènes aureus*, le *bacille rouge* de la pomme de terre, le *bacille pyocyanique* surtout, en fournissent de notables proportions. Pour extraire la substance pyogène de ce dernier bacille, on le cultive sur tranches de pommes de terre, on recueille ensuite les microbes en brossant chaque tranche sous l'eau et on les lave. La matière pâteuse ainsi séparée est reprise par 50 fois environ son volume d'une solution de potasse caustique à 5 pour 1000. Il se fait une masse mucilagineuse qui se dissout à 100°; on chauffe un peu, et l'on jette sur de petits filtres en grand nombre. La solution, verdie par la pyocyamine, est exactement précipitée par l'acide acétique sans excès; il se sépare une masse mucilagineuse qu'on réunit sur des filtres et qu'on lave à l'eau. On la redissout en la délayant dans de l'eau contenant une trace de soude. 13^{gr}25 de bactéries humides (ou 1^{gr}44 de matière sèche), ont ainsi donné 0^{gr}274 de cette substance protéique[1], soit 1^{gr}4 pour cent grammes de substance calculée exempte d'eau. Cette toxine pyogène représente donc une importante fraction des matériaux constitutifs du microbe.

---

1. Elle contenait 11,5 pour cent des matières minérales principalement composées de phosphates. et de chlorures alcalins.

Les propriétés chimiotactiques et pyogènes de cette substance furent démontrées par la méthode de Massart. La matière dissoute était placée dans de petits tubes qu'on stérilisait ensuite à chaud, et ceux-ci, après avoir été ouverts à un bout, étaient insérés, avec des précautions antiseptiques minutieuses, sous la peau d'animaux divers. Les tubes extraits au bout de 2 à 3 jours furent trouvés remplis, jusqu'à 2 à 3 millimètres de leur extrémité ouverte, d'un pus formé par la destruction des phagocytes, pus qu'on reconnut stérile. Il y avait donc eu à la fois attraction et destruction des globules blancs.

Le bacille d'Eberth possède au plus haut degré la propriété de sécréter cette *pyogénine*. On a reconnu qu'elle a les plus grandes analogies avec les caséines végétales, elles-mêmes du reste douées de puissance pyogène à un faible degré.

On sait d'ailleurs que la plupart des bacilles infectieux et pyogènes produisent la fièvre ; nous avons déjà insisté sur ce point. C'est Panum qui, sans en tirer parti, ni généraliser cette observation, reconnut pour la première fois, en 1843, dans ses recherches sur le poison des matières putrides, qu'elles contiennent une substance plus ou moins définie, mais enfin un principe chimique, apte à donner la fièvre lorsqu'on l'injecte dans le sang. Il reconnut que ce poison septique et pyrétogène subissait sans perdre ces propriétés la température de 100°. Ces expériences depuis oubliées furent plus tard confirmées au point de vue de la réalité de l'existence de substances pyrétogènes par M. Chauveau ; il établit à nouveau que l'injection des liquides putrides *stérilisés à 100°* provoque la fièvre. Brieger, vers 1883, fit faire un pas de plus à la question de l'origine de la fièvre

en montrant qu'une substance cristallisée, un véritable
alcaloïde extrait des liquides putrides, la *mydaléine*, était
capable d'élever la température et le pouls[1]. En 1887,
Serafini aborda le premier l'étude des produits pyrétogènes
sécrétés par les microbes infectieux spécifiques : il remarqua
que les cultures du bacille de Friedlander (Microbe de la pneumonie) déterminent chez le chien, *après stérilisation*, une notable élévation de température. Enfin, en 1889, MM. Charrin et
Ruffer complétèrent cette démonstration en montrant que les
cultures du bacille pyocyanique filtrées, ou filtrées et à la fois
chauffées à 115°, élevaient de 1°,5 la température du lapin et
produisaient un accès de fièvre pouvant durer plus de
48 heures, sans que ces cultures continssent aucun germe
microbien mort ou vivant[2].

Les substances pyrétogènes peuvent donc être produites
par les microbes; mais elles peuvent aussi dériver des cellules
animales et se rencontrer chez les végétaux. Nous avons
déjà parlé ailleurs (p. 423) de la pyrétogénine, que
M. Roussy a signalée dans la levure de bière et qui n'est
autre que le ferment inversif. C'est à cette découverte (1889)
que remonte la preuve, pour la première fois bien établie, que
la fièvre peut être provoquée par le passage dans le sang
d'une substance de nature notoirement zymotique[3]. Il est
vrai que certains alcaloïdes sont pyrétogènes, et que le bouillon lui-même est pyrétogène, d'après M. Bouchard; on ne
saurait en être très surpris, puisque d'une part ce sont là

---

1. On peut toutefois se demander si elle agit directement ou plutôt
en provoquant l'issue des ferments pyrétogènes.

2. Voir à ce sujet, Charrin et Ruffer, *Société de biologie*, 26 janvier 1889.

3. L'idée que la fièvre est une sorte de fermentation est déjà exprimée
par Van Helmont, et l'avait été probablement par d'autres avant lui.
Mais une idée n'est pas une vérité avant qu'on en ait donné la preuve.

des substances chimiques de l'ordre de celles que produit
la cellule bactérienne anaérobie, leucomaïnes, produits de
combustion incomplète, matières extractives, etc. aptes en
atteignant les cellules normales ou le globule blanc, à faire
déverser dans le sang les ferments pyrétogènes que ces
cellules tiennent en réserve.

Les substances pyrétogènes microbiennes sont loin
d'avoir toutes la même intensité d'action. Bouchard a
constaté (1889) que les cultures de bactéridie charbonneuse,
de staphylocoque doré, du bacille de la morve, étaient
moins hyperthémisantes que ne l'est le bouillon de veau; que
les cultures du bacille de l'érysipèle agissaient comme ce bouillon, et que celles du bacille virgule élevaient plus que le
bouillon la température. La lymphe de Koch ou tuberculine
produit à dose minime (1 milligramme à 1 centigramme), sur
les sujets tuberculeux, des élévations de température de 3 et 4°.
Trois à quatre centimètres cubes de culture filtrée de bacille
pyocyanique font monter la température de 1 à 3°. Deux centimètres cubes de culture stérilisée de *bacillus prodigiosus*
provoquent durant huit à dix heures de suite, chez le lapin,
une fièvre de 41° (*Gamaléïa*).

Etant donné d'une part la non-proportionnalité des effets
pyogéniques et pyrétogéniques, tenant compte d'autre part
de ce fait que des substances purement chimiques, des alcaloïdes définis par exemple, peuvent provoquer la fièvre,
nous ne pensons pas que les substances pyrétogènes
se confondent avec les matières pyogènes ou toxiques. Il
est très possible que des substances toxiques (microbiennes
ou non), ou simplement médicamenteuses, soient capables
d'agir sur certaines cellules de l'économie pour provoquer
la formation de principes aptes à allumer la fièvre : Gama-

leia en a donné un commencement de preuve[1]. De
la rate d'animaux sacrifiés durant la fièvre charbonneuse,
il extrait une substance purement chimique douée d'un
pouvoir pyrétogène très grand : la rate extirpée à l'animal
malade était hachée et mise à digérer avec de l'alcool absolu;
au bout de deux heures, on rejetait l'alcool et on pulvérisait
le magma restant avec de l'eau. Cette bouillie filtrée sur
biscuit, injectée à la dose de 4 cent. cub. dans la veine auriculaire du lapin, provoquait au bout d'une demi-heure une
élévation de température de 1°,2 à 2°.

On peut considérer la fièvre infectieuse comme une réaction des tissus contre l'invasion des microbes; cette réaction
provoque, nous l'avons vu, la formation des antitoxines
mais sans doute aussi l'extravasation des ferments pyrétogéniques.

C'est par la production ou le déversement dans le sang
de matières propres à exciter les centres thermogéniques
qu'on peut s'expliquer la fièvre qu'on observe souvent chez
les chlorotiques, les goutteux, les rhumatisants, les leucocythémiques, et en général, chez les porteurs de cachexies
diverses. Lorsque la nutrition et la désassimilation sont
imparfaites, des substances extractives incomplètement oxydées, se forment ou sortent des tissus et en particulier des
globules blancs et provoquent, en certains cas à un haut degré,
les phénomènes artificiellement reproduits par Bouchard
par injection de bouillon de veau et par Gamaleia au moyen
de l'infusion de rate.

1. *Annales Institut Pasteur*, t. II, p. 213 (1889).

TOXINES DU CHARBON.

Pour préparer les toxines du bacille de l'anthrax, Hankin a donné la méthode suivante[1] :

Les cultures se font dans de l'extrait de Liebig en solution au 1 000e mélangé d'un peu de fibrine divisée[2]. L'extrait doit être d'abord stérilisé longtemps et avec soin, et la fibrine n'être ajoutée qu'après avoir été stérilisée séparément elle-même. Lorsqu'on a mélangé ces matières, on soumet de nouveau le tout à la température de 110°. On ensemence alors le terrain ainsi préparé avec une goutte de sang pris dans le cœur ou la rate d'un animal mort de charbon et on abandonne à la température de 15 degrés[2]. Le bacille se reproduit aux dépens des flocons de fibrine. Après une semaine environ, on jette le tout sur un filtre et l'on extrait l'albumose qui s'est formée. Dans ce but, on filtre la partie limpide et on l'additionne de sulfate d'ammoniaque en poudre après avoir très

Fig. 15. — Bacilles du charbon et globules du sang.

1. Voir *British med. Journ.*, 12 octobre 1889 et 12 juillet 1890.
2. Lœw a fait la remarque, partiellement confirmée depuis, que les bacilles pathogènes se nourrissent à peu près *exclusivement* de matières albuminoïdes. Il convient de reconnaître seulement que ces substances sont celles qui conservent le mieux la puissance nocive des microbes infectieux; les bacilles peuvent rester encore pathogènes, et presque aussi actifs, après avoir été cultivés dans des bouillons ne contenant presque exclusivement que des substances azotées quaternaires.
3. Si l'on agissait à 37°-38°, l'albumose qui se forme pourrait passer à l'état de peptone. Dans ce cas, d'après Hankin, l'albumose et la peptone perdent leur pouvoir toxique et immunisant.

légèrement acidulé d'acide acétique. Le précipité floconneux qui se produit est passé au filtre, lavé à l'eau chargée du même sel, repris par de l'eau pure et soumis à la dialyse en présence d'un peu de thymol ou dans un courant d'eau à 45 ou 50° qui empêche toute putréfaction. Au bout de 24 heures, quand les sels minéraux ont été enlevés, on évapore la liqueur dans le vide à 46° ou 48°. Lorsqu'elle est assez concentrée, on la verse goutte à goutte dans de l'alcool; il se fait un précipité qu'on lave avec de l'alcool nouveau et que l'on sèche[1]. Dans cette dernière phase de l'opération, les ptomaïnes, et d'autres corps restent en solution dans l'alcool, tandis que les albumoses seules se précipitent[2]. La substance ainsi obtenue, redissoute dans l'eau et injectée aux animaux à dose assez forte, est mortelle pour eux. Au contraire, si on l'injecte par très petites doses à la fois, elle leur confère l'immunité contre le charbon.

D'après l'auteur de ces observations, un cinq-millionième, et même un dix-millionième de leurs poids injecté aux lapins les vaccinerait aussitôt contre la maladie charbonneuse[3]. Mais cette immunité n'est pas durable. Hankin

1. Hankin fait observer que si l'on place de l'alcool d'une part, de l'eau de l'autre, des deux côtés d'une membrane dialysante, l'eau passe rapidement vers l'alcool, tandis que des traces seulement d'alcool dialysent vers l'eau. Il s'est servi de cette propriété pour concentrer plusieurs solutions aqueuses étendues d'albumoses pathogènes; il les introduit dans une sorte de boyau dialyseur qu'il fait plonger dans de l'alcool méthylique qu'on renouvelle de temps à autre et qui absorbe lentement une grande partie de l'eau.

2. Dans ce procédé, les peptones, surtout si elles sont en petite quantité, restent dans la solution alcoolique qui a précipité les albumoses. Il faut observer aussi que certaines albumoses perdent tout ou partie de leurs propriétés toxiques en présence de l'alcool. C'est ce que Tizzoni et Cantanni ont remarqué, par exemple, pour la toxine du tétanos.

3. *Annales de l'Institut Pasteur*, t. VI, p. 633.

s'est demandé si cette toxalbumose devrait son pouvoir immunisant à une zymase qui l'accompagnerait. Pour s'en assurer, à la solution d'albumose précédente, il ajoute de l'eau de chaux, puis de l'acide phosphorique très étendu. Si son hypothèse est fondée, le précipité qui se forme doit contenir le ferment cherché et l'albumose restante ne plus immuniser les animaux. Hankin ayant remarqué qu'il n'en était rien, conclut que le pouvoir immunisant appartient bien à l'albumose elle-même.

Brieger et Frankel ont séparé d'une façon analogue[1] la protéine vénéneuse du microbe de l'anthrax : le foie, la rate, les poumons et les reins d'un animal mort charbonneux sont finement hachés et repris par l'eau; on laisse reposer 24 heures dans de la glace, on filtre sur biscuit et l'on précipite la liqueur par une grande quantité d'alcool absolu.

En cultivant dix à quinze jours le bacille du charbon dans une solution de sérum de sang mêlé d'eau, et très légèrement alcalinisée, puis filtrant sur porcelaine, S. Martin[2] obtint une liqueur toxique dont il sépara : 1° un alcaloïde indéterminé soluble dans l'eau et dans l'alcool, insoluble dans l'éther et le chloroforme, à sels cristallisables, précipitant par les réactifs généraux des alcaloïdes, mais non pas l'iodure potassico mercurique; 2° de petites quantités de leucine et de tyrosine; 3° une protoalbumose et un deutéro-albumose accompagnées de traces de peptone. *Ces albumoses sont fortement alcalines*, et cette alcalinité ne disparaît pas par les traitements répétés à l'alcool, ou par la dialyse[3].

1. *Untersuchungen u. Bacteriengift. Berliner klin. Voch.*, 1890, p. 241 et 268.
2. S. MARTIN, *Roy. Soc. proced.*, t. XLVIII. p. 78.
3. On ne saurait donner de meilleure preuve que la distinction absolue qu'on a voulu faire entre les toxalbumines et les ptomaïnes est illusoire.

Nous pensons que les albumoses de Sydney Martin sont des produits qui dérivent d'une digestion trop avancée, comme paraît en témoigner l'alcaloïde formé en même temps qu'elles. Elles ne représentent pas le vrai poison, et elles ne sont vénéneuses qu'à forte dose : une souris n'est tuée que par $0^{gr}3$ de ces toxines. De plus faibles quantités provoquent un œdème local avec somnolence ou coma. L'alcaloïde qui accompagne ces albumoses produit les mêmes accidents, mais il est plus actif : la dose mortelle pour une souris est de $0^{gr}1$. Comme pour les principes albuminoïdes des venins, la toxicité de ces principes diminue sensiblement lorsqu'on chauffe, mais ne disparaît pas. Les albumoses toxiques du charbon, celles que précipite le sulfate d'ammoniaque en excès, supportent un chauffage à 100° durant 1 heure, ou à 110° durant 15 minutes, sans perdre leur vénénosité qui en est cependant sensiblement diminuée[1]. Leur mélange avec les hypochlorites solubles, le chlorure d'or, la solution de Gram diminuent ou détruisent cette toxicité (*L. Marmier*).

E. Hankin et Werbrook paraissent avoir établi que le bacille charbonneux sécrète en outre une sorte de pepsine digestive apte à liquéfier la gélatine et à dissoudre un peu la fibrine[2]. C'est peut-être à elle qu'est due la formation de l'albumose ci-dessus décrite.

On a dit qu'à doses modérées les albumoses de Hankin ne déterminaient aucun symptôme d'empoisonnement chez le lapin, le cobaye, la souris, etc. Il n'en est plus de même

---

1. *Ann. de l'Inst. Pasteur*, t. IX, p. 556. D'après S. Roux, cité par Hankin, les cultures de charbon dans un milieu glycériné confèrent l'immunité, mais pas d'une façon constante, aux animaux auxquels on les injecte (*loc. cit.*, p. 647).

2. *Annales de l'Institut Pasteur*, t. VI, p. 631.

des animaux réfractaires au charbon, tels que les rats et les grenouilles. Deux grands rats ayant reçu 2 cent. cubes et 3ᶜᶜ,5 d'une solution de cette albumose à 1ᵖ.₀ furent pris, après dix minutes, de symptômes d'intoxication ; la respiration devint laborieuse et lente, la coordination des mouvements des membres désordonnée. Les pattes postérieures paraissaient paralysées, mais au bout de 2 heures, ils étaient rétablis. L'injection péritonéale parut encore plus active.

La grenouille est aussi fortement influencée par cette albumose. Un demi-centimètre cube de sa solution tua sept de ces animaux sur huit. Les écrevisses sont encore plus sensibles. L'action de cette singulière substance paraît ainsi être en raison inverse de la susceptibilité de chaque espèce animale, ou de chaque race, au charbon.

En inoculant aux moutons les cultures filtrées, puis le charbon virulent, par petites doses répétées et avec précautions, M. Marchoux paraît être parvenu à leur communiquer l'immunité. Ces animaux fournissent alors un sang dont le sérum protège les animaux neufs contre ce virus. un cent. cube suffit pour un lapin de 2 kilogr. L'action de ce sérum est prompte, mais elle est aussi très passagère : trois jours après l'injection, son rôle protecteur a cessé[1]. A doses un peu considérables, ce sérum paraît doué de propriétés curatives pourvu que la maladie soit prise tout au début[2]. La préparation de ces sérums curatifs réussirait mieux, pensons-nous, en s'adressant au chien qui jouit d'une immunité prononcée contre le charbon.

1. Au contraire les animaux vaccinés d'abord avec le virus atténué, puis entièrement virulent, sont immunisés très fortement, pour une année et plus.

2. MARCHOUX, *Soc. de biolog.*, 2 novembre 1895, et *Ann. Inst. Pasteur*, t. IX, p. 785.

Toxines du charbon symptomatique.

De la chair musculaire hachée, stérilisée à 120° en présence d'une trace de soude et de deux à trois fois son poids
d'eau, ensemencée avec le bacille du charbon symptomatique (*B. Chauvei*) et cultivée 6 à 7 jours à l'étuve à 37 degrés
donne un liquide toxique qui réduit au quart de son volume
dans le vide sec, et séparé des cristaux de phosphate ammo-
niaco-magnésien qui se forment, constitue ce que l'auteur
appelle *la toxine* du charbon symptomatique[1]. A la dose de
1^{cc},5 elle est mortelle pour le cobaye. Le sérum des lapins
immunisés contre le charbon symptomatique suspend ou
amoindrit l'effet vénéneux de cette substance.

Même en solution dans l'eau, cette toxine peut subir
l'action d'une chaleur de 110° sans perdre son activité.

La solution des matières actives des cultures du charbon
symptomatique étant concentrée et traitée par une grande
masse d'alcool (dix fois son volume) laisse déposer des
flocons qui, séchés dans le vide et, repris par l'eau, ont
conservé une toxicité à peu près égale à celle de la toxine
primitive. La portion que l'alcool dissout est aussi très
vénéneuse : 25 cent. cubes, provenant de 5 cent. cubes de
toxine originelle, tuent un cobaye de 570 grammes en une
demi-heure. Par injection péritonéale, il meurt comme fou-
droyé.

Les symptomes présentés par les sujets ainsi intoxiqués en des temps variables sont bien ceux du charbon
symptomatique : l'animal cesse de manger, il est triste,
ses poils se hérissent, il vascille sur ses jambes; il est

1. H. Duenschmann, *Ann. de l'Inst. Pasteur*, t. VIII, p. 403.

agité de brusques mouvements convulsifs; il présente une hypothermie qui va croissant jusqu'à la mort. A l'autopsie, un peu de liquide dans le péritoine; point de microbes ni dans les sérosités, ni dans le sang, ni dans les viscères; aucune lésion du foie, de la rate ou des reins; aucun organe atteint, même si l'animal ne meurt de cachexie qu'au bout de plusieurs semaines. Il est pris seulement d'un amaigrissement extrême.

Loin d'acquérir l'immunité, les animaux ainsi lentement intoxiqués deviennent plus sensibles à la toxine du charbon symptomatique. Et cependant, ainsi que l'a vu le premier M. Roux, le sérum filtré sur biscuit des animaux qui ont succombé au charbon symptomatique vaccine contre cette maladie; preuve évidente qu'il tient son antitoxine non du microbe lui-même, qui ne la produit pas dans les cultures faites *in vitro*, mais de certaines cellules de l'animal atteint, cellules qui réagissent en déversant dans le sang ou les humeurs les produits de leur activité défensive[1].

TOXINES DE LA TUBERCULOSE.

Pour préparer le poison de la tuberculose, on cultive le bacille tuberculeux de Koch dans du bouillon de veau glycériné à 4 % et additionné de 1 pour cent de peptone très faiblement alcalinisée. Il faut faire l'ensemencement à la surface de la liqueur en y déposant, sans les

1. M. Roger a démontré que le charbon symptomatique qui n'attaque pas le lapin, le tue, au contraire, si l'on injecte en même temps dans les veines de l'animal quelques gouttes d'une culture de bacillus prodigiosus qui paraît agir en altérant la nutrition cellulaire et l'aptitude à sécréter des antitoxines. *C. rend. Soc. biolog.*, 1889, p. 476 et 550.

immerger, les plaques de bacilles qui doivent flotter sur les cultures (fig. 16). Après 6 à 7 semaines, on évapore la totalité de la liqueur au bain-marie jusqu'au 10ᵉ de son volume, et l'on filtre à la bougie de biscuit. On obtient ainsi un liquide brun foncé, odorant, qui constitue ce qu'on a nommé la *tuberculine thérapeutique*.

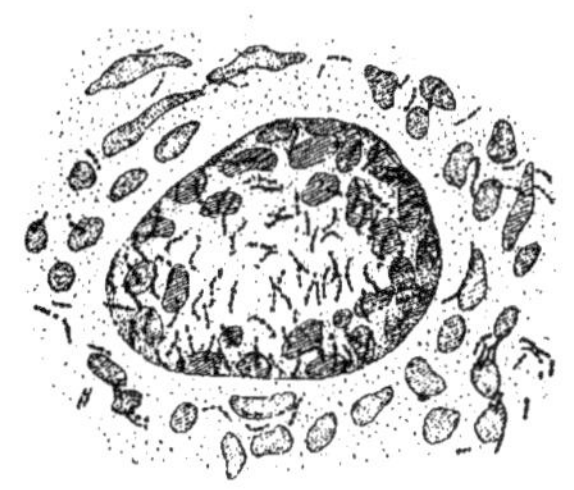

Fig. 16. — Bacille de la tuberculose.

M. Roux assure que l'on peut préparer un liquide également actif, soit qu'on s'adresse comme porte-graine à la tuberculose humaine ou animale, soit qu'on cultive la tuberculose aviaire qui a une aptitude plus particulière à se développer en voile et à couvrir rapidement les surfaces. On doit seulement se servir de vases à fonds très plats et très larges[1].

Ainsi préparé, le liquide précédent constitue la tuberculine brute, *tuberculine* qui, dans un état de dilution variable, a été employée comme médicament par Koch et bien d'autres après lui.

Quand on veut en extraire à l'état de pureté le vrai principe actif, on rencontre de grandes difficultés. Kock essaya d'abord de le séparer par affusion d'alcool absolu aux liqueurs de cultures filtrées; mais il n'obtint ainsi qu'un dépôt d'aspect résineux contenant toutes les matières extractives insolubles dans l'alcool fort. S'adjoignant alors Brieger et Proskauer, il tenta de préparer par des procédés plus rationnels les matières actives de ces bouillons de culture. Ces savants tentèrent de saturer la liqueur par le sulfate de

1. *Annales de l'Institut Pasteur*, t. V, p. 726, et *Deutsch. med. Wochensch.* 22 octobre 1891.

magnésie (qui sépare d'abord, on le sait, les globulines), puis d'ajouter, après filtration, du sulfate d'ammoniaque en excès pour précipiter les albumines proprement dites. Ce procédé ne donna pas de bons résultats. Le tannin qui précipite les albuminoïdes, les peptones et beaucoup de ptomaïnes; les traitements par les bicarbonates et carbonates alcalins, ou par la baryte: l'épuisement par l'alcool; l'acide phosphotungstique qui en liqueur très acide entraîne tous les alcaloïdes; l'acétate ferrique qui, saturé par la soude, précipite à l'ébullition tous les corps protéiques à l'exception des peptones; l'acétate de plomb ammoniacal qui enlève les peptones: le charbon animal qui se charge souvent des produits vénéneux, etc., tous ces moyens furent successivement examinés; mais aucun ne permit d'isoler la substance active à l'état de pureté. Tantôt, comme dans le traitement par le sulfate d'ammoniaque, cette substance entraînait avec elle beaucoup d'impuretés; tantôt comme avec le tanin, on précipitait bien en partie la substance active, mais ce précipité dissous dans le carbonate de soude ne pouvait plus être privé de son tanin.

A la suite de ces tentatives infructueuses les auteurs ci-dessus se sont arrêtés à la marche suivante qui leur a donné les meilleurs résultats : A 100 cent. cubes de tuberculine brute (*solution thérapeutique*) on ajoute en agitant sans cesse 150 cent. cubes d'alcool absolu et on abandonne le tout durant 24 heures. Il se fait un précipité floconneux brun, surmonté d'une liqueur colorée. On décante celle-ci avec soin, et on l'additionne d'alcool à 60 degrés centésimaux employé à volume égal. On agite et laisse déposer une douzaine d'heures. On renouvelle cette opération trois fois: on recueille les dépôts formés, ou les redissout dans un peu

on sépare ce précipité qu'on rejette et on ajoute encore
de l'alcool à 60° centésimaux. On obtient, en abondance
cette fois, un dépôt floconneux peu coloré qu'on lave à
l'alcool absolu et qu'on sèche dans le vide. On reprend
par un peu d'eau, et précipite à nouveau par addition
d'alcool absolu[1]. Il se dépose une masse d'un blanc pur,
qui devient légèrement grise à 100° en perdant 7 à 9 pour
cent d'eau.

$0^{gr},010$ de substance précipitée par l'alcool représentent
$0^{gr},5$ de tuberculine thérapeutique[2].

. Le produit ainsi obtenu est si supérieur comme activité
à toutes les substances retirées des cultures tuberculeuses
par les autres procédés, il donne lieu d'une façon si sûre à
toutes les réactions observées par injection directe de ces
cultures, qu'on peut le considérer comme représentant la
tuberculine la mieux purifiée, quoique encore très impure
ainsi qu'on va le voir.

Cette tuberculine possède les propriétés suivantes :

Elle est très soluble dans l'eau ; mais sa solution ne
conserve pas indéfiniment son activité ; elle va diminuant
sensiblement d'intensité au bout de 1 à 2 semaines. Il
en est de même si l'on évapore ou concentre ses solutions. Il se fait un dépôt de flocons qui ne se redissolvent
plus. L'évaporation prolongée à la température du bain-
marie finit donc par enlever toute activité à la tuberculine quoiqu'on puisse la porter à l'autoclave à 110°, et

---

1. C'est une légère variante de l'opération décrite par Koch.
2. La liqueur alcoolique où s'est formé ce précipité contient aussi une
partie de la substance active qui reste en solution dans l'alcool. D'après
l'action sur les animaux, on peut juger qu'une moitié de la substance
active initiale passe dans cette liqueur alcoolique.

même à 115°, durant quelques minutes, sans que sa puissance toxique disparaisse.

Les substances que la chaleur de l'eau bouillante longtemps prolongée sépare peu à peu de la tuberculine peuvent se dissoudre aisément dans le carbonate sodique faible : elles jouissent encore de l'activité spécifique de la toxine.

Les solutions de tuberculine glycérinées à 5 ou 10 % sont très stables. On peut les porter durant deux heures à 130° et même à 150° sans qu'elles perdent sensiblement de leur activité. Les solutions dans la glycérine à 30 ou 40 pour cent se conservent à peu près indéfiniment.

La tuberculine déjà séparée partiellement de ses sels est assez soluble dans l'alcool même à 80° centésimaux; à 60° cent. il en dissout beaucoup. On peut la précipiter en grande partie de ses solutions par addition de faibles quantités de sels minéraux et particulièrement de chlorure de sodium. Une goutte de solution de ce dernier sel suffit pour séparer la tuberculine et rendre opalescents plusieurs centaines de centimètres cubes de solution alcoolique [1].

La tuberculine possède toutes les réactions générales des matières albuminoïdes : *réaction du biuret; réactions de Millon, d'Adamkiewicz, xanthoprotéique,* etc.

L'acide phosphotungstique en présence d'un excès d'acide minéral, l'acétate ferrique en solution neutralisée par la soude et à chaud, l'acide tannique, précipitent complètement la tuberculine. L'acétate de plomb ne détermine qu'un louche.

---

1. Il semble qu'il y a là un procédé très commode de purification de la tuberculine. Il suffirait de verser dans de l'alcool à 80° centésimaux une solution aqueuse de tuberculine déjà purifiée par les procédés précédents et d'ajouter ensuite un peu de sel marin qui précipiterait uniquement la tuberculine dissoute. On pourrait alors la purifier de ses sels en la redissolvant dans l'eau et la soumettant à la dialyse.

Une solution aqueuse d'acide picrique donne un précipité floconneux soluble à chaud. Les acides sulfurique et chlorhydrique, concentrés ou étendus, ne déterminent pas de précipité. L'acide acétique produit un louche soluble dans un excès. L'acide azotique fait naître un précipité qui augmente par le repos.

La tuberculine purifiée, ainsi qu'il a été dit plus haut, par précipitation au moyen d'alcool à 60° centésimaux, contient de 16 à 20 °/₀ de cendres. Elles sont presque uniquement composées de phosphates de potasse et de magnésie à peu près exempts de chlorures. On y trouve 59,8 d'acide phosphorique pour 100 parties de ces cendres.

L'analyse élémentaire, en la calculant comme débarrassée de substances minérales, a donné pour la tuberculine les nombres suivants :

Carbone............	47,02	48,13
Hydrogène.........	7,55	7,06
Azote.............	14,45	14,46
Soufre............	1,14	1,17
Oxygène et phosphore.	29,84	29,18

Cette composition rappelle, comme nous le disions ailleurs, celle de la mucine ou de la chondrine, et mieux encore des nucléines. Quoique le phosphore semble manquer dans les analyses publiées, on doit remarquer que cet élément ne s'en trouve pas moins en abondance dans la tuberculine puisque nous avons dit que le produit de son incinération contient 20 cent. de cendres dont plus de la moitié est constituée par de l'acide phosphorique[1]. Il est très probable qu'une grande partie de cet acide trouvé dans les

1. Ce qui répondrait à 3,4 °/₀ de phosphore. Lubavine en a trouvé 4,6 °/₀ dans la nucléine du lait.

cendres ne préexistait pas dans la tuberculine, et qu'il est dû à la combustion du phosphore organique qui fait partie de cette substance. Elle se rapprocherait donc, par sa composition, des nucléines ou plutôt des nucléo-albumines.

Chauffée à 100° la tuberculine conserve, comme on l'a dit, sa toxicité. Cette résistance à la chaleur l'éloigne de plusieurs toxalbumines, mais les toxines albuminoïdes du vibrion septique, du charbon symptomatique et du bacille de la morve offrent une propriété semblable. Ce caractère rapproche ces diverses toxines des ptomaïnes ou des albumoses alcalines dont nous avons parlé ailleurs, principes intermédiaires entre les substances albuminoïdes proprement dites et les vrais alcaloïdes.

La précipitation de la tuberculine par l'acétate ferrique montre qu'elle n'appartient pas à la classe des peptones.

Injectée à l'homme sain, aux doses de 2 à 3^{mgr} la tuberculine purifiée élève la température normale de 1°5 à 2°5, suivant la dose et le sujet. Cette élévation de température est quelquefois accompagnée de toux, d'un léger frisson, de céphalalgie, de sueurs, en un mot, d'un véritable accès de fièvre. Une injection de 4^{mgr} peut même amener des troubles graves (140 pulsations, petitesse et irrégularité de pouls, etc.). Chez les animaux déjà tuberculisés ces faibles proportions déterminent une réaction beaucoup plus vive; elles permettent de diagnostiquer la tuberculisation latente ou commençante. C'est ainsi qu'en recourant à la tuberculine thérapeutique, on a observé, particulièrement sur les sujets atteints de tubercules, une réaction qui élève leur température de plusieurs degrés et provoque, outre divers graves accidents, un accès de fièvre qui peut durer plusieurs jours.

Des doses de 0^cc 15 à 0^cc 5 de tuberculine thérapeutique employées sur la vache restent sans effets apparents lorsqu'elle est saine, mais elles élèvent sa température à 40° et 41°, si elle est tuberculeuse. Chez l'homme bien portant (ou atteint d'autres maladies que la tuberculose), la tuberculine de Kock ne commence à produire la courbature et une faible élévation de température qu'à la dose de 0^cc 01, tandis que chez les phtisiques il suffit de 0^cc 001 pour obtenir une réaction assez prononcée[1]. On a même vu sur une lupique trois injections successives de 0^cc 005, 0^cc 008 et 0^cc 010 amener une néphrite interstitielle aiguë dont elle succomba 22 heures après l'injection.

En 1888, Hammerschlag avait observé que près de 27 pour cent du poids des substances solides qui composent le bacille tuberculeux sont solubles dans l'alcool et l'éther. Le résidu insoluble est protéique ou cellulosique. La partie dissoute dans l'alcool éthéré est un mélange de lécithines, de graisses et d'une substance vénéneuse qui, injectée aux lapins et aux cobayes, les tue en provoquant des convulsions mortelles. A côté de ces substances on rencontre une *toxalbumine* (probablement la tuberculine de Kock, Brieger et Frænkel) qui, par injection sous-cutanée, élève de 1 à 2°, d'une façon assez durable, la température des lapins.

Pure ou impure, la tuberculine ne confère point l'immunité contre la tuberculose aux animaux auxquels on l'injecte. D'ailleurs le bacille de cette maladie se conserve dans les tissus avec toute sa virulence, même des mois après l'injection : les tissus atteints s'enflamment et s'abcèdent;

---

1. Voir à ce sujet *Annales de l'Inst. Pasteur*, t. V, p. 191. et les travaux de M. Nocard.

souvent même des tubercules apparaissent sur les points où se sont faites les inoculations.

On a cependant tenté d'appliquer la méthode sérothérapique à la guérison de la tuberculose, du moins chez les animaux. En 1893, MM. Richet et Héricourt annoncèrent qu'ils possédaient un chien immunisé contre la tuberculose par injection de sang de chiens rendus eux-mêmes réfractaires par des inoculations ménagées et successives de cultures de tuberculose aviaire. M. V. Babés[1] arrivait peu après aux mêmes conclusions en se servant de sérum de chiens traités par des doses croissantes de tuberculine aviaire, puis par des cultures atténuées, ou chauffées de tuberculose humaine. Le sérum de ces animaux injecté à doses assez fortes et successives arrêterait, d'après cet auteur et M. Proca, le développement de la tuberculose commençante, éteindrait la fièvre chez les phtisiques, ramènerait l'appétit, et ferait disparaître par nécrose les lupus sans amener de réaction inflammatoire. Par une voie analogue M. Maragliano serait arrivé aux mêmes résultats. Il aurait même le mérite de les avoir appliqués le premier au traitement de la tuberculose humaine[2].

Le sérum antituberculeux ne tue pas les animaux; il ne produit chez les tuberculisés qu'une faible élévation de température. Mais, fût-ce à fortes doses, il est incapable de paralyser l'action de la tuberculine déjà formée. En inoculant aux animaux la tuberculose virulente mêlée de sérum antituberculeux, la maladie ne se propage pas; la lésion reste locale et finit par guérir. Le retour à la santé des animaux *infectés depuis peu* paraîtrait s'obtenir par des doses

---

1. *Compt. rend. Acad. scienc.*, t. CXXII, p. 37.
2. Congrès de Médecine de Bordeaux (1895).

relativement grandes de sérum antituberculeux; les petites doses sembleraient plutôt aggraver l'infection. *In vitro,* ce sérum mélangé à un milieu nutritif favorable au développement du bacille tuberculeux rend peu à peu ce milieu impropre à la culture du microbe. Les bacilles ainsi traités deviennent inoffensifs pour les animaux.

TOXINES DE LA DIPHTÉRIE.

Les toxines de la diphtérie ont été découvertes en 1888 par MM. Roux et Yersin. On les retire des cultures du bacille virulent de Klebs-Lœfler faites en bouillon de veau exposé à l'air[1]. Ce bacille lui-même s'extrait primitivement des fausses membranes d'un sujet atteint de diphtérie. On inocule le bacille au moyen d'un fil de platine, et avec toutes les précautions ordinaires, à du sérum sanguin coagulé placé dans différents tubes. Les colonies qu'il fait naître se présentent sous forme de petites taches rondes, blanc grisâtre, à centre plus opaque que la périphérie. Le microbe spécifique (fig. 17 et 18) est généralement plus petit que dans les fausses membranes. Sa longueur est à peu près celle du bacille de la tuberculose, mais il est plus épais que lui. Les bacilles diphtéritiques se

Fig. 17. — Bacille diphtérique en culture, très grossi, avec ses pores.

placent souvent parallèlement ou bout à bout, mais, dans ce cas, jamais suivant leur prolongement rectiligne (fig. 18); les extrémités un peu renflées se colorent plus fortement que le centre par le bleu alcalin. Ce microbe pousse très bien

1. Voir Roux et Yersin, *Annales Inst. Pasteur*, t. II, p. 632, et *Ibid.,* t. VIII, p. 611.

dans le bouillon de veau légèrement alcalinisé, additionné de 2 °/₀ de peptone et stérilisé. On le place dans de larges

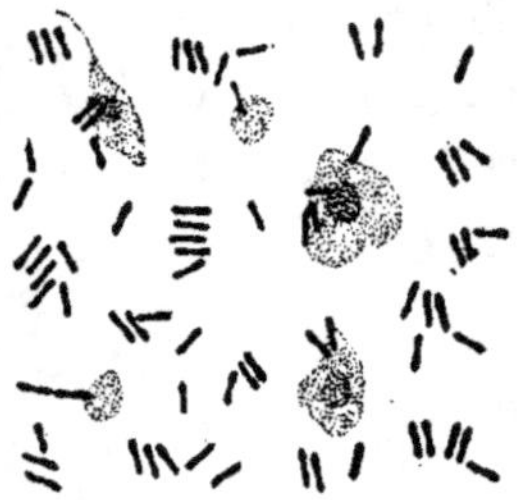

FIG. 18. — Bacille diphtérique dans les fausses membranes.

vases à fond plat à tubulure latérale, qu'on laisse à l'étuve à 37°. On y fait arriver par aspiration un léger courant d'air purifié par barbotage dans de l'eau[1]. Sous l'action du microbe, la culture s'acidifie d'abord puis redevient alcaline. Après trois semaines ou un mois au plus, il s'est fait sur le fond des vases un dépôt de microbes; à leur surface est un voile formé de bacilles plus jeunes. La liqueur est riche en toxines, mais leur force est loin d'être toujours égale, alors même qu'on se place en apparence dans des conditions identiques.

Les cultures sont achevées lorsque d'acide qu'il était devenu le bouillon est repassé à l'état alcalin. On le filtre alors sur biscuit, et on le garde dans des vases bien remplis, mis à l'abri de la lumière. La solution ainsi préparée tue un cobaye de 500ᵍʳ à la dose de 1/10 de cent. cube en 48 heures. Conservée à l'obscurité, cette liqueur ne perd que très lentement sa puissance.

La toxine brute obtenue par le procédé précédent n'agit pas immédiatement. Injectée aux cobayes dans le péritoine, surtout après dilution, elle paraît d'abord inactive ; mais au bout de deux jours, l'animal est malade, il ne mange plus, son poil se hérisse, il s'affaiblit, le train postérieur se paralyse, sa respiration devient irrégulière, enfin il meurt après

1. Le bacille se cultive et le poison se forme, quoique plus difficilement, même dans le vide et à l'abri de l'air. *Ibid.*, p. 657.

4 à 5 jours. Si les cultures sont très chargées de toxine, la période d'incubation peut se réduire à quelques heures ; l'animal devient inquiet, parfois il est pris de diarrhée ; sa respiration est anxieuse, irrégulière, il tremble sur ses pattes, il ne peut se mouvoir et meurt en 5 à 6 jours sans convulsions, après quelques hoquets [1].

Le cobaye, le lapin, le chien, le mouton, sont très sensibles à l'action de ce poison. Les rats et les souris supportent au contraire sans malaise des doses mortelles pour un chien.

On a déjà vu que le poison diphtérique est une diastase. Son activité est fortement diminuée par la chaleur : une solution, dont 2 cent. cubes, injectés sous la peau, tuaient facilement un lapin, n'occasionne plus d'accidents sensibles, du moins, à courte échéance même lorsqu'on l'injecte dans les veines de ces animaux à la dose de 35 cent. cubes, pourvu qu'au préalable on l'ait chauffée à 100° durant 10 minutes. Après avoir été porté 2 heures à 58° à l'abri de l'air, un liquide de culture filtré sur biscuit tuait avec un long retard un cobaye auquel on en injectait 1 cent. cube ; après 2 heures de chauffe à 100°, la même dose n'occasionnait qu'un léger œdème au point d'inoculation. Toutefois, les animaux finissaient par maigrir, quoique mangeant bien, et succombaient avec un peu de paralysie des membres postérieurs. Le même liquide non chauffé tuait les lapins à la dose de 1/5 de centimètre cube en un ou deux jours.

1. On sait que le bacille diphtérique ne pénètre pas dans les organismes infectés, et qu'il se borne à déverser son poison à la surface des muqueuses où il s'est fixé. Voir pour les autres symptômes de cet empoisonnement *Ann. Inst. Pasteur*, t. III, p. 273.

Conservé à l'air, le poison diphtéritique paraît perdre assez rapidement sa toxicité. Il se garde mieux à l'abri de l'air et de la lumière. Un liquide de culture qui tuait un cobaye à la dose de 1/8 de centimètre cube fut exposé à la lumière dans des tubes clos et sans air, ainsi que dans des vases clos avec du coton mais où l'air pouvait pénétrer. Après 2 heures d'insolation 1 centimètre cube du liquide exposé à l'air tuait les cobayes avec un long retard ; après 5 heures il ne produisait qu'un peu d'œdème local. Le tube exposé à la lumière, mais sans air, avait gardé toute son activité. Les liquides ne s'étaient pas échauffés au delà de 32°.

Si l'on acidifie d'acides lactique, citrique ou tartrique des solutions alcalines très actives de toxines diphtéritiques, elles perdent presque entièrement toute activité; lorsqu'on neutralise ou alcalinise de nouveau la liqueur ainsi rendue inactive, elle reprend en grande partie sa puissance nocive. Le poison s'est toutefois légèrement atténué, et d'autant plus qu'il est resté plus longtemps en solution acide. L'addition au liquide toxique d'acide phénique, d'acide borique, de borax, etc., retarde son action, mais n'empêche pas la mort des animaux.

Évaporées dans le vide, à 25°, en présence d'acide sulfurique, les cultures filtrées de bacille diphtérique laissent un résidu très toxique. L'alcool à 80° cent. dissout une partie de cet extrait : si l'on évapore ce dissolvant, il reste une matière brune, alcaline, d'odeur douce, qui abandonnée à l'air se prend presque en entier en cristaux. Les substances ainsi dissoutes par l'alcool sont entièrement inactives. Au contraire, la portion de l'extrait que l'alcool ne dissout pas, donne, lorsqu'on la reprend par un peu d'eau, une solution alcaline très toxique. Si l'on y verse de l'alcool fort, on précipite de nouveau la matière active sous forme de flocons grisâtres ; mais la substance ainsi précipitée paraît avoir perdu une partie de sa toxicité.

Après épuisement par l'alcool de l'extrait sec de toxine brute, si l'on calcine le résidu insoluble, il reste une assez forte proportion de cendres.

Pour séparer les matières minérales et purifier leur toxine, MM. Roux et Yersin essayèrent de la dialyser. L'extrait de 100 centimètres cubes du liquide de culture filtré puis évaporé dans le vide, fut épuisé par l'alcool à 80° cent., privé d'alcool dans le vide, repris par 5 centimètres cubes d'eau et versé sur un dialyseur. Toutes les 24 heures on renouvelait l'eau extérieure (12 cent. cubes). Au début, une seule goutte du liquide toxique mis à dialyser faisait mourir un cobaye. Le liquide extérieur recueilli au bout de 24 heures tuait après 4 jours, avec les lésions caractéristiques de la diphtérie, un lapin à qui on l'injectait sous la peau. Toutes les 24 heures on injectait ainsi à un nouveau lapin le liquide du vase extérieur. Le second lapin mourut plus vite que le premier, et le quatrième plus rapidement que le troisième. Le liquide contenu dans le dialyseur restait encore très toxique, mais moins qu'au début.

Il suit de ces observations que le poison diphtéritique est apte à dialyser à travers les membranes animales, résultat qu'on pouvait prévoir, car l'on sait que l'empoisonnement, chez les sujets en puissance de diphtérie, se produit à travers les muqueuses sans que le bacille lui-même pénètre au-delà.

Le poison diphtérique, comme la plupart des diastases, jouit de la propriété d'adhérer à certains précipités gélatineux tels que l'albumine ou les phosphates terreux, lorsqu'on les fait naître au sein des liqueurs qui le dissolvent.

La matière qui entraîne le plus facilement la toxine est le phosphate de chaux. On peut obtenir avec cette substance des précipités successifs qui, même après lavage à l'eau distillée, introduits sous la peau des cobayes, les tuent dès le 3e ou 4e jour. Les granulations de phosphate de chaux ainsi chargées de toxines, placées dans le tissu sous-cutané, se recouvrent peu à peu d'un véritable exsudat fibrineux mêlé de globules blancs, exsudat qui rappelle les fausses membranes causées par l'inoculation du microbe lui-même.

Le phosphate de chaux précipité au sein de la solution toxique, après avoir été lavé et séché, conserve longtemps ses propriétés actives. Il peut être chauffé à 70° sans que sa vénénosité diminue. Porté à 100° durant 10 minutes, il reste encore actif. Au rouge ce précipité calcique charbonne légèrement et dégage de l'ammoniaque.

La liqueur au sein de laquelle s'est fait le précipité de phosphate de chaux n'a pas perdu toute activité : elle agit seulement plus lentement, à peu près comme si elle eût été chauffée.

Un centimètre cube d'une culture active de toxine diphtérique est capable de faire périr 8 cobayes de 400^{gr} ou un chien de 9 kilos. Or ce centimètre cube contient 0^{gr}01 de résidu sec. Si on défalque le poids des parties minérales et celui des parties organiques inactives que dissout l'alcool, il reste 0^{gr}0004 de matière active, ou plutôt d'une matière organique en partie inerte qu'accompagne la vraie toxine. Cette substance est donc mortelle au moins pour 22 millions de fois son poids d'animal.

Ce poison, si puissant lorsqu'on l'introduit dans le sang ou sous la peau, peut être ingéré en grande masse par les cobayes et les pigeons sans que ces animaux paraissent en souffrir : 10 cent. cubes du liquide toxique filtré sont, dans ces conditions, supportés par un pigeon alors qu'il meurt de $0^{cc}5$ de cette même liqueur injecté dans la trachée. C'est là, comme on sait, l'une des caractéristiques de beaucoup de diastases, des peptones, des venins; caractère d'autant plus frappant, dans ce cas, que nous avons vu que le poison diphtéritique est facilement dialysable.

La toxine diphtéritique n'intervertit pas le sucre et ne digère pas la fibrine[1].

Brieger et Fraenkel ont essayé d'isoler plus complètement le poison diphtérique[2] : ils filtrent à travers le biscuit le bouillon de culture du bacille spécifique préparé avec une solution de sérum de sang, ou de peptone, en présence de 5 à 6 pour 100 de glycérine ; ils versent ensuite goutte à goutte cette liqueur dans un grand volume d'alcool glacé; une faible quantité d'acide acétique favorise la formation du précipité. On le sépare après 12 heures, on le redissout dans l'eau et on le précipite par l'alcool. On recommence 3 à 4 fois cette opération, enfin on redissout le précipité dans de l'eau et on le soumet à la dialyse. On obtint par dessiccation dans le vide de la solution ainsi dialysée une substance blanche amorphe assez légère. Elle avait tous les caractères des matières albuminoïdes, mais elle était environ 50 fois moins active que la toxine de Roux et Yersin. Il ne pouvait guère en être autrement, car on sait que la matière toxique de la diphtérie dialyse à travers les membranes végétales ou animales, et que l'alcool l'altère. D'ailleurs

---

1. MM. Roux et Yersin ont observé que le bacille de la diphtérie peut persister longtemps dans la bouche à l'état vivant après que la diphtérie a été guérie; ils ont vu que ce virus se conserve des mois à l'état sec; qu'après avoir été atténué par l'action de l'air, de la lumière, de la chaleur, il peut reprendre toute sa virulence si les conditions lui sont favorables. *Inst. Pasteur*, t. IV, p. 385 et suiv.

2. *Berl. klin. Wochensch.*, 1890, 1891 et 1892.

ce mode de préparation en milieu additionné de sérum ou de peptone ne pouvait donner, *à priori*, qu'une matière très impure.

Quoi qu'il en soit, la toxine de Brieger et Fraenkel précipite par l'acide carbonique en excès, par les acides minéraux concentrés, par le phénol, le nitrate d'argent, le sulfate de cuivre, le chlorure mercurique. Elle n'est pas précipitée de ses solutions aqueuses par la chaleur, l'acide nitrique faible, le sulfate sodique en excès, le sel marin, le sulfate de magnésie ou les sels de plomb. Mais elle précipite par le sulfate ammonique en poudre et en excès. Sa composition, abstraction faite des cendres, répond à $C = 45,35$; $H = 7,13$; $Az = 16,33$; $S = 1,39$.

M. Guinochet a montré, en 1892, que si l'on cultive le microbe de Löffler dans une urine normale non albumineuse, on obtient une liqueur très toxique même après sa filtration sur biscuit, liqueur qui ne contient aucune trace d'albumine appréciable, ce qui semblerait exclure l'hypothèse de la nature albuminoïde de ce poison[1].

La toxine diphtérique perd toute activité lorsqu'on la chauffe à 60°, *température qui ne tue pas le microbe dont elle procède*. Elle n'est pas détruite à 50°, même en présence d'acide chlorhydrique.

Sous l'influence de la toxine diphtérique, après la phase d'incubation apparaît chez l'animal l'hyperthermie et l'exagération des combustions, phénomènes qui disparaissent petit à petit pour faire place à de l'hypothermie avec dépression respiratoire. La température chez le chien peut ainsi s'abaisser de 1 à 2 degrés d'abord, puis de 7 à 8 degrés.

---

1. *Compt. rend. Soc. biolog.* (1892), p. 480.

L'animal finit par mourir avec 30° de température dans le rectum (*Courmont et Doyon*).

Antitoxine diphtérique [1]. — Les animaux immunisés contre la diphtérie peuvent fournir un sérum antitoxique, c'est-à-dire qu'injecté en petite quantité dans les veines ou dans le tissu cellulaire d'un animal neuf, ce sérum empêche l'action nocive de la toxine diphtérique, et même en arrête les effets lorsque ceux-ci ont commencé à se produire et que l'animal est déjà en puissance de la maladie.

Carl Frænkel parvint le premier à immuniser les animaux contre la diphtérie en leur injectant avec ménagement des liquides de culture du microbe correspondant filtrés et modifiés par chauffage à 70°. Après lui, Behring recommanda dans le même but les mélanges de cette toxine et de trichlorure d'iode. MM. Roux et Martin employèrent aussi la liqueur de culture du bacille de Klebs-Lœfler additionnée d'iode : au moment de s'en servir, on ajoute à la toxine 1/3 de son volume de liqueur de Gram (solution d'iode dans l'iodure de potassium), et l'on injecte ce mélange sous la peau. De tous les animaux, le cheval est le plus facile à immuniser ainsi contre la diphtérie. On lui inocule d'abord un quart de cent. cube de toxine iodée au 10ᵉ, puis de 2 en 2 jours, un demi-cent. cube de la même toxine iodée, enfin un cent. cube, et l'on procède vers le 18ᵉ jour à l'inoculation directe de la toxine non iodée dont on augmente la quantité peu à peu. Au bout de deux mois à 2 mois et demi l'animal est entièrement immu-

---

1. Nous empruntons en grande partie les détails suivants au beau mémoire de MM. C. Roux et L. Martin, *Contributions à l'étude de la diphtérie, Annales Instit. Pasteur*, t. VIII, p. 612.

nisé : il peut recevoir alors sans danger, en injection sous-cutanée ou dans les veines, 90 et 100 cent. cubes de toxine diphtérique pure très active.

Ainsi préparé, le cheval fournit un sang d'où l'on sépare un sérum antitoxique doué d'un pouvoir préventif supérieur à 50 000, c'est-à-dire qu'un cobaye auquel on injecte sous la peau une quantité de ce sérum égale à la cinquante millième partie de son poids[1] peut recevoir quelques heures après 1 2 cent. cube de culture diphtérique récente qui eût été mortelle pour lui s'il n'eût pas subi préalablement cette vaccination.

Non seulement le sérum ainsi produit est préservateur, mais il est thérapeutique, et ces propriétés découvertes par Behring, précisées et rendues définitivement pratiques par Roux auquel on devait déjà la connaissance du poison qu'il s'agissait de combattre, ont conduit au traitement le plus efficace de cette maladie.

Le sérum antidiphtérique doit son activité spécifique à l'*antitoxine diphtérique* qui se forme chez l'animal immunisé et qui paraît apte à saturer la toxine diphtérique sans la détruire, ainsi que nous en avons déjà donné les preuves dans la partie générale de ces études (p. 400). La nature de cette antitoxine nous est à peu près inconnue ; on sait seulement qu'à la façon de la toxine diphtérique correspondante, elle est altérée par la chaleur, coagulée par l'alcool, entraînée par divers précipités minéraux amorphes et gélatineux, tels que l'alumine ou le phosphate de chaux, qu'on fait naître dans ses solutions.

---

1. Le cobaye pesant 500 grammes en moyenne, la 50 millième partie de son poids est donc 0gr,01, ou environ un centième de cent. cube de sérum antidiphtérique.

Les animaux qui reçoivent l'antitoxine diphtérique deviennent réfractaires à la maladie. L'immunité est acquise sur-le-champ, mais elle n'est pas durable ; elle disparaît en quelques jours ou en quelques semaines. Cette immunité est donc différente de celle qu'on peut conférer péniblement par des injections ménagées et répétées du poison diphtérique lui-même ; mais cette dernière méthode protège l'animal beaucoup plus longtemps.

Des doses de sérum très supérieures à celles qui immuniseraient les animaux contre une injection de toxines faite sous la peau, deviennent insuffisantes si le poison est introduit directement dans les veines.

Si la toxine est inoculée la première, il faut, pour sauver les animaux, d'autant plus de sérum qu'on intervient plus tardivement. Encore, après un certain délai, l'effet thérapeutique peut-il être nul.

Le sérum antidiphtérique n'est pas un antidote dans le sens propre de ce mot. Il agit sur les cellules en les rendant insensibles au poison, ou, ce qui revient peut-être au même, il les excite à sécréter les substances qui neutraliseront la toxine[1].

Si l'on diminue les réactions vitales des cellules en soumettant au préalable les animaux à d'autres maladies infectieuses, ou si on les inocule au même moment avec d'autres virus, tels que le streptocoque, capables d'affaiblir pour leur part la résistance de l'économie, le mélange de toxine et d'antitoxine, inerte pour les animaux sains et frais, devient actif et mortel pour ceux dont la résistance et la

---

1. Il serait nécessaire toutefois de voir si la toxine diphtérique passe dans les urines avec l'antitoxine, ou bien si elle a disparu, auquel cas la neutralisation dont nous parlons serait démontrée.

vitalité s'est amoindrie par des chocs antérieurs ou simultanés.

MM. E. Roux et L. Martin ont appliqué leurs observations au traitement de la diphtérie confirmée, non seulement sur les animaux mais sur l'homme, et en 1894 ils ont pu annoncer au *Congrès international de Budapesth*, qui accueillait leur communication par des applaudissements unanimes, les résultats favorables du traitement de la diphtérie humaine par leur sérum antidiphtérique. Ces résultats mémorables se résument en quelques mots : sur 300 cas de diphtérie traités à cette époque par le sérum de Roux dans les hôpitaux d'enfants, à Paris, la mortalité totale a été de 26 % au lieu de 50 %, qui est la proportion de mortalité ordinaire dans la diphtérie confirmée. La moitié des enfants voués à une mort prochaine a donc été sauvée par ce moyen[1].

Depuis, les observations faites en Allemagne par Behring et ses émules sur plusieurs milliers de cas de diphtérie humaine, ont abaissé la moyenne des cas mortels à 17 pour cent environ.

TOXINES TÉTANIQUES.

Nicolaier a décrit, en 1884, le microbe spécial du tétanos retiré des cultures du pus d'animaux rendus tétaniques par inoculations de parcelles de terre. Le japonais Kitasato obtint le premier à l'état de pureté cet organisme retiré des plaies d'un homme tétanique et montra que l'inoculation de

---

1. Voir au sujet du traitement de la diphtérie par la méthode de MM. Roux et Martin, *Annales de l'Institut Pasteur*, t. VIII, p. 609 ; Mémoire déjà cité; *Ibid*, p. 640, le mémoire de MM. Roux, Martin et Chaillou : *Trois cents cas de dipthérie traités par le sérum antidiphtérique.*

ces cultures provoque chez divers animaux le tétanos classique ordinaire[1]. Nicolaier a décrit l'agent spécifique de cette maladie comme un bacille long et grêle dont une extrémité présente un renflement colorable et plus tard une spore brillante (fig. 19). Kitasato compléta ces premières observations; il montra que dans le pus des tétaniques, avant la phase de sporulation, le microbe se présente sous la forme d'un bâtonnet mince, allongé, linéaire. Ce micro-organisme ne se rencontre que dans la plaie et dans le pus qu'elle occasionne; il ne

Fig. 19. — Tétanos.

pénètre pas dans les vaisseaux ou les tissus. Le bacille tétanique résiste, quelques minutes du moins, à la température de 100°. Il est *anaérobie.*

Pour l'obtenir à l'état de pureté, on le cultive dans les milieux liquides, bouillons de bœuf, de veau, de poule (1 partie de viande et 2 d'eau), placés dans le vide ou dans une atmosphère d'azote ou d'hydrogène. On réussit le mieux à 38-39°. Après 24 heures le liquide se trouble, la liqueur devient alcaline et la fermentation se ralentit. Elle s'arrête tout à fait du 15° au 18° jour. En se développant ainsi, le bacille tétanique dégage de l'acide carbonique mêlé d'un peu de gaz hydrocarbonés, et donne naissance à une substance inconnue d'une odeur pénétrante spéciale et caractéristique.

Les cultures peuvent aussi se faire sur sérum coagulé, sur gélatine, ou dans le sang frais.

L'action de l'air et de la lumière enlève peu à peu à ce bacille toutes ses propriétés virulentes.

---

1. *Le bacille du tétanos.* Zeitsch. für Hyg., nov. 1889.
2. Voir pour les cultures du bacille de Nicolaier le mémoire de MM. VAILLARD et VINCENT, *Institut Pasteur*, t. V, p. 2.

Le bacille tétanique ne pénétrant pas dans les tissus, et la plaie où il peut végéter étant souvent insignifiante, il faut qu'il agisse en sécrétant une substance soluble, une toxine d'une activité extrême, apte à dialyser et à se répandre dans l'économie. Il est facile de démontrer l'existence de ce poison dans les milieux où le bacille a vécu. Si l'on filtre sur biscuit une culture de bacille tétanique, on obtient un liquide privé de tout germe et d'une toxicité considérable, s'il arrive dans le sang ou le tissu sous-cutané; sans vénénosité appréciable s'il pénètre par l'estomac[1]. Une quantité minime injectée sous la peau ou dans le sang des animaux fait éclater la maladie. Un 800e de cent. cube produit un tétanos mortel en 60 heures chez le cobaye. Un millième de cent. cube, soit $0^{cc},001$ environ, et même $0^{cc},0002$ de ces cultures peuvent tuer cet animal en 3 jours[2].

La quantité de toxine réelle contenue dans cette minime parcelle de solution toxique est extrêmement petite. En effet, un centimètre cube de ce liquide séché dans le vide laisse $0^{gr},040$ de résidu sec, contenant environ $0^{gr},025$ de matière organique. Si l'on admettait que cette dernière fût tout entière constituée par de la toxine pure, d'après les nombres ci-dessus la millième partie de ces 25 milligrammes ou $0^{gr},000\,025$ et même la 5000e partie ou $0^{gr},000\,005$, tueraient donc un cobaye du poids de 500^{gr}. Cette matière intoxiquerait ainsi de 20 millions à 100 millions de fois son poids de matière vivante. Nous avons vu (p. 342) que cette toxine peut être encore plus active et arriver à tuer au moins 500 millions de fois son poids de cheval;

---

1. Voir le moyen d'augmenter cette toxicité par des cultures successives en *Annales Inst. Pasteur*, t. V, p. 15.

2. VAILLARD, *Compt. rend. Acad. sciences*, t. CXX, p. 1181.

et cette appréciation de la puissance toxique de ce venin
est encore certainement bien au-dessous de la réalité, puisque
dans ce calcul nous avons admis que toute la matière organique des cultures de tétanos est virulente, ce qui n'est
certainement pas.

Quelle est la nature de ce poison? A la façon des venins
proprement dits et de la plupart des toxines virulentes, en particulier de celles du charbon, il se compose de
deux parties, l'une accessoire, formée de corps alcaloïdiques; l'autre principale qui, étant donné son altérabilité à
la chaleur, à l'air et à la lumière, aussi bien que son incom-
parable puissance, paraît de nature diastasique.

Nous avons déjà décrit (p. 188) la tétanine, la tétanotoxine,
la spasmotoxine et une quatrième ptomaïne. Elles ont été
extraites par Brieger en 1886 et 1887, des cultures du bacille
de Nicolaier. La tétanine $C^{13}H^{30}Az^2O^4$ détermine, à la dose
de quelques milligrammes chez le cobaye, tous les désordres
classiques du tétanos; la seconde, la tétanotoxine, est moins
vénéneuse que la précédente, mais produit aussi des convulsions. La spasmotoxine paraît très peu toxique. Enfin une dernière base obtenue en faible proportion, très active et
tétanisante, excite la sécrétion des larmes et de la salive.
Il est vrai que quelque temps après ces premières études,
Brieger et Fraenkel ayant séparé des cultures pures du
bacille tétanique de Kitasato une toxine protéique ou toxalbumine, attribuèrent à celle-ci tous les désordres du tétanos.
Mais, s'il est vrai que cette toxalbumine est, en effet,
l'agent le plus redoutable qui se forme dans les cultures
tétaniques, les ptomaïnes de Brieger avec leur puissance
tétanogène spécifique, ptomaïnes qui dérivent des albumotoxines par voie d'hydratation plus avancée, n'en accom-

pagnent pas moins les toxines protéiques dont ils sont comme les satellites. Ce même fait se reproduit pour toutes les toxines comme pour les venins; nous avons vu que dans toutes, ou presque toutes, les sécrétions toxiques ou venimeuses, les toxalbumines et nucléines toxiques sont toujours mélangées de ptomaïnes généralement moins toxiques qu'elles, mais concourant à leur action ou la préparant. Il est certain que la tétanine, dont le chlorhydrate à la dose de $0^{gr},05$ provoque chez la souris des accidents tétaniques, n'est pas l'agent essentiellement actif des cultures du microbe de Nicolaier, mais cette tétanine et les autres bases qui l'accompagnent n'en existent pas moins dans ces cultures, même lorsqu'elles sont parfaitement pures; elles préexistent à l'action des réactifs; elles contribuent à l'action complexe de ce qu'on appelle *la toxine* du tétanos.

La toxine proprement dite, la toxalbumine de Brieger et Fraenkel, de Vaillard et Vincent, de Tizzoni et Canttani, etc. est une substance diastasique. En effet, son activité est profondément modifiée lorsqu'on la chauffe 40 minutes à 60 degrés; un chauffage de 30 minutes à 65° en vase clos la détruit en partie, alors que cette température est incapable de tuer le microbe lui-même. Si l'on chauffe ces cultures à 70-75°, et même à 80°, et si l'on en injecte une dose suffisante aux animaux ils sont encore intoxiqués[1]. Conservées en vase clos à l'abri de l'air et de l'obscurité, les cultures filtrées gardent toute leur puissance. Elle disparaît, au contraire, assez rapidement à l'air, surtout en présence de la lumière, grâce à un phénomène d'oxydation. L'acidification par l'acide tartrique ne modifie pas la toxicité de ces cultures.

1. *Annales de l'Institut Pasteur*, t. VI, p. 387.

Evaporées elles laissent un résidu brun amorphe qui, repris par l'alcool, abandonne à ce dissolvant une faible quantité d'une substance d'odeur vireuse rappelant la vieille pipe et peu ou pas toxique (*Nicomorhuine?*) La partie restée indissoute est amorphe, ambrée, inodore, très soluble dans l'eau. Injectée à faible dose au cobaye elle lui communique un tétanos mortel. La substance toxique traverse très lentement les dialyseurs.

Comme le poison diphtérique, la toxine tétanique possède la propriété d'être entraînée en partie par les précipités gélatineux produits au sein de sa solution. L'alumine, et surtout les phosphates tribasiques et bibasiques de chaux, se chargent du poison, et ces précipités *soigneusement lavés*, insérés à petites doses sous la peau, déterminent un tétanos typique mortel. Toutefois, même après 6 précipitations successives de phosphate dans la même liqueur de culture filtrée, celle-ci reste encore très active; elle contient de la toxine en quantité, ou une toxine spéciale que le phosphate calcique est impropre à entraîner[1].

Un demi-milligramme de ce précipité calcique provoque chez le cobaye un tétanos mortel. La matière organique totale de ce demi-milligramme pèse environ $0^{gr},00015$.

Les cultures tétaniques actives possèdent la propriété de liquéfier la gélatine grâce à une diastase que sécrète le bacille. Celle-ci constitue-t-elle le vrai poison? MM. Vaillard et Vincent ont remarqué que toute culture de tétanos atténuée par la chaleur, par l'oxydation et la lumière, etc...

---

1. J'ai démontré depuis longtemps que c'est aussi ainsi que les choses se passent pour la pepsine, ou plutôt *les pepsines,* du suc gastrique. La soie enlève une pepsine spéciale, soluble, incapable de donner des peptones complètes, et laisse la pepsine proprement dite quelle qu'ait été la quantité de soie qu'on ait employée.

perd en même temps que sa toxicité la propriété de liquéfier la gélatine. C'est un indice qui peut faire penser que
la toxine tétanique se confond peut-être avec la diastase
des cultures de ce bacille.

Ainsi qu'on l'a dit, les cultures tétaniques doivent leur
principale activité à la tétanotoxine qui se comporte à la façon
d'une zymase. *Cette substance n'est pas vénéneuse directement
et par elle-même,* car on peut injecter 200 et 300 grammes de
cultures filtrées de tétanos à un cheval *sans produire d'accidents
immédiats.* Le poison n'est donc pas préformé dans ces cultures
ou n'y existe qu'en très minime proportion ; mais l'agent virulent spécifique, la diastase, introduite dans les veines même
en quantité minime, presque impondérable, *provoque chez
l'animal la formation des principes strychnisants ou tétanisants directs, après une incubation qui dure 24 heures au
moins.* Ce n'est qu'alors seulement, quand les animaux
présentent les premiers symptômes d'intoxication, que leur
sang injecté aux autres animaux *les intoxique directement
et immédiatement.* Cette remarquable observation est due à
MM. Courmont et Doyon[1].

Divers auteurs ont essayé d'obtenir à l'état de pureté
au moins approchée, la toxalbumine, agent spécifique de ces
cultures : Brieger et Fraenkel la préparent en la précipitant
des liqueurs filtrées au moyen de l'alcool absolu. Mais d'après
les observations faites en Italie par Tizzoni et Canttani, l'alcool
ajouté à ces liqueurs détruit ou diminue considérablement l'activité de la toxine. On la sépare mieux soit par dialyse, soit
plutôt par précipitation au moyen de sulfate d'ammoniaque
sec en excès, suivie de la dialyse ménagée de la partie

---

1. *Compt. rend. Soc. biolog.,* 1893, p. 294, et 1894. p. 878.

précipitée reprise par l'eau, enfin évaporation du liquide résiduel dans le vide. D'après Tizzoni et Canttani la toxine ainsi préparée est soluble dans l'eau, indialysable ou peu dialysable, destructible vers 60°. Les alcalis affaiblis, ou un courant prolongé d'acide carbonique, paraissent ne pas la modifier; les acides minéraux un peu concentrés l'altèrent. Elle contient un ferment apte à liquéfier la gélatine et à digérer la fibrine en milieu alcalin seulement.

Par quelle voie pénètre le poison chez les tétanisants? Suivant Bruschettini, il se transmettrait par le sang et se fixerait surtout sur les centres nerveux qui, chez les tétanisés, deviendraient très toxiques, alors que le foie et les capsules surrénales resteraient inoffensifs; au contraire, l'infusion de reins serait très active peut-être parce que le poison s'élimine par ces organes.

Quant à la rapidité d'absorption du virus, les rats inoculés au milieu de la queue meurent tous tétaniques si l'on coupe cet appendice à sa base au bout d'un temps dépassant 40 minutes à partir de l'inoculation. Mais comme il arrive avec tous ces poisons, pour que la maladie éclate, une période d'incubation, plus ou moins courte suivant les doses. est toujours nécessaire. Elle est de 16 à 24 heures pour la souris, 18 à 60 heures pour le lapin, et pour des doses moyennes.

Antitoxine tétanique. — On sait conférer aujourd'hui l'immunité contre la toxine tétanique et contre le tétanos.

Behring et Kitasato y ont réussi les premiers en habituant peu à peu les animaux à la toxine spécifique qu'ils avaient le soin de mélanger au préalable avec du trichlorure d'iode. Roux et Vaillard emploient dans le même but les solutions d'iode. Une toxine extrêmement active, dont 1/4000 de centimètre cube tétanisait une souris, mélangée avec le tiers de son poids de solution de Gram, peut être injectée à la dose de 3 cent. cubes à un lapin sans occasionner aucun fâcheux accident. En augmentant de jour en jour la quantité de toxine et diminuant le liquide iodé, on arrive à faire supporter à l'animal, au bout de 15 à 20 jours, des doses de 5 à 20 centimètres cubes de toxine pure [1].

Ce procédé d'immunisation est rapide et sans inconvénient ; il réussit sur le cobaye, le cheval, la vache. La modification produite par l'iode sur la toxine est instantanée. Beaucoup d'autres agents, la chaleur, l'acide carbonique sous pression, le permanganate de potasse, etc., modifient aussi cette toxine dans le même sens.

Les animaux ainsi immunisés fournissent un sérum qui, mélangé d'avance aux cultures tétaniques les plus toxiques, les rend inoffensives. L'activité de ce sérum antitoxique touche au merveilleux. On peut le mesurer par l'inverse de la quantité nécessaire pour immuniser 1^{gr} de souris neuve contre une dose de toxine mortelle. Lorsqu'on dit qu'un sérum est actif au millionième, cela veut dire qu'un cent. cube de ce sérum suffit à immuniser 1000 kilogrammes ou 1 million de grammes de souris. Or on obtient facilement des animaux immunisés qui fournissent un sérum, dont 1 volume rend inoffensifs 1000 volumes d'une toxine des plus actives. Un *quintillionième* de centimètre cube (0^{cc} 000 000 000 000 000 001) par gramme de souris, suffit à préserver cet animal contre une dose de toxine sûrement mortelle [2]. Si les choses se passaient de même pour l'homme,

1. *Annales Institut Pasteur*, t. VII, p. 72.
2. L. VAILLARD, *Compt. rend.*, t. CXX, p. 1181.

moins d'un dix-millième de centimètre cube suffirait à détruire l'activité de la toxine apte à tétaniser un milliard d'hommes.

Malgré cette prodigieuse activité, le sérum antitétanique n'a pas la valeur curative qu'on aurait pu en attendre. Appliqué chez l'homme ou les autres animaux au traitement de la maladie confirmée, il est impuissant à guérir les formes aiguës à marche rapide, parce que lorsque apparaissent les premiers symptômes de l'intoxication, l'altération des centres nerveux par la toxine tétanique est un fait accompli et à peu près irrémédiable. Mais entre les mains de MM. Tizzoni et Canttani, ainsi que de Kitasato, ce sérum a été efficace dans les tétanos à marche lente où l'intoxication ne se fait que progressivement.

Chez les animaux auxquels on injecte préventivement le sérum antitétanique, l'immunité est immédiatement acquise. Elle est proportionnelle à la dose de sérum injectée. Mais elle diffère de cette immunité *persistante* que confère l'injection de la toxine iodée et chauffée, et mieux encore l'introduction dans le tissu cutané des spores tétaniques mêlées au préalable d'acide lactique.

La substance antitoxique existe surtout dans le plasma du sang des animaux, et dans le sérum qui en provient. Le caillot n'en renferme pas. Les sérosités, l'humeur aqueuse, l'urine, la salive, manifestent aussi le pouvoir antitoxique, mais à un faible degré. Le lait, au contraire, est riche en antitoxine. Les divers organes possèdent un pouvoir antitoxique variable. Le foie est souvent actif; la rate et les capsules surrénales ne le sont pas. Les leucocytes sont chargés d'antitoxine.

La substance antitoxique s'élimine en partie par les reins.

*L'antitoxine tétanique ne détruit pas la toxine correspon-
dante;* elle paraît agir en produisant un état permanent
d'excitation ou de réaction, une modification de la nutrition des cellules de l'économie qui les fait résister au
poison. Behring a montré que si chez l'animal immunisé,
on injecte des quantités croissantes de toxines, son sérum
devient de moins en moins antitoxique. Il arrive même un
moment où la toxine l'emporte sur l'antitoxine et où le
sérum de cet animal devient toxique sans que pour cela
l'animal contracte le tétanos. L'antitoxine étant, dans ce
cas, sursaturée de toxine, il faut que les cellules résistent
par elles-mêmes, grâce à une impression reçue et conservée
comme une sorte de souvenir.

Malgré la grande activité du sérum antitétanique, lorsqu'on
l'injecte après l'inoculation de la toxine, il y a toujours
tétanos local. La dose de sérum nécessaire pour empêcher
la mort est d'autant plus grande que celui-ci est injecté
plus tardivement.

Toxine de la morve. — Malléïne.

On obtient la semence très virulente du bacille de la
morve en inoculant le lapin par injection intraveineuse
avec du jettage de cheval morveux. Le sang de ce lapin
sert à ensemencer largement plusieurs tubes de pommes
de terre ; après 3 jours d'étuvage à 37°, le produit de culture est délayé dans un peu d'eau, bouilli, filtré, et injecté
dans la veine de l'oreille d'un second lapin, dont le sang
servira à l'ensemencement d'autres pommes de terre,

et ainsi de suite. On se procure par cette méthode un virus morveux d'une virulence exaltée et toujours égale (*Nocard*)[1].

Pour préparer la solution de toxine morveuse (on lui a donné le nom de *Malléïne*), Nocard emploie le bouillon de veau ou de cheval additionné de 5 gr. de sel marin par litre, 10 gr. de peptone et 40 gr. de glycérine. On ensemence un certain nombre de ballons contenant cette liqueur avec le produit des cultures ci-dessus faites sur pommes de terre ; au bout de 15 à 20 jours de séjour à l'étuve à 38°, on stérilise les liqueurs à l'autoclave à 110°, on les concentre au bain-marie au dixième de leur volume, enfin on les filtre sur papier Chardin. On obtient ainsi la *malléïne brute,* liquide sirupeux brun foncé, d'une odeur vireuse spéciale, contenant près de la moitié de son poids de glycérine.

Cette solution se conserve très longtemps à l'abri de la lumière, de l'air et de la chaleur. Dans la pratique on l'emploie diluée au 10e avec de l'eau bouillie ou phéniquée à 0,5 pour 100.

Foth prépare sa malléïne, comme Roux, avec le bouillon glycériné ensemencé et traité comme ci-dessus ; la culture est stérilisée à 100°, concentrée au bain-marie au dixième et filtrée sur papier ; la liqueur obtenue est additionnée de 25 à 30 fois son volume d'alcool absolu ; le mélange est jeté sur un filtre, le précipité est recueilli et desséché dans le vide. On obtient ainsi une poudre blanche, légère, non hygroscopique, très soluble dans l'eau, possédant toutes les propriétés de la *malléïne brute.*

1. Voir de ce savant le *Rapport présenté au Congrès international d'hygiène de Budapest,* 1894.

Elle s'emploie en solution dans l'eau bouillie, à la dose de 3 à 5 centigrammes par animal[1].

En Russie, les cultures sur pommes de terre sont râclées, et la bouillie est additionnée de 9 parties d'eau en poids, ou mieux d'eau glycérinée à 5 °/₀. Après 24 heures on stérilise à l'autoclave à 110° pendant 15 minutes, puis on filtre sur bougie de biscuit. La liqueur est concentrée au bain-marie jusqu'au quart du volume primitif, enfin additionnée de glycérine pure et neutre (1/3 du poids du liquide réduit.)

Pour conserver cette malléïne on la stérilise une seconde fois, un quart d'heure, à 110°.

La *morvine* de Babès s'obtient au moyen de cultures pures en bouillon de cheval; on additionne les liqueurs, après filtration sur biscuit, d'un mélange d'alcool et d'éther ; la *morvine* se précipite; on dissout le précipité dans l'eau et on le dialyse. On sèche enfin sa solution dans le vide à 40°. Pour s'en servir on dissout la poudre dans 200 fois son poids d'eau stérilisée. Trois à cinq milligrammes suffisent pour un cheval.

Lorsque aux liqueurs de culture filtrées du bacille de la morve on ajoute ainsi de l'alcool concentré ou éthéré, la matière active qui se précipite entraîne en même temps une foule d'impuretés; mais la malléine peut être obtenue de plus en plus pure en rejetant les premiers dépôts qui se forment, et recueillant ceux qui se produisent ensuite.

La substance ainsi préparée, riche en sels, très peu dialysable, répond aux caractères généraux de toutes les toxines. Elle ne s'altère que très lentement à 100°.

<hr>

1. *Ueber die praktische Bedeutung des trockenen Malleïns.* Deutsche Zeitschrift für Thiermedic., t. XIX, 1893, p. 437, et t. XX, p. 223.

La malléine injectée aux animaux produit chez eux la diaphorèse en actionnant les centres sudoraux[1].

Comme la tuberculine pour la phtisie, la malléine est devenue un agent très précieux, permettant de diagnostiquer la morve commençante. Chez les animaux déjà atteints, ne fût-ce qu'à un minime degré, la réaction thermique ne manque jamais lorsqu'on les soumet à l'action de un quart de centimètre cube de malléine brute. La température centrale s'élève chez eux de 1°,5 à 2°, 5, et plus, au-dessus de la normale. Cette élévation de température, déjà notable 8 heures après l'injection, atteint son maximum vers la 12e heure. La fièvre et la prostration persistent 36 à 48 heures. Chez les chevaux sains, au contraire, l'injection de malléine, même à doses beaucoup plus fortes, reste sans effet apparent; leur état général n'est pas modifié. MM. Wladimiroff et Flemmer ont toutefois remarqué que les chevaux atteints déjà depuis longtemps de morve étendue, donnent une réaction souvent moins prononcée que les chevaux chez qui la maladie commence à peine[2].

M. Arloing a établi que les produits de culture du *pneumobacillus liquefaciens bovis* pouvaient être substitués à la malléine comme moyen révélateur de la morve latente. Cette toxine, à la façon de la malléine et autant qu'elle, élève la température chez les animaux morveux[3].

Les chiens qui reçoivent dans les veines du virus de morve en faible quantité à la fois peuvent ainsi être vaccinés contre cette infection. Si ce virus au lieu d'être injecté

1. CADIOT et ROGER, *Compt. rend. Soc. biolog.*, 1893, p. 770, et *Arch. de méd. expér.* Straus, 1892, p. 432.

2. Sur la sensibilite des animaux à la toxine de la morve, A. WLADIMI-ROW, *Arch. des sciences biolog.* de Saint-Pétersbourg, t. IV, p. 30 (1895).

3. *Compt. rend. Soc. biolog.*, 1893, p. 982.

dans le sang l'est dans le tissu sous-cutané, les sujets restent accessibles à la maladie. mais celle-ci ne se manifeste que par une ulcération passagère et locale de peu d'importance.

Les souris blanches possèdent l'immunité naturelle contre la morve (*Finger; Léo*).

TOXINES DE LA FIÈVRE TYPHOÏDE.

Les cultures ordinaires du bacille d'Eberth (bacille typhoïde) sont généralement peu chargées de toxines. Il faut pour augmenter leur activité faire passer le virus à plusieurs reprises et en petite proportion à la fois, par le péritoine des cobayes, puis ensemencer du bouillon glycériné à 2 pour cent avec quelques gouttes de l'exsudat péritonéal provenant d'un de ces animaux mort rapidement par injection d'un virus ainsi rendu très actif. Ce bouillon est mis à l'étuve à 37° durant quatre semaines environ, stérilisé, laissé au repos pendant des mois à la température ordinaire, enfin porté quelques jours à 60°. Le liquide de culture s'est alors divisé en deux couches; la supérieure limpide, brunâtre, l'inférieure composée de débris de microbes morts. Le liquide supérieur, décanté avec soin, jouit d'un pouvoir toxique considérable. Il contient non seulement les sécrétions actives du microbe (sécrétions qui ne sont fortement toxiques que lorsque le milieu de culture est passé de l'état acide à l'état alcalin), mais aussi les produits de macération des cadavres bacillaires[1].

Les souris et surtout les cobayes sont les meilleurs réactifs pour essayer ce poison : $1^{cc},5$ de la culture précédente par

1. SANARELLI, *Annales de l'Institut Pasteur*, t. VIII, p. 193.

100 grammes de leur poids injecté par la voie sous-cutanée entraîne une mort certaine en 10 à 20 heures environ. Les lésions anatomiques, la marche de la température, les symptômes morbides que provoque cette toxine, présentent le tableau caractéristique de la fièvre typhoïde : les animaux sont accablés, les yeux mi-clos, le ventre météorisé et très sensible ; ils sont pris de diarrhée et rendent par le rectum une mucosité jaunâtre et sanguinolente ; enfin ils deviennent inertes et paralytiques ; l'asphyxie termine la scène. Mêmes phénomènes ont été observés chez les singes. Les plaques de Peyer sont tuméfiées, congestionnées, gorgées de globules blancs ; on dirait une infiltration purulente.

M. Sanarelli conclut de ces observations que la fièvre typhoïde est une infection du système lymphatique, et que c'est à la toxine produite par le bacille spécifique que sont dues en grande partie les lésions anatomiques intestinales considérées jusqu'à présent comme autant de localisations du virus vivant. Une opinion semblable avait été depuis longtemps émise par Jules Guérin qui croyait que les ulcérations intestinales qu'il observait étaient dues à une matière irritante et toxique formée dans l'intestin[1].

Toutes ces altérations anatomiques peuvent se produire dans l'intestin indépendamment de la présence des microbes ; dans la fièvre typhoïde expérimentale, aussi bien que dans la fièvre typhoïde humaine, les bacilles d'Eberth ne se trouvent qu'en petite quantité dans le contenu intestinal (*Sanarelli*). On les rencontre surtout dans la rate chez l'homme, et dans les séreuses chez les animaux atteints de fièvre typhoïde expérimentale.

1. Voir *sur une tétanie d'origine gastrique, Revue de médecine,* pour 1892, n°ˢ 1 et 2.

Pour en revenir à la nature du poison typhique, on remarquera que celui que prépare M. Sanarelli ne saurait
être considéré que comme un mélange très complexe de
diverses substances inertes et banales, avec plusieurs
poisons produits par le microbe spécifique, durant sa vie,
ou sortis de son cadavre après sa mort.

Brieger a essayé de jeter quelque jour sur la nature de
ce poison spécifique. Nous avons dit (p. 179) comment ce
savant avait extrait la *typhotoxine* $C^7 H^{17} Az O^2$ des cultures du bacille d'Eberth et quels sont les phénomènes
d'empoisonnement que provoque cette base. Quelques-uns
de ces symptômes, l'abattement, la diarrhée, rappellent
les désordres de la fièvre typhoïde; d'autres, tels que la salivation, la dilatation des pupilles, la difficulté de contracter les
muscles, s'en éloignent au contraire. Je sais bien que Salkowski, puis Bouveret et Devic[1] ont prétendu que le fait
de chauffer les toxabulmines en présence d'acide chlorhydrique suffit à lui seul pour produire les ptomaïnes de
Brieger; mais l'acide chlorhydrique très étendu, tel que l'a
employé ce savant n'agit pas ainsi, et les ptomaïnes qu'il
a décrites préexistent et accompagnent réellement la toxine
principale, sans être pour cela la partie la plus active du
poison typhique.

Dans un travail plus récent Brieger et Frænkel sont re-
venus sur le même sujet[1]. Ils filtrent sur biscuit les cultures toxiques du bacille d'Eberth et, après concentration
de la liqueur au tiers de son volume et vers 30°, ils la précipitent en ajoutant quelques gouttes d'acide acétique et
10 volumes d'alcool absolu. Le magma de nouveau redissous dans un peu d'eau est encore précipité par l'alcool;

1. *Untersuchungen über Bacteriengifte. Berlin. Klinische Woch.* 1890.

enfin cette matière reprise par l'eau, est saturée de sulfate d'ammoniaque en poudre. Ce sel sépare la toxine qu'on redissout et purifie par dialyse. La partie qui dialyse est inactive; celle qui est restée sur le dialyseur répond aux réactions des corps albuminoïdes, mais elle ne manifeste qu'un pouvoir toxique peu énergique.

Des cultures de deux espèces de germes toxicogènes trouvées dans de l'eau de boisson soupçonnée d'avoir donné la fièvre typhoïde, Vaughan isola un poison protéique soluble dans l'eau dont ne le précipitait ni l'ébullition, ni les acides, ni le ferricyanure de potassium acétique, ni le sulfate de sodium ou de magnésium, ni l'acide carbonique, mais seulement les réactifs généraux des alcaloïdes. Cette substance présente la réaction xanthoprotéique, celle de Millon, celle du biuret, etc.; elle précipite par addition d'un excès de sulfate d'ammoniaque en poudre et possède toutes les propriétés des nucléines. La chaleur de 80° prolongée quelques heures fait disparaître sa toxicité. Sa solution dans l'eau est opalescente et légèrement acide. Injectée aux animaux, cette toxine leur donne le frisson; la température centrale s'élève de près de quatre degrés; ils ont des douleurs abdominales. Ils s'affaissent et tombent sur le côté. Dans quelques cas, il y a des vomissements et de la diarrhée.

Les cultures stérilisées du bacille d'Eberth injectées à doses croissantes successives confèrent à l'animal outre une vaccination générale contre cette maladie, l'accoutumance intestinale au poison typhique. Dans ces organismes ainsi vaccinés contre la fièvre typhoïde, le bacille d'Eberth conserve longtemps sa vitalité et exalte même sa virulence[1].

1. Voir à ce sujet CHANTEMESSE et WIDAL, *C. rend. Soc. biolog.* pour 1888, p. 219.

Le bacille typhique exerce sur les muqueuses une action beaucoup plus énergique et plus grave, et surtout une action très différente, de celle du *bacillus coli*. Mais sous l'influence de ce bacille typhique, ou de ses toxines, le *bacillus coli* paraît devenir plus virulent. Il augmente et aggrave les lésions de la muqueuse que provoque la toxine typhique.

Les animaux immunisés contre le bacille typhique le sont aussi contre le *bacillus coli*.

TOXINES DU BACILLUS COLI COMMUNIS[1].

Le bacille intestinal d'Escherich, récemment extrait des matières fécales normales, est doué de pouvoir pathogène. En cultures jeunes faites dans du bouillon, il détermine, lorsqu'on l'injecte dans les veines, la mort des lapins à la dose de un centimètre cube. Ces propriétés nocives peuvent s'exalter encore si ce bacille est recueilli chez certains malades[2].

Les animaux auxquels on injecte le bouillon filtré de ces cultures s'affaiblissent rapidement; les muscles sont pris de tremblements fibrillaires, les pupilles se dilatent un peu, la sensibilité est abolie, la somnolence apparaît. Si l'on continue les injections, les convulsions frappent les quatre membres, il y a du nystagmus, de l'hyperexcitabilité

---

1. Pour différencier ce bacille du bacille typhique d'Eberth, Elsner mélange une dissolution de gélatine à une décoction de pommes de terre ; après ébullition, il sature presque par la soude et stérilise. Le liquide est alors additionné de 1 °/₀ d'iodure de potassium et ensemencé avec un peu du contenu intestinal. Au bout de 24 h. les colonies du colibacille présentent leur aspect habituel, tandis que celles du bacille d'Eberth ne deviennent visibles qu'après 48 heures. On peut les différencier ainsi et les séparer facilement.

2. GILBERT, *C. rend. Soc. biolog.*, 1893, p. 214.

réflexe de la peau ; enfin les sujets sont pris de contracture tétanique, la mydriase succède au myosis, les mâchoires se serrent, et le coma précède de peu la mort. La respiration d'abord accélérée s'affaiblit ensuite, devient ample, saccadée et se suspend à l'apparition des crises tétaniques.

Chez la grenouille M. Roger[1] a constaté trois périodes dans l'empoisonnement : période de parésie initiale, période d'hyperexcitabilité musculaire, enfin paralysie terminale. Le poison agit sur la moelle et, accessoirement, sur les muscles et sur le cœur qui se comporte à l'excitation faradique comme s'il était considérablement affaibli.

TOXINES DU CHOLÉRA.

On connaît diverses races de vibrions cholérigènes : le *vibrio choleræ asiaticæ* (*Kock, Haffkine*) ; le *vibrion du choléra de Hambourg* (ou de Pfeiffer) ; le *v. de Massaouah* ; le *v. de Cassino* ; le *v. de Ghinda*, originaire des eaux d'un puits de Ghinda, qui se développe sur gélatine peptonisée en petites virgules minces, le plus généralement non filamenteuses, enfin quelques autres vibrions, aptes à provoquer les désordres de cette maladie. Ils peuvent tous servir à vacciner, en recourant d'abord à de petites quantités de cultures stérilisées, puis aux cultures vivantes qu'on injecte sous la peau ou dans le péritoine. Le sérum des cobayes ainsi vaccinés contre l'un de ces vibrions est doué de propriétés préventives contre tous les autres[2].

---

1. ROGER, *ibid.*, p. 459.
2. SANARELLI, *Annales Institut Pasteur*, t. IX, p. 159.

Le vibrion du choléra asiatique (fig. 20) a été cultivé par Werbrook sur différents milieux, en particulier sur l'alcali-albumine préparé suivant la méthode de S. Martin[1] : dans ce but, on centrifuge le sérum de bœuf; on ajoute un acide dilué jusqu'à précipitation de son albumine qu'on laisse déposer; on rejette le liquide surnageant qu'on remplace à plusieurs reprises par de l'eau distillée; on redissout

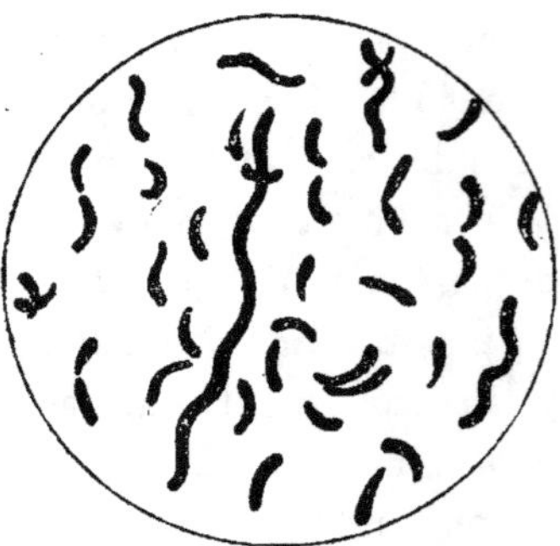

Fig. 20. — Microbe virgule du choléra.

enfin le précipité ainsi lavé dans une solution de soude caustique diluée à 1,2 pour 1 000 et mêlé de 2,5 pour 1 000 de sel marin, de sorte que pour 500^{cc} du sérum primitif on ait 3 litres d'une solution d'alcali-albumine. Ce liquide est filtré et stérilisé à l'autoclave. Il est limpide et légèrement jaunâtre. On le répartit en plusieurs flacons qu'on ensemence alors avec le *Vibrio choleræ asiaticæ* et on laisse 3 à 4 semaines à l'étuve à 35°. Au bout de ce temps, les bacilles-virgules ont disparu remplacés par des coccus. Ces cultures filtrées sur biscuit fournissent un liquide ambré, très limpide, légèrement alcalin, répondant à la réaction du biuret. En le neutralisant avec soin par de l'acide chlorhydrique étendu, il se fait un précipité albumineux qu'on sépare au moyen du filtre et sur lequel nous reviendrons. La liqueur est évaporée presque à sec dans le vide à 40°; la masse visqueuse est laissée quelques jours en présence d'alcool absolu puis lavée avec de nouvelles quantités d'alcool. Le résidu dissous dans un

1. WERBROOK, *Annales de l'Institut Pasteur*, t. VIII, p. 319.

peu d'eau distillée, est dialysé à froid, à l'obscurité, dans de l'eau souvent renouvelée. Au bout de 48 heures on filtre la partie qui ne dialyse pas et on la concentre de nouveau dans le vide[1]. Elle possède alors les propriétés suivantes :

Par saturation avec le sulfate d'ammoniaque en poudre, elle donne un précipité blanc. Par saturation avec le sel marin, un léger précipité; si l'on filtre et qu'on ajoute un peu d'acide acétique, il se fait un nouveau dépôt. La chaleur ne coagule pas cette liqueur. Elle répond à la réaction du biuret.

Le produit ainsi séparé paraît formé d'une faible proportion d'une proto-albumose spéciale, mêlée d'une plus grande quantité de deutéro-albumose. C'est ce liquide qu'on inocule. Il est toxique, et apte à produire l'immunité contre des doses mortelles de vibrion cholérique.

La solution aqueuse d'albumose injectée aux cobayes sous la peau du flanc, à la dose de $0^{cc},5$ à 1,5 cent. cube, tue ces animaux au bout de 12 à 50 heures. La même solution diluée de moitié, tua aux mêmes doses deux animaux sur 6; quatre survécurent. Ceux-ci, après une semaine, reçurent des doses mortelles de culture vivante de bacille de choléra très virulent par injection dans le péritoine : trois sujets sur quatre montrèrent un haut degré d'immunité. Les mêmes expériences furent répétées et réussirent avec des animaux ayant reçu la toxine plus concentrée et qui avaient résisté.

Ces expériences montrent à la fois le pouvoir toxique et immunisant des albumoses du vibrion du choléra[2].

---

1. On parlera plus loin de la partie qui dialyse.
2. Il n'est que juste de reconnaître ici (et malgré quelques difficultés opposées au début aux savants qui lui demandaient communication de

Les albumoses ci-dessus, séparées par précipitation au moyen de sulfate d'ammonium, privées de ce sel par dialyse et redissoutes dans l'eau, conduisent aux mêmes résultats. C'est donc bien à elles que ces liquides doivent la principale partie de leur activité.

Le liquide de dialyse ci-dessus séparé de la portion non dialysable, concentré à 40° dans le vide, donnait la réaction du biuret; il s'y formait un léger précipité par le sulfate d'ammoniaque ou le chlorure de sodium en excès. Ce liquide semble donc contenir un peu de peptone avec une trace d'albumose. Il ne paraît que peu ou pas toxique; mais il jouit aussi du pouvoir immunisant.

Quant au précipité obtenu par neutralisation, au moyen d'acide chlorhydrique, de la liqueur de culture primitive, il était soigneusement lavé dissous dans une petite quantité d'eau très faiblement alcalinisée par du carbonate de soude, et filtré de nouveau. Ce liquide ne répond pas à la réaction du biuret; il précipite abondamment lorsqu'on le neutralise. La solution limpide et légèrement alcaline de cette substance ne paraît pas, ou que fort peu toxique; mais elle confère aux animaux un certain degré d'immunité contre les toxines les plus virulentes.

Le même auteur a préparé ces toxines en faisant pénétrer le vibrion cholérigène à l'intérieur d'œufs de poule frais. On peut aussi les extraire de l'exsudat péritonéal des cobayes inoculés.

On a essayé de cultiver le même vibrion dans des milieux

ses méthodes) que les innombrables expériences et vaccinations, tentées sur l'homme en Espagne par le Dr Ferran dans les deux dernières épidémies de choléra avaient établi, déjà en 1885-86, que les injections, faites avec prudence, des produits de culture stérilisés du vibrion cholérique conféraient aux sujets ainsi traités un réel degré d'immunité.

non albuminoïdes[1] : on prend *Eau* 1 000 grammes ; Na Cl = 5 à 7 grammes ; Ca Cl² = 0^{gr},1 ; sulfate de magnésie = 0^{gr},2 ; phosphate sodique 2^{gr},5 ; lactate d'ammonium 6 à 7 grammes ; asparaginate de sodium 3^{gr},4 ; hydrate sodique 5 grammes. Cette solution préalablement stérilisée puis ensemencée avec le bacille cholérique est laissée un mois à l'étuve. Elle ne dégage pas d'odeur d'indol. Après filtration sur biscuit stérilisé, pour séparer un précipité visqueux ou gélatineux qui se forme, on obtient un liquide limpide, ambré, qui évaporé dans le vide à 40°, repris et agité longtemps avec de l'alcool, laisse un résidu brun. On le dissout dans l'eau distillée et après dialyse on évapore de nouveau à sec et reprend par quelques centimètres cubes d'eau. La liqueur ainsi obtenue transparente, brune, jouit des réactions suivantes : Elle est légèrement alcaline, elle ne précipite pas lorsqu'on la neutralise ; elle ne présente pas la réaction du biuret : elle offre une légère réaction xanthoprotéique. Injectée sous la peau à la dose de 1^{cc} elle tue deux cobayes sur trois en 9 et 11 heures. Chez tous, la température s'abaisse jusqu'à la mort lorsqu'elle doit avoir lieu. Cette toxine peut, à faible poids, vacciner contre des doses mortelles de cultures vivantes.

Le précipité visqueux ou gélatineux formé dans ces cultures, précipité dont il a été fait ci-dessus mention, contient aussi des substances toxiques aptes à provoquer de la dyspnée, des crampes et l'abaissement de la température.

M. Sanarelli obtient de la façon suivante la *toxine*, ou plutôt le liquide toxique, des cultures de vibrion cholérigène[2] : on ensemence ces vibrions dans un ballon de 2 litres contenant 2 °/₀ de peptone, 2 °/₀ de gélatine et 1 °/₀ de sel ma-

---

1. *Annales Institut Pasteur*, t. VIII, p. 333.
2. *Ibid*, t. IX, p. 133.

rin. Au bout d'un mois d'étuvage à 37°, on alcalinise sans filtrer, avec de l'hydrate sodique et l'on fait évaporer lentement à 60° jusqu'à consistance presque sirupeuse. A ce résidu l'on ajoute 10^{cc} de glycérine et l'on maintient deux semaines à l'étuve. On étend alors d'eau distillée jusqu'à revenir au quart du volume du liquide primitif; on neutralise exactement avec de l'acide lactique et on stérilise à 120°.

Le liquide ainsi préparé est brun et trouble. Il possède un grand pouvoir toxique; par injection dans le péritoine, il tue les cobayes à la dose de 0^{cc},5 à 1^{cc} en 12 à 24 heures. Injecté dans l'estomac à la dose de 3 centimètres cubes deux jours de suite, avec volume égal de solution saturée de bicarbonate de soude, il tue presque infailliblement les cobayes dès la seconde injection. *C'est donc l'une des rares toxines microbiennes qui soit franchement toxique par voie intestinale.* La mort des animaux soumis à ce poison présente tout le tableau de l'entérite cholérique aiguë.

Les bouillons de culture précédents décorés du nom de toxines, sont des mélanges très complexes dont les agents actifs restent encore indéterminés. On sait depuis longtemps que le bacille virgule de Kock produit à la fois, comme la plupart des vibrions septiques, des bases (ptomaïnes), des albumoses toxiques, et deux ferments dont l'un transforme en acide lactique l'empois d'amidon, l'autre jouit de propriétés peptonisantes analogues à celles du suc pancréatique. Fermi est parvenu à isoler le pepto-ferment auquel Rietsch suppose dus, au moins en grande partie, les désordres intestinaux du choléra. Dans ce but il cultive le bacille spécifique sur gélatine. En ajoutant 65 pour cent d'alcool aux cultures alors que la gélatine s'est liquéfiée, il précipite la gélatinose formée, mais non le ferment. Après 24 heures, il filtre et ajoute de l'alcool absolu à la liqueur. Le ferment précipite alors ; on le recueille, on le lave à l'alcool et on le sèche.

Les protéines insolubles obtenues par Brieger et Frænkel en précipitant par l'alcool les cultures filtrées du coma bacille, lorsqu'on les met en suspension dans l'eau et qu'on les injecte sous la peau des cobayes, les tuent en 2 ou 3 jours.

Petri, en cultivant le bacille de Kock dans une solution de peptones, a trouvé qu'il se formait ainsi, à côté d'une protéine très vénéneuse, de grandes quantités de tyrosine et de leucine, un peu d'indol, des acides gras et des bases vénéneuses. Nous avons déjà parlé de ces dernières (p. 184). Quant à la *toxopeptone* de Petri, elle ne précipite ni par la chaleur, ni par le ferrocyanure acétique, ni par le sulfate d'ammoniaque en poudre ajouté à saturation, mais bien par le phosphotungstate de soude en liqueur acide, ainsi que par un excès de tanin. Elle paraît donc appartenir à la famille des peptones. Cette substance donne la réaction du biuret et faiblement celle de Millon. Elle ne perd pas son pouvoir toxique à 100°.

Une quantité de $0^{gr}35$ de cette toxine par kilogramme de cobaye est mortelle en 18 heures ; l'animal est pris de paralysie et de tremblements. Après la mort, on trouve dans son péritoine et son intestin des taches hémorrhagiques avec injection des vaisseaux, exsudats, etc.

La peptone que Scholl[1] obtient en cultivant 18 jours le même bacille dans les œufs frais, paraît très analogue à la précédente, quoique, suivant cet auteur, elle s'altère et

____

1. *Inst. Pasteur*, t. V, p. 60.

devienne inerte à 100°. On l'extrait de la solution d'albumine d'œuf modifiée en précipitant celle-ci par un mélange d'alcool et d'éther; ce précipité est ensuite mis à digérer avec de l'eau à 40°; la partie restée soluble est peu abondante, mais très toxique : 8^{cc} injectés dans le péritoine d'un cobaye peuvent le tuer en 8 à 10 minutes; étendue, elle produit de la paralysie, des convulsions, etc. La mort arrive toujours avant la 3e heure. Les autres phénomènes toxiques sont ceux ci-dessus décrits.

Cette substance n'est précipitée de ses solutions aqueuses ni par la chaleur, ni par l'acide nitrique, ni par le sulfate d'ammoniaque en excès, ni par le ferrocyanure acétique. Elle donne la réaction xanthoprotéique et celle du biuret. Elle précipite par le sublimé, le nitrate de mercure, le tanin, l'acide phosphomolybdique.

M. Ransom[1] a extrait des cultures de déjections cholériques privées de bacille, et par une méthode qu'il n'indique pas suffisamment, une toxine très active qui, par voie hypodermique, tue un cobaye de 250^{gr} à la dose de $0^{gr}07$; 10 centigr. amènent sa mort en 10 minutes. Cette substance n'est pas toxique par la voie intestinale. Les symptômes observés sont ceux que déterminent les cultures les plus virulentes du vibrion cholérique.

Winter et Lesage, en traitant des cultures de choléra par l'acide sulfurique affaibli, obtinrent un dépôt soluble dans les alcalis étendus, qu'on reprécipite par les acides et qu'on reprend par l'éther; en évaporant ce dissolvant il reste un liquide huileux qui finit par se figer en une sorte de matière grasse insoluble dans l'eau et dans les acides,

1. *Deutsche med. Woch.*, 18 juillet 1895.

soluble dans les alcalis et dans l'éther, fusible à 50° et très vénéneuse. En solution faiblement alcaline, un milligramme de cette substance par 100 gr. d'animal, absorbée par l'estomac, tue un cobaye en 24 heures avec tous les symptômes cholériques. Les lapins succombent lorsqu'on injecte cette matière sous la peau. Ce poison se retrouve dans les muscles, le foie, les reins, les urines des cholériques ou des animaux empoisonnés par le bacille de Kock.

Nous pouvons ajouter que, d'après les expériences de J. Bosc, le sérum du sang des cholériques présente un degré de toxicité assez élevé : tandis qu'il faut 15 cent. cub. de sérum normal pour tuer 1 kilogramme de lapin, il suffit pour obtenir le même résultat de 3 à 5 cent. cubes de sérum de cholérique. La mort survient en 12 à 16 heures, précédée du tableau le plus saisissant de l'empoisonnement par le choléra[1]. Ce même sérum, si on l'emploie à doses très modérées, confère peu à peu l'immunité contre le virus le plus actif aux animaux auxquels on l'injecte, résultat important confirmé par Ransom[2].

Dans les cultures et déjections cholériques, Scholl a trouvé des corps aromatiques divers; Petri, de la tyrosine; Karploï de l'hydrogène sulfuré et du méthylmercaptan. Bujwid[3] a remarqué que si l'on ajoute aux cultures de vibrions chlolériques 5 à 10 pour cent d'acide chlorhydrique exempt d'acide nitreux, il se produit une coloration rose violette qui augmente durant une demi-heure environ et brunit ensuite à la lumière[4]. Très peu de cultures bactériennes

1. *Institut Pasteur.* t. IX, p. 507.
2. *Ibid.*, t. IX, p. 159.
3. *Philad. méd. News.* t. LVII, p. 231.
4. *Hyg. Rundschau,* 1895, p. 145.

fournissent cette réaction. La coloration se produit déjà dans les cultures âgées de 12 heures. Elle peut ne pas apparaître dans celles qui sont impures. D'après Brieger, cette coloration est due à un dérivé de l'indol que Salkowski pense résulter de la formation d'un nitrite sous l'influence du bacille virgule. Petri a confirmé la réaction de Bujwid et la remarque de Salkowski, mais il a retrouvé quelques autres bactéries produisant aussi des nitrites et par conséquent donnant cette même réaction. Ces nitrites sont dus à la réduction des nitrates, et dans quelques cas, à l'oxydation de l'ammoniaque.

En cultivant le bacille cholérique dans de l'extrait de viande peptonisé, Brieger a observé, dans les mêmes conditions, la formation d'un pigment bleu. Pour le séparer, il traite d'abord les cultures par de l'acide sulfurique, ensuite il les rend alcalines par la soude et les agite avec de l'éther; l'évaporation de ce dissolvant laisse un résidu dont la benzine extrait le *rouge* de Bujwid, tandis que l'éther en retire ensuite un pigment *bleu*[1].

Jobernheim paraît avoir établi que le sang des chlolériques convalescents contient des substances immunisantes contre le choléra, du moins contre le choléra expérimental transmis aux animaux. Ce pouvoir immunisant augmente dans les cas graves, depuis la troisième semaine après le début du mal jusqu'à la sixième. A la dose de un milligramme, ce sérum peut suffire dans ces cas pour empêcher le développement de la maladie. Employé comme agent curatif, le sérum le plus énergique n'a pas donné de résultats.

---

1. Cette réaction est beaucoup plus malaisée avec les cultures du bacille de Finckler-Prior.

Hog-Choléra et Swine-Plague. — Les cultures du bacille du *hog-choléra* ou choléra du porc et de la *swine-plague* (qui paraît en être une variante) sont toxiques, même lorsqu'elles ont été stérilisées par filtration ou par un chauffage à 58° qui tue les microbes. Toutefois ces cultures filtrées à la bougie de biscuit, peuvent être portées à 100°, et même 120°, durant quelques minutes sans perdre leur toxicité. La vaccination des animaux contre ces virus s'obtient au moyen des injections prudemment faites avec les liqueurs de cultures stérilisées.

On a déjà dit (p. 186) que des cultures du bacille du hog-choléra, Novy avait retiré un alcaloïde, la *susotoxine* $C^{10}H^{26}Az^2$. Mais à côté de cette base existe aussi une substance protéique vénéneuse que l'on peut précipiter par l'alcool. Cent milligrammes de cette matière insérés sous la peau tuent les rats, sans convulsions, en 3 heures; les yeux sont injectés, les pattes étendues, un état comateux précède la mort. Les animaux auxquels on inocule peu à peu des doses faibles mais croissantes de ce poison acquièrent l'immunité contre le virus le plus actif de cette maladie.

TOXINE DE LA FIÈVRE JAUNE.

Dans le sang, les urines et les humeurs des malades atteints de fièvre jaune on ne trouve pas d'organismes aptes à être cultivés[1]. Au contraire, l'estomac, l'intestin et les matières vomies, contiennent une quantité prodigieuse de microbes d'espèces différentes. Cinq centimètres cubes des déjections rendues par les malades sous forme de vomissements noirs, injectés dans l'estomac d'un jeune cochon d'Inde

1. GIBIER, *Comptes rendus Acad. sciences*, t. CVI, p. 499.

le tuent en 4 minutes. Un gros cobaye qui avait reçu la même dose, après avoir été très malade, se remit cependant.

On isole de ces vomissements un micro-organisme dont la culture dépose en moins de 24 heures d'épais flocons et une poussière noire et vénéneuse. Les toxines formées par ce microbe paraissent être la cause directe de l'empoisonnement caractéristique de cette maladie.

TOXINE DU BACILLE PYOCYANIQUE.

Nous avons déjà vu (p. 170) que la matière bleue que produit le microbe pyocyanique est un alcaloïde toxique, la pyocyanine.

Cultivée sur l'agar-agar le bacille pyocyanique forme des colonies blanches qui se colorent ensuite en vert. Faite avec du bouillon et placée à l'étuve, la culture prend une teinte jaune, puis verte à la surface; au bout de quelques jours on dirait une solution de sulfate de cuivre. En vieillissant la coloration devient ardoisée ou feuille morte.

Ces cultures contiennent des corps toxiques; elles donnent la fièvre à l'homme comme aux animaux, provoquent la diarrhée, l'albuminurie, et occasionnent quelquefois des éruptions bulleuses où l'on retrouve le microbe[1]. Elles diminuent l'excitabilité de snerfs vasodilatateurs du bulbe et de la moelle[2].

L'hyperthermine (42 à 43°) s'observe même si l'on injecte les produits de cultures filtrés et chauffés à 110°. Elle est donc attribuable aux parties solubles et vaccinantes[3].

1. *Compt. rend. Soc. biolog.*, 1890, p. 41 et 496.
2. *Comptes rendus Acad. sciences*, t. CXI, p. 240. Voir aussi *Arch. de physiologie*, octobre 1890 et janvier 1891.
3. CHARRIN, *Soc. de biolog.*, 1889, p. 63.

Le bacille pyocyanique peut s'accommoder des milieux les plus divers, mais la toxicité des principes qu'il sécrète augmente si les milieux sont riches en matériaux azotés ou albuminoïdes. Dans les milieux hydrocarbonés (glycose, glycérine, etc.) le bacille végète, mais produit à peine un peu de pigment coloré. Dans ces cas l'acidité remplace l'alcalinité qu'on observe avec les milieux azotés[1].

Babès a signalé dans ces cultures outre la *pyocyanine*, alcaloïde depuis longtemps connu, et autrefois étudiée par Fordos, (*a*) une substance dichroïque, rouge brune par diffusion, soluble dans l'eau et insoluble dans le chloroforme, (*b*) un autre principe soluble dans l'alcool, vert à la lumière diffuse, bleu par transmission, (*c*) une substance rouge orangée foncée, insoluble dans la plupart des dissolvants neutres, (*d*) enfin, des composés aromatiques d'une odeur de fleurs de tilleul qui paraissent cristallisables et qu'on peut extraire par le chloroforme[2].

TOXINES DU STREPTOCOQUE DE L'ÉRYSIPÈLE ET DE LA FIÈVRE PUERPÉRALE.

Elles ont été étudiées d'abord par Manfredi et Traversa[3], puis par M. Marmorek et par M. Roger qui cultivait le microbe spécifique sur une bouillie de viande recouverte d'huile. Les liqueurs filtrées sur biscuit, après 5 jours d'étuvage à 30°, tuaient les lapins à la dose de 13 à 30 cent. cubes.

---

1. CHARRIN, *Soc. biolog.*, 1893; Mémoires, p. 182.
2. BABÈS, *ibid.*, p. 438.
3. Cités par Roger, *Séance de la Soc. de biolog.*, 1891, p. 533.

H. Spronck cultive le streptocoque dans du bouillon de bœuf peptonisé à 10 pour 1000 et salé à 5 pour 1000. Le ballon est maintenu 15 jours à 35°; après ce temps, la liqueur de culture est réduite par ébullition au 10ᵉ de son volume et filtrée sur biscuit. Elle est faiblement acide, brunâtre, très vénéneuse si la semence virulente primitive était bien active. Les cultures de Manfredi et Traversa ont été faites dans du bouillon peptonisé, neutralisé et maintenu à 30°.

Ces cultures stérilisées par filtration, lorsqu'on les injecte sous la peau des animaux, déterminent deux formes d'empoisonnements, différentes suivant l'espèce : la même culture produit, aux mêmes doses, des convulsions, quelquefois avec un peu de parésie des membres, chez le cobaye, et des phénomènes de paralysie chez le lapin. La grenouille est prise d'un état de torpeur comateux[1].

D'après M. Roger[2], le streptocoque de l'érysipèle secrète une matière albumineuse assez toxique : après l'injection, les animaux sont somnolents; le lendemain ils sont pris de diarrhée abondante et d'amaigrissement rapide. La mort survient au bout de 2 à 3 jours. A l'autopsie, pas de lésions notables. L'extrait alcoolique de ces cultures n'est pas vénéneux. Le chauffage à 104° rend la toxalbumine du streptocoque à peu près inoffensive.

Les cultures de ce microbe employées avec prudence peuvent devenir vaccinantes pour les animaux (*Marmorek; Roger*). Lorsque par des inoculations successives, l'animal (en général le cheval) a été amené au degré d'immunisation voulu, il fournit un sérum antistreptoccique qui n'est

1. *Annales de l'Inst. Pasteur*, t. VI, p. 574.
2. *Compt. rendus Soc. biolog.*, 1891, n° 24.

plus toxique après 3 semaines et possède un pouvoir immunisant égal à 1000 et plus[1]. L'injection de un à deux dixièmes de centimètre cube suffisent pour que le streptocoque ne se développe plus chez le lapin. Chez l'homme 20 à 40^{cc} suffisent, en général, pour amener la guérison. Ce sérum n'est plus curatif si l'infection s'est faite de 6 à 12 heures auparavant[2].

Les produits toxiques ne paraissent pas s'accumuler dans les cultures du streptocoque faites à l'air, sans doute parce qu'ils s'oxydent et que le microbe s'atténue. Leur degré de toxicité augmente, au contraire, dans les cultures faites dans le vide. Cette toxine peut même, dans des conditions encore imparfaitement connues, acquérir une vénénosité extraordinaire. M. Marmorek, grâce à des passages successifs de l'érysipèle chez le lapin, est arrivé à exalter la toxicité du virus streptococcique (et du poison qu'il sécrète) au point de le rendre mortel en 30 heures à la dose de un cent-billionième de centimètre cube. Les animaux peuvent être immunisés contre le streptocoque au moyen d'injection de ces toxines chauffées, que l'on fait suivre, après quelque temps, de l'inoculation des toxines pures. Imprégnés de ces poisons, ils fournissent un sérum à la fois préventif et curatif, mais sa puissance curative est d'autant plus faible que l'infection est plus ancienne.

Ces résultats ont été confirmés par MM. Roger et Charrin[3].

On sait que MM. Spronck, Lassar, Thomassen, Coley, Repin, etc., ont essayé de traiter les tumeurs malignes,

---

1. A. MARMOREK, *Annales de l'Institut Pasteur*, t. IX, p. 593.
2. Voir aussi GROMAKOWSKY, *Ibid.*, p. 621.
3. Voir *Compt. rend. Soc. de biolog.*, 23 fév. 1895. M. Roger avait annoncé déjà en 1891, que ces cultures chauffées à 110° vaccinaient les animaux.

directement ou indirectement, par les toxines de l'érysipèle ou par le virus vivant lui-même. L'injection des toxines streptococciques stérilisées se fait sous la peau avec des liquides très dilués; quelquefois on l'a poussée dans les veines. A la suite des inoculations, on observe du frisson, de la fièvre, en certain cas, des nausées, du vertige. Presque toujours il s'agissait de tumeurs sarcomateuses qui ont été quelquefois, mais bien rarement, modifiées dans un sens heureux. Les tumeurs ainsi traitées étaient tantôt arrêtées dans leur croissance, tantôt elles diminuaient, tantôt elles ne paraissaient pas se ressentir de l'introduction de la toxine. Biedert a publié le cas d'un sarcome volumineux qui fut presque entièrement résorbé sous l'influence d'un érysipèle intercurrent; la guérison radicale fut obtenue grâce à l'extirpation de deux petits restes de cette tumeur. Il n'est donc pas défendu de recourir avec prudence aux injections de toxines streptococciques dans les cas désespérés.

A la dose de 10 à 60^{gr}, le sérum antistreptococcique de Mamorek a été employé avec succès, comme adjuvant, dans la cure de la scarlatine dont il paraît faire disparaître les complications.

Toxines du vibrion de la septicémie.

Le vibrion de la septicémie fut découvert par Pasteur en 1877 en étudiant la septicémie expérimentale des animaux. Plus tard, MM. Chauveau et Arloing retrouvèrent cet organisme dans la gangrène gazeuse foudroyante. En 1887, Roux et Chamberland parvinrent à vacciner les animaux contre ce virus au moyen d'injections sous-cutanées de ses cultures préalablement stérilisées par la chaleur. Celles qui sont faites en bouillon ordinaire réussissent mal et sont peu actives. Il vaut mieux s'adresser au bouillon de bœuf peptonisé à 10 pour cent et fortement alcalinisé, ou même, faire comme M. Roux : il verse 500^{gr} de viande de bœuf hachée dans un flacon de 1 200 centimètres cubes ; il ajoute quelques cent. cubes de soude à 1 pour cent, bouche à l'ouate et stérilise à l'autoclave à 115°. La matière étant refroidie, on l'ensemence avec un peu de sérosité prise sur un cobaye mort de septicémie. L'ouate est remplacée par un bouchon de caoutchouc stérilisé, portant deux trous : par l'un passe un tube courbé plongeant jusque dans la bouillie de viande ; ce tube éfilé et fermé servira à syphoner le liquide ; l'autre tube porte un tampon de coton, il est terminé par un étranglement. On fait le vide dans ce flacon et l'on ferme à la lampe le tube étranglé. Après 36 à 40 heures de séjour à l'étuve à 37°, on casse la pointe ainsi fermée ; des gaz putrides se dégagent de la bouillie de viande que baigne un liquide rosé ; la fermentation se continue dès lors à l'abri de l'air. Vers le 6e jour le maximum de toxicité est atteint. On décante le liquide, on passe la pulpe de viande à la presse, et l'on filtre la liqueur à la bougie de biscuit[1].

Ce liquide fort complexe est peu actif : 3 à 5 centimètres cubes injectés dans le péritoine de cobayes de 450 à 600^{gr} n'occasionnent qu'un malaise passager. La température tombe de plus de 2° ; l'animal hérisse ses poils, il reste immobile, de temps à autres ses membres sont agités de soubresauts ; quelquefois le coma survient ; mais l'animal

____

1. BESSON, *Annales de l'Inst. Pasteur*, t. IX, p. 179.

guérit. Des doses répétées produisent une sorte d'intoxication chronique sans immuniser pour cela les animaux. Si ceux-ci succombent, on observe que l'intestin et le péritoine sont congestionnés et qu'un peu de sérosité baigne la cavité péritonéale.

La sérosité, filtrée sur biscuit, provenant d'œdèmes de cobayes ou de lapins morts de septicémie est beaucoup moins active que le liquide de culture précédent.

La toxine du vibrion septique est douée de propriétés chimiotactiques nulles ou négatives. Elle peut supporter quelque temps la température de 100° sans perdre ses propriétés actives.

Toxines de la pneumonie.

Bonardi a trouvé dans les cultures du diplocoque de Frænkel des substances vénéneuses qu'il suppose être basiques mais qu'il n'a pas isolées à l'état pur. Elles conféreraient l'immunité aux animaux auxquels on les injecte avec précaution.

Buchner sépare par précipitation saline, suivie de dialyse, la protéine toxique principale des cultures du bacille de la pneumonie de Friedlander. C'est une substance assez soluble dans l'eau et dans les alcalis extrêmement étendus. Les acides la précipitent de ses solutions. La chaleur ne la coagule pas. L'alcool absolu, le sel marin en excès, ne la séparent pas des liqueurs qui la dissolvent; mais elle précipite par un excès de sulfate de magnésie. Elle forme des combinaisons insolubles avec les sels de cuivre, l'acétate de plomb, les chlorures d'or et de platine, l'acide picrique, l'acide tannique en excès. Elle possède les réactions de Millon, xanthoprotéique et du biuret.

Les tentatives faites par Emmerich et Fowilsky, Klemperer, Isaeff, Foà et Carbone pour atténuer le microbe pneumococcique et en faire un vaccin, n'ont donné que des résultats incertains. Toutefois Foà affirme [1] que ce virus mêlé d'eau de Lugol (?) peut être injecté dans les veines des animaux et leur conférer peu à peu l'immunité. Celle-ci paraît persister assez longtemps. Le sang des animaux ainsi traités empêche la communication de l'infection aux animaux sains lorsqu'on l'injecte dans le péritoine 30 à 40 heures avant le virus de la pneumonie [2].

TOXINES DU STAPHYLOCOCCUS AUREUS DE LA SUPPURATION.

Les cultures en bouillon de bœuf du *staphylococcus pyogenes aureus* ont permis à Brieger d'en retirer par les méthodes ordinaires le chlorhydrate d'une ptomaïne cristallisable en groupe d'aiguilles incolores, non déliquescentes. En 1884, Th. Leber [3] montra que ces cultures, stérilisées par une longue ébullition, provoquaient encore la suppuration lorsqu'on les injecte sous la peau. En évaporant ces

1. *Compt. rend. du Congrès italien de méd. interne.* Voir *Semaine médicale,* 30 octobre 1895.

2. D'après M. Grimbert, il existerait deux pneumobacilles morphologiquement semblables : l'un et l'autre font fermenter les solutions de saccharose, lactose, maltose, dextrine, mannite; mais le premier connu (celui qu'a observé Frankland) est sans action sur la glycérine et la dulcite ; tandis que le second (celui de Grimbert) attaque énergiquement la glycérine et la dulcite. (Voir *Compt. rend. Acad. sciences,* t. CXXI, p. 698.)

3. *Fortsch. d. med.,* t. VI, p. 460.

solutions toxiques et reprenant le résidu par de l'alcool, ou en traitant le virus desséché par le même dissolvant, Leber obtint un extrait fortement pyogénétique, dont il parvint à retirer une substance très active et cristallisable en aiguilles, la *phlogosine*.

C'est un principe très soluble dans l'alcool et dans l'éther, à peine soluble dans l'eau, paraissant dénué d'azote mais riche en soufre. Ses cristaux peuvent être volatilisés, sans laisser de résidu. Le produit ainsi sublimé conserve ses propriétés pyogènes. Les alcalis séparent la phlogosine de ses solutions sous forme de flocons jaunâtres qui se dissolvent dans les acides et peuvent recristalliser. Le ferricyanure de potassium mêlé de sels ferriques très étendus donne avec elle du bleu de Prusse. Les iodomercurates de potassium et de cadmium, l'iodure bismuth, forment des combinaisons insolubles qui se redissolvent dans un excès de réactif. Cette matière ne précipite pas les chlorures d'or et de platine, les acides phosphotungstique et phosphomolybdique, le tanin, l'acide picrique. Ce n'est donc pas une base.

La plus petite quantité de phlogosine appliquée sur la conjonctive produit une suppuration très active. Introduite dans la chambre antérieure de l'œil du lapin, elle occasionne la suppuration avec kératite intense.

Les cultures du staphylocoque doré, lorsqu'on les a filtrées sur biscuit, sont peu actives. Elles ne produisent qu'une faible élévation de température et un amaigrissement passager.

A côté de la phlogosine, paraissent exister dans ces cultures des albumoses toxiques en quantités variables, précipitables par le sulfate de magnésie en excès, peu solubles dans le chlorure de sodium, analogues par conséquent aux globulines sans se confondre toutefois entièrement avec elles.

Un litre de culture en bouillon de staphylocoque doré fournit par l'alcool $0^{gr}5$ de précipité pesé sec. Les substances ainsi séparées sont très toxiques : $0^{gr}1$ injectés dans les veines d'un chien le tuent en 2 heures ; immédiatement après l'injection, dyspnée intense, puis hémichorée droite et contractures généralisées ; l'animal reste couché sur le flanc, les membres en extension tétanique. C'est un véritable état strychnique. Les substances restées solubles dans l'alcool sont aussi vénéneuses. Elles excitent le système des nerfs vasodilatateurs (*Arloing*). Le cœur bat très lentement, irrégulièrement. L'animal est comme anesthésié[1].

Les animaux, en particulier les chèvres, auxquels on injecte les cultures de staphylocoque doré mêlé de trichlorure d'iode en quantités successivement décroissantes, puis du virus ostéomyélique pur, fournissent un sérum d'un pouvoir préventif égal à 500 000. Viquerat, dans les cas de panaris, périostites, furoncles, ostéomyélite, en décrit ainsi les effets. après 3 à 4 heures, les battements douloureux cessent, les ligaments enflammés deviennent bleuâtres ; au bout de 10 heures, la tension et la fièvre diminuent ; la tuméfaction et la lymphangite disparaissent ; le pus est violet[2].

La variété blanche du staphylocoque est moins virulente que la variété orangée[3].

---

1. *Compt. rend. Soc. biolog.*, 1892, p. 46. A. RODET et J. COURMONT, *Ibid.*, 1894, p. 782.
2. *Zeitschr. f. Hyg.*, XVIII, 3.
3. LANNELONGUE et ACHARD, *Soc. biolog.*, 1890, p. 348.

Toxine du pneumobacille de la péripneumonie contagieuse.

Cette toxine a été étudiée par Arloing en 1888[1]. Le *pneumobacillus liquefaciens bovis* végète activement vers 37° dans les bouillons de bœuf ou de veau neutralisés. La température de 55° tue le bacille; mais l'on peut porter la culture à 80° non seulement sans détruire son activité, mais même en l'exaltant grâce à cette élévation de température La liqueur possède encore une notable toxicité lorsqu'elle a été chauffée à 110° pendant un quart d'heure. Toutefois la prolongation de ces hautes températures l'altère et finit par la détruire. Les cultures primitives filtrées, puis injectées dans le tissu conjonctif, déterminent une tuméfaction large, épaisse, chaude, douloureuse, en un mot un œdème inflammatoire qui disparaît après 20 à 25 jours.

La substance à laquelle est due cette inflammation précipite de ces cultures, filtrées sur porcelaine, grâce à un excès d'alcool. A l'état frais, ce précipité est cailleboté; sec, il est amorphe, cassant, adhérent au verre, de couleur jaunâtre. Il se dissout dans l'eau, après précipitation et dessiccation, dans la glycérine étendue d'eau et même dans l'acool étendu. Mais si on le reprécipite plusieurs fois par l'alcool, il abandonne une partie insoluble qui va en augmentant. Ce précipité est formé par un corps azoté qui ne donne aucune réaction spéciale avec l'iode et l'acide azotique. La substance ainsi précipitée, redissoute dans l'eau et injectée sous la peau, produit les accidents inflammatoires du bouil-

1. Voir *Compt. rend. Acad. scienc.*, t. CVI, p. 1365 et 1750.

lon de culture virulent primitif. Elle est même plus active que lui. Toutefois avec le temps, les solutions de cette toxine perdent de leur vénénosité.

Cette matière ne communique pas aux animaux l'immunité contre elle-même, ni contre le microbe qui l'a produite.

Toxine du bacillus heminecrobiophilus.

Cette toxine a été extraite par le même auteur et par les mêmes moyens des cultures d'un bacille spécial qui, injecté dans le testicule des animaux provoque la dissolution du tissu conjonctif, l'infiltration des régions voisines et un dégagement assez abondant d'un gaz formé pour cent parties de gaz d'*acide carbonique* (18,3 p.); *azote* (79,66 p.) et *oxygène* (2,04 p.)[1].

Les cultures de ce bacille, filtrées et précipitées par l'alcool, fournissent une substance qui possède les propriétés diastasiques du virus complet : en particulier, elle fait fermenter le tissu testiculaire qu'elle détruit en dégageant les gaz ci-dessus indiqués.

Le produit actif que précipite l'alcool est blanc, soluble dans l'eau, et se comporte comme une diastase complexe en ce sens qu'il peptonise la fibrine, intervertit la saccharose, saccharifie l'amidon et émulsionne les graisses.

Toxine du gonocoque de Neisser.

Elle a été découverte et étudiée par MM. Hugounenq et Eraud[2].

---

1. Nous pensons que l'oxygène n'y existe que par accident et a été amené par l'air qui a pu s'y mélanger.
2. *Comptes rendus Acad sciences*, t. CXIII, p. 145.

Du bouillon peptonisé, ensemencé avec une culture sur agar de pus blennorrhagique récent, fournit une liqueur trouble contenant un micrococque disposé en chaînons de deux ou en amas, et doué d'un mouvement d'oscillation. Ce microbe ne liquéfie pas la gélatine et présente les caractères extérieurs du gonocoque de Neisser.

Le liquide où il s'est développé, filtré sur biscuit et précipité par trois fois son volume d'alcool à 90° centésimaux, laisse déposer des flocons qui, après lavage à l'alcool, sont redissous dans l'eau et refiltrés sur biscuit. La liqueur aqueuse, de nouveau reprécipitée par l'alcool, forme un dépôt amorphe, blanc jaunâtre, très soluble dans l'eau, ayant presque toutes les propriétés des albuminoïdes.

Cette matière ne se coagule ni par la chaleur, ni par l'acide azotique. Elle précipite lentement par le ferrocyanure de potassium acétique ; le sulfate de magnésie ne la trouble pas. Elle ne possède aucune action diastasique sur l'amidon, le sucre de canne, la fibrine. A l'air libre, ses solutions se putréfient rapidement.

A l'incinération ce corps ne laisse pas de cendres en quantité appréciable. Il ne contient pas de soufre, mais bien du phosphore et 11, 45 pour cent d'azote. Ces caractères le différencient entièrement de la plupart des albuminoïdes ordinaires et le rapprochent des nucléïnes.

Les propriétés toxiques de cette substance sont très spéciales : elles semblent ne se manifester que sur le testicule. Le produit de culture du gonocoque filtré sur biscuit et inséré sous la peau, ou déposée sous l'œil ou dans l'urèthre d'un chien, n'occasionne aucun désordre ; mais si on l'injecte dans le testicule d'un jeune animal, en quelques heures il détermine une orchite suraiguë ; les enveloppes de la glande sont perforées, le pus s'écoule et le testicule disparaît. Chez les chiens âgés, l'orchite se termine par l'atrophie testiculaire.

Le microbe de Neisser se développe assez difficilement dans une solution d'asparagine et dans ces conditions ne produit plus sa matière phlogogène spécifique.

CONCLUSION

La découverte capitale des organismes de l'air et de leurs
rapports de cause à effet avec les fermentations dont ils
sont les agents nécessaires a été le prélude des mémorables
travaux de Pasteur sur les maladies infectieuses. L'analogie
des virus et des ferments figurés, des maladies et des fermentations, fut pour la première fois démontrée par lui
vers 1865, et les méthodes qui permettent de sélectionner
et de cultiver les races de levures furent dès lors
appliquées à la culture des virus et à leur transformation
en vaccins. C'est l'œuvre du génie de Pasteur. Quant au
mécanisme par lequel les microbes nuisibles atteignent
l'économie et produisent l'état pathologique, il resta indéterminé jusques au jour de la découverte des ptomaïnes ou
poisons alcaloïdiques des fermentations bactériennes (1872).
Je séparai et analysai le premier ces poisons, et j'établis
que les microbes agissent par leurs sécrétions vénéneuses,
par leurs ptomaïnes, mais non par elles uniquement,
car le poison septique de Panum n'était pas alcaloïdique.
Dix années après, généralisant cette conception, je montrai
que les organes et les tissus sains vivent partiellement
de la vie anaérobie de la plupart des microbes pathogènes,
et produisent comme eux des matières offensives qui,
lorsqu'elles ne sont pas éliminées ou détruites, provoquent
les désordres de la santé. Ces vues générales (1882) furent
précisées par M. Charrin, et M. Bouchard qui démontrèrent
que la maladie résulte bien d'une intoxication de cause

chimique, d'un poison soluble exempt de toute forme figurée, ce poison ayant du reste été sécrété soit par le microbe spécifique du virus correspondant, soit par l'organisme lui-même.

Toutefois, et j'avais fait cette réserve, les poisons alcaloïdiques, ptomaïnes ou leucomaïnes, ne suffisent pas à expliquer les désordres morbides observés. En 1883, Weir Mitchell découvrait dans les venins de serpents les premiers ferments toxiques de nature albuminoïde, et peu d'années après, MM. Roux et Yersin faisaient les mêmes observations dans le domaine des virus. Ils démontraient en 1887 que le poison diphtérique est de nature protéique et zymasique. On s'habitua dès lors à donner le nom général de *toxines* à ces substances offensives complexes, quelle que fût leur nature, auxquelles il faut attribuer la cause des intoxications morbides. J'ai montré dans cet Ouvrage que la démarcation précise entre les ptomaïnes ou leucomaïnes alcaloïdiques et les toxines albuminoïdes n'existe ni physiologiquement ni chimiquement, et qu'elles passent insensiblement des unes aux autres.

A l'empoisonnement que provoquent ces substances, l'économie résiste par élimination et oxydation des toxines, et par deux autres mécanismes jusque-là bien imprévus. D'une part, elle détruit la semence virulente apte à pulluler indéfiniment si elle n'était anéantie grâce au pouvoir phagocytaire des globules blancs du sang; c'est là la belle découverte de Metchnikoff; d'autre part, atteints par les toxines, nos organes tendent à réagir et à se défendre en vertu de cette propriété des cellules vivantes, reconnue par Behring, de produire, surtout chez les vaccinés, un contrepoison, une *antitoxine* qui compense l'effet du poison. On sait tout le parti que Behring, Vaillard, Tizzoni, Marmorek, Calmette, et surtout Émile Roux ont tiré de ces observations en créant la sérothérapie.

L'idée de cette méthode pleine d'avenir avait été précédée des conceptions brillantes de Brown-Séquard. L'économie sécrète des poisons et des ferments; pourquoi ceux-ci, comme ceux-là, n'agiraient-ils pas sur les divers organes, par l'entremise des humeurs, pour créer en eux une excitation, une modification nutritive plus ou moins durable ? La glande testiculaire est de celles qui paraissent se comporter ainsi. Brown-Séquard montra l'influence de ses extraits sur la nutrition, et généralisant aussitôt, il eut la hardiesse de penser que les glandes closes fournissent à l'économie l'un ou l'autre des ferments qui, directement ou indirectement, contribuent à l'assimilation et à la nutrition générale. L'expérience a donné raison à cette conception puissante ; nous connaissons aujourd'hui, en partie du moins, les ferments issus de ces glandes et l'influence qu'ils exercent pour régulariser les fonctions générales, créant ainsi entre les organes une symbiose dont le mécanisme était resté jusque-là tout à fait ignoré.

Ainsi s'est élevé peu à peu, en moins de quarante années, grâce à un effort commun, le magnifique édifice de nos doctrines physiologiques et médicales modernes. Notre pays peut en revendiquer sa large part. Puissent dans le silence de leur laboratoire et de leur pensée utilement continuer à travailler en paix ceux qu'anime et soutient l'amour de la vérité.

FIN

TABLE DES MATIÈRES

CHAPITRE QUATRIÈME

CHAPITRE CINQUIÈME

CHAPITRE SIXIÈME

CHAPITRE SIXIÈME (BIS)

CHAPITRE SEPTIEME

CHAPITRE HUITIÈME

Ptomaïnes des microbes pathogènes déterminés spécifiques.

DEUXIÈME PARTIE. — LES LEUCOMAÏNES.

CHAPITRE PREMIER

Définition et genèse des leucomaïnes.

CHAPITRE DEUXIÈME

Extraction et classification des Leucomaïnes. — Leucomaïnes névriniques. — Leucomaïnes créatiniques.

CHAPITRE TROISIÈME

Leucomaïnes xanthiques.

CHAPITRE QUATRIÈME

Leucomaïnes à chaînes grasses. — Lécithines. — Amines acides. Leucomaïnes indéterminées.

TROISIÈME PARTIE. — Les Toxines.

CHAPITRE PREMIER

Définition des toxines. — Leur nature. — Distinction et séparation des toxines et des ptomaïnes.

CHAPITRE DEUXIÈME

Origine et mode d'action des toxines.

CHAPITRE TROISIÈME

Élimination des toxines.

CHAPITRE QUATRIÈME

L'immunisation et la vaccination.

CHAPITRE DIXIÈME

Toxines extraites des divers organes et des sucs glandulaires.

CHAPITRE ONZIÈME

Venins proprement dits. — Chairs et sangs venimeux.

CHAPITRE DOUZIÈME

Toxines microbiennes des maladies virulentes.

Achevé d'imprimer

le treize juin mil huit cent quatre-vingt seize

PAR FR. SIMON

SUCCESSEUR DE A. LE ROY, IMPRIMEUR BREVETÉ

A RENNES

POUR LE COMPTE DE LA

SOCIÉTÉ D'ÉDITIONS SCIENTIFIQUES

LE Dr H. LABONNE ÉTANT DIRECTEUR

www.ingramcontent.com/pod-product-compliance
Lightning Source LLC
LaVergne TN
LVHW020934050726
842519LV00001B/39